实用智能化采煤控制技术

主　编　张　良　李首滨
副主编　王进军　韦文术　黄曾华
　　　　李　森　田成金　牛剑峰

应急管理出版社
·北　京·

内 容 提 要

本书主要介绍了我国智能化采煤的发展历程与现状、智能化采煤控制技术、液压支架电液控制系统、智能集成供液系统、智能采煤控制系统等内容，结合实际应用列举了智能化采煤技术的典型案例。本书兼具理论基础与实践指导，实用性强。

本书可供煤矿企业管理人员、生产人员以及相关科研人员借鉴参考，也可供高等院校智能采矿工程等相关专业的师生学习参考。

编　委　会

序

我国是世界煤炭生产和消费的第一大国，煤炭在我国的主体能源地位在未来的相当长时间里不会改变，同时煤炭在今后能源革命中还肩负着国家能源安全的重要使命，煤炭工业在国民经济和社会发展中的重要地位不会改变。习近平总书记指出，在相当长一段时间内，甚至从长远来讲，我国还是以煤为主的能源格局，只不过比例会下降，我们对煤的注意力不要分散。我们正在压缩煤炭比例，但国情还是以煤为主，我国煤炭资源丰富，在发展新能源、可再生能源的同时，还要做好煤炭这篇大文章。

我国煤炭资源赋存条件复杂多样，煤炭行业发展面临一系列难题和挑战，必须走新的智能绿色开发与清洁高效利用发展之路，发展先进产能、淘汰落后产能是行业高质量发展的必要条件。煤矿智能化是煤炭行业高质量发展的核心技术支撑和必由之路。

“十二五”以来，我国煤炭行业加快了煤炭开采技术与装备创新步伐，年产1000万吨的综采设备、采煤机、液压支架和刮板输送机全部实现了国产化，大型煤矿企业采煤机械化程度提高到98.86%。通过煤炭产业技术的持续创新，采煤方法历经了人力、炮采、机采（普采和综采），并向自动化、智能化方向发展。

2015年，国家安全监管总局召开“机械化换人、自动化减人”科技强安专项行动，以机械化生产替换人工作业、以自动化控制减少人为操作，实现高危作业场所作业人员减少30%以上，大幅提高企业安全生产水平。2020年，为了加快推进煤炭行业供给侧结构性改革，推动智能化技术与煤炭产业融合发展，提升煤矿智能化水平，八部委联合发布了《关于加快煤矿智能化发展的指导意见》，为煤炭行业高质量发展明确了目标并提出了主要任务和保障措施。各煤炭大省积极响应各省煤矿智能化建设实施方案，山东、山西先后对煤炭企业进行重组整合，加大力度推行煤矿智能化建设。2020年，71个煤炭企业被选入首批智能化示范建设煤矿。2021年，50个煤矿智能化团体标准通过立项审批，初步形成煤矿智能化技术标准体系，开启了煤炭行业智能化采煤新篇章。

天玛智控自2001年成立之日起，致力于煤矿智能化无人开采的技术探索，担负“引领煤矿智能化科技，促进安全、高效、绿色开采”使命，旨在为煤矿提供智能化采煤解决方案，提高煤矿开采安全水平及生产效率，降低煤矿工人劳动强度，提升煤矿工人的幸福感。从最早引进国外先进技术，到自主开发，填补了我国煤炭行业的一项又一项技术应用空白，创造了我国煤矿智能化采煤的一个又一个辉煌，天玛智控持续引领了煤炭智能化无人开采控制技术的发展。

天玛智控坚持自主创新，2008 年成功研制出具有自主知识产权的 SAC 型液压支架电液控制系统，填补了国产电液控制系统技术应用空白，并得到全面推广应用，为智能化采煤奠定了坚实基础；2014 年，自主研发了 SAM 型综采自动化控制系统，创新性地提出了基于工作面设备自动化运行，监控中心视频监视远程干预控制的工作面无人化生产方式，并在黄陵一号煤矿率先实现了“有人巡视，无人操作”的智能化采煤新模式；2016 年，联合澳大利亚联邦科学与工业研究组织（CSIRO），将惯性导航技术在国内成功应用，解决了工作面连续推进过程中的直线度控制难题，为实现采煤工作面连续推进提供了较好的解决方案；2018 年以来，研究探索基于三维地质建模，采煤机精确定位的透明工作面技术，奠定了透明开采的基础；目前，在比较好的地质条件下，国内有的煤矿可以阶段性实现采煤工作面内无人生产，但是建设长期连续的无人化工作面，还有待解决煤岩识别、设备精确定位等“卡脖子”技术问题，开采设备的可靠性、自适应能力、视频系统的抗污性能等也不能满足智能化工作面要求，未来的智能化采煤还有很长的路要走，还需要不断地对智能化采煤技术进行深入研究探索。天玛智控的发展过程是我国煤矿智能化采煤技术发展的一个缩影，天玛智控的每一次智能化技术创新，都带动了整个煤炭行业智能化技术水平的发展。

本书总结了我国煤矿智能化采煤技术发展各阶段的技术特征，对智能化采煤各阶段关键技术进行了细致讲解，从理论到实践，从技术到装备，从方案到实施，对智能化实用技术进行了全方位的解析，内容翔实，兼顾理论与实践，深入浅出，融会贯通，具有很好的实用价值。同时，对推动智能化技术与煤炭产业融合发展，发挥智能化示范煤矿的引领带动具有较好的指导作用。

中国煤炭工业协会副会长
中国煤炭学会理事长
刘峰

2021 年 6 月

前　　言

富煤贫油少气的资源禀赋决定了煤炭在我国一次能源消费中长期以来并将在未来的相当长时间占据主体地位。2021年，我国煤炭产量达到41.3亿吨，为国民经济发展起到了“保障国家能源资源安全，支撑国家现代化建设”的战略作用。如何落实习总书记“把人民群众的生命安全和身体健康放在首位”的重要指示精神，实现煤炭的安全高效开采是摆在我们煤炭人面前的时代课题，而煤矿智能化是这一时代课题的最佳答案。

2020年2月25日，国家发展改革委等八部委联合发布的《关于加快煤矿智能化发展的指导意见》明确提出，到2021年，建成多种类型、不同模式的智能化示范煤矿，基本实现掘进工作面减人提效、综采工作面内少人或无人操作、井下和露天煤矿固定岗位的无人值守与远程监控；到2025年，大型煤矿和灾害严重煤矿基本实现智能化，井下重点岗位机器人作业，露天煤矿实现智能连续作业和无人化运输；到2035年，各类煤矿基本实现智能化，建成智能感知、智能决策、自动执行的煤矿智能化体系。实现煤矿智能化是提升煤矿安全生产水平、提高煤矿综合运营效益、保障煤炭稳定供应的必由之路。

智能化采煤是煤矿智能化最重要的组成部分，而智能开采控制技术又是智能化采煤得以实现的关键。智能开采控制技术综合运用传感、通信、计算、分析、控制等不断迭代更新的技术手段，实现对采煤机、液压支架、刮板输送机等设备与煤岩层的耦合感知、工况分析、智能控制，做到成套装备自动感知工况与环境、自动协同开采工艺工序、自动适应地质条件的变化，自主运行为主，远程干预为辅，最终实现在工作面少人或无人情况下连续、安全、高效的生产。

自2008年国内完全自主知识产权的SAC型电液控制系统在宁煤集团石沟驿煤矿S146工作面成功应用以来，采煤控制技术先后经历了机械化、自动化、智能化大发展阶段。2008—2011年是以“综采装备及控制系统全面国产化”为技术特征的电控化阶段，宁煤石沟驿S146工作面是典型应用案例；2011—2014年是以“煤机记忆截割、支架自动跟机、三机集控、视频追机”为主要技术特征的自动化阶段，中煤集团平朔井工一矿4109工作面是典型应用案例；2014—2016年是以“可视化远程干预”为主要技术特征的智能化阶段，陕煤化集团黄陵一号煤矿1001工作面是典型应用案例，是为开智能化采煤先河的里程碑；2016—2019年是以“工作面自动找直”为主要技术特征的阶段，兖矿集团鄂尔多斯能化转龙湾煤矿23303工作面是典型应用案例；2019—2021年是以“三维激光扫描、工作面巡视、规划截割”为主要技术特征的阶段，国能集团神东榆家梁煤矿43102工作面是典型应用案例。“十四五”时期，在人工智能、大数据、云计算等高新技术的支撑下，智能化采煤控制技术将向“工作面地质透明化、设备自适应运行、地面远程干预”为特征的新阶段迈进。

我国广大煤炭生产企业、高等院校、科研院所和煤机装备制造企业的科技工作者们在智能化采煤方面做了大量的工作，进行了广泛深入的研究，发表了一系列介绍智能化采煤相关理论与实践的论文论著。北京天玛智控科技股份有限公司（以下简称天玛智控）作为其中一员，在充分总结二十年来在采煤工作面自动化、智能化和无人化开采控制技术领域的探索实践、经验教训和创新成果的基础上，紧扣“实用”二字，面向煤矿管理、运营、生产、采煤一线的管理、技术、操作等人员，编写了此书。

本书是团队协作的结果，集体智慧的结晶。张良、李首滨负责整体策划和文稿审定。第一章由李森负责，牛剑峰、张守祥、王峰、张学亮编写。第二章由刘清负责，张学亮、郑闯、杨立、王伟涛、崔耀、李重重、姜睿、姜绪超编写。第三章由付振负责，张宇卓、魏文艳、李俊士、王统诚、王伟、黄园月、王朕、高思伟、王松、姜春阳编写。第四章由李然负责，赖岳华、刘波、王大龙、卢海承编写。第五章由冯银辉负责，安晓宇、林恩强、李丹宁、任伟、吴晓宝、刘帅、荣耀、姚钰鹏、王皓宇、王建兵编写。第六章由何勇华、崔耀负责，杜文虎、李沛轩、高亮亮、曹宁宁、牛磊、叶健、李艳杰、潘占仁编写。第七章由周如林负责，孟令宇、杨士军、南柄飞、陈凯、李天越、赵玉贝、杜文虎编写。天玛智控各技术研发团队为本书提供了大量有价值的素材。

本书编写出版历时近两年，历经多个版本修改迭代，编写组常尽其所能对重点篇章和段落反复推敲，字斟句酌，力求精准无误，以期满足读者需要，并能为从事煤矿生产的各级管理者、操作者们提供实用的技术支持和有价值的借鉴，但限于编写水平，定仍有不妥之处，敬请读者朋友们批评指正！

本书内容见证了中国煤炭开采工作者艰苦奋斗的拼搏精神和栉风沐雨的坚

实脚步。编写过程中得到了刘峰、李政、连向东、代艳玲、叶涛等行业专家的指导与帮助，成联君责任编辑、贾音编辑等出版社同仁也做出了卓有成效的贡献，在此向他们表示衷心的感谢！

我们坚信，经由全体煤炭人的共同努力，我国一定会实现更加绿色低碳、更加智慧高效、更加经济安全的煤炭开采和利用现代化，一定会持续谱写煤炭行业发展新篇章，为中华民族伟大复兴提供坚实稳定的能源保障。

编委会

2022 年 6 月

目　　录

1 智能化采煤概述

1.1 我国采煤技术发展历程

能源与人们的日常生活和社会经济息息相关，是整个世界发展和经济增长最基本的保障，也是人类赖以生存的基础。一个国家或地区的能源储备和能源开发利用水平和程度直接决定了这个国家或地区的国民经济发展水平和可持续发展能力。我国改革开放以来，经济持续稳定高速发展也得益于丰富稳定的能源供应。因此，保障能源的有效开发和可持续利用对于经济社会发展具有重要意义。

我国是一个富煤、贫油、少气的国家，煤炭在我国一次能源生产和消费中占据主导地位。新中国成立后，我国煤炭开采的发展历程，总体上可分为四个阶段，如图 1-1 所示。

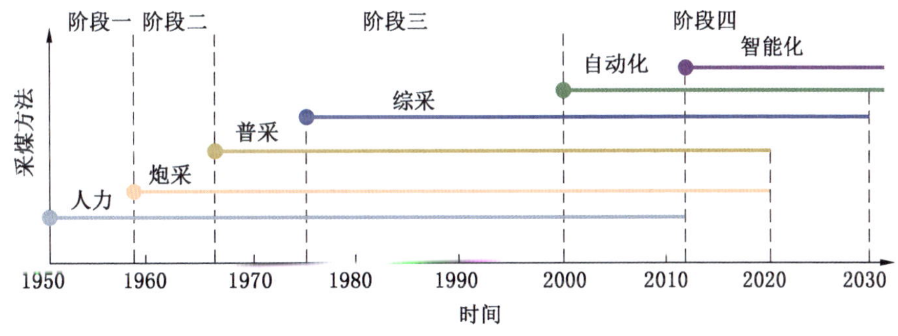

图 1-1 采煤方式的技术变革

新中国成立初期，我国煤炭工业基础薄弱，主要以人力和炮采为主；20 世纪 70 年代尤其是改革开放以来，煤炭开采经历了普通机械化采煤（普采）、高档普采、综合机械化采煤（综采），至 21 世纪初，发展至综采自动化、智能化，煤炭工业实现了历史性跨越，如图 1-2 所示。我国煤炭产量从 1949 年的 3243×10^4 t 增加到 2020 年的 39×10^8 t，产量增加了 100 多倍，已成为世界最大的煤炭生产国和消费国，煤炭消费占能源消费总量的比重为 56.8%，煤炭工业为我国的经济建设和社会发展作出了巨大贡献。

20 世纪 50 年代，我国煤矿生产处于人工开采阶段，基本靠原始落后的人力或畜力，工人拿镐挖、用筐背或用骡子来运输煤炭，开采手段和生产工艺落后，生产能力极其低下。

20 世纪 60 年代，我国研制并推广了普通机械化采煤，使用金属支柱或铰接顶梁来进行工作面支护，利用人工操作支护、搬运和回柱，采煤速度慢、工人劳动强度大、安全性差，极大制约了生产力的发展。之后，采煤工作面开始使用单滚筒液压牵引采煤机，功率

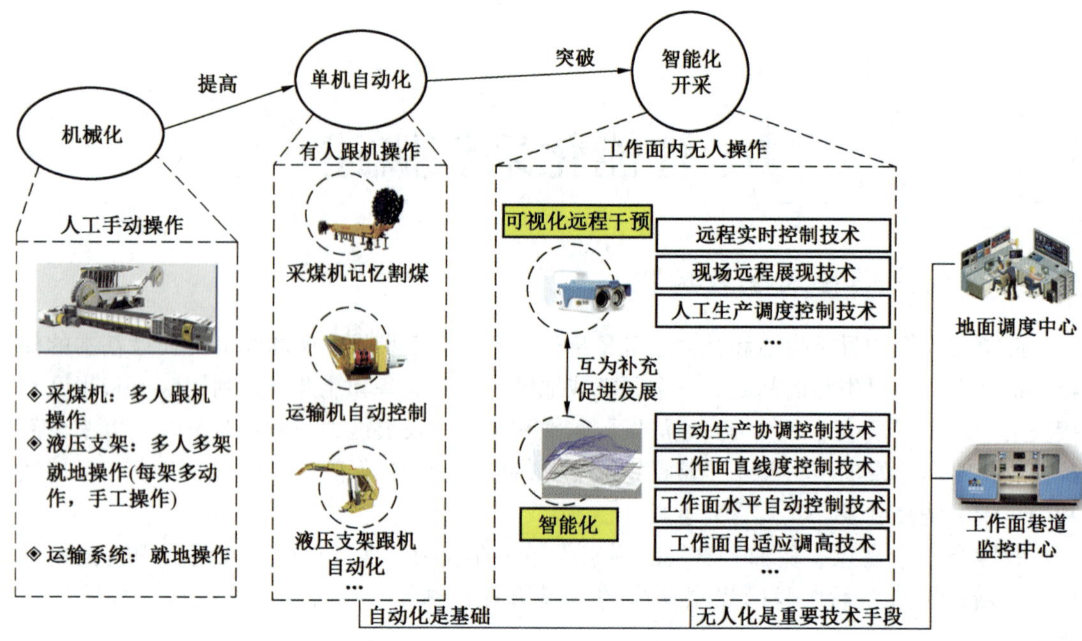

图 1-2　从机械化到智能化采煤的演变

达 80 kW，牵引速度达 2~3 m/min，工作面运输设备普遍使用 SGD-11、SGB-11 型刮板输送机，功率达 2×40 kW，因不能横向弯曲自移，工作面推进后要大拆大卸重新安装，占用时间长，劳动强度大，再加上刮板输送机本身强度不够，功率小，在炮采工作面分段爆破，超载现象仍时有发生。在逐步换用 SGD-20 型和 SGS-30 型刮板输送机后，工作面的生产能力有所提高，但是仍不能弯曲自移，且输送机与煤壁距离较远，还需凭借人力搬运笨重设备和人工攉煤。1964 年，我国研制出第一台 SGW-44 型圆环链可弯曲刮板输送机，实现了工作面的连续输煤，提高了煤矿生产效率。

20 世纪 70 年代，我国开始引进国外综合机械化采煤设备，拉开了综合机械化采煤（简称综采）的序幕，设备主要包括可调高式双滚筒采煤机、液压支架、铠装可弯曲刮板输送机和转载机、破碎机、移动式防爆供电等。1974 年，我国引进了 43 套综采设备，1977 年又引进了 100 套综采设备，我国煤矿生产进入了综合机械化采煤阶段。

在此期间我国开始进行国产化综采设备的研制。在采煤机方面，1975 年，鸡西煤机厂研制出第一台 MLS-170 型双滚筒采煤机；1983 年，西安煤机厂研制出我国首台大功率无链牵引双滚筒 MXA-300 型采煤机；鸡西煤机厂、山西矿山机器厂分别研制出 MG300-W、AM500 型双滚筒采煤机，采煤机的功率分别达 2×300 kW、2×375 kW，牵引速度达 6~8.3 m/min；至 20 世纪 90 年代，采煤机采用电牵引技术，采用齿轨无链牵引方式，牵引速度达 14 m/min，装机功率达 1020 kW，大幅提高了采煤机的性能和生产能力；2019 年，我国最新研制的采煤机最大装机功率达到 3450 kW，采高可达 9 m。

在运输设备方面，1974 年，我国第一套综采工作面使用的 SGW-150 型边双链刮板输送机研制成功。由于采煤机需要在刮板输送机上安装齿轨，便于采煤机牵引行走，不仅要求刮板输送机强度大，能保证采煤机工作稳定，并且要求与采煤机生产能力匹配，促使刮板输送机不断向重型化方向发展，代表机型有 SGW-150 型和 SGW-250 型，刮板输送机的功率达 400~500 kW，运输能力达 1000 t/h，能适应工作面单产 150×10^4 t/a 的生产规模要求。进入 21 世纪后，刮板输送机向大运量、长运距、大功率、高可靠性和长寿命方向发展，综采工作面刮板输送机运量达 6000 t/h，装机功能达 6200 kW。

在支护设备方面，1964 年，我国第一台液压支架诞生；1970 年，我国第一套全工作面综采设备开始工业性试验；1980 年，我国研制开发了 ZY 系列和 QY 系列液压支架；2004 年开始国产液压支架全面替代进口。从 2015 年至今，我国煤机企业制造的液压支架先后出口澳大利亚、德国、美国。2019 年，我国研制出 ZY26000/40/88D 型液压支架，支护高度可达 8.8 m，工作阻力达 26000 kN，支护强度达 1.83 MPa。

在液压支架控制系统方面，20 世纪 70 年代，液压支架开始使用中小流量的手动控制系统；20 世纪 90 年代研制了液压支架大流量手动快速移架系统并得到广泛应用；1993 年，我国引进了液压支架电液控制系统；2008 年实现了液压支架电液控制系统国产化。

我国煤矿采煤装备从无到有，从进口到国产，现在煤机装备基本上已实现国产化，我国煤机装备的制造能力和制造水平已经达到国际先进水平。

1.2 自动化采煤技术发展历程

采煤工作面又称回采工作面、工作面、采场，是进行采煤作业的场所。综合机械化采煤工艺简称综采，是用机械方法破煤和装煤，输送机运煤，液压支架支护的采煤工艺。我国煤炭生产主要是井工煤矿综采，综采工作面一般配置采煤机、液压支架、刮板输送机、转载机、破碎机（刮板输送机、转载机、破碎机也可称为“三机”）、带式输送机、供电系统、供液系统等设备。采煤机以刮板输送机为轨道并骑在刮板输送机上运行，液压支架与刮板输送机通过销耳连接，液压支架提供采场的支撑，依靠液压支架的推移实现工作面设备迁移，如图 1-3 所示。综采工作面工作环境复杂，设备种类和数量多，设备之间相互制约、相互协调，任何设备都无法脱离其他设备而单独完成任务，同时这些设备的任何一个动作还受地质条件的限制，实现自动化生产的技术难度很大。

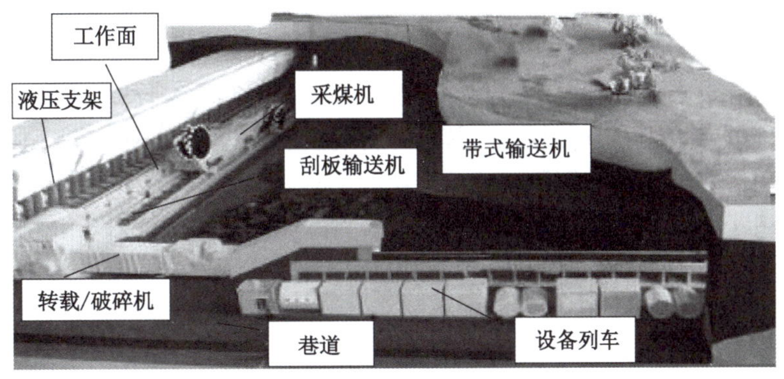

图 1-3 采煤工作面示意图

2000 年以来，随着自动化技术的发展及采煤装备水平的提高，综采工作面自动化成为煤炭行业高产高效发展热点，以中国煤炭科工集团北京天玛智控科技股份有限公司（原北京天地玛珂电液控制系统有限公司，简称天玛智控公司)、中国煤炭科工集团上海有限公司、宁夏天地奔牛实业集团有限公司、郑州煤矿机械集团股份有限公司等为主的国内研究单位，积极开展综采工作面自动化采煤的研究。在采煤机、液压支架、刮板输送机等设备实现单机自动控制功能的基础上，通过工作面“三机”与巷道监控中心的联网通信，实现监控中心对“三机”的实时监测与控制，通过在工作面建立工业以太网和视频监视系统，实现工作面设备在巷道监控中心的视频监视和远程监控，逐步在地质条件允许的情况下实现自动化采煤。

1.2.1 采煤机自动化控制技术

20 世纪 30 年代，苏联就开始了截煤机自动调速控制技术研究。20 世纪 60 年代，采煤机自动化技术进入快速研发阶段，英国和德国在采煤机遥控技术、计算机化速控制技术、机载自动控制技术、远程监控技术以及记忆截割技术上取得了引领性的创新突破。1963 年，波兰开始研究采煤机牵引速度的自动调节技术，陆续推出三种牵引速度自动调控系统。1965 年左右，波兰研制出 Radian 型采煤机无线电遥控装置，生产的 9S 型采煤机无线电遥控装置采用超高频通信技术，在井下遥控距离为 15 m，可以遥控操纵采煤机的 8 个动作。20 世纪 80 年代初期，美国久益公司生产的 12CM27 型连采机配装了新型遥控器，所有电气及液压功能都可用遥控器来控制。2011 年，久益公司在其生产的 7LS8 采煤机上配备了 HHX 遥控器，以双向控制采煤机，可掌上显示操作和诊断信息。

我国从 20 世纪 70 年代开始大力开展采煤机自动化技术研究。1975 年，黑龙江鸡西煤机厂生产的 MLS3-170 型采煤机设有自动调速系统。1991 年，煤炭科学研究总院上海分院与波兰合作生产的 MG344-PWD 型电牵引采煤机牵引部采用了 PWM 变频调速技术，实现了恒压频比自动控制。1995 年，西安煤矿机械厂研制的 MXB-380E/3.5 型直流电牵引采煤机，具有恒定功率、故障诊断及过载保护功能。

我国于 2008 年启动了“863”计划项目“煤矿井下采掘装备遥控关键技术”，重点研究综采工作面采煤机远距离控制技术及煤岩巷道悬臂式掘进装备可视化遥控技术。经过项目攻关，在采煤机智能化方面形成了一些先进技术，其主要功能为：①具有采煤机运行参数、机器故障参数、机器姿态参数等在线感知能力，实现了基于多传感信息融合的煤岩界面多参数识别和采煤机故障诊断及预报；②具有采煤机截割滚筒记忆截割功能，且能根据煤岩识别参数进行记忆截割路径自修正；③具有采煤机机载无线收发信号功能，在液压支架上安设本安型无线交换机和防爆网关等信号传输系统，构建采煤机远程监控系统；④具有基于 3DVR 数字化平台的远程数字化监控功能。

现有采煤机具有运行参数、故障参数、姿态参数和截割记忆等在线感知能力，采煤机自动化控制系统已经在我国内蒙古、山西、山东、河南等多个大型现代化矿区综采工作面得到广泛应用。

1.2.2 液压支架电液控制技术

20 世纪 50 年代，英国煤炭局首先提出研制电子控制液压支架。1981 年，澳大利亚最先将电子控制的液压支架用于科里曼尔煤矿长壁综采工作面。1983 年底，英国原道梯公司为美国坎赛尔煤矿制造了两按钮式微处理器控制的液压支架。1983 年 3 月，英国原伽立克公司研制出“ELECTROFLEX”电液控制系统。1987 年，德国威斯特伐利亚公司与

MARCO 公司合作研制出 PM2 电液控制系统。20 世纪 90 年代后期，威斯特伐利亚公司推出 PM4 系统，MARCO 公司推出 PM31、PM32 系统，美国 JOY 公司推出 RS20 系统，此外还有德国的 EEP 公司的 PR116 系统和蒂芬巴赫的 ASG5 型系统等。

我国对液压支架电液控制技术研究较晚，在 20 世纪 80 年代后期，煤炭科学研究总院太原分院、北京煤矿机械公司等分别通过国家重点项目立项自主开发液压支架电液控制系统，并进行了一系列试验，但由于当时的工业基础条件差和对电液控制系统的认识不足，试验效果并不理想，控制系统的有效性、可靠性等方面存在诸多问题。郑煤机集团于 1991 年进行过电液控制系统的研发，并制作出小批量产品在井下进行工业性试验，受技术条件、产品可靠性差等多项因素的限制，没有取得成功。2008 年，国内首套电液控制系统研制成功，实现了对国外进口产品的替代，奠定了综采自动化控制系统国产化的基础。系统以整体式主阀作为关键执行机构，以控制器为核心控制单元，能够满足薄煤层、中厚煤层、大采高及放顶煤等多种不同类型工作面的应用需求，可为用户提供手动、邻架、成组及全工作面自动化等不同操作等级的使用方式，在实现液压支架控制的同时，降低支架操作工人劳动强度，提高工作面自动化水平。

第一代国产电液控制系统于 2008 年在宁煤集团石沟驿煤矿成功应用，成为我国第一套商业化的液压支架电液控制系统，并迅速得到推广。随后，针对薄煤层、中厚煤层、大采高和放顶煤工作面分别提出了支架电液控制系统解决方案，基本实现了单架单控制、单架自动移架控制、成组控制和跟机自动化控制等功能，液压支架自动化控制水平也不断提高。最新一代国产电液控制系统如图 1-4 所示。

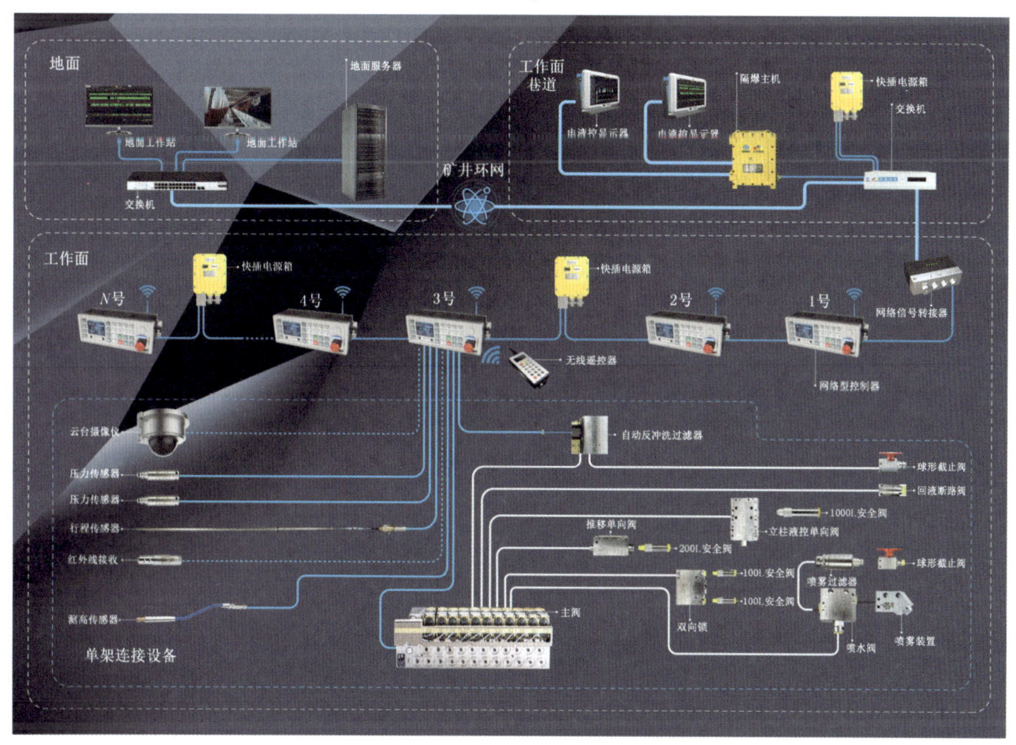

图 1-4　SAC 型电液控制系统

1.2.3 工作面运输系统控制技术

20 世纪 70 年代，随着采煤工作面长度不断增加，工作面产量亦日益提升，为普遍适应煤矿大力发展机械化采煤的需求，煤机企业投入更大力量研究和开发新型的刮板输送机，先后研制出 SGW-150、SGW-180、250 等产品。20 世纪八九十年代，我国煤机行业不断学习和吸收国外（比如美国久益公司）的先进设计思想并改进制造工艺，使得我国刮板输送机的技术水平大幅度提高。例如，山西煤矿机械制造有限责任公司自主研究开发的 SGZ1250/2×1200 型刮板输送机，设计长度 320 m，输送量 3750 t/h；中煤张家口煤矿机械有限责任公司自主研究开发的 1350 系列刮板输送机，设计长度 400 m，输送量 4000 t/h；石家庄煤矿机械有限责任公司自主研究开发的 SGZ1000/1400 型刮板输送机，设计长度 250 m，输送量 2500 t/h。我国自主研发的各类轻型、中型、重型及超重型刮板输送机已经普遍应用于国内井下工作面，担负着煤炭输送的重任，彻底改变了最初我国刮板输送机依赖进口的被动局面。

目前，我国自主研发的刮板输送机和带式输送机已形成系列化产品，其自动化控制技术主要包括软启动控制、机尾自移和运行工况监测，并在关键部位布置状态感知传感器，可实时监测和显示设备运行数据。研发煤量扫描技术和基于权重的煤量算法，监测运输系统煤量实时变化，实现输送设备的分级调速；研究建立了运输设备健康管理应用平台，可实时感知设备运行状态的矢量信息，具有运输设备的分析系统模型，能够实现设备常见故障诊断和关键零部件寿命预估，充分保证高运能、长运距综采工作面设备高效节能稳定运行。随着综采技术的不断推广和发展，我国已经具有研究开发、生产制造刮板输送机的能力，并成功地开发研制出多系列适应我国国情的综采和放顶煤工作面输送设备，基本满足国内市场的需求。

我国对输送设备监测系统的研究尚处于起步摸索阶段，但已有相关产品陆续发布，能够对刮板输送机油温、油位、冷却水流量和压力等参数进行监测并应用于实践。但是目前对跳链、堵转、掉链、断链、断刮板等常见故障，尚未见功能成熟的刮板输送机故障诊断系统的应用案例。因此，设计研发功能更加完善的刮板输送机状态监测系统以及开发可靠的故障诊断系统是国内各大刮板输送机生产商和研究院未来研究的主攻方向。

1.2.4 综采工作面自动化控制系统技术

英国国家煤矿委员会早在 1951 年提出“长壁综采工作面远程控制”（ROLF，Remotely Operated Longwall Face）研究项目，希望以机器取代人。经过研究开发，ROLF 系统于 20 世纪 60 年代早期开始实施。但是由于当时的科技没有发展到足以让 ROLF 系统实现的程度，大量的测试结果表明该系统缺乏成熟性而宣告失败。之后该组织继续对长壁综采工作面远程控制进行研究，开发了煤矿操作系统（MINOS，Mine Operating System），并进行试验。由于缺少关键的感知与计算机技术，MINOS 系统也在 20 世纪 80 年代中期被迫中止。

随着技术的发展，澳大利亚联邦科学与工业研究组织（CSIRO，Commonwealth Scientific and Industrial Research Organization）于 2001 年首次提出了长壁自动化控制（LASC）技术，采用军用高精度光纤陀螺仪和定制的定位导航算法获知采煤机的三维坐标，实现工作面自动找直等智能化控制。该技术于 2006 年在井下得到应用，促进了自动化技术的发展。2006 年，欧盟委员会批准了“采掘机械的机械化和自动化”专项基金项目，包括德国、英国、波兰、西班牙等国在内的研究机构相继开展了煤岩界面、防撞技术、采煤机位置监测等相关研究，并取得了丰硕成果。同年，美国久益（JOY）公司推出了虚拟采矿技术方案，以实现地面远程精准操控为研究目标。2009 年，英国曼彻斯特大学、德国亚琛大学、保加利亚普罗夫迪夫大学的相关研究机构开发了“煤领路者”系统，并在德国北莱茵威斯特伐利亚矿得到了成功应用。美国久益公司（JOY）和卡特彼勒公司（Caterpillar）在长壁开采自动化控制技术方面，通过各自建立的电液控制系统和工作面控制系统，融合 LASC 技术实现了简单地质条件工作面的自动化开采，工作人员减少到 3~5 人。

JOY 公司长壁综采自动化发展路线可以分为五个阶段，分别为：①先进的采矿技术，实现先进的煤机自动化，采用变频器、工业相机、倾角测量设备等，此阶段实现 9 人在工作面进行操作；②系统集成的自动化，长壁开采技术集成网络结构、数据管理、图像提取等技术；③杰出的系统控制，长壁开采系统实现防碰撞、设备姿态控制，全工作面实现自动化；④远程开采技术，实现从远程控制站操作，实现工作面自动化和可视化，此阶段实现 2 人在工作面端头实现远程操作；⑤地面采矿，实现虚拟采矿，此阶段实现透明工作面，工作面异常情况能够自行处理，长壁开采工作面实现完全自动控制，实现各设备姿态监测与控制。2015 年，艾柯夫（EICKHOFF）公司联合德国玛珂（MARCO）、德国贝克（BECKER）等公司，在俄罗斯建设了一套远程控制自动化薄煤层综采系统，已经接近于“无人工作面”。

我国综采工作面自动化控制系统最早由天玛智控公司于 2010 年成立项目组开始研发 SAM 型综采自动化控制系统，2011 年，SAM 型综采自动化控制系统取得矿用产品安全标志，开始推广应用，最新 SAM 型综采自动化控制系统如图 1-5 所示。

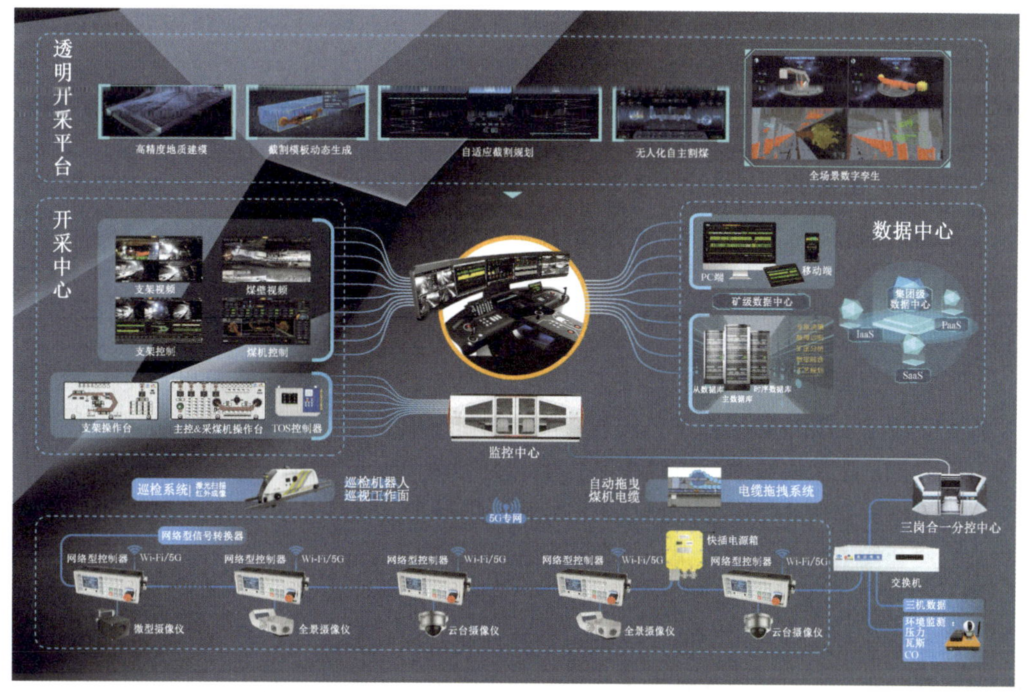

图 1-5　SAM 型综采自动化控制系统

综采工作面自动化控制系统将采煤机电控系统、支架电液控制系统、工作面“三机”通信控制系统、泵站控制系统（乳化液和喷雾泵站）、平巷带式输送机通信控制系统及供电系统有机结合起来，并接入矿井自动化控制系统的以太网，实现平巷胶带输送机及综采工作面设备的集中控制、保护、闭锁、沿线通信等功能，确保各设备协调、连续、高效、安全运行。2017 年 9 月，郑州煤矿机械集团股份有限公司的综采自动化控制系统开始工业性试验应用。

1.3 智能化采煤技术发展历程

智能化综采系统是指综采工作面采用了具有充分全面的感知、自学习、决策、自动执行功能的液压支架、采煤机、刮板输送机等机电一体化成套装备，实现了工作面的高度自动化远程监控和安全高效开采。在煤矿综采工作面生产设备具备单机自动化的基础上，智能化系统将设备与设备之间、设备与生产工艺之间、设备与生产环境之间进行综合协调控制，实现工作面生产过程中的综合协调控制。近年来，我国煤矿综采工作面智能化技术得到了快速发展，现有的煤矿综采智能化系统已经实现了煤流负荷智能控制、采煤机与液压支架的机架协同智能控制、采煤机截割速度与工作面瓦斯浓度的智能控制和工作面直线度智能控制等功能，采煤技术变革带来生产效率提高、作业人数下降和劳动强度降低，如图 1-6 所示。

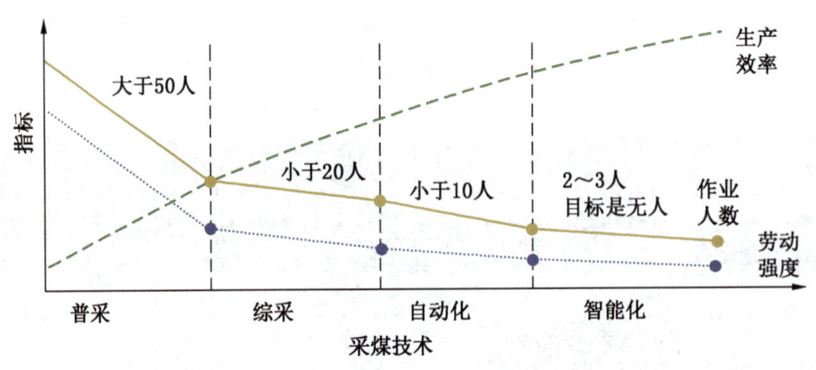

图 1-6 采煤技术变革对生产的影响

1.3.1 国外智能化现状

国外，在以智能化为核心的综采工作面开采技术方面，美国、德国和澳大利亚的煤炭企业智能化技术发展较早，综采工作面智能化的研究取得了一定的成果。通过采用计算机技术、采煤机记忆截割技术、电液控制技术和变频软启动技术等，在地质条件好的中厚煤层实现了工作面仅需 3~5 人的全自动化割煤，并探索实现工作面无人的智能化采煤。美国久益公司开发了基于计算机集成的薄煤层少人操作切割系统。

进入 21 世纪以来，国外煤矿开采追求“安全、高效、简单、实用、可靠、经济”的原则，其智能化采煤的技术思路是：通过钻孔地质勘探和掘进相结合的方式，描绘工作面煤层的赋存分布，通过陀螺仪获知采煤机的三维坐标，两者结合实现工作面的全自动化割煤。该思路可避开煤岩识别难题，以地质条件为载体，顶层规划自动化采煤过程。澳大利亚联邦科学与工业研究组织（CSIRO）承担了澳大利亚煤炭协会研究计划（Australian Coal Association Research Program，ACARP）设立的综采自动化项目，开展综采工作面自动化和智能化技术的研究。到 2005 年，该项目通过采用军用高精度光纤陀螺仪和定制的定位导航算法取得了三项主要成果，即采煤机位置三维精确定位（误差±10 cm）、工作面矫直系统（误差±50 cm）和工作面水平控制，设计了惯性导航采煤机自动化控制系统，并首次在澳大利亚的 Beltana 矿试验成功。2008 年，对惯性导航系统进行了优化，增加了采煤机自动控制、煤流负荷平衡、巷道集中监控等。在商业应用方面，CSIRO 研究组同久益、艾柯夫等采煤机供应商签署了协议，将这项技术集成到对应的采煤机上，实现快速商用。

综上所述，国外煤矿综采工作面智能化技术发展主要经历了以下三个阶段：①多机多人遥控阶段。20 世纪 80 年代，美国、澳大利亚的煤炭企业基于计算机控制技术，实现了大功率电牵引采煤机、电液控制液压支架和具有软启动功能的刮板输送机工作面自动化遥控作业及井下环境安全信息实时监测；②记忆截割和单人操作阶段。20 世纪 90 年代至 2010 年，美国久益公司研发的以记忆割煤、防撞技术、全自动化支架电液控制系统、工作面远程集中监控系统为代表的综采工作面自动化技术被广泛推广。该技术仅需一人在工作面内进行“示范刀”及人工干预操作，大幅减少了工作面作业人员；③综采工作面智能化研究阶段。2000 年以来，以惯性导航技术、热红外线煤岩识别技术、虚拟现实技术、多传感器融合技术为代表的综采工作面自动化技术使综采工作面的智能化成为可能，由地面控制中心对综采工作面进行远程操作、监控及管理。

1.3.2　国内智能化现状

“十二五”以来，国家加大了智能化的支持力度，在“863 项目”“973 计划”及智能制造装备发展专项支持下，我国的智能化采煤技术取得了突飞猛进的进展，实现了液压支架电液控制系统、采煤机记忆截割与可视化远程干预控制相结合的智能化无人开采技术模式，攻克了液压支架自适应控制、工作面“三机”协调联动、自动化放煤等关键技术难题。

2012 年在红柳林煤矿推出了首个智能化工作面，并在 2014 年全国煤炭行业两化深度融合型智能矿山现场会上进行了示范。2013 年，国家“863”计划项目《煤炭智能化掘采技术与装备（二）》立项。其课题《综采智能控制技术与装备》，自主创新研究综采工作面的智能控制技术和研制智能控制装备，重点突破综采设备姿态定位、综采设备安全感知防碰撞、工作面自动找直控制、视频图像拼接处理等综采智能关键技术，重点开发一套集检测、控制，视频、音频、通信于一体的综采工作面智能控制装备，形成综采智能化技术体系。2015 年 6 月，国家安全监管总局发布了关于开展“机械化换人、自动化减人”科技强安专项行动的通知（安监总科技〔2015〕63 号）。提出通过“机械化换人、自动化减人”示范企业（矿井）建设，建立较为完善的“机械化换人、自动化减人”标准体系。2017 年，国家标准《智慧矿山信息系统通用技术规范》（GB/T 34679—2017）发布；2018 年，国家标准《煤炭工业智能化矿井设计规范》（GB/T 51272—2018）发布；2020 年，《智能化煤矿（井工）分类、分级技术条件与评价》（T/CCS 001—2020）、《智能化采煤工作面分类、分级技术条件与评价指标体系》（T/CCS 002—2020）等标准发布，为智能化工作面分级评价提出了科学依据。我国煤矿智能化建设不断加快，各省、煤矿企业都在积极发展煤矿综采工作面智能化，综采工作面智能化采煤正逐步走向普及化、规范化和标准化。2015 年，全国只有三个智能化采掘工作面，2017 年达到 47 个，2018 年发展至 70 多个，2019 年达到 275 个，2020 年达到 494 个。2020 年 12 月，确定了 71 处煤矿作为国家首批智能化示范建设煤矿，根据国家能源局等有关部门规划，到 2025 年全部大型煤矿综采工作面基本实现智能化。

根据煤炭行业发展的特点，结合 2030 年重点煤矿区基本实现工作面无人化的智能化采煤目标，将智能化采煤划分为以下四个阶段，如图 1-7 所示。

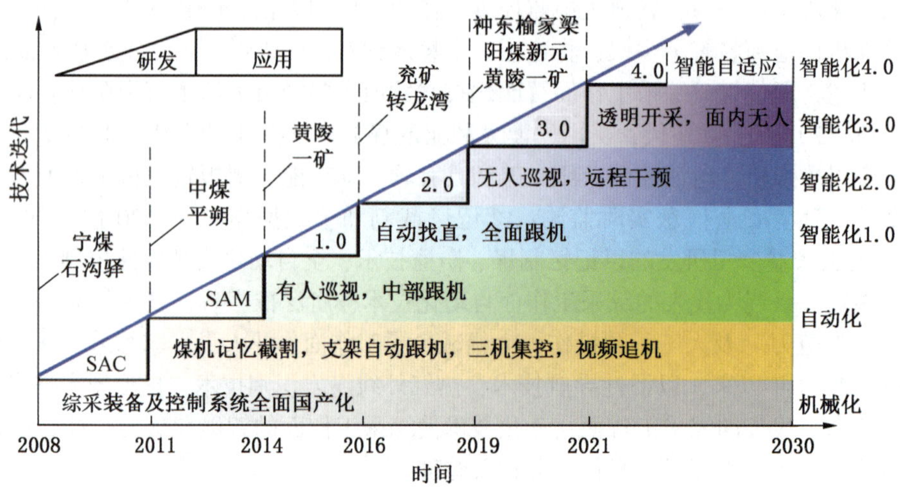

图 1-7　我国智能化采煤技术发展历程

1. 智能化采煤 1.0

以“可视化远程干预”为特点，这一阶段攻克了可视化远程采煤等技术难题，提出了“自动控制+远程干预”的智能化采煤模式。以采煤机记忆截割、液压支架自动跟机及可视化远程监控为基础，以生产系统智能化控制软件为核心，实现在地面（工作面巷道）综合监控中心对综采设备的智能监测与集中控制，确保工作面割煤、推刮板输送机、移架、运输、灭尘等智能化运行，达到工作面连续、安全、高效开采。

2. 智能化采煤 2.0

以“工作面自动找直”为特点，这一阶段采用引进的 LASC 技术研发了设备运行轨迹检测技术。以此为基础，可实现综采工作面直线度的有效控制，为综采工作面的连续顺利推进创造条件。随着控制精度的提高，依托惯导特性的采煤机具有更高的控制精度，可在复杂条件下实现工作面自动化生产模式常态化运行。

3. 智能化采煤 3.0

以“透明工作面”为特点，这一阶段通过精准地质信息的应用，实现地球物理数据和综采工作面回采数据的自动采集、处理和解释，建立精准四维动态地质。基于“透明工作面”，综采工作面所有运行设备全息信息展示于一张图上。综采工作面智能化采煤系统具备自动分析优化回采方案，具备根据相关信息动态调整综采工作面产量能力。

4. 智能化采煤 4.0

全智能自适应开采阶段，这一阶段各项技术提升至全新的水平。通过感知技术形成对环境、装备状态的全面认知，通过系统集成控制技术达成对执行装备的操控。基于“透明工作面”条件下的智能化采煤大数据，通过不断进行深度学习，形成“感知—分析—决策—控制”全智能化采煤策略。采用机器视觉、多源信息融合与三维物理仿真等技术对所采集数据进行智能分析，使系统能够自主认知并理解工作面环境与装备的实际状态。在此基础上，通过煤机滚筒自适应调高、直线度控制与上窜下滑控制等智能决策控制技术进行开采决策与执行控制，从而实现真正的智能化采煤。

1.3.3 可视化远程干预阶段

2014 年，黄陵一号煤矿 1001 工作面率先应用综采智能控制系统（SAM 型）开始智能化采煤。1001 工作面煤层厚度为 1.1~2.75 m，平均采高为 2.22 m，为中厚偏薄煤层，工作面长度为 235 m、走向长度为 2280 m。控制系统配套使用液压支架电液控制系统（SAC 型）和采煤机自动化控制系统，实现了“无人操作、一人巡视”可视化远程干预型智能化采煤，达到了“工作面运输巷监控中心 2 人可视化远程干预控制，工作面内 1 人巡视”常态化运行的效果，月产量达 17.03×10^4 t，年生产能力达 2 Mt 以上，生产效率提高了 25%，工作面内生产作业人员由 11 人递减至 3 人，年节约人工成本 700 多万元，安全生产水平获得较大提升。图 1-8 为第一套智能化工作面的运行情况。

图 1-8 国内第一套智能化综采工作面运行

2015 年，全国煤矿自动化开采技术现场会在黄陵矿业公司召开。现场会上展示了黄陵一矿实现工作面以采煤机记忆割煤自动化控制为主，液压支架以跟机自动化控制为主，工作面设备自动运行，操作人员在远端监控中心视频监视远程干预为辅的自动化生产模式。

从严格意义上讲，智能化采煤 1.0 并未完全实现工作面无人化开采，工作面综采自动化结合远程可视化干预的技术模式为无人化开采提供了一条切实可行的技术途径。监控中心远程采煤成为现实，可以常态化生产；地面采煤成为可能，在条件许可的情况下间歇式连续生产；工作面内可以做到无人操作，必要时，人员进入工作面巡视。在智能化采煤1.0阶段，可达到以下两点效果：一是将工人从操作工变成巡检工，由设备的自动化替代人工劳动，大大降低了工人的劳动强度；二是将工人从危险的工作面采场解放到相对安全的顺槽监控中心，在监控中心对设备进行远程操控，提高了工人的安全系数。

1.3.4 工作面自动找直阶段

2016年，兖矿集团转龙湾煤矿23303智能化工作面开展了基于惯性导航系统的工作面直线度检测及控制技术研究。图1-9为国内第一套惯性导航自动检测与矫直工作面试验情况。

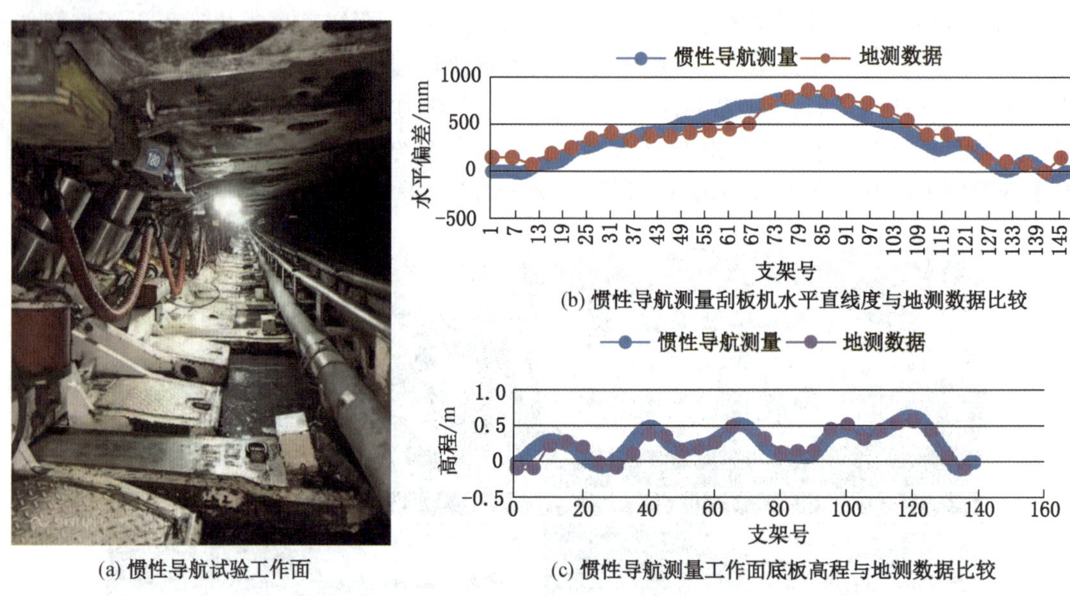

图1-9 国内第一套惯性导航自动检测与矫直工作面试验情况

23303工作面长度为295.35 m，推进长度为3039.7 m，煤层厚度为2.4~4.3 m，平均煤厚为3.35 m，倾角为0°~3°。转龙湾煤矿23303工作面采用SAC型液压支架电液控制系统和SAM型综采自动化控制系统，在2017年2月25日—3月6日智能化生产试验期间，通过自动找直实现了连续多刀作业无人干预的自动生产，连续10天实现了原煤产量平均达到3×10^4 t以上，工作面具备了年产10 Mt的生产能力，建立了3~4 m中厚煤层年产千万吨的配套模式，在该煤层条件下达到年产千万吨级的水平。

项目在工业性试验期间，系统运行可靠，每班可减少操作工人5人，最高日产达到3.78×10^4 t，最高月产90.13×10^4 t。从此，我国煤矿开始了工作面设备协同控制、自动找直、工作面巡检机器人等多项技术研究，并取得了成功的经验。

在智能化采煤2.0阶段，积极开展装备顶层设计，提升成套性能；自主开发、攻克薄煤层工作面高效生产技术；引进高端采煤机，自主开发与之配套的刮板输送机、液压支架和自动化控制系统；通过引入工作面直线度检测技术，为“可视化远程干预型”无人化开采模式提供了更加有效的综采工作面管控手段。

这一阶段，开始重视智能供液系统一体化设计，实现成套装备的水处理、冷却系统、喷雾系统与介质清洁度保障系统一体化设计，攻克了 630 L/min 电磁卸载阀、适用于纯水介质的高强度整体式不锈钢泵头、陶瓷柱塞等关键元部件技术瓶颈，打破了国外的技术垄断；成功研制出国内首台具有自主知识产权的 630 L/min、40 MPa 五柱塞乳化液泵站。逐步推广应用千兆工业以太网通信平台及标准协议，建立了覆盖工作面的无线通信网络平台。

1.3.5 透明开采阶段

2018 年，在国能神东榆家梁煤矿 43101 工作面，开展了基于精确三维地质模型和扫描构建工作面绝对坐标数字模型的自主智能割煤技术研究。43101 工作面长度为 351.42 m，推进长度为 1809.4 m，煤层厚度为 1.0～1.7 m，平均厚度为 1.47 m，工作面采高为 1.4 m，倾角为 1°～3°，可采储量 1.141 Mt。工作面于 2018 年 10 月具备生产条件投入正常生产，至 2020 年 5 月该工作回采完毕，连续安全生产 19 个月。在常规综采自动化控制系统、电液控制系统配套基础上，重点实践了自主割煤、智能巡检机器人、电缆拖拽等关键技术，实现了常态化无人操作连续生产应用，常态化生产过程自动化使用率不低于 85%，建立了工作面中部 1 人巡检常态化生产作业模式，实现生产班下井人数从原来的 10 人减为 6 人，直接生产工效提升约 15.08%，成功打造“无人操作、有人巡视”的开采典范。

2019 年 12 月 30 日，国家重大技术装备办公室重大装备技术简报（2019 年第 24 期）以“我国煤矿综采智能化取得重大突破”为题，报道了神东煤炭集团公司、天玛智控公司等单位在神东榆家梁煤矿建成了我国首个无人巡视、自主割煤的智能无人化工作面，标志着我国煤矿综采智能化取得了重大进展。

项目实现了多项技术创新，一是突破了基于精确三维地质模型和扫描构建工作面绝对坐标数字模型的自主智能割煤技术，通过对比工作面精确三维地质模型和高精度实测模型，在综合分析煤层变化趋势、工作面平直度、当前割顶底情况、采煤机运行等大数据基础上，通过优化算法制定后续 10 刀的割煤策略，并实时优化采煤机下一刀滚筒调整曲线，实现自主智能割煤。二是构建了可动态自优化的工作面精确三维地质模型，通过定向钻孔勘探工作面的顶底板煤岩分界线技术，获取工作面顶底板数据，在综合矿井地质勘探钻孔、开切眼、回撤通道及工作面巷道等实测地质信息的基础上，预先构建了可动态自优化的工作面精确三维地质模型，精度达 0.2 m，实现前方预采“黑匣子煤层”的透明化。三是成功研制了轨道巡检机器人，该机器人最大巡检速度 60 m/min，搭载了三维激光扫描仪、红外及可见光双视摄像机、拾音器等设备，能够对全工作面进行三维扫描，构建出工作面高精度实测模型；同时还能够自动识别工作面设备发热、异响等问题，实现代人巡查，为远程干预控制提供支撑。四是成功研制了采煤机电缆自动拖缆装置，该装置实现了电缆沿采煤机牵引方向、与采煤机同步自动收放控制，解决了薄煤层采煤机电缆多层叠加长期制约自动化运行的难题，有效保证了无人化割煤过程中采煤机的高效自主运行。

在智能化采煤 3.0 阶段，从以工作面自动找直技术为关键技术的设备为代表的自适应智能化采煤阶段向基于透明工作面的智能化采煤阶段发展。这一阶段，许多新技术被引入应用，许多新装置进行研发应用。依托国家重点研发计划项目“煤矿智能开采安全技术与装备研发”，开展基于透明工作面的智能化采煤技术研究与装备的研制，实现“透明采煤”目标。基于透明工作面的运行控制过程如图 1-10 所示。

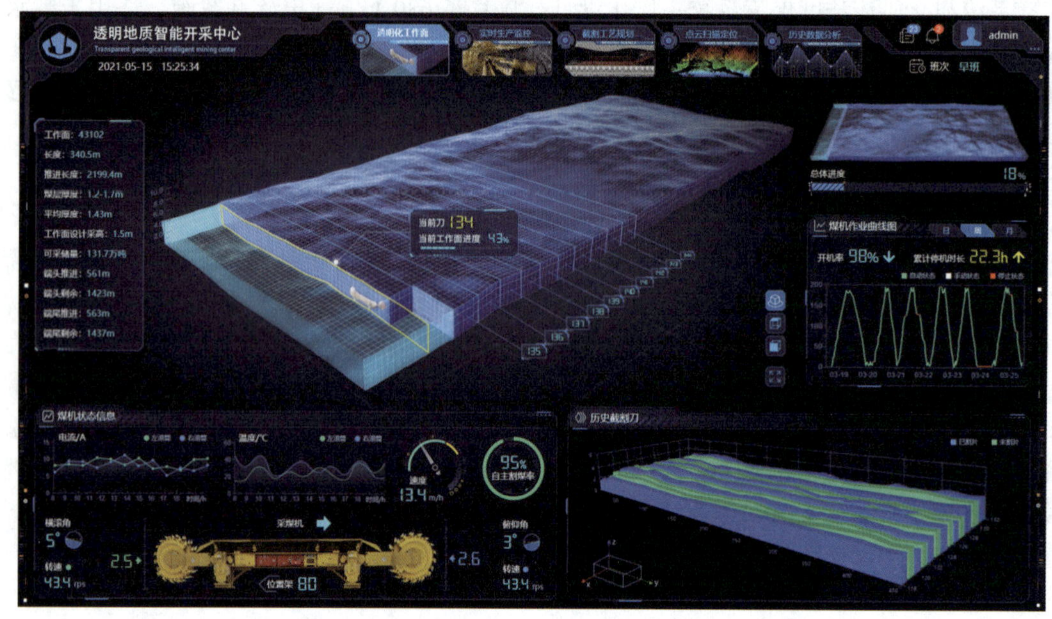

图 1-10 以透明工作面为核心的自主截割工艺开采控制

1.4 智能化采煤技术存在问题和解决方案

智能化采煤是分阶段逐步实现的，从技术到装备的进步是促进煤矿智能化采煤的重要保障。在智能化无人开采技术的实现道路上，仍然存在许多尚未解决的问题：目前智能化采煤已经在向第 3 阶段过渡，仍须在管理观念、投入力度、研发团队建设等多方面下大功夫。在智能化采煤 4.0 阶段，随着各项先进技术的应用，制约智能化采煤的各项技术逐步解决，智能化采煤在更大范围内实现深度应用。随着各种先进技术的逐步推广应用，智能化采煤必将在不远的将来达到新的高度。

1.4.1 存在问题

由于煤矿工作面开采条件的多样性与复杂性，以及现阶段设备可靠性与系统稳定性等因素，在智能化采煤实际应用过程中，还存在理论滞后、标准不健全、装备保障不足、人才匮乏、常态化运行无法保障等问题。

(1) 设备选型。针对不同地质条件，按照智能化工作面设备评价标准进行工作面设备选型，根据工作面地质条件、运行环境。选择适宜的设备，配置相应的智能化传感器，实现相应的智能化功能。就这个问题，不是所有的煤矿机电管理人员都能够掌握好，为此，本书对设备智能化选型配套进行专题叙述，如大采高工作面。护帮板应配置防片帮控制系统，大倾角工作面应设置伪斜控制系统。

(2) 设备配套。根据工作面生产条件、生产能力、设备智能化能力进行设备配套。目前，智能化工作面设备配套缺乏对智能化系统的综合成套化和整体集成的研究，需对生产能力、地质条件、几何结构、工作性能、使用寿命与开采工艺等方面进行综合考虑，在综采工作面各设备单机的层级上建立一个基于以太网的通信网络层，将各单机子系统数据进行汇集，建立综采工作面设备及其生产环境监控数据库，并在综采工作面设备间、设备与环境间、设备与工艺间、设备生产过程间，进行多维度的分析、处理、决策与控制，建立完善的监控调度控制中心，实现对工作面设备的统一协调作业。

（3）可视化。工作面恶劣环境下，摄像机清晰度受粉尘、水雾影响较大，尤其是逆风开采时，难以看清煤岩界面及采煤机滚筒上沿与支架顶梁间的干涉关系，通过视频远程干预采煤机进行常态化开采困难较大，实际应用中仍以人工现场干预为主。

（4）液压支架自适应难题。液压支架智能化控制并未达到理想的应用效果，仅在条件较好的少数矿区工作面开展阶段性的应用，不能作为主流生产模式长期运行。主要问题是液压支架跟机自动化程序、流程及参数的静态化与单一化，不能适应多变的工作面环境、设备和配套供液系统的要求，集中表现为丢架及移架不到位，不能满足采煤机高速割煤，液压支架快速推移的要求。综采队技术人员不能根据现场开采条件变化及时调整设备的工艺参数和控制程序，使控制系统不能适应多变的开采环境。

（5）采煤机自适应难题。采煤机记忆截割技术只适用于条件较为简单的工作面。由于煤矿井下煤层条件是在不断变化的，在工作面煤层条件变化时，采煤机司机还需要重新进行示范刀割煤，修改记忆曲线，故记忆割煤技术不能普遍适用于整个工作面的开采。

（6）易操作性。操作工人不能熟练掌握智能化设备工作原理、控制参数，对设备的故障判断不准确，维修不到位，不能及时排除智能化设备故障，造成设备智能化功能不能够有效发挥出来。此外，工人无法掌握判断设备运行故障，致使故障范围扩大，影响设备的自动化、智能化性能的发挥。

（7）生产工程质量。缺乏对工作面自动找直的控制。在日常生产作业过程中，在一个小班的生产过后，如现场人员未在工作面干预，就可能出现工作面输送机、煤壁不平等情况，达不到工程质量要求的“三直两平”，此外，采煤队工人还未能掌握较为复杂的参数调试和数据分析技术，使得工作面智能化功能无法发挥长期有效的作用。

（8）上窜下滑难题。缺乏对两巷协同推进、工作面输送机上窜下滑的监控，仍需作业人员根据工作面现场情况人工调整。

（9）设备可靠性。综采工作面成套装备、执行机构、控制元件以及传感器的可靠性仍有待提高，综采工作面智能化系统缺乏行业标准，接入控制系统良莠不齐，总体系统可靠性、控制及时性难以保障。

（10）复合型人才短缺。煤矿开采相关人才招纳依旧是整个操作流程当中至关重要的，拥有完备智能化技术知识的相关人才稀少，降低了智能化技术运用提升效果。

1.4.2　解决方案

近年来，在人工智能、大数据、物联网等新技术的驱动下，我国煤矿智能化建设迅速发展，取得了令人瞩目的成绩，智能化采煤工作面由全国最初的 3 个发展至 494 个，一些大型煤炭企业依靠资金、技术和人才优势，基本形成了涵盖先进综采、综掘、监测、装备制造的运营体系。但总体来看，我国煤矿智能化发展起步较晚，煤矿总体水平参差不齐，还存在关键核心技术与装备不足、智能化专业人才匮乏、相关标准缺失或不完善等问题。

我国煤矿智能化发展尤其是智能综采还有很长的路要走。

（1）加强智能采煤基础理论研究。煤炭开采地质条件复杂，其探测感知、信息传输以及矿山开采一直处于信息不透明、行为不确定、系统不关联的状态，造成了矿山生产预测难、监控难、效率低、安全事故多等问题。以煤矿智能化基础原理、模型和算法为重点布局智能采煤基础理论：一是时空变化条件下的矿井地质精准建模理论方法；二是面向矿井复杂环境的自适应感知理论方法；三是矿山多源异构数据融合及信息动态关联理论方法；四是复杂条件下采煤设备群的智能控制理论方法；五是面向复杂环境的动态协同控制与决策理论方法。

（2）强化智能采煤关键技术攻关。聚焦“卡脖子”技术难题，建立煤矿智能化采煤技术体系以智能采煤装备和机器人为基础，以数据和算法为核心，全面提升智能采煤感知、数据处理、装备系统、智能控制等能力，突破智能采煤共性关键技术：一是4D-GIS透明地质技术；二是视频高效处理及VR技术；三是大容量快速通信技术；四是精确定位与设备导航技术；五是运输系统连续化和无人化技术；六是高可靠性智能采煤装备（终端）技术；七是采煤机器人路径规划与长时供电技术。

（3）进行智能采煤重大装备研发。我国煤炭企业基础装备数字化、智能化水平偏低，尤其是部分企业采煤装备的可靠性不高，极大制约了煤矿智能化建设进程。同时，随着我国煤炭开采重心的西移，还需要研发满足西部煤矿安全高效集约化生产的大功率、高强度装备，如厚煤层综采成套技术装备、薄煤层自动化综采成套技术装备等。

（4）制定和完善智能采煤相关技术标准体系。我国煤矿智能化相关技术标准与规范处于起步阶段。现有智能采煤相关标准主要针对各关键设备的基本安全与生产要求进行制定，对智能化系统的标准制定相当稀缺，且各大企业及研究机构对智能采煤制定了部分设计和系统建设的国标、行标和企标，未能全面考虑智能化煤矿总体建设体系，具有一定的片面性和局限性。基于智能采煤工作面建设要求，从通用基础、支撑技术与平台、信息互联网、控制系统及装备、安全监控系统、生产保障等6个方面对智能采煤标准体系进行设计。同时，积极应用5G、工业互联网等新技术。

（5）强化智能采煤各类平台支撑作用。建立国家级智能采煤技术创新研发实验平台。鼓励引导政府、企业、社会资本建立基于大数据、云计算、人工智能与煤炭产业深度融合的“双创”平台，培育一批煤矿智能装备制造企业技术中心、工程技术中心、“一企一技术”研发中心和创新企业，充分汇聚整合煤炭企业、互联网企业等“双创”力量和资源，促进知识、技术、信息、数据、人才、资金等要素跨区域、跨行业、跨领域高效流动与融通发展，系统提升行业持续创新能力。

（6）着力培养高端智能采煤人才。煤矿智能化发展必将颠覆煤炭行业传统的就业格局，煤矿一线更加迫切需要具备煤炭开采、信息技术、软件管理、人工智能等相关知识的复合型技术人才，迫切需要一支技术过硬、富有创新精神的技能型队伍。我国人工智能产业人才总量不足，高端数据科学家严重缺失。近年来，煤炭企业人才流失严重，行业高校部分专业招生困难，煤矿采掘一线招工接替问题较为突出，专业人才的短缺严重影响了煤矿智能化发展。目前，行业高校的本科、研究生培养层次均设置了煤矿智能化相关专业，包括机器人工程、智能制造工程、物联网工程等，涵盖了煤矿智能化建设的所需专业。部分高校还按照新学科建设要求，将采矿工程等传统优势专业升级为智能采矿专业。国家有关部门和煤炭企业应着力加强煤炭行业从业人员的信息化、智能化知识培训，支持和鼓励更多的行业高等院校、职业技术学校开设煤矿智能化相关专业课程，培育一批精通采矿工程、软件工程、信息与计算科学、人工智能等专业的复合型人才，建设知识型、技能型、创新型人才队伍，形成推动煤矿智能化建设的新动力。

2　智能化采煤控制技术

采煤方法从人力、炮采和普采的初期水平，进入了综采阶段，大大提高了煤炭生产效率，但综采装备操作和生产监控还离不开现场人工作业。随着传感、通信、控制、软件、大数据、云计算、人工智能等电子信息和智能技术引入综采工作面，综采装备具备了精确感知、自主决策和自动执行功能，从而实现了工作面少人或无人条件下的连续、安全和高效开采，进入了智能化采煤阶段。本章从感知、决策、执行、运维等四个方面介绍智能化采煤控制技术体系，阐述相关技术原理及智能采煤工艺，为智能化采煤控制系统应用奠定技术基础。

2.1　智能化采煤工作面和采煤模式

以数字化、自动化和智能化等技术手段，将人工智能、物联网、大数据和机器人等新兴技术应用于采煤工作面，形成全面感知、实时互联、自主学习、协同控制的综采自动化、支架电液控制和集成供液等三大智能化系统。以“有人巡视、无人操作”和机器人巡检两种模式为主，辅以远程人工干预的少人和无人开采智能化新工艺，构建智能化采煤工作面，为煤炭开采本质安全生产提供了技术和装备保障。以智能化技术构建的综采工作面生产系统如图 2-1 所示。

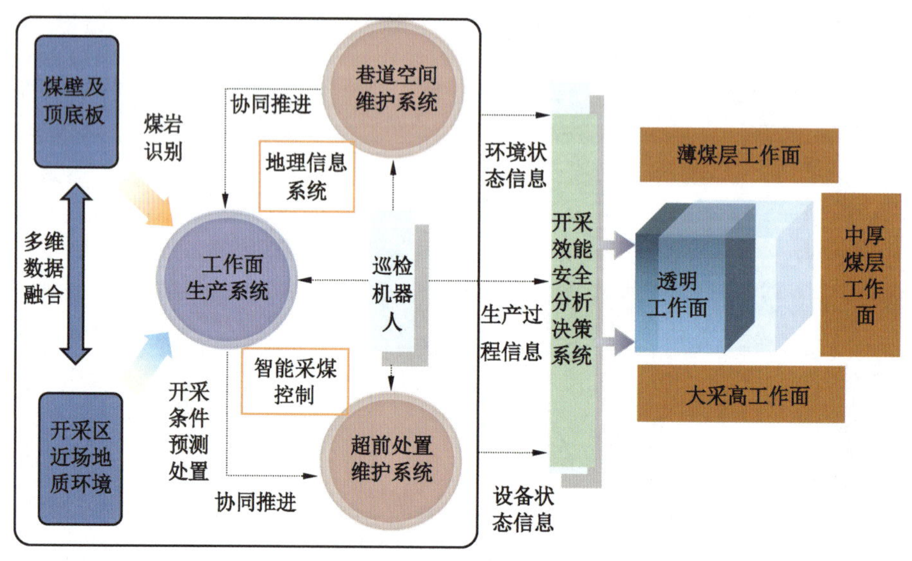

图 2-1　智能化采煤生产系统组成

2.1.1　智能化采煤工作面定义

智能化采煤工作面是指以数字化、自动化和智能化等技术手段，综采装备具备精确感知、自主决策、智能控制和自动执行能力，以自动控制为主、远程干预为辅的自适应采煤方法，实现采煤、支护和运输作业自适应高效运行的采煤工作面。

在综采常规技术基础上，引入以视频网络、电液控制及远程监控等新技术，构建工作面智能化数据平台和远程控制平台，在集控中心对工作面开采的全程可视化操作和监测监控，地面智能化集控中心全面呈现井下采场的生产实时状况，形成智能化采煤控制系统。其组成如图 2-2 所示。

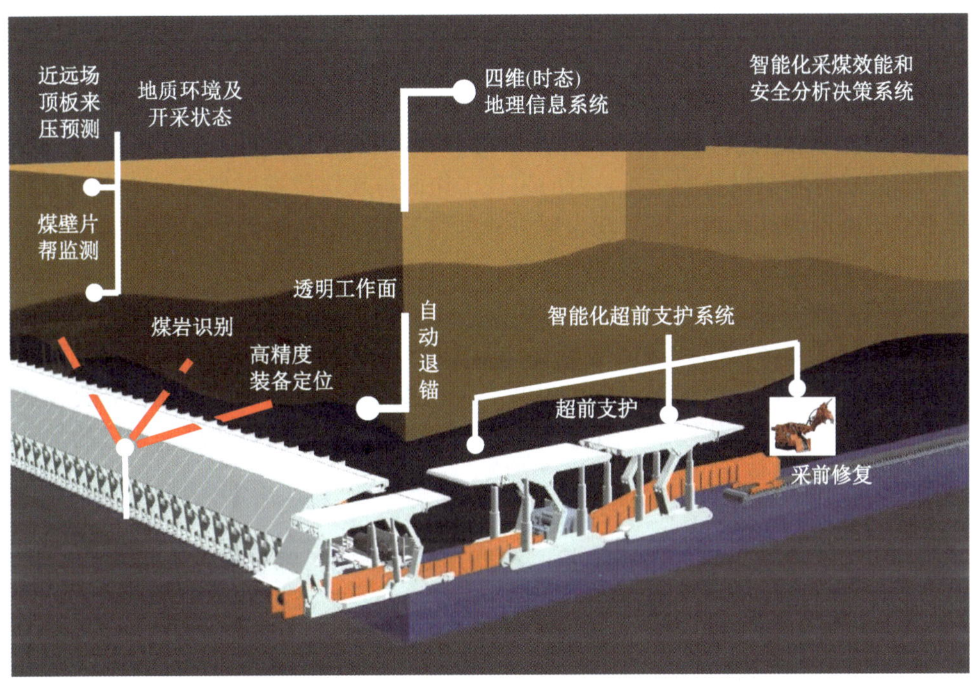

图 2-2　智能化采煤控制系统

根据当前采煤工作面智能化技术和装备水平，重点研发了采煤自动化、支护电液化和供液集成化等技术装备，将智能化采煤工面控制分为智能化采煤控制、液压支架电液控制和集成供液控制等三个系统。

（1）智能化采煤控制系统，包括工作面单机设备层、巷道监控中心的集中控制层、地面监控中心一键启停集中控制层。系统利用工作面的综合接入器、光电转换器和交换机，建立一个统一开放的工作面千兆工业以太网控制平台，将采煤机控制系统、液压支架电液控制系统、工作面运输控制系统、泵站控制系统及供电系统有机结合智能控制，实现对采煤工作面设备的协调管理与集中控制。采煤工作面实现集视频、语音、远程集中控制为一体的智能化控制系统，实现工作面采煤机、刮板输送机和液压支架等设备的联动控制和关联闭锁等功能。

（2）液压支架电液控制系统，由液压支架控制器、传感器、工业摄像机、电磁阀组以及远程监控中心等组成，能够完成液压支架单架单动作、单架自动动作、成组单动作、成组自动动作、自动跟机等，具有本架控制、邻架控制、遥控控制及远程控制等功能，是集计算机、通信、控制、传感和液压等技术于一体的液压支架控制系统。

(3) 智能集成供液系统，是指集泵站、电磁卸载自动控制、泵站智能控制、变频控制、多级过滤、自动补液（水）、乳化液自动配比、系统运行状态记录与上传于一体的智能化集成供液系统。

2.1.2 智能化采煤模式

在采煤工作面应用数字化、自动化和智能化技术，使开采模式充分体现出智能化特征，提升智能化开采效率，以此推进采煤工作面由劳动密集型向技术和人才密集型转变。总结智能化采煤工作面的研究和实践经验，分为三种智能开采模式。

1. 可视化远程干预

通过工作面视频、通信和计算机等技术构建监控一体化平台，实时监控工作面“三机”运行和开采场景的采动过程，操作人员远程实时控制工作面、采煤机滚筒、液压支架、刮板输送机等相关设备的运行，及时发现工作面与规划截割出现的偏离情况，通过远程操作平台不断地调整和纠正，实现人把人从危险工作场所撤离到相对安全的巷道，进一步地可以在更安全的地面进行远程生产作业。

2. 数字化记忆割煤

在采煤工作面数字化和自动化基础上，通过人工就地操作采煤机，进行示范性学习、记忆，实现在下个循环自动割煤。自动割煤要求采煤机具备自动调高功能，需要在液压支架电液控制系统基础上，建立采煤机三维精确定位导航系统，能够实现采煤机的水平定位和滚筒高度检测功能。

3. 透明开采

透明开采模式涉及采场的智能捕捉、智能感知、智能追踪、智能处理和视频拼接技术，以及远程实时展现技术。该开采模式结合开采前和开采过程中的地质勘探数据，预先获取煤岩层倾角、断层、褶曲等构造特征，结合不断变化的采动场景，实时更新工作面三维模型，使工作面生产透明化。

2.2 智能化采煤控制方法和控制技术

2.2.1 集中控制方法

以集控中心为控制核心，对工作面设备实施集中控制，包括采煤机、液压支架、刮板输送机、转载机、破碎机等主要设备和泵站、开关等工作面辅助设备，通过记忆割煤、跟机自动化、智能变频等技术对采煤机、液压支架和刮板输送机实施控制，实现综采设备的智能化运行；通过集成供液技术实现对泵站和开关的智能控制。采煤工作面集中控制方法将记忆截割、支架自动跟机和视频跟踪看成一个整体的采煤控制工艺，实现采煤生产的整体协调、安全保护与集中控制。

2.2.2 可视化远程控制方法

可视化远程干预型智能化采煤控制技术，以采煤机、液压支架、刮板输送机等设备为控制对象，通过建立以巷道集控中心为控制枢纽的智能控制系统，实现采煤工作面的智能化控制。工作面可视化技术就是将采场环境成像并传输至远离工作面的监控中心，使操作人员在远端即可对工作面生产情况了如指掌，“身临其境”般地对工作面设备进行操控，从而实现可视远程控制采煤。以全工作面的视频系统为监视手段，操作人员在监控中心实时监视智能化采煤过程中的设备，对智能化运行过程中没有按照程序要求完成的设备进行实时人工远程干预，可视化远程干预型智能化采煤关键控制技术的关键逻辑如图 2-3 所示。

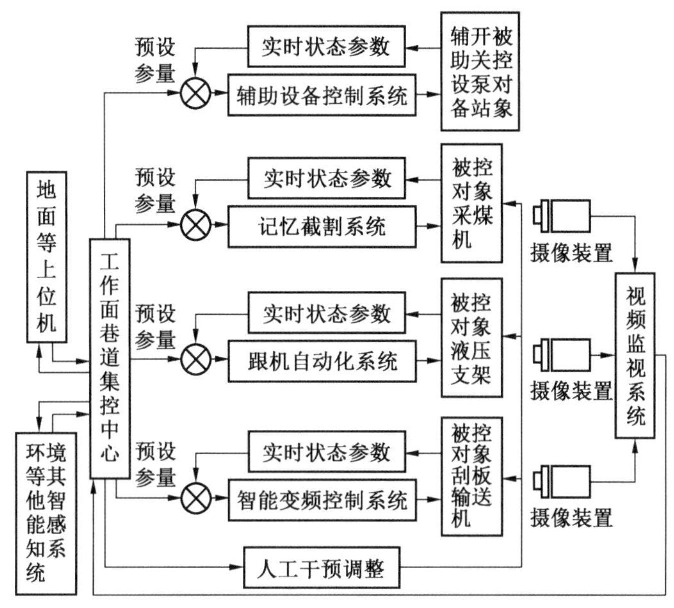

图 2-3　可视化远程干预控制逻辑

可视化远程控制以巷道集控中心为核心，集中控制工作面设备生产作业，包括采煤机、液压支架、刮板输送机、转载机、破碎机等主要设备和泵站、开关等工作面辅助设备，通过记忆割煤、跟机自动化、智能变频等技术对采煤机、液压支架和刮板输送机实施控制。

2.2.3　自适应智能控制方法

智能截割系统实现了采煤机启停、牵引速度和运行方向的远程控制，实现了运行工况及姿态检测、机载无线遥控、精准定位、记忆截割、“三角煤”机架协同控制割煤、远程控制、故障诊断和环境安全联动控制。

采煤机远程控制系统主要由采煤机远程控制系统软件和采煤机操作台实现。采煤机远程控制系统软件安装部署在巷道监控中心采煤机监控主机上。监控中心操作人员还可以使用采煤机操作台通过监控主机与采煤机系统进行通信，可以在采煤机监控主机上观察采煤机运行工况，同时使用采煤机操作台，将控制命令发送给采煤机进行控制，实现对采煤机的远程控制。视频摄像机实时追踪采煤机滚筒、识别煤层与液压支架，当工作面粉尘较大时，可以使用红外热成像摄像机观察采煤机滚筒割煤场景，视频图像自动完成全景拼接并实时推送给巷道和地面监控中心，监控中心的远程操作人员可以全方位的观察采煤机割煤场景，便于远程干预控制。

采煤机远程控制系统软件通过采煤机系统获取采煤机运行数据，并上传地面计算机服务器，对采煤机运行状态进行实时监测。在采煤机远程操作台上通过采煤机“心跳”检测和远程安全确认等方法建立起了采煤机远程操作的安全体系，以确保采煤机远程操作时，使被控的工作面设备及其人员环境始终处于安全状态。

采煤机远程系统软件具体功能包括采煤机状态远程监测、电机启停控制、采煤机控制、截割路径规划等功能。

（1）远程监测功能实现各控制单元的运行参数、保护、报警事件的监测。

（2）电机启停控制功能能实现各控制单元的启停操作、控制命令的有限状态机验证和安全保护等功能。

（3）采煤机控制功能能调节采煤机运行状态。

（4）截割路径规划功能实现基于记忆截割和远程修正的截割路径连续调节功能。

2.2.4　智能化采煤控制技术

建设智能化采煤工作面，依赖于数字化、物联网、云计算、大数据和人工智能等先进的自动化技术，赋予工作面机电液装备具有智能感知、智能决策和自动运行功能，通过建立覆盖工作面生产流程的智能控制技术体系，实现工作面生产的采支运维的智能自适应协同生产。按照智能化采煤工作面在精确感知、自主决策、自动执行和智能运维的技术需求，所建立的智能采煤控制技术体系如图 2-4 所示。

智能化采煤系统主要由智能感知、智能决策、智能执行和智能运维四个环节组成。其中：

（1）智能感知：通过感知地质条件、装备工况、开采环境，改变传统的综合机械化开采以及当前基于可视化远程干预的开采模式中依靠人工进行“看”来感知工作面的形式。

（2）智能决策：通过数据汇聚并结合以装备行为“准则”、工艺开采“依据”为支撑的开采决策控制模型，基于大数据分析、人工智能等技术应用，形成决策思想来替代原有依靠人工进行“想”的环节。

（3）智能执行：依靠以成套装备为基础的自动化、智能化执行来实现“动”的需求。

（4）智能运维：最后在大数据分析与历史数据挖掘的支撑下实现对开采装备、控制系统的有效维护，达到“稳”的目标。

实现智能化采煤工作面，需要对采煤机、液压支架和刮板输送机等设备及工作面煤岩层的智能感知、智能决策、自主控制和自动执行，采用了先进的传感、通信、控制、大数据、云计算和人工智能等关键技术如下：

（1）液压支架全工作面跟机自动化控制技术与视频监视技术、远程干预技术相结合，构建了全工作面液压支架自动化控制技术基础平台。通过监控中心远程操作台对液压支架进行人工干预，以满足复杂环境下液压支架的智能化控制。

（2）采煤机全工作面记忆截割技术与视频监视、远程干预技术相结合，构建了工作面采煤机自动化控制技术基础平台。通过监控中心远程操作台对采煤机进行人工干预，以满足复杂环境下采煤机的智能化控制。

（3）综采工作面视频监控技术是实现工作面远程集中控制的基础。通过视频监视系统，操作人员可以观察到远端工作面生产的实际情况，实现了在地面和井下监控中心对整个综采工作面的视频监控。通过与采煤机位置相结合，实现追随采煤机位置无缝衔接的视频监视，通过多视频图像拼接技术，实现工作面视频全景监视。

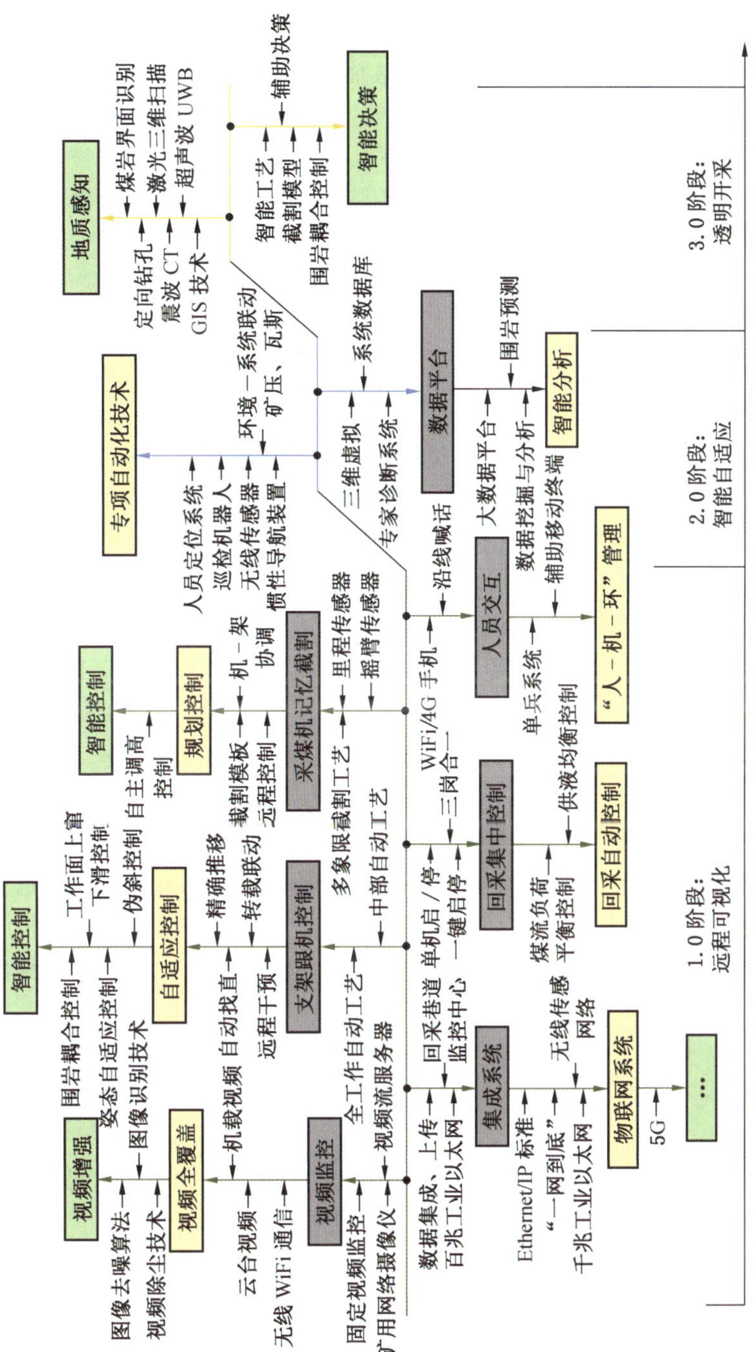

图2-4 智能化采煤控制技术路线

（4）综采智能化远程集中控制技术将综采工作面主要设备，包括采煤机、液压支架、运输系统、供电系统、供液系统等有机结合起来，实现在地面和井下监控中心远程集中控制，以及工作面设备的“一键启停”控制。

（5）智能化集成供液控制系统将水处理、自动配液、泵站、过滤系统有机结合，提高了供液质量、智能化水平及运行效率，降低了系统损耗及能源消耗。

（6）综采工作面智能化控制技术采用多机协同控制，实现了“采煤机-支架”协同、煤流负荷平衡和工作面自动找直智能化控制；采用设备与环境协同控制技术，实现了煤机截割速度按照工作面瓦斯浓度的智能控制；采用三维地质建模、巡检机器人和三维激光扫描等技术，实现了采煤设备的精准定位和工作面的精准开采。

2.3 智能化采煤感知技术

煤矿智能感知为煤矿安全、高效、绿色开采引入了新的理念、技术和方法。通过把各种类型的传感器应用到采煤工作面生产安全系统中，采用三维建模、激光雷达、精确定位等技术搭建智能感知系统，智能感知“人员、设备、环境、安全”等各种状态信息。

2.3.1 地质条件感知

地质探测、激光扫描等技术的应用，可以实现工作面地质条件预先感知。通过构建三维高精动态地质模型，并在生产过程中实时更新、修正，与实际空间物理状态保持一致，可随时针对开采工艺、采煤产量等查询历史变化规律或预知未来开采状况；使用激光雷达扫描工作面煤层断面，每刀结束进行更新，展示当前截割顶底板曲线及工作面直线度，使用对应算法，计算下一刀采煤工艺和滚筒的采高和卧底量；结合雷达探测，确定工作面煤岩分界线位置，为滚筒高度调整提供可靠参考数据，提高煤炭开采效率。

2.3.1.1 地质建模

智能化煤矿需要构建统一的数据标准，构建以空间地理坐标位置为基础、以图层剖切为形式、以打造煤矿数字化孪生体为目标的三维高精地质模型。该地质模型是基于矿井所有钻探、物探、补充勘探及矿井生产信息（钻孔信息、煤岩层信息、巷道开拓信息）等数据构建的。三维高精地质模型共分为四个功能模块，重点是采煤工作面的三维建模，主要功能模块结构如图 2-5 所示。

（1）边界设置：解决边界分类识别、边界控制点采样等，完成地质模型边界设置。

（2）数据采集：分析收集煤层剖面及投影数据、勘探数据、生产信息数据，完成煤层数据采集功能。

（3）自动构建：使用煤层数据分层管理、平剖素描图、不规则三级网模型和曲面样条空间插值算法全自动构建地质模型。

（4）逼真展示：通过三维虚拟可视化技术将高精地质模型呈现出来。

在开采过程中，不断采集工作面开采信息、勘探地测数据，通过拓扑关系分析、空间数据插值计算、平剖投影匹配、膨胀计算、模型重构等业务处理方法，实时动态更新地质模型，降低误差，提升准确度，实现煤矿三维高精地质模型动态修正。地质模型动态修正效果如图 2-6 所示。

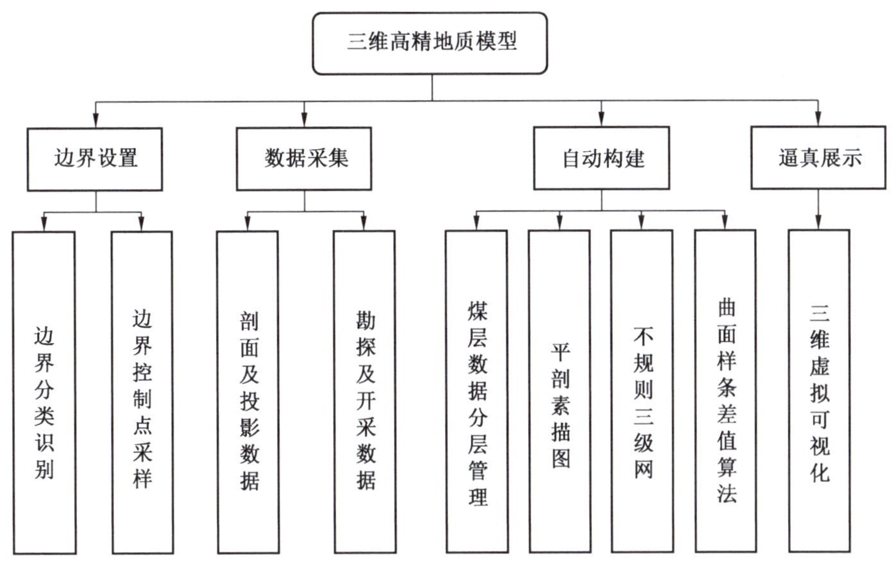

图 2-5 煤矿三维高精地质模型构建

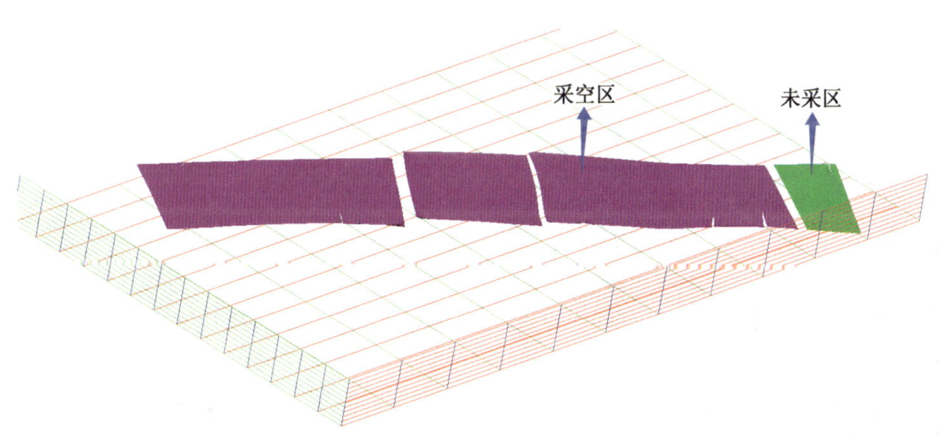

图 2-6 采煤工作面三维地质模型

2.3.1.2 激光雷达建模

激光雷达是一种集激光扫描与定位定姿系统于一身的测量装备，可以准确地定位激光束打在物体上的光斑。激光雷达系统包括激光器和一个接收系统。激光器产生并发射一束光脉冲，打在物体上并反射回来，最终被接收器所接收。接收器准确地测量光脉冲从发射到被反射回的传播时间并转换成相对距离。结合激光器的高度，激光扫描角度，就可以准确地计算出每一个光斑的三维坐标 X、Y、Z。

在采煤工作面开采过程中，激光雷达可以快速构建出工作面开采场景的空间三维点云数据模型，通过与巷道内布置的控制点坐标建立采煤工作面三维坐标系统。采用的激光雷达装置如图 2-7 所示。

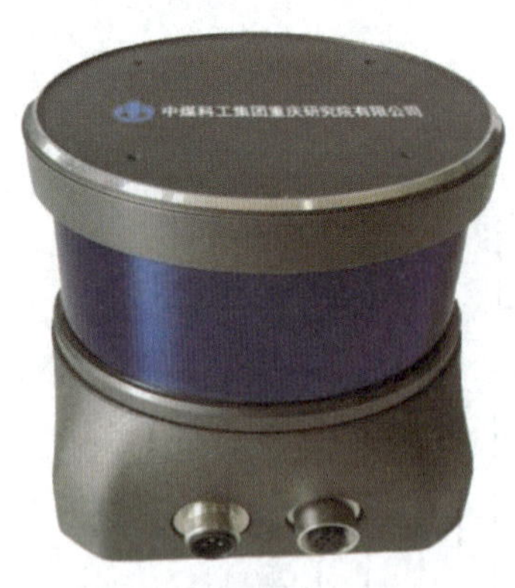

图 2-7 可用于采煤工作面的防爆激光雷达

将激光雷达分别安装在转载机、液压支架和巡检机器人上，进行 360°球状扫描，二维切面扫描，结合工作面起伏数据、推进数据，构建工作面“三机”设备及煤层三维点云，可以精准确定工作面设备所在位置和煤层截割面顶底板曲线，提取工作面直线度数据，经过分析计算获得下一刀煤采煤机滚筒调整及支架推移数据，下发至对应控制系统，实现采煤机滚筒智能调高、工作面智能找直。激光雷达装置生成的点云数据模型如图 2-8 所示。

2.3.1.3 煤岩界面识别

煤岩界面识别是地质条件感知的重要技术之一，主要有图像、地震波、电磁波等探测方法。图像法通过摄像机采集图像进行灰度阈值判断后，确定煤岩分界线。地震波法通过透射槽波反射对工作面内部煤层厚度变化情况进行探测，确定煤层厚度。对于采煤时需要留顶煤或煤层起伏变化的采煤工作面，煤岩分界不能直接观察到，部分区域煤矸混合，利用地震波深层穿透法探测工程量大且精度只能达到分米级。电磁波探测法穿透能力强，可用于具有一定厚度的煤层与岩层的分界位置测量。

图 2-8 激光雷达扫描工作面生成的点云数据模型

由于煤和岩石存在着明显的介电常数差异，采用脉冲雷达发射出的电磁波信号在两者的分界处会有较强的反射信号，依此可以确定出煤岩分界面的位置，计算出可采煤层的厚度。脉冲雷达利用地下介质的不连续性来探测地下目标，其基本原理如图 2-9 所示。脉冲雷达通过发射天线向煤岩层发射电磁波，在介质不连续处产生回波，雷达天线接收到这些回波信号后，传输到接收机进行采样、数据处理和应用。

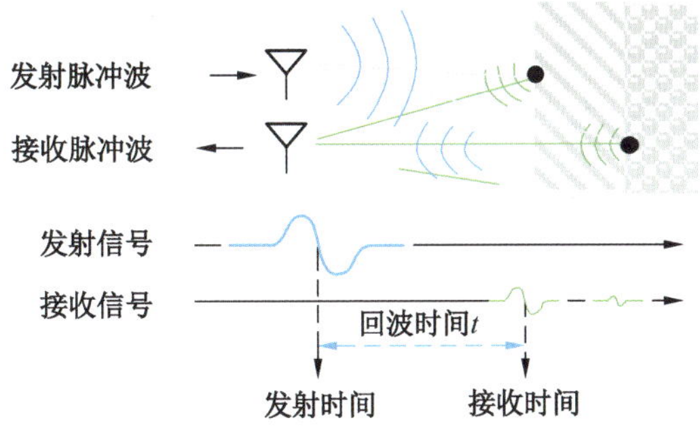

图 2-9 脉冲雷达探测基本原理

目标的回波时间 t 与目标的深度 R 和电磁波在介质中的传播速度 v 有关，通过检测目标的回波时间，即可测算出目标的深度：

$$R = \frac{tv}{2} \tag{2-1}$$

电磁波在分层界面反射信号的大小取决于反射系数，反射系数 Γ 与界面两侧的介质介电常数 ε_1、ε_2 有关，介电常数的差异越大，反射系数也越大。

$$\Gamma = \frac{\sqrt{\varepsilon_2} - \sqrt{\varepsilon_1}}{\sqrt{\varepsilon_2} + \sqrt{\varepsilon_1}} \tag{2-2}$$

该技术要求在探测深度和精度上进行平衡。探测深度选择太小检测厚度受限，深度选择太大则会降低垂直分辨率。

垂直分辨率定义为脉冲雷达在垂直方向能够分辨两种物体的能力。按照电磁波的干涉理论，物体上下界面反射波最小可识别双向波程差为波长 λ 的 1/8~1/4，因而垂向分辨率 R_V 为

$$R_V = \frac{\lambda}{8} \sim \frac{\lambda}{4} \tag{2-3}$$

对于煤炭低电导介质，衰减常数除与电导率成正比例关系外，还同电磁波角频率有关。不同的电磁波频率，衰减常数变化，探测能力亦不同。在相同介质中，脉冲雷达天线频率越高，探测深度越小。煤岩分界识别属于此类。

一般选取探测深度 h 为目标深度的 1.5 倍。根据探测深度 h 和介电常数 ε 确定采样时窗长度（R_{tw}）：

$$R_{tw} = 3.3h\varepsilon(ns) \tag{2-4}$$

例如，当地层岩性为含水砂层，介电常数为 25，探测深度为 3 m 时，时窗长度可选为 256 ns，时窗选择略有富裕，宁大勿小。

分辨率与深度有关，随着探测煤层深度 h 的增大，分辨率降低。可用下式估算垂向分辨率 R_{v0}：

$$R_{v0}=\begin{cases}0.08\times h & (0<h<3\ \mathrm{m})\\0.5\times h & (h\geqslant 3\ \mathrm{m})\end{cases} \tag{2-5}$$

脉冲雷达信号按 30 Gbps 的采样频率，则每个点的采样周期为 0.033 ns，在电磁波传播速率为 260 mm/ns 的空气介质中进行煤岩界面识别探测，如图 2-10 所示。反射回波峰值最高为 53.46 mV、最低为 45.66 mV，通过信号幅值、采样周期、电磁波传输速率计算得出煤岩界面反射位置。

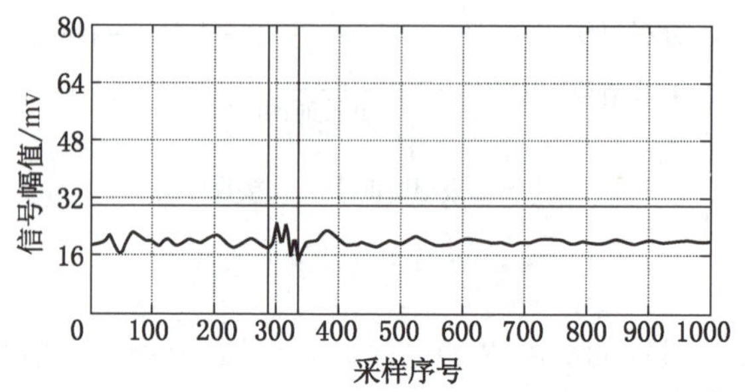

图 2-10　脉冲雷达峰值信号监测

煤岩界面识别技术受制于脉冲雷达成本高、工程实施难度大等因素，在应用初期还不能做到工作面煤层厚度探测的全覆盖，可根据需要每隔 6、12、24 台液压支架布置一台脉冲雷达探测装置，两台探测装置之间的煤层可以进行曲线拟合，近似地表示煤岩分界位置，如图 2-11 所示。

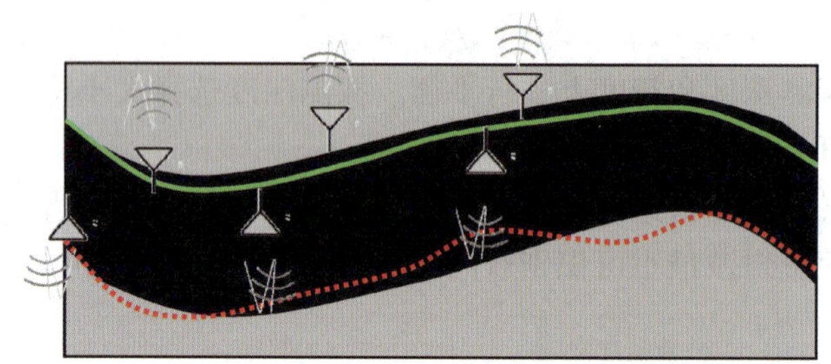

图 2-11　采煤工作面脉冲雷达分布测量

脉冲雷达探测装置根据设定的工作参数采集回波，将数据通过网络传输到巷道监控中心监控主机上。监控主机配套有煤岩分界面识别处理模块，提取探测装置所在位置的煤层厚度信息，并实时显示在监控主机软件界面上。考虑到煤岩分界探测需求分为综采和综放工作面，综采工作面的煤岩分界比较浅，绝大多数不会超过 1 m；而综放工作面的顶煤厚度可能超过 10 m。因此探测装置要适应 1~10 m 的探测深度变化，需要不同频率范围，安装位置也要覆盖工作面顶、底板。

（1）在进行顶板煤岩分界面探测时，可将探测装置安装在液压支架护帮板、伸缩梁、顶梁、侧护板等位置。例如，某工作面平均煤层厚度为 3.54 m，设计采高 3.5 m，煤层普氏硬度 f 为 0.3~0.4。煤层直接顶为 2.05 m 的粉细砂岩互层，基本顶为 11.74~14.68 m 的细砂岩。设定脉冲雷达探测装置的中心频率为 5.3 GHz，煤的介电常数标定为 4，探测装置布置在顶板附近，如图 2-12 所示。

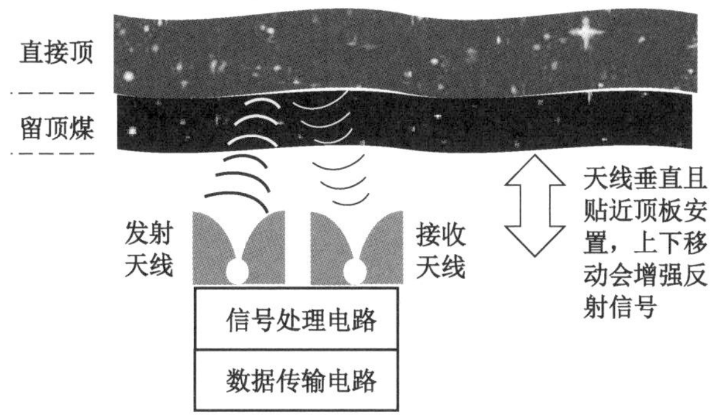

图 2-12 脉冲雷达测量顶煤示意图

在采煤工作面选取多个测点进行探测，对采集的数据进行处理与分析。如图 2-13 所示，探测得到剩余煤层厚度分布在 0.2~0.4 m，图中用点划线对煤岩分界面做了标注，该处剩余煤层实际厚度为 0.3 m。

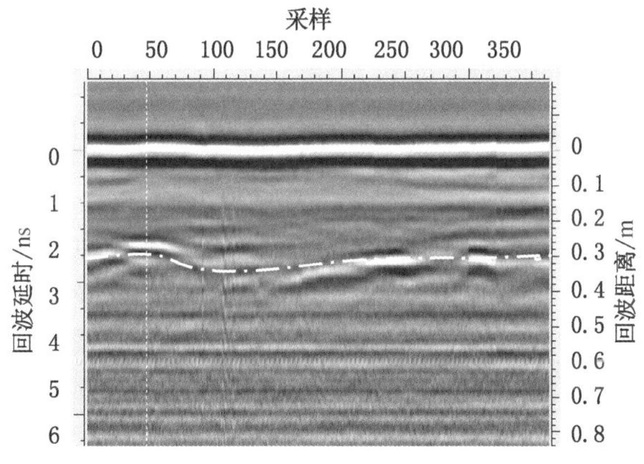

图 2-13 实测点的脉冲雷达信号波形

（2）在进行底板煤岩分界面探测时，可将脉冲雷达探测装置安装在液压支架底座、底调千斤顶等附近位置。例如某工作面平均煤层厚度为 3.6 m，设计采高 3.6 m，煤层直接底为 3.0~5.0 m 的粉砂岩，基本底为 25~30 m 的凝灰质粉砂岩。设定脉冲雷达探测装置频率为 5.3~8.2 GHz，煤的介电常数标定为 3，测量装置布置在底座附近，如图 2-14 所示。

采用脉冲雷达信号灰度图可直观地看出煤岩分界位置。灰度图中最深的黑色和最亮的白色分别表示信号的波谷和波峰，代表介电常数有较大差异的煤岩两种介质的分界位置，通过波谷或波峰到起点的时间差计算出煤层的厚度。

如图 2-15 所示表示了频率为 5.3 GHz 的脉冲雷达测试结果，能够清晰显示探测到的空气/煤层界面和煤层/底板界面，图中第一次反射的信号是煤层与空气的接触面，最深的黑色表示反射信号最强；第二次反射在 4.5 ns 处，反映了煤岩层的分界位置，按煤层中电磁波传播速率 122 mm/ns 计算，可得到底煤厚度为 550 mm。

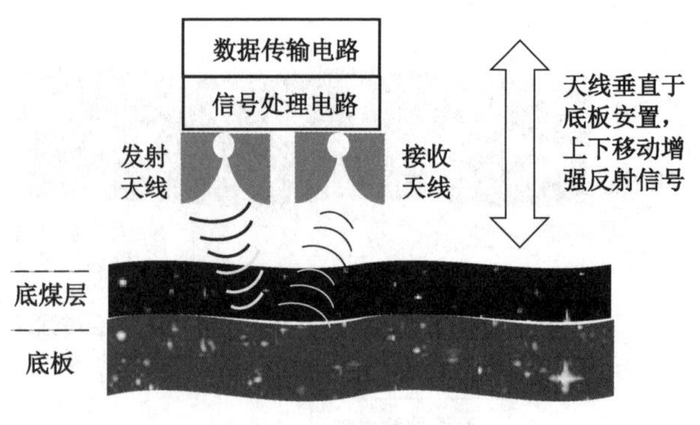

图 2-14　脉冲雷达探测煤示意

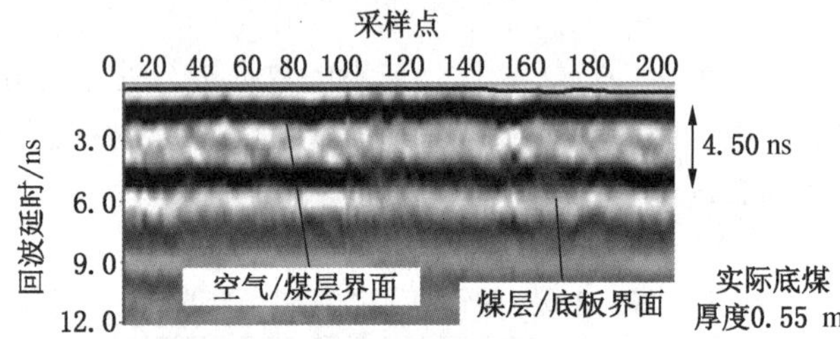

图 2-15　频率为 5.3 GHz 的脉冲雷达信号

2.3.2　开采环境感知

煤矿井下环境异常恶劣，作业环境高温潮湿、设备作业噪声大、开采作业时产生大量粉尘、有毒有害气体超标等，一定程度上降低了监测数据的准确度，影响了数据传输的可靠性，增加了整个采煤系统运行和维护难度。为了改善环境对煤炭开采的影响，引入开采环境智能感知技术，将分散的、独立的、单一的监控系统进行升级，实现煤炭开采与环境联动，保证煤炭生产安全。

2.3.2.1　瓦斯探测

在高瓦斯综采（放）工作面，采煤机通常会搭载机载瓦斯传感器，用于采煤机处瓦斯超限时断电停机。除了采煤机处，综放工作面放煤产生的瓦斯影响也不容忽视，研究表明，综放工作面采放落煤造成的瓦斯涌出量可占总量的40%，总体上从进风巷至回风巷瓦斯浓度逐渐增大。相对综采工作面，综放工作面瓦斯涌出量增加，容易造成工作面上隅角瓦斯超限，进而影响开采的顺利进行。

在综放工作面，由于采煤机割煤产生的瓦斯与放煤产生的瓦斯经过一段时间的运行才能到上隅角处，加之放煤的不均衡性，对综放工作面瓦斯浓度进行适度的预测，是对综放工作面采煤机运行和放煤准确控制的前提。

综放开采割煤和放煤两个过程中，都会产生较大的瓦斯涌出。一般在采煤机机身会独立安装一套瓦斯传感器，但是该套瓦斯传感器的数据仅供采煤机自身启动与否使用，未能向整个综放工作面提供数据参考。根据综放工作面瓦斯从进风巷至回风巷瓦斯浓度逐渐增大的特点，通过在综放工作面上隅角布设一定数量的瓦斯传感器，实时采集综放工作面上隅角的瓦斯浓度值。该瓦斯浓度值通过综放工作面液压支架电液控制系统上传至电液控制系统上位机，再通过上位机逻辑控制系统将瓦斯浓度值与采煤机割煤速度实时关联，实现综放工作面上隅角瓦斯浓度与采煤机的联动控制功能。通过对综放工作面上隅角瓦斯浓度设置一定的阈值，当上隅角瓦斯浓度于低位阈值时，可提高采煤机割煤速度；当上隅角瓦斯浓度大于低位阈值小于高位阈值时，需降低采煤机割煤速度；当上隅角瓦斯浓度大于高位阈值时，则停止采煤机割煤。在设置采煤机高低位阈值时，应设计足够的安全余度。

采用 GJG100J 激光甲烷传感器（Modbus-RTU 版本），在该综放工作面从回风侧上隅角向进风方向安装瓦斯传感器，瓦斯传感器分别接入各自所在支架的电液控制器。采煤机上位机主机实时监测瓦斯浓度传感器采集的瓦斯浓度值，并且根据瓦斯浓度的值与低位阈值、高位阈值的关系对比设定不同的报警级别。

以瓦斯浓度和放煤关联的关系为参照，以电液控制系统主机为数据传输节点，实现瓦斯浓度通过电液控制系统主机下发相应的控制命令，控制综放支架放煤口的开关等动作功能。当电液控制系统主机判断瓦斯浓度值大于设定限位阈值时，自动关闭支架电液控制系统放煤功能；当电液控制系统主机判断瓦斯浓度值小于设定限位阈值时，重新开启支架电液控制系统放煤功能。

2.3.2.2 围岩耦合感知

采煤工作面液压支架作为依托底板、支护顶板、防护煤壁以维护工作面安全生产空间的结构物，并不是孤立存在的，而是始终处于与围岩的相互作用、相互制约的动态平衡体系中，属于不同介质耦合作用关系。基于工作面不同阶段（采煤循环内、顶板活动周期内）支架载荷变化特征及覆岩活动规律实测分析总结，开发了顶板来压预警算法，初步实现了工作面顶板的来压预测，初步建立了采动岩层灾害近远场协同预警模型，实现了工作面近场顶板状态感知。

通过工业以太网与液压支架电液控制系统的 OPC 服务器通信，实时采集电液控制系统的立柱压力及采高数据，开发了“数据变化阀值”和“时间统一”为双标准的智能型数据采集方法，并进行过滤和优化数据，减少冗余数据 80% 以上，大大提高数据处理效率。

数据采集系统在解析实时监测数据时，先对数据进行过滤算法处理后再写入到数据库当中。具体的过滤算法如下：

（1）当支架压力监测值变化不超过设定阈值时，30 min 再写入一条最新数据；

（2）当支架压力监测值变化超过设定阈值时，则最短 5 s 写入一条最新数据。

基于液压支架电液控制系统中的压力数据构建矿压大数据中心，采用矿压理论、数理统计及软件开发方式分析支架工况特征，提出预警指标，实现支架工况预警。将支架初撑力不合格比例、工作阻力高报比例、安全阀开启比例、支架不保压比例、不平衡比例等 6 个指标作为实时评价支架工况的主要指标，据此判断支架选型或支架工作状态是否合理。

基于工作面回采期间整工作面支架历史工作阻力数据，如图 2-16 所示，通过对该时间段的每个循环数据拟合分析得到拟合曲线，然后对当前时间已知循环数据和历史循环数据进行模板匹配，找到匹配度最高的拟合曲线作为支架的短期预测数据。进一步对工作面所有支架进行同样分析，得到整工作面的短期预测工作阻力数据。

整工作面中长期预测是在分析工作面每个循环的平均工作阻力的基础上，根据周期来

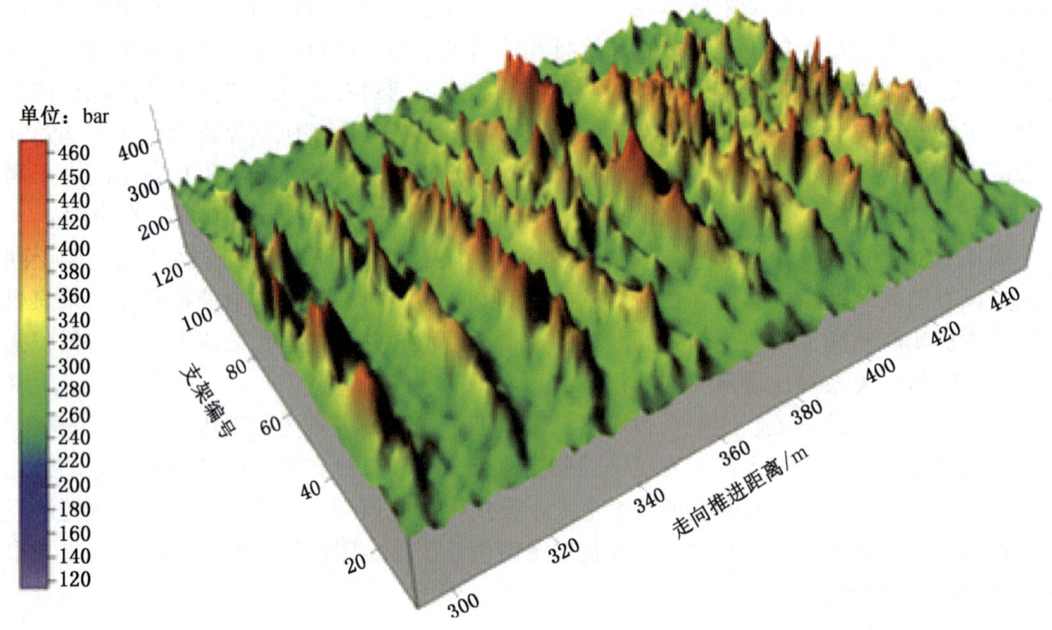

图 2-16 回采期间工作面支架压力三维分布图

压的特征对循环末阻力曲线进行周期划分，提取两次周期来压之间的曲线作为模板曲线，然后在模板曲线库中搜索和当前时间已有数据匹配度最高的模板曲线作为预测下一次周期来压的依据，从而分析得出距离峰值剩余的循环数。

工作面支架压力数据通过立柱压力传感器采集至液压支架电液控制系统，支架电液控制系统根据模型计算结果，自动选择移架方式（正常移架、带压擦顶移架、超前移架），同时加强支架自动补压管理，有效实现顶板管理。

2.3.3 设备人员感知

煤矿设备、人员智能感知主要包括“三机”设备位姿感知和人员信息感知两个部分。井下设备位姿感知，主要通过监测采煤机、液压支架、刮板输送机等设备运行状态，实时在线获取和更新采煤工艺数据，并根据煤层条件的实时变化，实现自动调控开采过程。工作面人员信息感知系统具有监测查询、安全保障、紧急定位等功能，可以提供实时采煤工人位置信息，人员感知信息与采煤控制系统关联，实现安全联动，提高安全生产水平。

2.3.3.1 采煤机位姿检感知

采煤机位姿是实现液压支架跟机自动化控制的基础，通过在牵引驱动系统高速轴安装增量式编码器或在低速轴安装绝对值编码器，实现相对于刮板输送机的±20 mm 精确定位与低至 0.01 m/min 的测速。在煤层赋存条件复杂多变的工作面实现连续自动化推进运行、正确调整控制采高时，需要采煤机相对于煤层而非相对于刮板输送机进行三维空间动态定位与姿态测量，实现精确达±25 mm 的采高修正和±50 mm 的工作面直线度控制。端头传感检测站与采煤机多种传感器连接，主要包括采煤机摇臂倾角传感器、采煤机位置传感器、电缆张力传感器、振动传感器、压力传感器、温度传感器等。针对这些传感器提供相应的信号处理，保护状态计算，将计算处理的结果通过 CAN 总线发送到采煤机电控系统的其他模块显示和执行。端头检测站可外置工作，安装在离传感器集中部位最近的地方，数据采用抗干扰能力强的数字模式传输到主控系统，减少传感器弱信号的长距离传输。采煤机位姿传感器布置如图 2-17 所示。

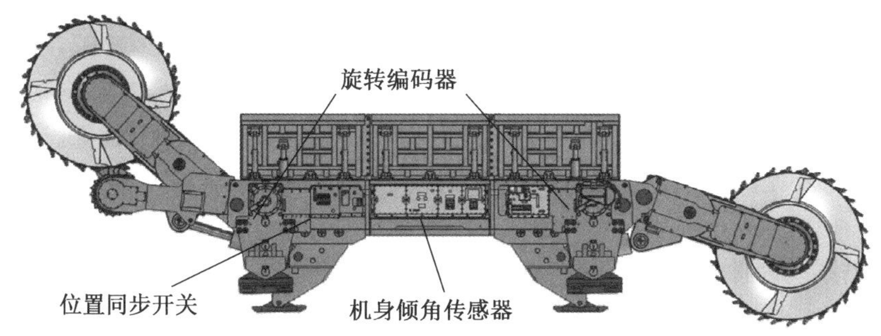

图 2-17 采煤机位姿传感器布置

1. 基于红外信号的定位

采煤机红外定位技术主要依据红外线定位原理获得采煤机相对采煤工作面的准确位置。在全工作面液压支架上安装红外接收器，通过捕捉采煤机机身上红外发生装置发射的信号，确定采煤机所在位置，根据采煤机结构尺寸解算出采煤机其他结构件相对工作面的位置信息。

通过在采煤机机身上固定位置处安装红外信号发射器，在每台液压支架上安装一台红外信号接收器，如图 2-18 所示，采煤机红外信号发射器发射红外线信号，在对应位置的液压支架上的红外线信号接收器接收到采煤机发射出来的红外线信号。

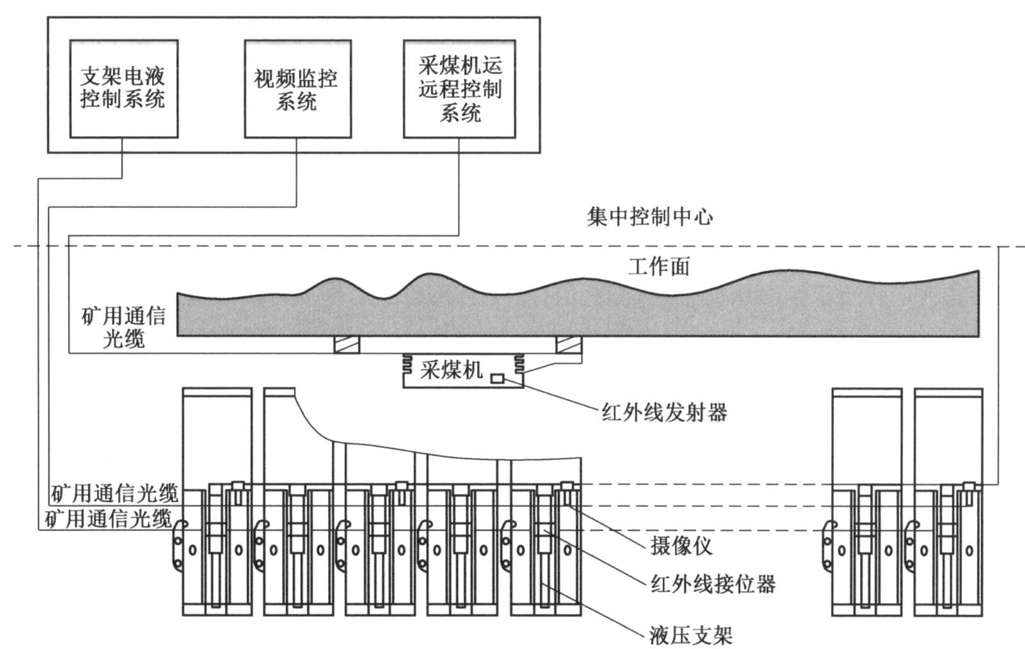

图 2-18 采煤机红外信号定位系统结构

液压支架控制器将红外信号报送给端头液压支架上安装的信号转换器，根据采集的红外信号状况判断采煤机在工作面内的位置，信号转换器将计算出的采煤机位置以广播的方式发送到工作面所有的支架控制器上，同时将采煤机位置传递给巷道监控中心的集控系统，采煤工人在巷道监控中心能够实时观测到采煤机位置变化。

2. 采煤机工况监测

采煤机工况监测技术是采煤机工况参数的监控与反馈技术，特指对影响采煤机自动化截割技术实施的工况参数进行监测，包括运行速度、前后滚筒摇臂采高、机身倾角、截割电流、动作状态（运行方向、加速、减速、启动、停止）等，监测对象为滚筒、摇臂、截割电机等。

工况监测系统硬件设备由机载 PLC 控制箱及各类传感器构成，采煤机启停、运行速度控制及摇臂动作等均由机载 PLC 控制器控制，采煤机的工况参数由机身上安装的各类传感器采集并上传给机载 PLC 控制器，包括机身倾角传感器、电流互感器、速度传感器、温度传感器等。机载 PLC 控制器通过 RS485 通信接口与集中控制中心主机连接通信，将实时采集的采煤机工况信息传输至巷道监控中心的监控主机。

依托"三机"协同监控软件，能够将采煤机的工况参数实时显示在巷道监控中心监控软件的主界面上，为用户提供良好的人机交互环境。"三机"协同监控软件是针对工作面采煤机、液压支架、刮板输送机工况参数监视与远程控制开发的协同控制与操作平台，软件主界面上显示了采煤机、液压支架及刮板输送机运行的工况参数。

监控软件主界面能够真实地显示采煤机运行的实际情况，显示界面内采煤机监控区域部分显示了采煤机运行时的工况参数，包括位置参数、牵引方向、牵引速度、截割电流、前后摇臂倾角、滚筒截割高度等。自动化截割模式下，通过巷道监控中心向采煤机发出采煤控制指令，完成采煤机位置及姿态的调整。

监控软件对采煤机工况参数还具有超限报警功能，具备一定的故障诊断反馈控制功能，巷道监控中心操作人员根据工况参数的反馈信息及故障诊断信息远程控制采煤机的运行状态，及时对采煤机的工况进行调节。

2.3.3.2 液压支架状态感知

在采煤工作面内，液压支架通过支撑煤层顶板的重量，保证开采空间内人和物的安全，使生产得以顺利进行。为了使煤层顶板重力作用不发生或发生可控情况下的变化，符合煤层底板走势要求，液压支架通过改变自身姿态来适应工作面环境变化，以满足支护安全效果。

1. 液压支架位姿感知

液压支架运行姿态智能感知系统集成传感器、信息处理及通信技术于一体，是液压支架实现智能化的基础。传感器技术主要应用在液压支架顶梁、掩护梁、高度、底座等部件上，通过安装对应传感器设备，实时接收液压支架位姿信息，并将其转化为电信号传输至液压支架电液控制系统。

液压支架电液控制系统具有支架位姿信息接收、传输、处理等功能，接收到的传感器电信号通过内置的分析模块、决策模块对姿态信息进行处理，结合液压支架部件结构关系，获得支架位姿数据，可用于支架动作预测、预警和决策。

液压支架电液控制系统软件安装部署在巷道监控中心的隔爆计算机上，通过串行接口或以太网与工作面控制器连接。

（1）数据采集：通过在液压支架上安装压力传感器、行程传感器和倾角传感器等，构建了液压支架的工况感知系统。通过液压支架电液控制系统实现对液压支架配置传感器的数据采集，采用 OPC 技术，实现集中控制系统软件与液压支架电液控制系统的数据交互，将工作面液压支架工况数据上传到巷道监控中心。

（2）数据通信：液压支架与巷道监控中心的数据通信主要有两个途径：一个是液压支架电液控制系统构建的数据通信通道，通过巷道监控中心操作台的 RS422 或双线 CAN 与液压支架电液控制系统的信号转换器进行数据通信。操作台与监控主机通过 RS232 接口进行通信，监控主机可以通过操作台将控制命令转发到液压支架电液控制系统。另一个是监控主机使用工业以太网与工作面综合接入器进行通信，然后通过综合接入器的 CAN 总线接口将数据转发到液压支架电液控制系统，巷道监控中心与综合接入器可以使用基于工业以太网 UDP 传输协议进行数据通信。

（3）三维虚拟现实：一种将虚拟和现实相结合，用于创建和体验虚拟世界的计算机仿真系统。它利用计算机生成一种模拟环境，是一种多源信息融合的交互式三维动态视景和实体行为系统仿真，使用户沉浸在该环境中。三维仿真技术是仿真技术与计算机图形学、人机接口技、多媒体、传感、网络等多种技术的集合，三维虚拟现实技术具有多感知、存在感、交互性、自主性等四个技术特征。

虚拟现实的关键技术主要包括动态环境建模、实施三维图形生成、立体显示和传感器、应用系统开发工具、系统集成。

采煤工作面的三维虚拟现实系统通过构建设备三维模型、三维地质模型，通过工作面设备传感器数据，驱动设备三维模型，动态再现工作面三维生产场景，使用三维虚拟现实系统具有身临其境的感觉。操作人员可以通过不同的视角观察工作面设备及其生产过程，并通过三维虚拟现实系统交互界面可以远程控制液压支架、采煤机等设备。

2. 推移千斤顶行程感知

推移千斤顶行程感知系统用于检测推移千斤顶伸出长度，通过判断推移刮板输送机移架的位移，实现工作面直线度闭环反馈。磁致伸缩行程传感器具有检测精度高、性能稳定和环境适应性好等特点，已经成为测量推移千斤顶工作行程的主要产品，其结构如图 2-19 所示。行程传感器固定安装于油缸缸底，磁环固定安装在活塞杆上，当推移千斤顶时，活塞杆带动磁环移动，磁环通过磁场作用于行程传感器，起到检测千斤顶行程的目的。

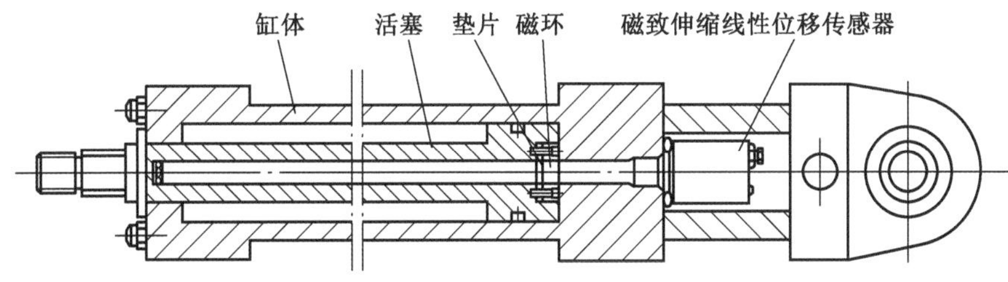

图 2-19　具有磁致伸缩行程传感器的千斤顶

工作面液压支架的推移千斤顶经常被埋在泥煤中，为了提高行程传感器的可靠性，通过在油缸内置行程测杆的方法成为液压支架油缸千斤顶动作行程检测普遍采用的方法。早期使用干簧管行程测试技术，精度和可靠性都不能满足工作面自动化使用需求。后期发现通过磁致伸缩技术可以有效提高液压支架推移行程的检测精度和可靠性。磁致伸缩行程传感器是将行程测杆装在液压缸中，行程测杆是一个细长（ϕ17.2 mm）的直管结构，一端固定在液压缸端部，管体深入到活塞杆中心专为其钻出的长孔中，测杆内装有磁致伸缩线(波导丝)。在活塞杆上打深孔，活塞内嵌装着一个套在传感器测杆上的永久磁环，随着活塞杆与油缸的相对运动，磁环与测杆的相对位置发生变化。当传感器电路发出脉冲信号到达磁环位置时将产生磁致伸缩效应，使波导丝发生扭动，将脉冲信号返回，通过计算脉冲信号返回的时间差，就可以准确计算出千斤顶伸出的长度。

2.3.3.3 刮板输送机检测

刮板输送机作为采煤工作面煤炭的主要输送设备，由机头、机身、机尾等结构组成。刮板输送机的形态主要是指刮板输送机机身的形态。机身水平、竖直方向不平行，装载量过大等现象都会导致链条过度张紧，增加刮板链与中部槽的磨损，从而导致驱动刮板机的电机功率增加。所以应当准确监测刮板输送机形态，控制刮板输送机的弯曲角度在合理范围内，避免中部槽弯曲角度过大而造成刮板输送机中部槽、刮板链的损坏与电机的过载运行。

1. 基于惯性导航的直线度检测

综采工作面生产过程中，无论煤层的薄与厚，自动化程度的高或低，均要求控制刮板输送机和液压支架的直线度。若连续生产推进中不进行直线度的控制，容易造成刮板输送机弯曲角度大，从而造成加剧齿轨磨损，损伤支架与刮板输送机连接部甚至损伤支架等问题，加剧综采工作面上窜下滑。

综采工作面大多以一条贯穿工作面的钢索作为移架中控制支架直线度的标准。在移架过程中，每隔一段选出一台支架作为对齐的标志支架。将标志架移至刚好贴合被拉直的钢索，然后该段内的支架比照标志架和钢索进行移架，保证工作面支架的直线度。刮板输送机直线度在工作面支架直线度控制较好的情况下，若能推刮板输送机到位，则能够得到保证；若未达到满行程，则须进行人工调整。

综采工作面惯性导航系统是以陀螺仪和加速度计为敏感器件的导航参数解算系统，不依赖于任何外部信息，有很强的环境适应性。将高精度陀螺仪安装在采煤机上，通过定位导航算法实现对采煤机运行轨迹的精确检测，精度可达±10 cm。

惯性导航系统通过与采煤机通信，获得初始空间位置。当采煤机行走时，陀螺仪检测采煤机的运行轨迹。当一刀煤完成时，惯性导航系统生成采煤机运行轨迹曲线，并通过惯性导航服务器发出。巷道监控中心主机接收到该数据后，通过电液控制系统的通信系统下发给支架控制器。支架控制器根据接收到的数据，“找直目标”作用在跟机移架中，根据上一刀的曲线数据进行补偿，实现工作面的直线度控制。

2. 煤流负荷检测

运输设备在整个工作面设备中占有较大比重，其能源消耗巨大，研究实现运输设备节能降耗具有重大意义。一方面，运输设备所运载的煤量关系到设备本身运行状态是否稳定，通过对运输设备的动态煤量进行检测，可对运输设备运行状态实现有效监控。另一方面，动态煤量检测也为割煤系统提供重要依据。井下运输设备煤量检测方式可分为接触式和非接触式检测。接触式检测有胶带秤（也称电子秤）和核子秤检测等，非接触式检测有视频图像和激光仪器检测等。与其他方式相比，激光仪器检测可提高运输设备瞬时煤量检测的实时性和准确性，实现运输设备上散煤输送量的快速、准确、连续、稳定测量。基于激光扫描的煤量检测模型如图 2-20 所示。

（1）激光扫描检测技术：通过煤量检测仪主控板启动激光扫描功能，持续获得激光扫描仪各个角度上的激光线测得的距离。煤量检测仪主控板对这些角度上的距离进行积分运算和差值运算，获得所测煤流的形状、横截面积、平均高度等信息。激光扫描检测煤量工作原理如图 2-21 所示。

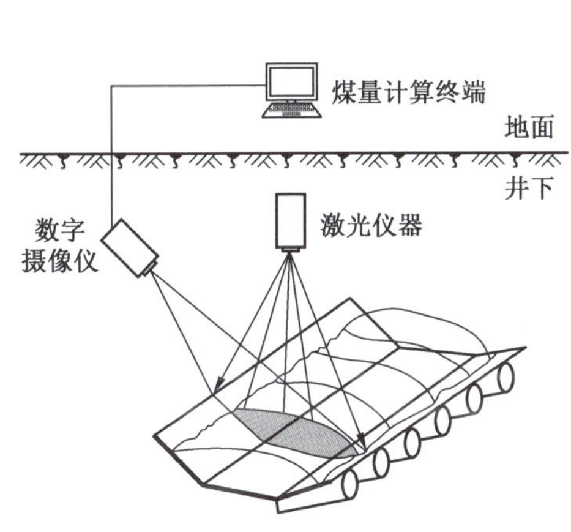

图 2-20 激光扫描的煤量检测模型

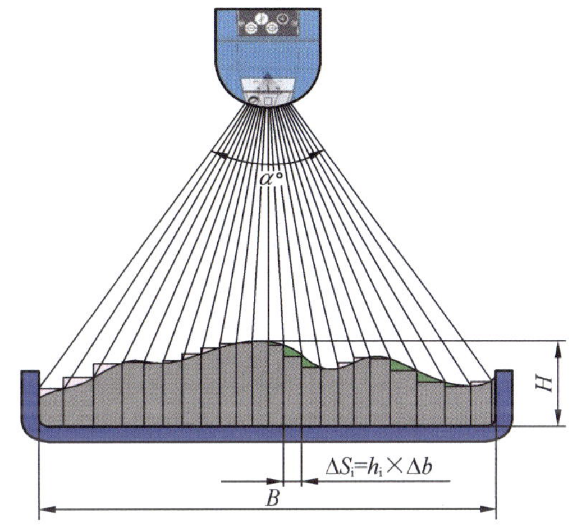

B—运输设备宽度；H—物料最大高度；α—激光扫描角度

图 2-21 激光扫描检测工作原理

过煤体积算法能够实现物料瞬时流量精准、高效计量。为方便获取被测物料流表面散乱激光点云，激光扫描仪选择在运输设备水平段高 H 处安装，并使其垂直向下对准物料，让物料流通过方向与激光扫描截面保持垂直。因二维激光扫描仪是基于飞行时间差原理，将测量的内部旋转镜入射光束角度变化范围内发射与反射光间的飞行时间差，精确转换为激光扇面与被测目标轮廓间的二维距离值。因此，通过激光扫描仪获取的物料流截面每帧扫描数据包括两个参数，即轮廓上任意点相对于扫描中心水平线偏角，与扫描中心间直线距离。为方便后续物料流瞬时流量计算，需要对激光每帧扫描散料截面轮廓各特征点数据进行二维坐标转换。

运输设备输送量通常由煤块流瞬时流量和累计流量表征。其中煤块流瞬时流量通常定义为物料瞬时载荷与输送带瞬时速度的乘积，而物料瞬时载荷实质是单位时间内通过某流通截面的质量，即物料密度乘以单位时间内物料流通截面的体积。因此，为准确计算物料瞬时流量，建立精确的单位时间内物料流通截面的体积计算模型是关键。针对不规则料场或煤堆体积测量通常采用 TIN（Triangulate Irregular Network）三角网建模思想，将激光离散点数据三角化后形成互不相交、互相邻近的若干三棱柱，通过累加直三棱柱体积值后得出料场堆料的体积。

（2）视频图像煤流识别分析技术：采用视频识别与图像识别技术可获取带式输送机上的煤量、瞬时断面煤量、运行速度等信息，通过建立煤量计算模型，可以检测出带式输送机上的来料与煤流分布的均匀性。将煤量检测信号源全部报送给巷道监控主机，如图 2-22 所示。根据运输设备的搭接关系、煤量监测信号、运输设备参数进行逻辑编程，控制运输设备调速运行，达到最佳节能效果。

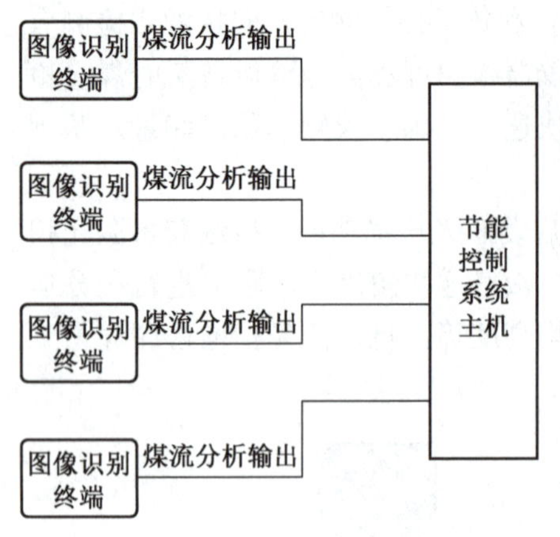

图 2-22　视频图形识别与控制原理

在视频中设定一个检测区域，煤流经过检测区域流量发生变化，根据设定的检测设备发出信号给监控主机，通过检测运输设备有料或无料，对运输设备进行启停控制；通过检测运输设备料流情况，利用变频设备控制电动机转速，实现高、中、低速自动切换，达到节能控制的目的。

2.3.3.4　设备人员精确定位

采煤工作面需要对移动的设备和人员进行定位，将超宽带设备安装于需要定位的人员、设备上，采用 UWB 无线测距通信技术，测量基站与定位卡之间的距离，并将测量结果发送至综采自动化控制系统，实现采煤工作面移动目标的实时精确定位。

基于到达时间（Time of Arrival，ToA）的定位方法可以通过监测定位基站与定位卡之间的无线信号传播时间得到测量距离，超宽带测距定位工作原理如图 2-23 所示。

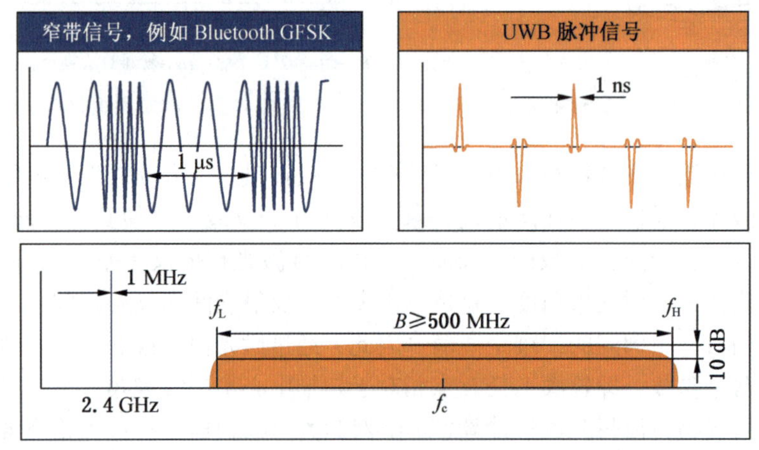

图 2-23　超宽带测距工作原理图

作为当前最为精确的微波定位技术，融合了最先进的集成电路和射频技术，能够实现人员分米级、装备厘米级的高精度定位。充分考虑现场使用环境复杂的特点，具备网络结构简单、施工布线容易、维护使用方便等特点，是目前采煤工作面最具性价比的精确定位系统技术方案，如图 2-24 所示。

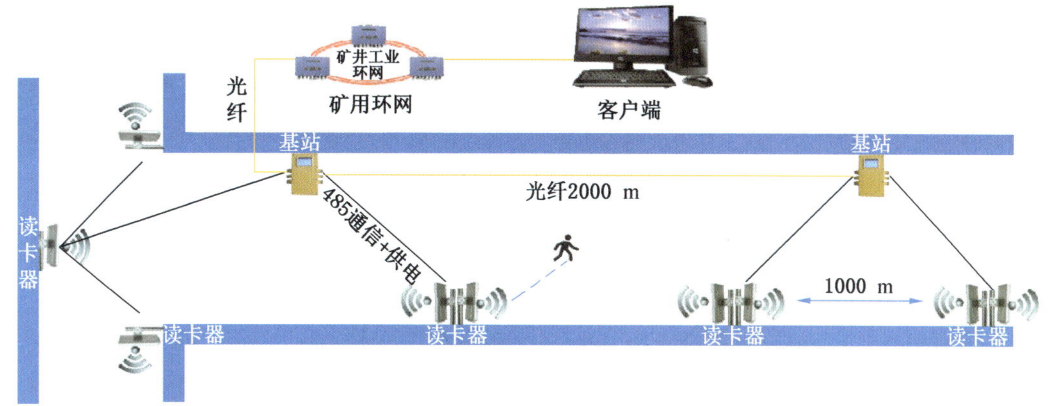

图 2-24 采煤工作面超宽带定位导航系统架构

为了进一步提高采煤工作面移动目标的定位精度和覆盖范围，一方面采用更高精度的超宽带器件，另一方面采用更智能的滤波算法来提高定位精度。通过卡尔曼滤波能够提高超宽带定位精度，消除或降低测距过程中的噪声。未来的超宽带定位技术向着减小时钟同步误差和计时误差，克服多径效应和非直视时延误差及电磁干扰等对定位精度的影响，实现人员和设备的二维精确定位。

2.3.4 集成融合感知

采煤工作面视频监视系统采用视觉沉浸技术，将人的视、听、感官延伸到工作面，通过在工作面安装摄像机，实时捕捉工作面设备生产场景，自动完成视频跟机推送、视频拼接等功能，为工作面可视化远程监控提供身临其境的视觉感受，指导工作面采煤。

摄像机通过同轴视频电缆、网线、光纤将视频图像传输到巷道监控中心监控主机，监控主机再将视频信号分配到各监视器及录像设备，同时可将需要传输的语音信号同步录入到录像机内。通过监控主机，操作人员可发出指令，对云台的上、下、左、右的动作进行控制及对镜头进行调焦变倍的操作，并可通过监控主机实现在多路摄像机及云台之间的切换。

2.3.4.1 追机视频监视

为了方便监视割煤全过程及煤机滚筒的运行状况，需要动态实时切换视频画面来追踪显示采煤机割煤场景，实现采煤作业全过程可视化。以采煤机为视频监控对象，融合左右滚筒多个视频画面，得到实时、动态、无盲区的追机视频，可在采煤机运动过程中连续观察其机身及滚筒状态，提高采煤机远程操作的安全性。液压支架电液控制系统可以通过通信接口将采煤机位置信息实时发送给摄像机，视频系统查找到距离左右滚筒最近处液压支架安装的摄像机，依据采煤机位置与摄像机所在液压支架的位置关系，计算出摄像机与采煤机的相对位置，确定对应的摄像机的云台旋转角度，进行旋转控制，得到采煤机运行的最佳视频图像。

云台旋转角度β计算公式为

$$\tan\beta = \frac{D_w}{D_L} \tag{2-6}$$

式中 D_w——此时摄像机与采煤机滚筒的距离，m；

D_L——摄像机与采煤机的垂直距离，m。

最终形成摄像机匹配采煤机的视角，动态调节摄像机云台的旋转角度，如图 2-25 所示。

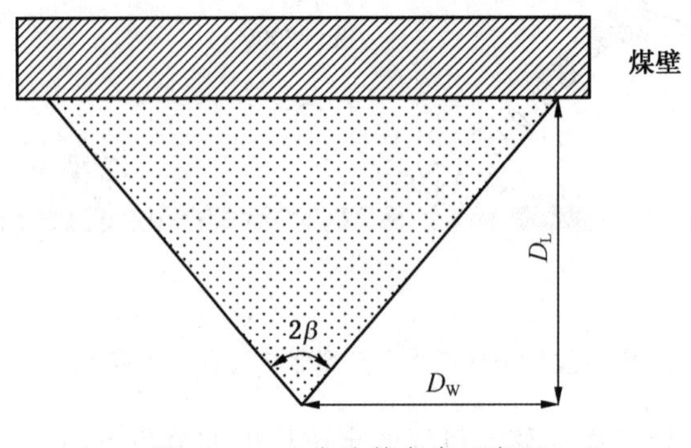

图 2-25 云台旋转角度示意图

追机视频监视必须提供准确的采煤机位置、运行方向、摄像机与采煤机的垂直距离及滚筒偏移量等关键参数。通常采煤机的定位装置安装在采煤机中心位置处，不同型号的采煤机机身距离左右滚筒的距离有所差别，需要进行参数修正来获取采煤机滚筒距离最近的液压支架位置。

2.3.4.2 全景拼接

为了更加直观实时地了解采煤工作面的生产情况，需要在工作面安装多台摄像机，将所有摄像机的画面进行实时拼接，形成工作面的全景动态画面，指导远程操作人员进行设备操作。井下通信网络带宽有限，大量视频数据实时传输不可避免地会造成网络拥堵，可采用边缘计算的方式，在摄像机终端设备上进行图像预处理和图像压缩，尽量减少数据传输量。

目前，国内外普遍采用的监控方式是在工作面布置各类摄像机获取实时视频信息，在设备上安装各类传感器采集温度、电流、位移等数据，将视频信息和采集数据信息传输至监控中心供远程操作人员分析决策，使用该方式进行视频监视远程操作人员接收到的是局部的、零散的、片段的信息。通过图像拼接技术，可以将工作面多个摄像机拍摄的画面合成一张图，通过这张图可以看到整个工作面的生产场景，实现工作面生产的全景监视。

当采煤机在运动时，从多个摄像机中同时得到多个视频画面，根据多个视频画面中的重叠区域，通过图像全景拼接算法将多个视频画面拼接融合成一个整体视频画面，从而得到采煤机的全景图像并实时显示。通过工作面上布置的摄像机捕捉到的采煤机视频信号，进一步得到具有重合区域的视频关键帧，获取采煤机的特征点，进而将采煤机的多组视频信息视频拼接出来，形成采煤机的全景图像和视频。

如图 2-26 所示，通过 n（$n \leqslant 10$）个正像摄像机图像拼接出完整的采煤机，相邻摄像机之间视野画面具有重叠区域，当采煤机在运动时，从 n 个摄像机中同时得到 n 个视频画面，根据 n 个视频画面中的重叠区域，通过图像全景拼接算法将 n 个视频画面拼接融合成一个整体视频画面，得到采煤机的全景图像并实时显示。

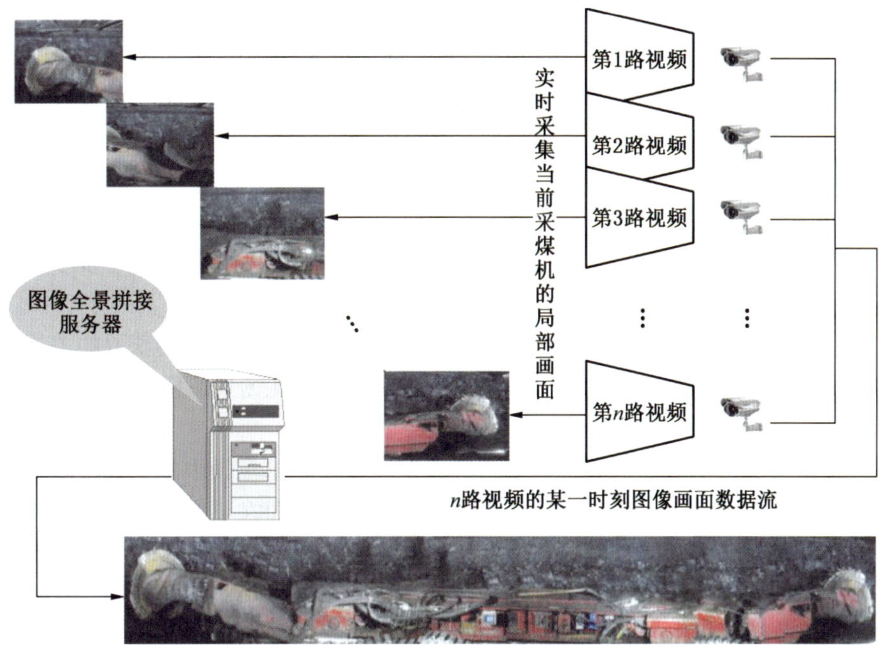

图 2-26 采煤机图像全景拼接流程

获得的待拼接视频画面需满足以下条件：

(1) 由于井下环境很差，图像质量、清晰度、明暗变化较大，视频画面应尽量不出现过曝、过暗的情况，导致视频画面无可用拼接内容，尤其是在 n 个相机画面重合的部分。

(2) 待拼接的多路视频画面中，相邻的摄像机画面重叠区域为 20%～40%。

(3) 拼接算法在运行前，需要机器初始化在线学习。采煤机运行从工作面的一端到另一端的过程中，采煤机的中心与装有摄像机的液压支架对准时拼接算法自动运行，得到相邻摄像头画面重叠区域的拼接初始缝隙，并保存拼接相关图像坐标信息，为以后 n（$n\leqslant 10$）路视频拼接做准备。

具体的图像拼接基本流程如图 2-27 所示。

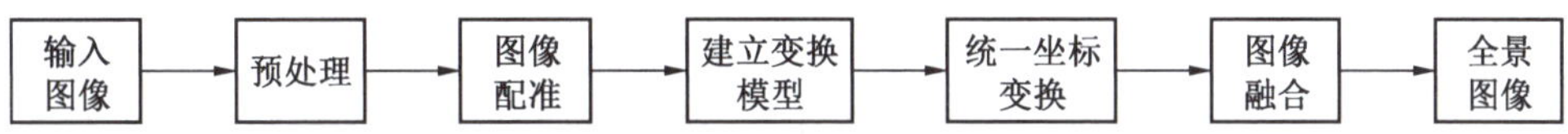

图 2-27 图像拼接的基本流程

相邻两幅具有重合区域的视频关键帧拼接的主要算法步骤包括以下五步：

(1) 图像预处理：包括图像处理的基本操作（如畸变校正、去噪、边缘提取、直方图处理等）、建立图像的匹配模板以及对图像进行某种变换（如傅里叶变换、小波变换等）等操作。

(2) 图像配准：精确找出两幅图像中的重叠部分。图像配准是图像拼接的基础，计算速度快，精度高，适应性强的配准算法是图像配准研究的核心。图像配准就是对相同或不同的摄像机、时间、视角对同一场景拍摄的两幅或多幅图像进行空间域上的匹配，目的就是让同一目标在不同的图像上具有相同的坐标位置，便于图像融合。采煤工作面视频全景拼接通过找出待拼接图像中的模板或特征点在参考图像中对应的位置，进而确定两幅图像之间的变换关系。

（3）建立变换模型：根据模板或者图像特征之间的对应关系，计算出数学模型中的各参数值，建立两幅图像的数学变换模型。

（4）统一坐标变换：根据建立的数学变换模型，将待拼接图像转换到参考图像的坐标系中，完成统一坐标变换。

（5）图像融合：将两个或两个以上的摄像机在同一时间或不同时间获取的关于采煤工作面生产场景的图像或图像序列信息加以综合，生成新的有关此场景解释的信息处理过程。

2.3.4.3 图像智能识别

近年来，基于深度学习的计算机视觉的快速发展，在简单场景中的目标检测、识别技术取得了突破。国内外相关学术界和工业界的研究工作开始转向在更为复杂场景中目标的智能检测、识别、跟踪及场景理解，从而实现复杂环境中相关目标、场景环境的实时感知。

基于深度学习的目标检测技术在这个过程中发展很快。从网络结构看，经历了由两阶段目标检测方法到单个阶段目标检测方法的过程，从“自下而上”到“自上而下”的过程，从单尺度网络到视觉特征金字塔网络的过程，从面向工作站算力环境到面向嵌入式终端算力环境的过程。这些目标检测算法技术，在开放公共数据集上测试获得了较为出色的性能表现。

图 2-28　井下视频图像去雾、去噪对比效果

在煤矿井下视频图像处理技术方面，针对井下视频图像受粉尘、雾气、低照度影响，造成的图像质量下降、图像模糊、图像特征淹没等特点，通过分析井下图像视觉特征，构建具有煤矿井下环境特点的大气物理模型，实现井下视频图像实时智能去雾、去噪，处理速度达到 25 帧/s，智能去雾去噪效果如图 2-28 所示。

在煤矿井下关键目标对象实时感知方面，考虑井下可视化远程监控视频图像针对显著区域或目标提取的实际工程应用需求，特别是从显著性区域目标检测和分割的效率出发，基于视觉注意机制提出一种实时的煤矿井下关键目标对象实时感知方法。这种方法不仅提高显著性目标（关键目标）的检测分割精度，而且达到 30 帧/s 的实时处理效率。煤矿井下复杂场景中关键设备目标对象的实时感知效果如图 2-29 所示。

大规模数据样本是机器学习，特别是基于深度学习框架研究智能视觉感知的必要前提条件。在煤矿井下机器学习视觉图像训练样本数据库集建设方面，结合综采工作面环境及设备状况视觉感知需求，针对煤矿井下场景特别是综采工作面环境及主要设备状况和姿态分布的体系结构，进行系统归纳分析；同时分析光照变化、煤尘影响、遮挡等因素对视觉感知的影响规律，基于光照变化、煤尘影响、遮挡三大影响要素提出其影响的规律模型；

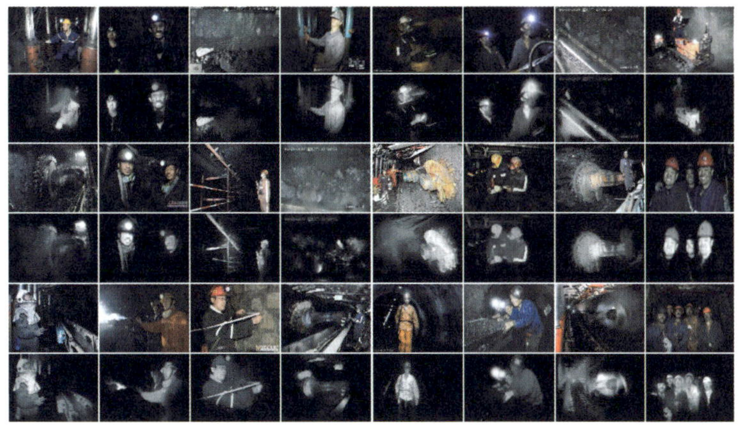

图 2-29 煤矿井下复杂场景关键设备目标检测提取效果

根据三大影响要素的影响规律和深度学习平台要求，建立了多样性强的有关煤矿场景环境设备目标对象的大规模机器学习图像样本数据库集，为井下视觉感知算法模型构建以及煤矿领域的图像识别技术应用开发提供数据基础。

在井下环境状态、关键设备目标对象状况自动检测、识别等方面，现阶段基于深度学习框架设计构建适合井上、井下不同场景硬件环境的智能感知算法模型，实现煤矿井下综采工作面环境状态的实时感知。设备目标状况（井下人员、采煤机滚筒、护帮板状态、大块煤或岩石等目标对象）的智能检测识别，实时视频平均检测准确率达到 95% 以上，实时处理速度不低于 25 帧/s。为煤矿井下无人工作面空间环境的实时感知，关键设备目标对象的可视化智能监控，煤矿综采生产管理等方面相关的智能化无人生产管理控制系统构建提供算法模型基础。

2.4 智能化采煤决策技术

智能决策在传统采煤方式基础上摆脱了人的直接参与，依据自主决策实现煤炭开采自动化运行，以智能决策基础理论及数学模型为基础，建立三维实景智能决策复杂系统多源信息融合架构，构建以决策行为大数据分析及推理为核心的预测机制，给出时变多因素影响下开采设备群模型跟随自适应决策方法，形成基于组合赋权法的开采装备系统健康状态评估方法及维护决策机制，建立了围岩环境与生产系统耦合的安全稳定运行保障技术理论体系。

2.4.1 设备集群控制决策

采煤工作面可视化远程干预型控制技术提高了综采设备单机自动化程度，但没有把采煤设备作为一个整体考虑，设备间缺乏有效的协同。在工作面连续推进过程中，需要操作人员进行大量的干预控制，才能保证工作面的正常生产。使用采煤机惯性导航系统对工作面刮板输送机姿态进行检测，从而对工作面的直线度进行辨识，使用液压支架进行工作面自动找直控制；液压支架跟机控制，采煤机按照液压支架跟机情况控制采煤机速度，实现液压支架与采煤机的机—架协同控制；采煤机按照刮板输送机负荷、工作面瓦斯浓度等控制采煤机割煤速度，实现煤流负荷均衡控制和采煤—瓦斯安全联动控制。采煤工作面多机协同智能化控制系统如图 2-30 所示。

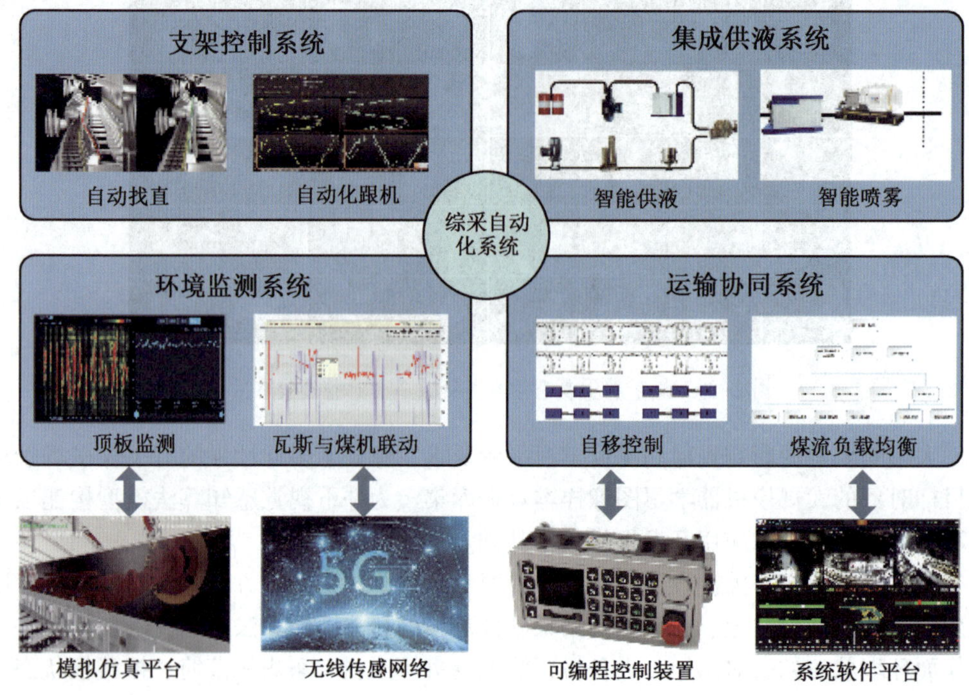

图 2-30　工作面多机协同智能化控制系统

2.4.1.1　采煤机控制决策

综采装备通过引入人工智能、高精度传感监测、高速通信和自主控制系统等关键核心技术可提升自适应控制能力，在实现装备智能化的同时，构建综采自主控制技术体系，达到综采生产自主决策控制。

(1) 智能调高。通过检测采煤机割煤时的顶底板和煤层变化，超前对煤岩界面自动检测，对滚筒当前实际截割状态进行识别，确定是否进行滚筒调高和目标截割路径修正，形成工作面推进的平滑阶梯多级调整控制策略。智能调高控制策略如图 2-31 所示。

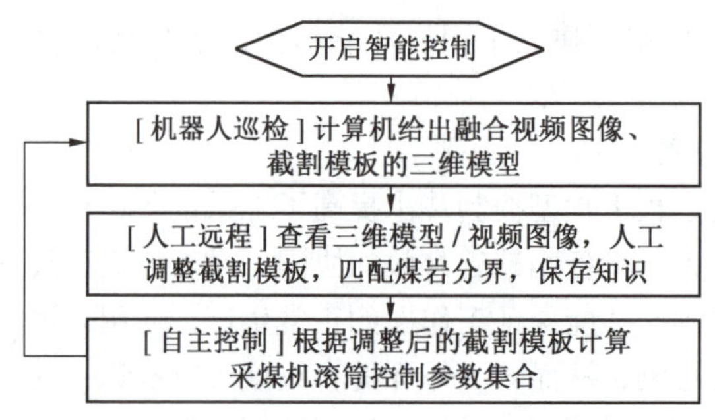

图 2-31　智能调高控制策略技术思路图

（2）俯仰采控制。推进方向，每刀割煤控制好留底煤量，以防刮板输送机严重倾斜，采用平滑阶梯多级调整控制策略，根据原煤含矸率和煤厚变化异常情况，沿工作面走向进行预设采高控制来实现俯仰采自主控制。

（3）调斜控制。将工作面“三机”装备空间位置和姿态传递给液压支架电液控制系统，结合工作面推进度测量数据，采用伪倾斜多级调整控制策略，沿工作面倾向进行预设调斜计算，通过液压支架电液控制系统控制支架移架和推移运输机实现自主调斜。

2.4.1.2 液压支架跟机控制决策

液压支架电液控制系统的应用替代了人工手动操作，通过程序控制，实现了单个液压支架的单动作控制、成组动作的顺序程序控制和液压支架跟随采煤机位置的自动控制（简称跟机自动化控制）等功能。跟机自动化控制的应用，降低了煤矿工人的劳动强度，提高了生产效率。

跟机自动化控制依据采煤机位置，按照采煤工艺，在采煤机前滚筒的前方收回液压支架护帮板，采煤机割煤后及时伸出伸缩梁进行顶板支护，在采煤机后滚筒的后方执行跟机移架动作，实现对割煤后的顶板及煤壁支护，完成移架后的液压支架推移刮板输送机，为下一刀割煤做好准备。跟机自动化控制可以将操作人员在不同部位的操作动作形成标准化流程，编入程序进行液压支架的自动控制。同时依据接近传感器进行护帮板动作执行情况的跟踪，依据压力传感器控制液压支架降、升动作，依据行程传感器控制液压支架推、移动作等。跟机自动化控制的目标是实现工作面采煤设备的自动推移，并保证采煤机与液压支架互不干涉，刮板输送机保持良好的运行姿态，并保证其直线度。

跟机自动化控制过程中结合开采工艺，依据工作面顶板压力、倾角、液压支架姿态、采煤机运行状态等信息，自适应地将整个生产过程通过关键点划分为不同的阶段，自动决策并控制液压支架中部跟机、斜切进刀、端头清浮煤、转载机自动推进等动作，实现工作面自动连续生产。

液压支架跟机自动化控制原理，如图 2-32 所示。

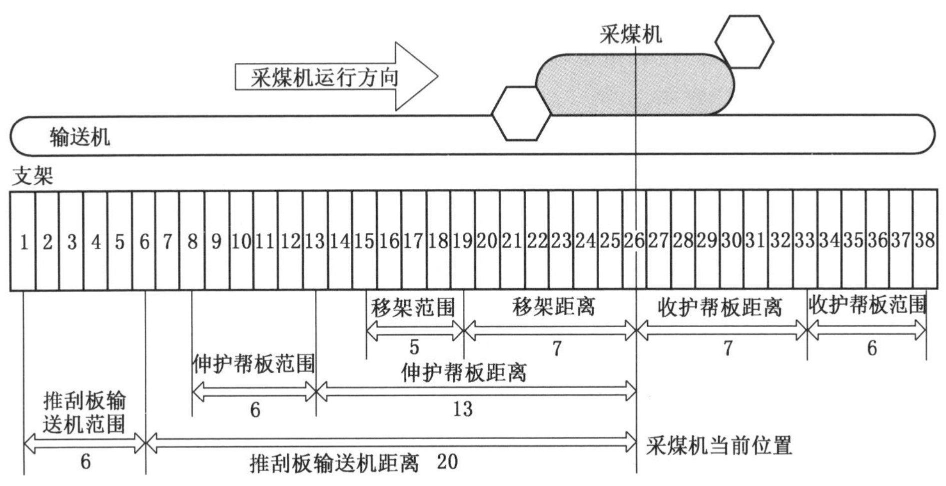

图 2-32 液压支架跟机自动化控制原理

当采煤机到达26号液压支架位置时，33至38号液压支架执行跟机收护帮板动作（收护帮板7，收护帮板范围6，表示在采煤机运行方向上与采煤机位置相隔7架位置的液压支架，即33号液压支架首先开始执行收护帮板动作，参与护帮板动作的液压支架范围为6架），15至19号液压支架执行跟机移架动作（移架距离7、移架范围5，表示在采煤机后滚筒方向上与采煤机位置相隔7架位置的液压支架，即19号液压支架首先开始执行移架动作，参与移架的液压支架范围为5架），8至13号液压支架执行跟机伸护帮板动作（伸护帮板距离13，伸护帮板范围6，表示在采煤机后滚筒方向上与采煤机位置相隔13架位置的液压支架，即13号液压支架首先开始执行伸护帮板动作，参与伸护帮板动作的液压支架范围为6架），1至6号液压支架执行跟机推刮板输送机动作（推刮板输送机距离20，推刮板输送机范围6，表示在采煤机后滚筒方向上与采煤机位置相隔20架位置的液压支架，即6号液压支架首先开始执行推刮板输送机动作，参与推刮板输送机动作的液压支架范围为6架）。

2.4.1.3 两巷设备联动控制决策

1. 控制原理

采煤工作面及两巷设备协同推进以两巷支护、运输及辅助设备自移控制为基础，以基于Ethernet/IP通信协议的工业以太网为通信平台，以协同推进控制流程为决策依据，可有效实现采煤工作面及两巷设备协同控制、快速推进。

超前支架配置液压支架电液控制系统，通过井下巷道监控中心，液压支架控制器可与采煤机、刮板输送机等联动，还可与地面分控中心进行数据交互。地面分控中心能实时获取井下各液压支架的数据，显示各液压支架的动作、压力、行程数据和采煤机位置。

采用迈步自移式转载机及带式输送机自移机尾，引入电液控制系统，可实现转载机、带式输送机机尾的自动前移、工作面快速推进。迈步自移式转载机采用千斤顶，并配合特殊抬起座和导轨，实现推移机身与拉移导轨互为支点的迈步式前移。带式输送机自移机尾通过设置前、后、左、后4个升降千斤顶实现机身抬升、落下，通过左右推移千斤顶实现机身前移，同时配置左右水平千斤顶、托辊千斤顶实现机身姿态调整。通过转载机与带式输送机搭接的变化，在保证转载机运输连续性的同时，减少带式输送机拉伸输送带次数，缩短辅助工时，提升生产效率。

供变电站、泵站、组合开关及工作面巷道监控设备部署在距采煤工作面40~200 m的设备列车上，随着工作面向前推进，设备列车需克服底板起伏、巷道上下坡度及移动过程中电缆布置、回收等困难。迈步自移式设备列车驱动采用液压牵引、电液控制方式，升降式平板列车、自移式牵引装置及可移动轨道组件相互配合等关键技术可实现设备列车安全、快速、交替式前移，从而提高设备列车整体稳定性。设备列车也可以悬挂在巷道顶部的柔性单轨轨道上自动行驶，以液压为动力，集成设备自移、电缆自移、电缆回收等功能，采用自移控制方式实现设备列车分段推移前进。

2. 控制方法

通过操作支架控制器可实现超前支架的邻架、隔架、自动以及遥控、远程控制等协同控制功能。超前支架电液控制与工作面液压支架电液控制融合，设备间协同自动控制，实现一键拉移。

巷道超前支护装置共12架（参考值），其中每3架一组，实现关联推进，巷道超前支护装置主要是指巷道超前支架，依照液压支架连接关系可以将超前支架分成4组，如图2-33所示。

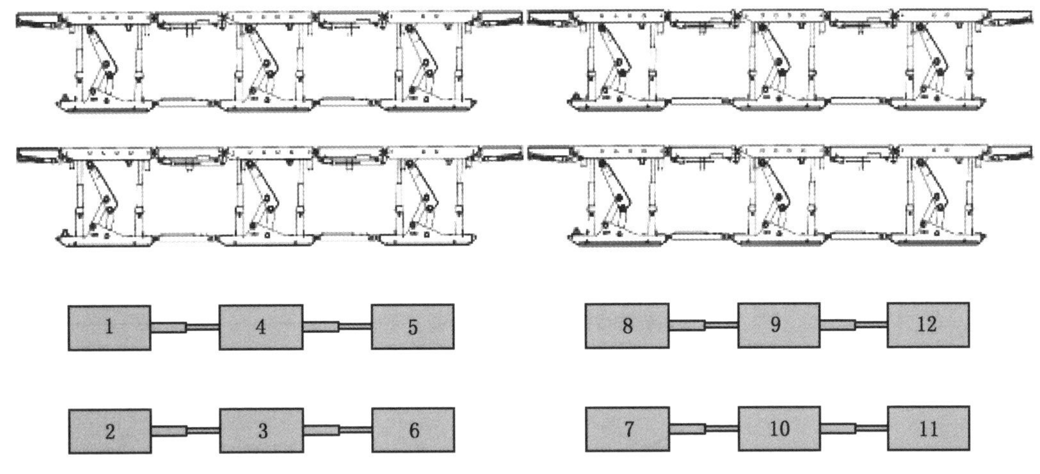

图2-33 采煤工作面超前支护装备布置图

在超前支架进行前移时，每组液压支架实现连续推进控制。机尾处端部液压支架完成前移后，机尾所在巷道超前支护装置完成交替式自动前移，为下一循环推进做好准备。机头处端部液压支架与转载机后部连接，巷道超前支护装置与转载机底座相连接，而转载机与刮板输送机自移机尾共用前移轨道，在工作面前移推进过程中需要协同控制，实现同步推进。

超前支架配置电液控制系统，用于控制液压支架的各种动作，通过电缆连接转载机自移控制系统，进行双向通信，转载机自移系统包括电磁先导阀组和控制器，控制器是转载机自移系统的核心控制部件，接收从协同控制系统中传输来的控制命令并将转载机的动作和位置传送给协同控制系统，控制器根据控制命令驱动电磁先导阀组动作，带动转载机的前移。

3. 控制工艺

在工作面生产过程中，由于相关设备间通过推移刮板输送机部连接，生产控制时需要关联控制、协同推进。协同控制软件将各阶段过程中设备需要执行的控制流程转换为协同控制逻辑算法，当采煤机按照生产工艺运行到生产工艺关键点时，触发该生产工艺阶段控制过程，监控主机将控制指令发送给相关设备，实现相关联设备的整体联动控制。

基于支架远程控制、超前支架控制和操作策略，远程控制必须保证控制目标设备和人员的安全，基于安全策略的超前支架的远程控制流程如图2-34所示。

工作面转载机与超前支架协同控制系统包括一台转载机和超前支架，转载机设置在端头液压支架的前方，用于将工作面开采的煤炭转运到带式输送机上。在工作过程中，当工作面采煤机运行至一定位置时，工作面超前支架需进行推刮板输送机，支架电液控制系统程序提前发出指令，通过通信电缆发送给转载机自移系统，控制转载机提前收或伸油

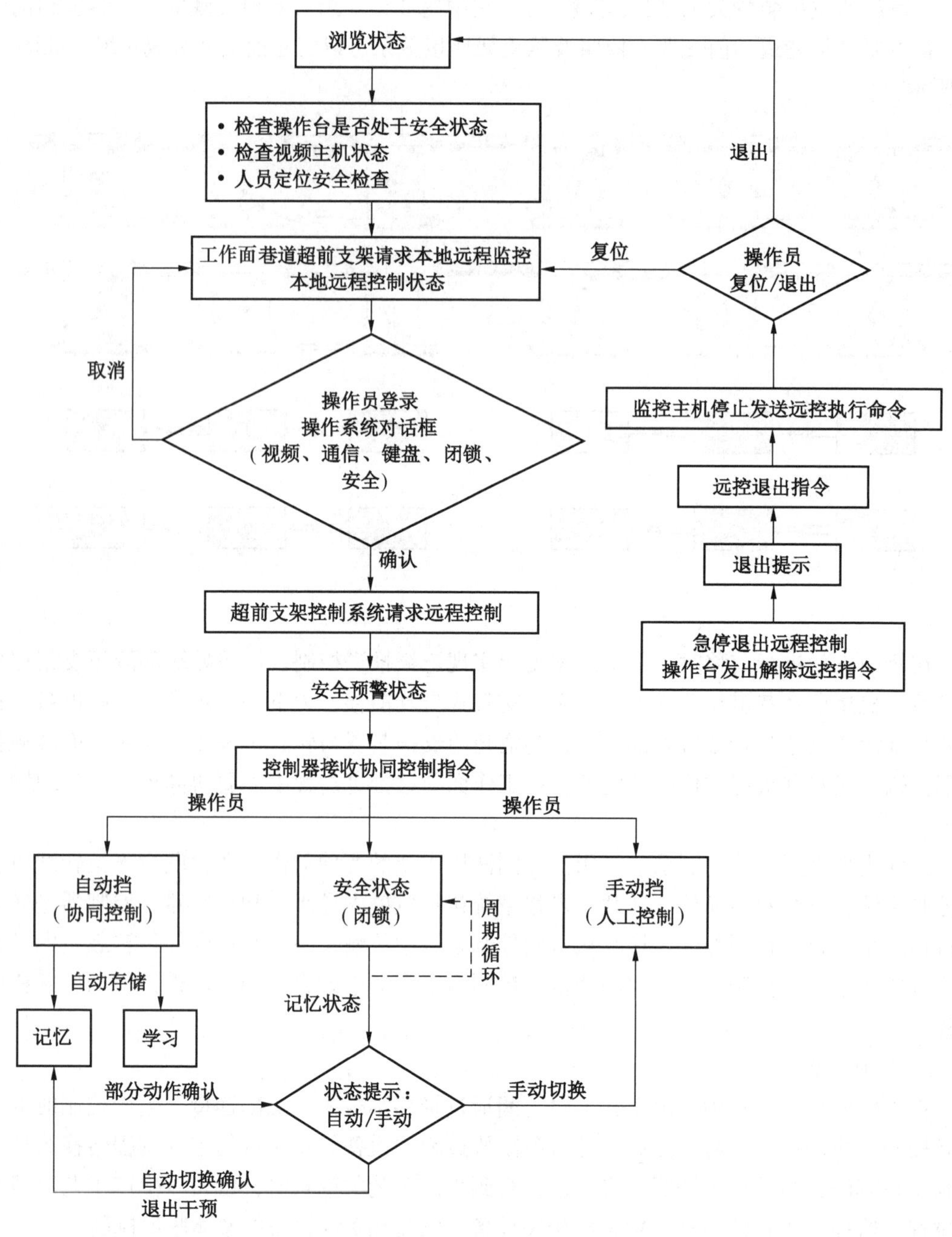

图 2-34　超前支架远程控制流程

缸做好自移准备。当端头支架推刮板输送机时，转载机自移系统同时前进，完成转载机与超前支架的联动控制。设备列车与工作面协同推进。当工作面生产经过若干个全工艺循环后，需要设备列车前移，设备列车按照前移顺序执行自动前移控制，实现设备列车推进。

2.4.2 煤流控制决策

1. 智能调速

运输设备负载波动大、过载停机以及长时间轻载运行等现象在煤炭开采过程中普遍存在，通过煤流量检测或运输设备电机电流监测实现智能调速，对减少刮板输送机故障，提高煤矿生产效率具有重要意义。

将煤量检测传感器安装在巷道输送带入口的上方，在扫描范围内，检测每个断面各测量点与传感器的距离，据此计算出输送带上煤层断面面积，并得到外形轮廓和坐标定位等信息，再引入运行速度就可以计算出煤量的体积，从而得出实时的煤量。通过煤量扫描仪检测到运输设备上的煤量，结合采煤机的工况，调节采煤机的割煤量，采煤工作面运输设备根据负荷大小自动调节运行速度，达到节能降耗的效果。

通过电机电流实现自动调速时，根据实时监测运输设备电机电流运行参数，结合采煤机在工作面的位置信息、运行方向和工作状态，当负荷较大时，集中控制系统能够自动减慢采煤机的牵引速度，减少落煤量；当运输设备负荷超过设定上限时，自动停止并闭锁工作面的采煤机。控制策略是电机电流大，输出功率大，则运输设备负载大，需增大转速。采煤机行走方向与煤流同向时（由机尾向机头），此时电流应逐渐减小；采煤机行走方向与煤流相反时（由机头向机尾），此时电流应逐渐增大；采煤机截割速度越大，电机转速越大，反之越小。

2. 负荷均衡

为了实现运输设备运煤量最大化，最大程度上挖掘运输设备的潜能和实现节能理念，需要运输设备达到满负荷均衡运作。采用基于机器学习的煤流均衡自适应控制方法，通过融合煤流、电流、动力部等传感数据，利用模糊神经网络对运输设备负荷进行评价，得到简明和表述准确的煤流均衡自适应控制模型，从而协调控制采煤机运输设备的速度，达到负荷均衡。

（1）煤流负荷均衡系统工作原理。煤流负荷均衡是以智能监控系统为核心调度单元，以运输设备为核心监控对象，以采煤机为主要监控对象，以液压支架电液控制系统、转载机、破碎机为辅助监控对象的协同控制。智能监控系统负责监测采煤工作面各子系统的工况，包括采煤机监控主机和液压支架电液控制系统监控主机的监控信息，收集煤流量监测、动力部监测、变频调速监测和采煤机工况等关键传感信息，进行信息融合处理和策略分析。通过协同控制软件对运输设备实时调控，以实现煤流负荷均衡控制。煤流负荷均衡系统能够控制其运输煤流的负荷维持在策略设定的稳定区间，以适应不同生产模式下对运输设备功耗、运输速度、负荷电流的定量控制。采煤机是主要监控对象，作为煤流的供给侧，其运行状态可为控制系统提供运输设备负荷的重要信息数据；同时通过控制其割煤速度，达到煤流供给调整，进而调节运输设备负荷。液压支架电液控制系统是辅助监控对象，将采煤机状态作为因变量，动态调整跟机动作，以匹配采煤机运行速度。转载机和破碎机是辅助监控对象，将运输设备状态作为因变量，动态调整自身控制状态。煤流负荷均衡系统组成，如图 2-35 所示。

（2）控制逻辑。煤流负荷均衡控制是以运输设备负荷为评价指标的闭环控制，其基于相关传感信息融合评价出运输设备负荷实时值作为反馈。设计负荷均衡控制策略，将负荷

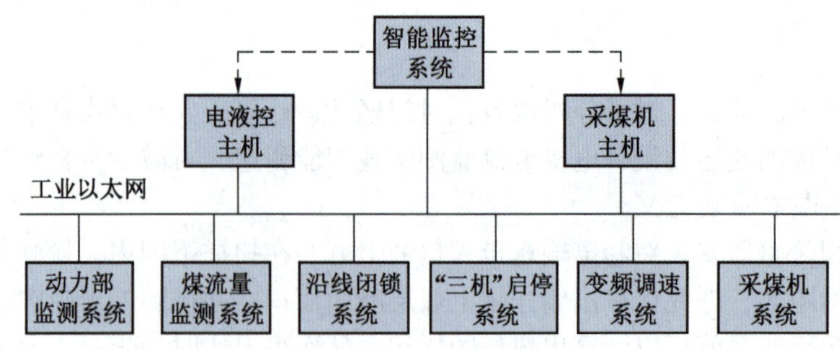

图 2-35　煤流负荷均衡系统组成

反馈值作为输入，采煤机速度和运输设备速度作为输出，进行自动控制，在负荷发生变化时及时调整设备运行状态，将负荷稳定在合理区间。设计了异常处理，在运行状态实时监控外部环境，出现异常及时处理，保障人员和设备安全。煤流负荷均衡控制逻辑如图 2-36 所示。

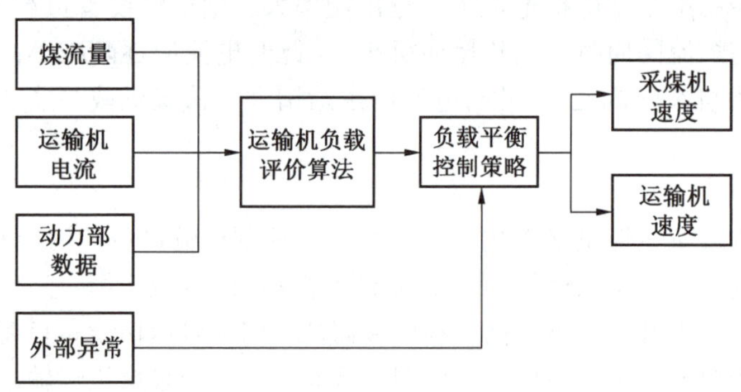

图 2-36　煤流负荷均衡控制逻辑

（3）运输设备负荷实时运算。由于目前无法通过物理传感器直接获取运输设备负荷反馈，且运输设备电流信息及其物理传感体系与负荷情况无明确数学关系，可以通过关联数据融合学习预测来拟合出负荷反馈，构建运输设备负荷预测模型。运输设备负荷实时计算模型如图 2-37 所示。以采用神经网络算法的状态预测训练模型为核心，采集运输设备输入煤量、电流负荷、动力部监测负荷和变频器负荷实时值作为输入，进行在线预测并同步学习优化模型，输出百分比定量的运输设备负荷实时值。此负荷实时值即可作为负荷均衡控制模型的反馈输入值。

（4）负荷均衡控制模型。负荷均衡控制模型由反馈输入、控制目标、控制算法和控制执行单元组成。反馈输入即运输设备负荷实时值，控制执行单元及各子系统主控模块。

由于负荷均衡影响因素较为复杂且各子系统设备种类较多，难以建立精确的数学模型和控制系统传递函数，在现场实际控制中，多以人工经验值为控制策略，以模糊控制作为核心控制算法。通过构建输入模糊化、模糊控制规则库和输出解模糊化算法，获取输入反馈与输出执行目标的关系，以实现基于人工经验的控制算法模型，可指导模糊控制规则的人工经验控制策略，见表 2-1。

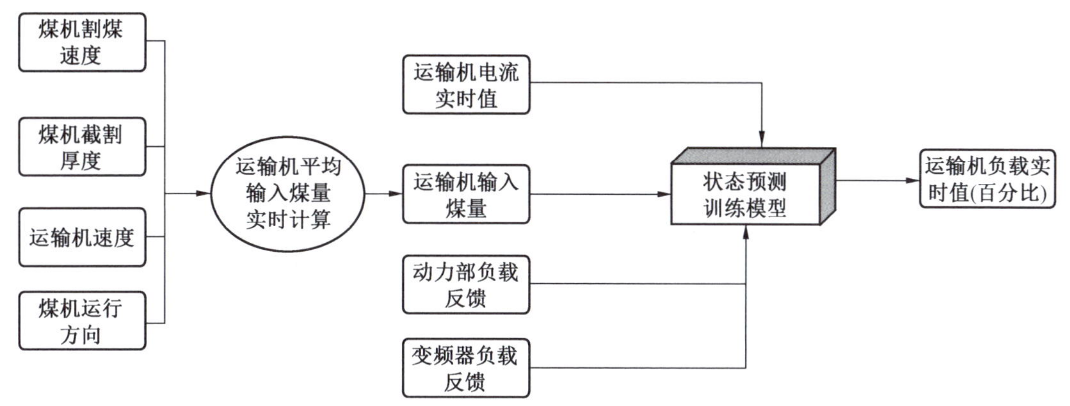

图 2-37 运输设备负荷实时计算模型

表 2-1 人工经验控制策略表

序号	运输负荷/%	采煤机速度/($m\cdot min^{-1}$)	最长持续时间/min	最短离开时间/min	运输设备调频/Hz	控制策略描述
1	10~50	10~15	不限制	不限制	20~30	降频运行
2	50~70	8~10	10	1	30~40	维持现状
3	70~80	5~8	5	1	40~50	全速运行、煤机预警
4	80~90	3~5	1	1	50	全速运行、煤机停机

依据负荷进行模糊控制，将刮板输送机设备满载按照100%计算，可以自由定义分段，每段包括刮板输送机负荷上下限、采煤机速度上下限、最长持续时间。最长持续时间表示刮板输送机在该负荷范围内，持续运行的最长时间。最短离开时间表示刮板输送机在该负荷范围内，降低到低挡的负荷区间至少经历的时间，以确保负荷降低下来，剔除瞬间降低的干扰。

采煤机速度需根据工况由采煤机主控系统实时调节，常态运行时应作为其他子系统的因变量，其他系统根据采煤机速度来调节自身系统工况。为避免多系统同时调节采煤机速度，造成系统控制权限不清晰、采煤机速度反复震荡等情况，不宜将采煤机实时速度作为煤流负荷均衡的输出值。在煤流负荷均衡系统中将输出采煤机速度的目标上限值，作为采煤机子系统控制的一项指标。运输设备负荷则通过采煤机速度和运输设备速度相匹配来控制实现。

为实现负荷均衡，设立双层模糊控制系统，第一层以运输设备负荷为反馈输入，采煤机速度上限为输出目标，确定当前系统采煤机速度上限值，划定采煤机运行速度区间，实现运输负荷较高时，降低采煤机速度的功能，控制模型如图 2-38 所示。

第二层以运输设备负荷为反馈输入，运输设备目标速度为输出目标，根据当前负荷情况调整运输设备速度，实现负荷均衡控制，控制模型如图 2-39 所示。

通过上述模糊控制模型，配合运输设备和采煤机的主控系统，可实现运输设备负荷均衡控制。当采煤机速度调整时，采煤机—液压支架协同控制系统需调整跟机动作，达到采

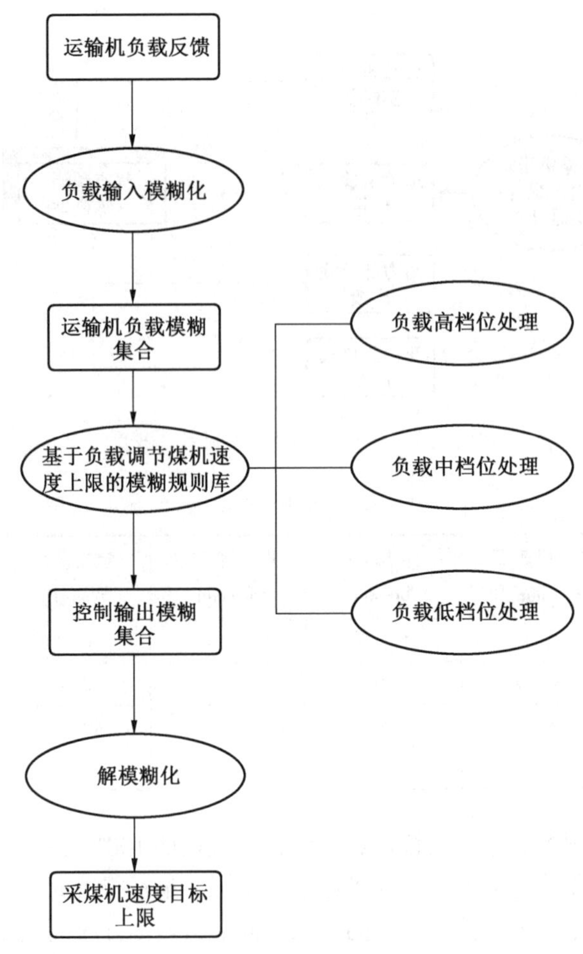

图 2-38 采煤机速度目标上限控制模型

煤工作面开采运行均衡；当运输设备速度调整时，“三机”协同控制系统需调整转载机和破碎机运行速度，达到运输设备整体负荷均衡。

（5）负荷均衡系统监测及控制策略调整。运输设备负荷实时计算模型与负荷均衡控制模型构成了煤流负荷均衡系统的后台逻辑，结合预设的控制策略，可完成负荷均衡自动控制。负荷均衡系统的人机交互界面为用户提供了采煤机状态监视、运输机状态监视、动力部监视、变频系统监视和转载破碎机监测等功能，同时还将可能影响人工决策负荷平衡关键信息的实时值和变化趋势等内容实时展示出来。煤流负荷均衡系统软件功能区域部署如图 2-40 所示。

系统配置有控制策略输入展示区，向用户提供预设策略选择，同时支持策略的自定义修改，以应对不同的控制需求，控制策略是负荷均衡系统的核心算法集合，在不同工况下可根据人工经验决策调整控制策略，以达到最佳的应用效果。

（6）故障处理。当出现采煤量过大或大块煤堵塞等故障时，需设定异常处理程序来及时调整相关设备。如图 2-41 所示，列举了煤流负荷均衡控制系统需关注的异常。根据异

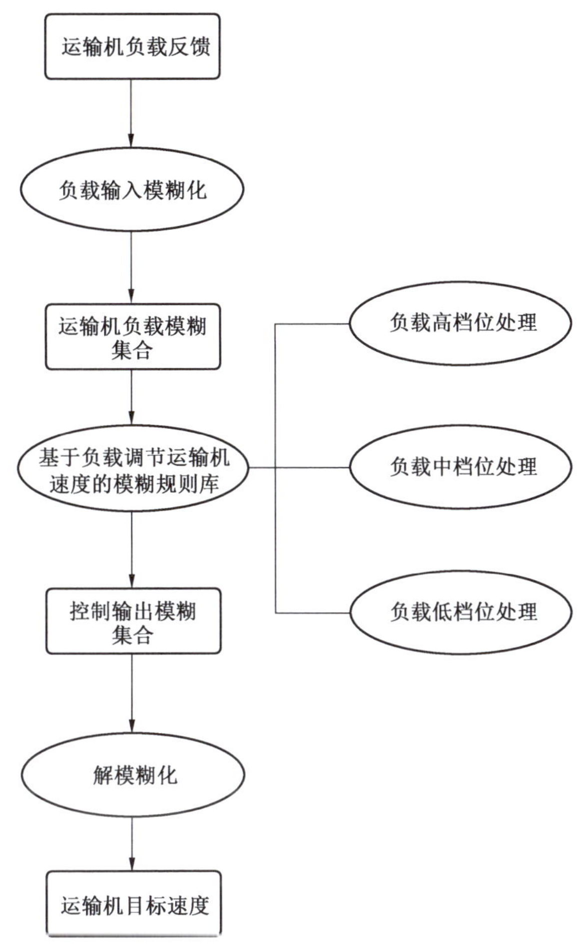

图 2-39 运输设备速度控制模型

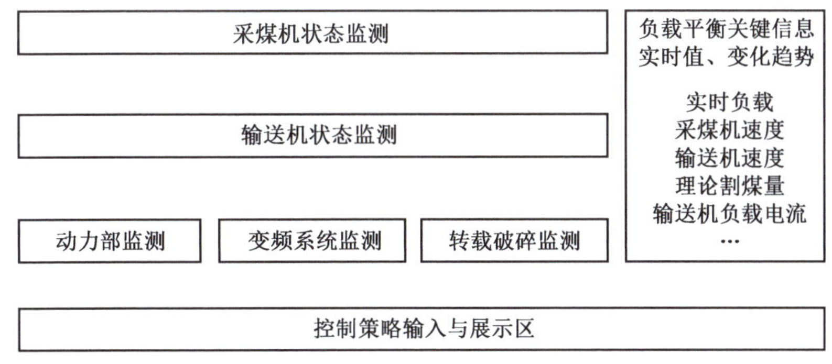

图 2-40 煤流负荷均衡系统软件功能区域部署

常类别和程度，采取不同的异常事件处理方法，包括主机报警、就地报警、停机排查等。

2.4.3 环境联动控制决策

1. 瓦斯联动控制

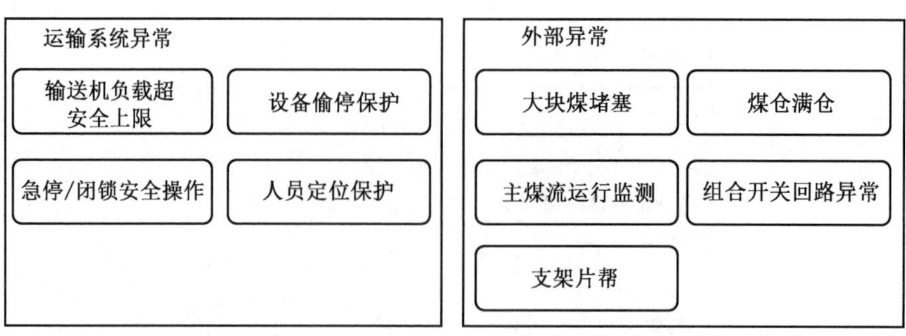

图 2-41　采煤工作面运输系统故障报警系统

瓦斯浓度与采煤机截割协同控制方法如下：

（1）工作面采煤机速率与瓦斯浓度变化趋势分析。采煤工作面机头、机尾上下隅角处、工作面中部均匀布置安装瓦斯传感器，将瓦斯传感器数据通过综合接入器传送到监控中心监控主机，再通过以太网将瓦斯浓度数据传送到采煤机控制集控主机。

（2）采煤机速度与瓦斯浓度联动控制。采煤机集控系统依据工作面瓦斯浓度的大小进行采煤机速度策略选择，采煤机生产过程中的速度、开采工艺阶段数据反馈至瓦斯监测系统。瓦斯联动控制协同流程如图 2-42 所示。

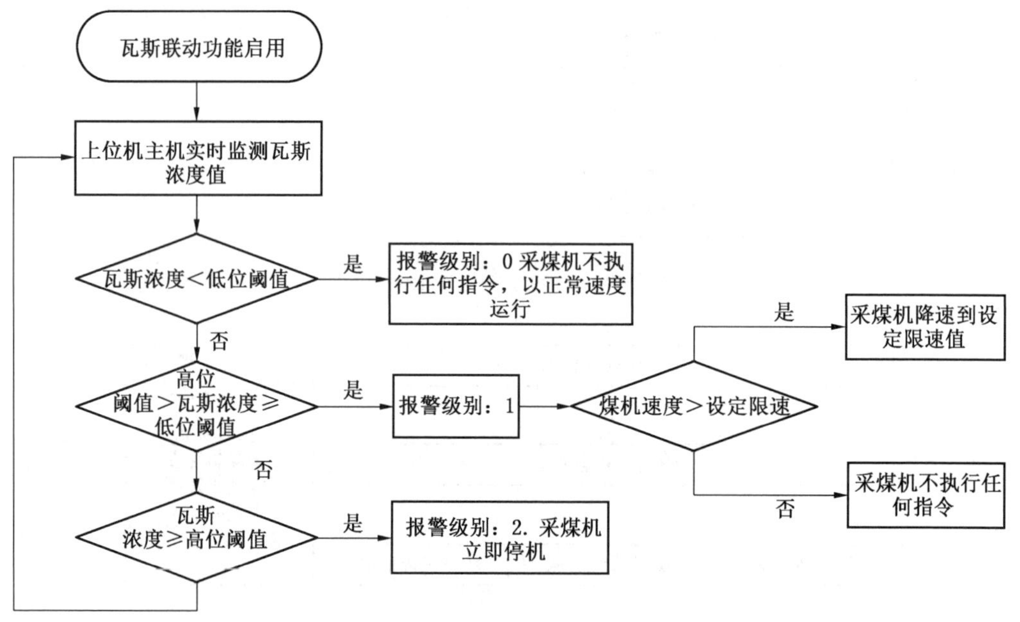

图 2-42　瓦斯联动控制协同流程

当瓦斯浓度波动异常时可提前对未来危险进行预测，使报警时间前置，判断危险等级适当调整采煤机牵引速度，确保工作面安全监测系统保护功能不触发报警。

将瓦斯报警设定为多个预警级别，在最高报警级别响应前，根据瓦斯浓度值进行不同级别的预警。随着监测区域瓦斯浓度的升高，预警级别升高，如图 2-43 所示，自动化控制系统能够根据预警级别判断危险程度，适当降低采煤机牵引速度，监测区域瓦斯浓度可以得到控制，避免瓦斯浓度进一步升高发生危险。

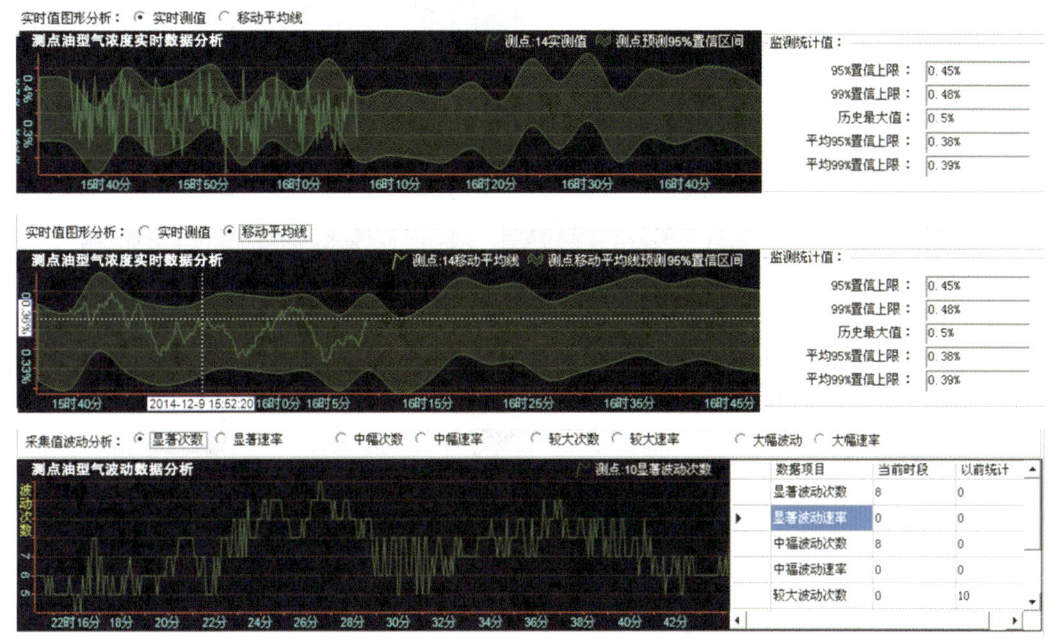

图 2-43 瓦斯浓度控制成效

建立“上隅角+回风巷道瓦斯”传感器参数与采煤机牵引速度之间的耦合关系，依据瓦斯实时测值获取未来 5 min（参考值）的预测值，然后依据置信区间和阈值范围对瓦斯进行预警。当瓦斯传感器数据波动异常时可提前对未来危险进行预测，使报警时间前置，判断危险等级适当调整采煤机牵引速度，控制工作面瓦斯浓度低于预警限值，瓦斯监控系统报警功能不被触发。

2. 降尘协同联动控制

据统计，工作面生产时所产生的浮游粉尘量占全部矿井的 50%。在采煤工作面没有任何防尘措施的情况下，当采煤机截割和移架等工序共同作业时，人员主要作业区域的时间加权总尘质量浓度可达 500~850 mg/m^3，吸尘可达 300~500 mg/m^3。煤矿粉尘的危害主要包括两个方面：一是煤尘的自燃性和爆炸性；二是煤尘导致尘肺病。

煤矿高浓度粉尘源的高效精准防控通过对粉尘浓度场、空气流场、温度场、湿度场等多场数据采集，根据开采空间进行数值计算分析，对喷雾量、角度、粒径等需求智能分析，实现快速精准地喷雾喷水降尘控制，有效防控粉尘爆炸安全风险。煤矿无尘化开采及粉尘精准防控技术主要通过自动定位喷雾降尘控制系统实现，系统通过粉尘传感装置能够实时监测工作面的采煤机、移架、放煤位置的粉尘浓度，通过不同的喷雾要求设置控制参数进行降尘喷雾。

煤矿粉尘监测系统可通过井下安装粉尘传感装置采集煤矿井下呼吸性粉尘和总粉尘浓度等信息，并将采集到的传感数据通过有线和无线传输方式实时传送至监控中心监控主机，粉尘监测数据通信系统架构如图 2-44 所示。

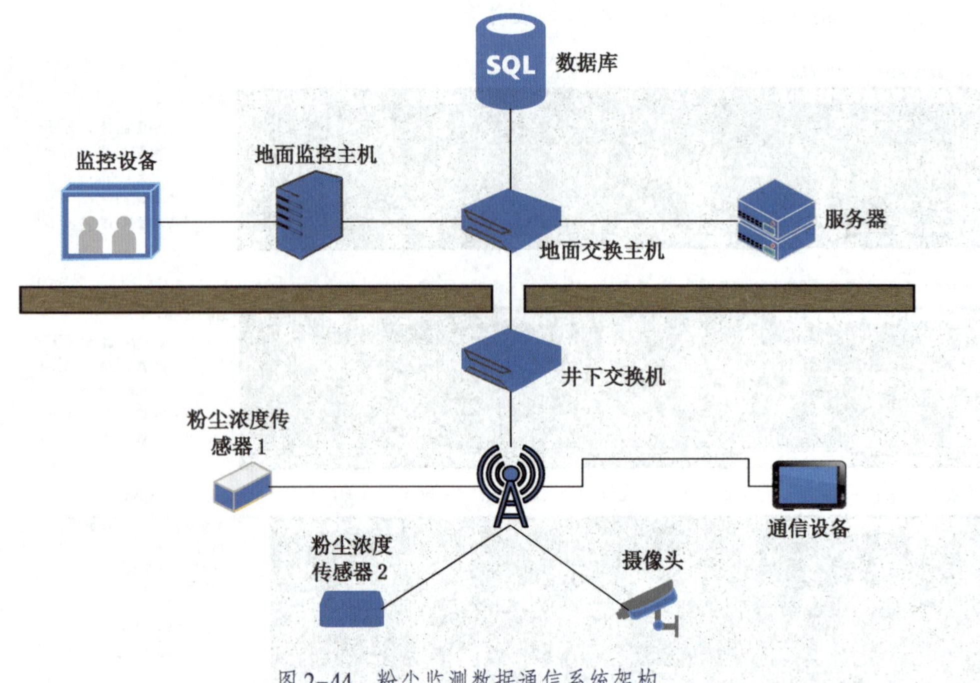

图 2-44 粉尘监测数据通信系统架构

通过采用模糊数据融合，对煤矿粉尘协同监测预警对象参量（粉尘浓度和风速数据）进行模糊数据融合运算并给出相应结果。对系统运用模糊数据融合算法进行建模，通过实例对验证所建模型，对系统进行图形化编程，实现监测数据的提取、分析及评估，通过界面对监测数据进行显示及报表输出。

煤矿粉尘监测系统分层结构体系包括硬件平台、软件层、接入层和应用集成框架等。系统一般采集综采自动化控制系统的采煤机位置信号和液压支架电液控制系统的液压支架移架、放煤信号，根据相应位置信号，监测目标区域进行降尘喷雾。喷雾监控系统结构如图 2-45 所示。

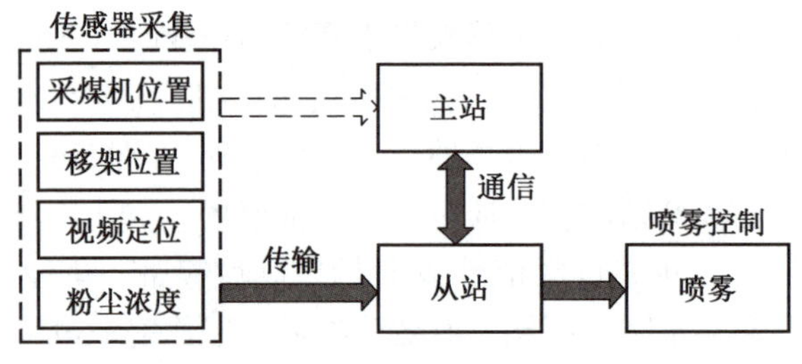

图 2-45 喷雾监控系统结构

为将煤矿粉尘监测系统与综采自动化控制系统相融合，首先将监测到瓦斯、粉尘和风速数据样本进行特征值提取，再对提取得到的特征值进行模糊数据融合处理，综采自动化控制系统将触发喷雾系统执行超限自动喷雾、定时循环喷雾等功能，协同控制流程如图2-46 所示。

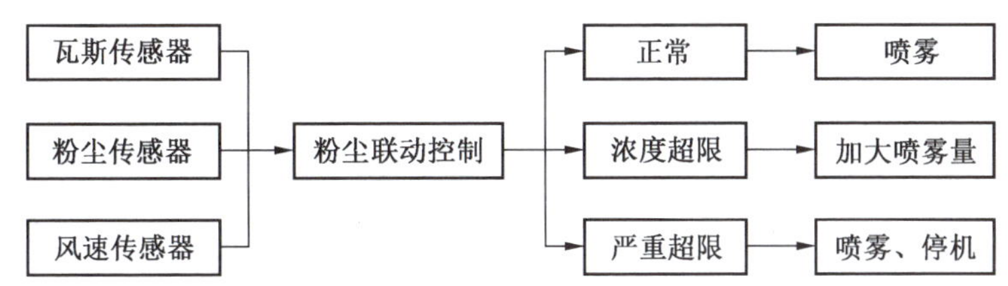

图 2-46 粉尘协同控制流程

2.4.4 放煤控制决策

智能化放煤控制通过智能化控制系统实现放煤作业的自动化控制及远程遥控，实现放煤设备的就地、集中、远程控制。放煤过程可以分为三个阶段，如图 2-47 所示，放煤过程须在第三阶段开始时结束。第一阶段为放前监测，可以采用雷达探测技术进行顶煤厚度的检测；第二阶段为放中监测，传统的人工放煤是操作人员用眼睛看、耳朵听，来判断是否到达第三阶段，即“见矸关门”；第三阶段为放后监测，观察顶板的冒落情况。

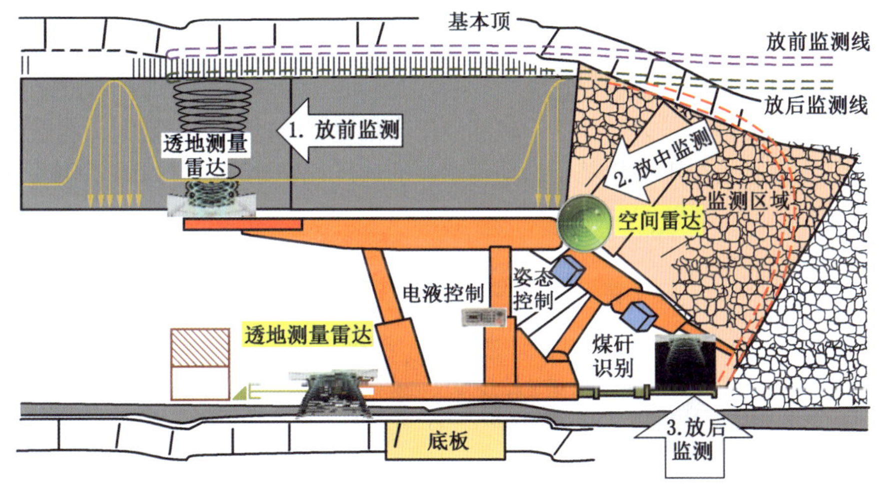

图 2-47 放煤过程示意图

放顶煤液压支架放煤机构由尾梁和插板构成，液压支架移架以后，后部顶煤层失去支撑，自然垮落，当尾梁和插板收回时，构成一个放煤窗口，顶煤垮落到后部刮板输送机上，开始放煤；当尾梁和插板伸出后，关闭放煤窗口，停止放煤，如图 2-48 所示。

在液压支架尾梁和插板上安装相应传感器，通过液压支架电液控制系统，可以实现对后部放煤机构的自动控制。通过监测尾梁摆动角度的大小和插板的位置情况，根据放煤需求，打开放煤窗口，调节尾梁姿态和插板位置，控制放煤量；通过安装在尾梁上的煤矸识别传感器判断顶部放落的煤矸属性，控制尾梁、插板动作；通过液压支架结构件上安装倾角传感器、在前部刮板输送机推移千斤顶和后部刮板输送机拉移千斤顶中内嵌的行程传感器，有效检测与控制液压支架的推移行程和拉溜行程，实现自动推前溜和拉后部刮板输送机控制。

1. 煤矸识别

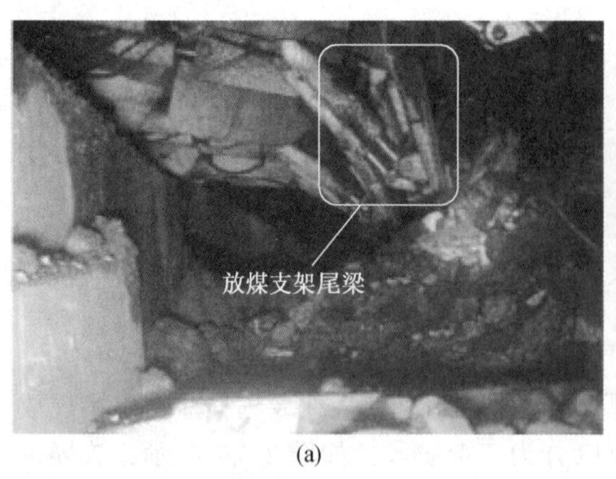

(a)

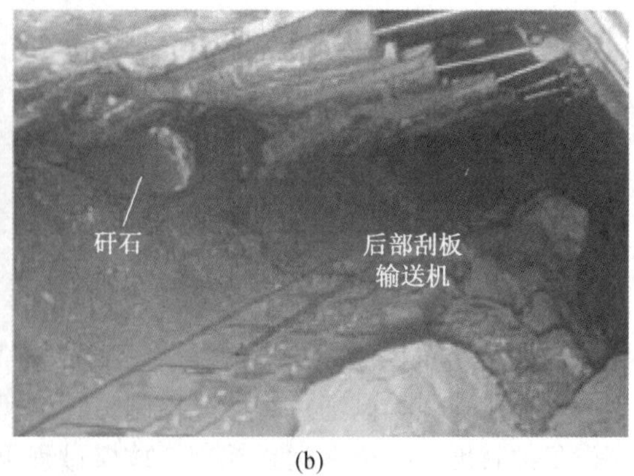

(b)

图 2-48　放煤控制

有效获取放煤过程中煤与矸石在不同下落阶段的特征值，并对其进行特征识别，获得在放煤过程中不同状态时的特征参数值，进而为放煤过程自动化控制系统提供控制依据是实现自动放煤控制的核心。依据特征信号，采用自动和人工干预双模式并存的方式进行远程放煤控制，通过一键启动补放煤。

在煤和矸石硬度差异较大时，落下砸到液压支架尾梁上的频谱差别大，容易辨识煤和矸石的特征，在这种情况下使用基于振动传感器的煤矸识别处理器，如图 2-49 所示。

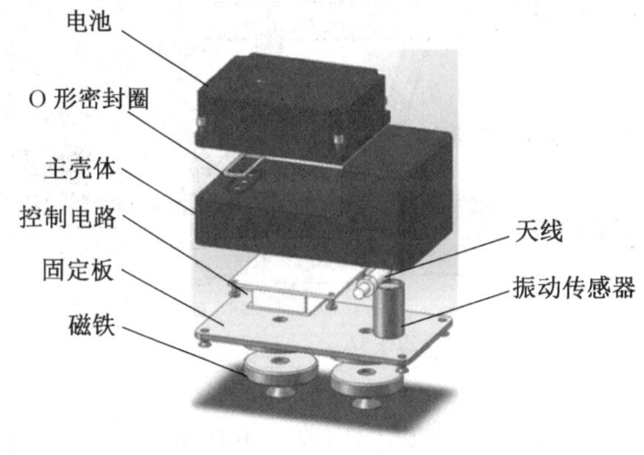

图 2-49　煤矸识别处理器

在液压支架尾梁上安装煤矸识别处理器，采集放煤过程中的煤与矸石砸在液压支架上产生的振动信号，如图 2-50 所示。

将信号传给 DSP 处理器进行模型运算与处理，处理结果传给支架控制器进行放煤口的控制。结合人工放煤操作对振动传感器信号进行标记，将放煤过程分为碎矸、大块矸石等阶段，当采集的振动信号与煤矸特征信号的相似度为 85%～95% 时进行预警，达到 95% 时自动关闭放煤口，停止放煤。该方法能够对煤矸信号进行判断，达到一个较好的煤矸识别效果。

2. 放煤精准控制

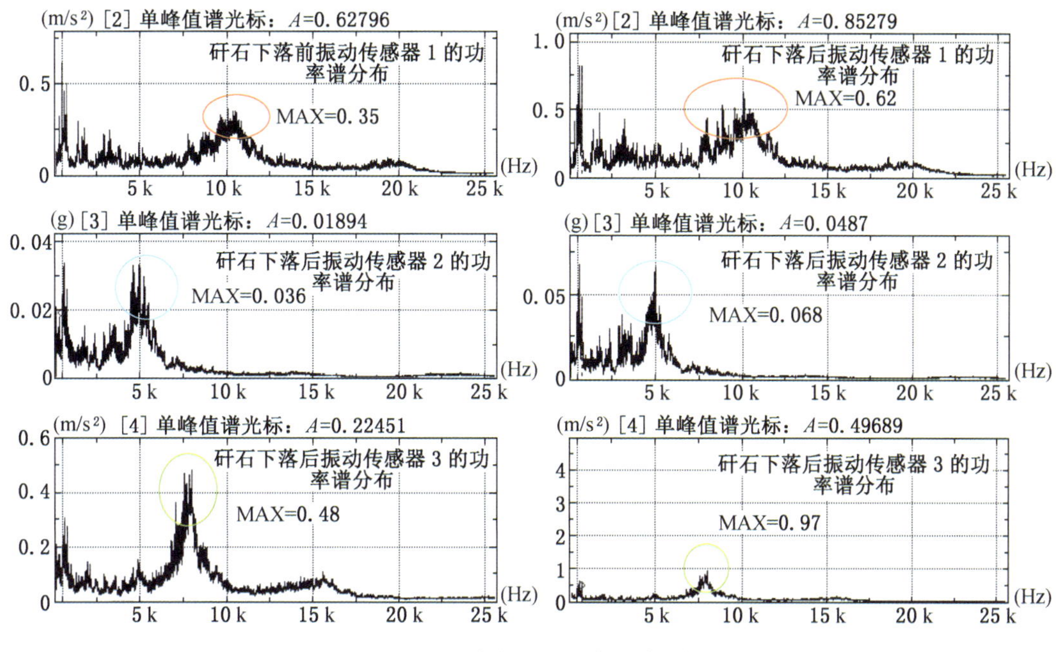

图 2-50　煤和矸石振动频谱分析

通过在液压支架尾梁上安装磁致伸缩行程传感器，实现放煤机构位姿的精准控制。控制尾梁摆动幅度可以调整放煤窗口的大小，用来调节放煤量的大小。

3. 记忆放煤

（1）单个液压支架记忆模式。通过人工示范放煤，将人工放煤操作过程、放煤口个数、液压支架放煤机构的位姿状态（传感器数据）、放煤时间等记录下来，根据记录数据，将尾梁摆动幅度，放煤时间形成按照时间序列递进的控制流程，下一次放煤启用这个控制流程，按照每个时间段对应的放煤开度进行控制。数据分析显示，操作人员每次进行放煤控制时，放煤控制流程和控制参数规律大致相同，采用固化参数方法实现，如图 2-51 所示。

（2）全工作面记忆模式。通过智能放煤监控中心和“放煤动作架+采煤机位置架”进行数据分析融合，实现采煤机位置信息、移架位置信息、放煤口位置信息等的记录，以记忆放煤工艺顺序为核心，多个液压支架进行放煤作业。通过“录制”人工放煤操作时序，实现记忆放煤功能。

4. 放顶煤自适应控制

放顶煤自适应控制的关键点是关闭放煤口的时机，难点是放煤量检测。通过揭示综放工作面运移规律，优化调整尾梁摆动角度，合理控制放煤时间等，在放煤前、放煤中和放煤后都进行实时煤矸识别、放煤量检测和放煤厚度测量，综合利用图像识别、视觉测量、透地雷达和激光雷达扫描建立综放顶煤三维体量模型，放煤全过程监测和控制，比人工放煤更加精准，实现顶煤混矸率小于 5%、采出率不小于 90% 的综放智能化煤质和资源回收的控制目标。

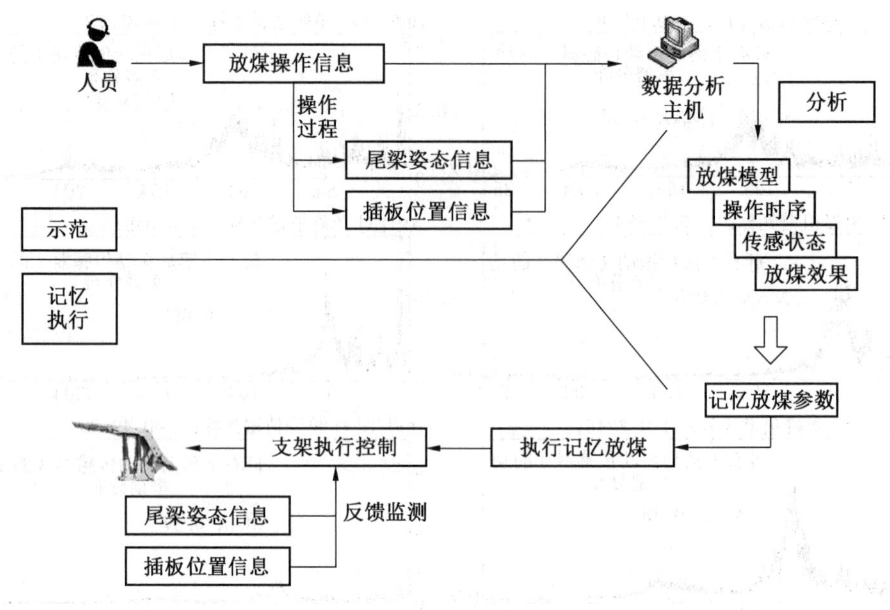

图 2-51 单个液压支架记忆放煤控制

2.4.5 故障诊断专家决策

随着采煤设备单机智能化的不断提高和智能采煤系统复杂程度的不断加深，传统故障诊断技术逐步向智能运维发展。

采煤工作面智能控制系统故障诊断技术是以知识处理技术为基础，实现辩证逻辑与数理逻辑的集成、符号处理与数值处理的统一、推理过程与算法过程的统一，通过概念和处理方式知识化，实现设备故障诊断的智能化诊断。

以采煤工作面设备为主要研究对象，在现有智能采煤控制系统的基础上，通过数据清洗及移动端运维软件获得综合特征数据库，运用机器学习等技术进行设备健康诊断模型训练，通过模型优化剪枝，实现边缘计算，达到对采煤工作面的主要设备的故障检测及预知性维护目的。技术路线如图 2-52 所示。

采煤工作面设备常用故障诊断技术包括故障树分析、规则推理、模糊理论、神经网络等。其中，故障树分析诊断技术是一种将系统故障形成原因由总体至局部按树枝状逐渐细化的严密分析方法。该技术以定性分析为主，是一种以诊断对象结构、功能特征为依据的行为模型，普遍了解设备组成原理与运行状态的场景。规则推理诊断技术本质上是一种利用规则（通过归纳专家经验知识得到）通过一定搜索策略和推理技术在整个解空间中进行故障特征和相应故障线性映射的诊断方法。该诊断技术具有知识表示直观、易理解和方便解释等优点，但该诊断技术依赖于归纳专家经验的知识获取方式存在“瓶颈”，不适于经验知识缺乏的诊断领域。模糊理论诊断技术引入隶属度和隶属函数的概念，并根据一定诊断原则得出诊断结果。作为一种非线性映射诊断模型，模糊理论诊断技术在诊断过程中不需人工干预，可自动运行，但只适合于有快速实时诊断要求的场合。针对上述技术的不足，神经网络诊断技术具有容错性好、响应快、具有强大的学习能力、自适应能力和非线

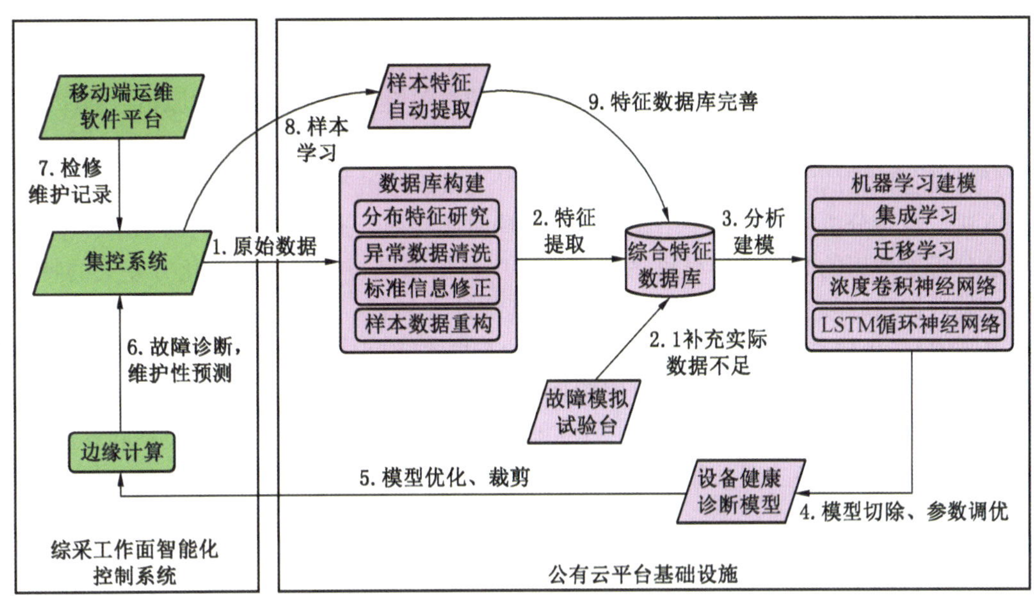

图 2-52　集中控制系统故障诊断技术路线

性逼近能力等特点，为解决复杂的非线性、不确定系统的故障诊断问题提供了新途径。以下介绍基于神经网络诊断技术的采煤工作面智能故障诊断系统。

在大数据时代背景下，数据驱动的智能故障诊断方法更为适用，表现在其对海量、多源、高维数据进行统计分析和信息提取的直接性与有效性。采煤工作面远程设备故障诊断与运维关键技术研究以不同来源、不同类型监测数据作为基础，利用各种数据挖掘技术获取其中隐含的有用信息，表征系统运行的正常模式以及故障模式，进而达到检测与诊断的目的。在零故障制造的前提下，通过监视设备的工作状态并预测设备寿命来减少停机时间和不必要的维护次数从而降低成本。

2.4.5.1　特征库构建

1. 数据采集与存储

通过数据采集系统获取包含采煤工作面设备电流、温度等结构化数据，机械设备的振动信号等半结构、非结构化数据。结构化数据使用关系型数据库表示和存储，表现为二维形式的数据；半结构化数据并不符合关系型数据库或其他数据表的形式关联起来的数据模型结构，但包含相关标记，通过分隔语义元素实现对记录和字段的分层，例如收取的 xml 文件格式数据；非结构数据即无固定结构的数据，图片、视频、音频等数据均属于非结构化数据。单纯的关系型数据库（例如 SQL）不满足数据存储需求，通过搭建专属数据存储平台，实现关键设备的多源异构数据采集与存储。

2. 数据预处理

针对收集的原始数据中存在着大量不完整、不一致、有异常的数据，影响机器学习建模的执行效率问题，通过数据清洗对原始数据进行处理，通过删除法、替换法、插补法等，删除原始数据集中的无关数据、重复数据，平滑噪声数据，剔除掉与主题无关的数据，处理缺失值、异常值。根据设备数据中正常状态数据多、故障信息数据少的特点，基于数据消减对原始数据中重复性强、功能性弱的部分进行压缩，在保证数据样本空间完整性的基础上，提高数据的特征价值。通过数据集成将互相关联的多源异构数据进行整合，维护数据的语义一致性、提高信息的共享效率，建立关键设备工况参数的原始数据库。

3. 数据分析与重构

针对设备数据的时间序列属性，基于傅里叶变换、小波变换、希尔伯特黄变换等时频分析方法，定量分析时序数据中平稳信号的全局时频特征。通过二维映射与加窗，基于上述算法分析处理后的非平稳信号可适应该类时序数据频谱特征随时间变化方差大的特点。综合原始数据与时频分析的定量结果，基于其统计学特征，解析数据样本空间分布的特点；基于 GAN 生成高质量的特征数据，定向补充样本空间中的薄弱部分，优化样本空间分布。基于数据重构，将多源一维时序数列整合为二维时序矩阵，将多源二维时序矩阵整合为多维特征张量，最终将原始数据、生成数据与特征数据重新整合为适应不同算法的输入形式，形成关键设备工况参数的综合特征数据库。

2.4.5.2 诊断模型构建

1. 故障类型分析的标签生成

针对采集的数据故障标签不完备的情况，基于半监督学习的思想，将含标记数据训练模型，用训练完成的模型训练无标记数据，生成无标记数据的猜测标签（Pseudo-label）。针对完全无标记数据，基于无监督学习的思想，采用欧式距离计算样本之间的相似度，并通过 K-Means、DBSCAN、MeanShift 等聚类算法根据样本之间的相似性，将所有数据映射到不同标签，分析样本数据的故障类型。针对半监督学习、无监督学习构建的标签数据确信度低，通过集成学习 Boosting 提升算法，不断地使用一个弱学习器弥补前一个弱学习器的不足，串行地构造一个较强的学习器，从而提高样本数据的确信度，如图 2-53 所示。

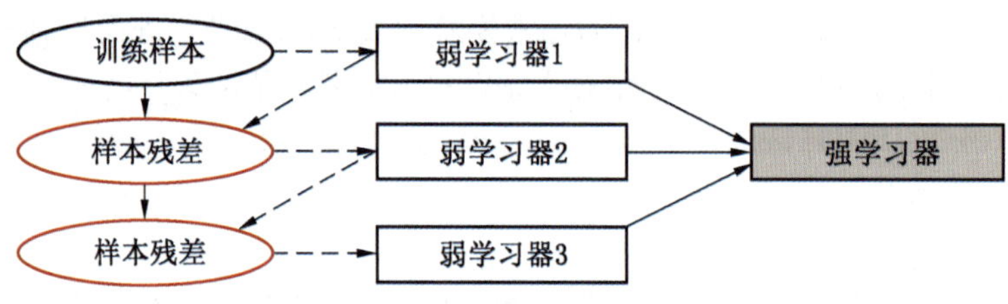

图 2-53 集成学习 Boosting

2. 迁移学习

针对当前阶段有效故障数据少的问题，基于迁移学习技术，将数据充足的源领域的知识迁移到当前含标签数据量较小的目标领域，从而避免花费大量昂贵的标记样本数据的代价，使得学习性能取得显著的提升。针对源领域、目标领域的数据可能分布于不同的特征空间或者遵循不同的数据分布问题，一是利用变换矩阵将源域和目标域分别投影至公共的特征空间；二是将其中任一域特征变换投影到另一域的特征空间，达到源域和目标域特征空间相似、数据分布相似的目的，从而在这个公共空间进行知识的迁移，解决综采领域标签数据较少带来的模型学习能力不足问题。

针对设备采集到的频谱图数据，将经过处理的图像特征输入到卷积层，通过卷积核进行卷积运算，完成特征提取，利用激活函数构建特征映射关系；在池化层保证信息有效性的基础上，通过减少数据量以提升网络的训练速度，从而构建模型将图像数据特征与设备运行状况进行匹配，如图 2-54 所示。针对设备的运行参数在时间序列上的依赖关系，将采集到的时间序列数据输入到循环神经网络，通过网络对前一个时间步的信息进行记忆并应用于当前时间步输出的计算中，即隐藏层的输入不仅包括输入层的输出还包括上一时刻隐藏层的输出，捕获时间上的依赖关系完成对关键设备的故障预测与维护。

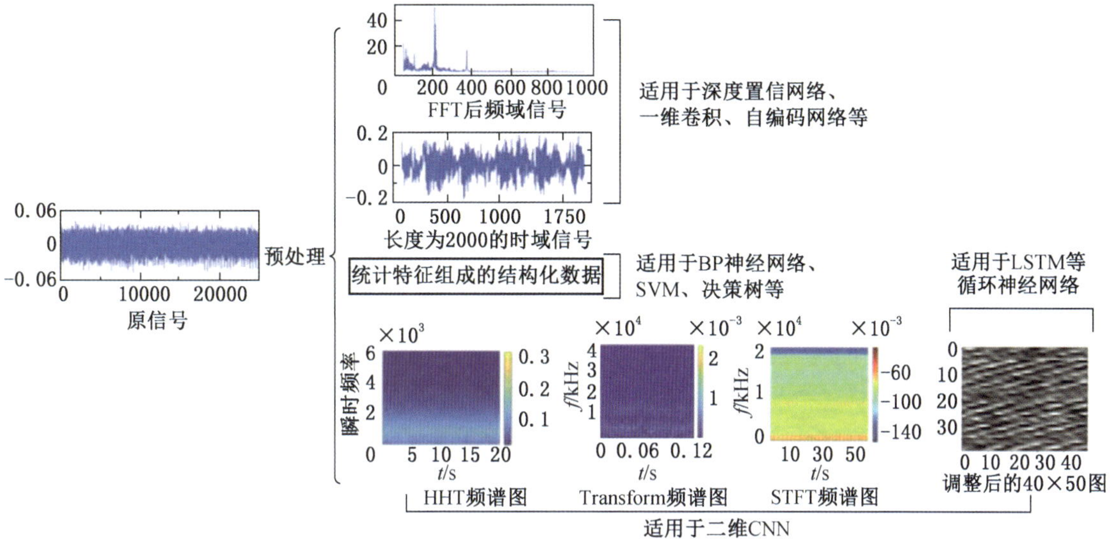

图 2-54　不同数据形态与对应网络

模型边缘计算优化。针对基于机器学习系统的计算量大，计算密集任务不便于在边缘设备部署问题，如果简单直接部署则功耗、时延等将影响系统对设备的实时监测。同时，针对不同边缘设备可承载算力不同问题，需要对系统进行不同算力裁剪，如图 2-55 所示，以卷积神经网络为例，基于模型剪裁的模型压缩方法解决不同设备统一部署问题，通过对于不同计算能力的平台进行不同程度地裁剪，达到将各设备的健康诊断模型压缩至可边缘计算的目的，在部署时根据不同的精度要求和资源约束搜索合适的子网络，从而适应多种平台或边缘设备的部署。

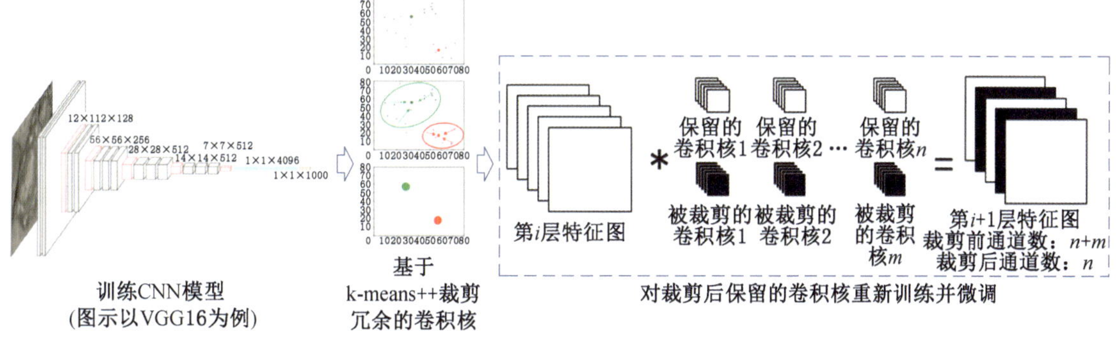

图 2-55　模型剪枝

2.4.5.3　专家决策

综采专家决策支持系统的核心在于其软件系统，覆盖了煤矿整个生产过程。通过对生产环境、生产目标等参数的输入，对生产过程起到辅助决策作用，并且在生产过程中，通过实时监控、人工调整、专家系统等对煤矿生产开采进行实时调整，如图 2-56 所示。

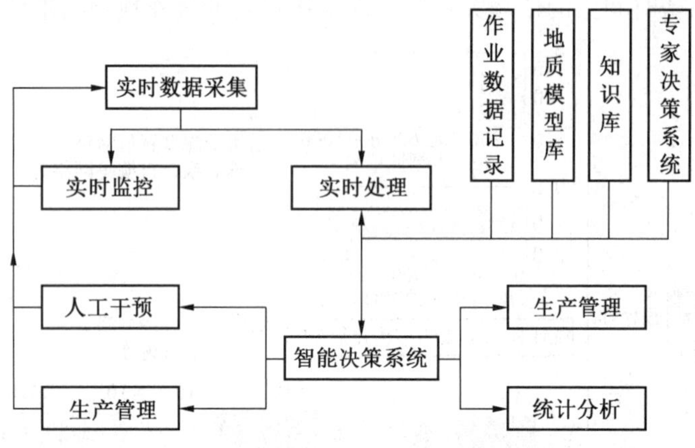

图 2-56　专家决策系统

专家决策分析平台以人为主导，利用计算机硬件、软件、网络设备、通信设备以及其他办公设备，进行信息的收集、传输、加工、储存、更新和维护，以战略竞优、提高效率为目的，支持高层决策、中层控制、基层运作的集成化的人机系统。设备管理是采煤工作面远程运维平台的一个子系统，它具有管理信息系统的共性，同时也具有其特殊性。

综采专家决策支持系统平台主要包括数据采集服务器、数据挖掘服务器、关系数据库存储服务器、实时数据存储服务器、发布服务器主机，同时接入人员定位、能效分析、矿压监测、安全工程各个子系统的数据，为综采智能决策支持系统提供数据依据。数据采集子系统设计如图 2-57 所示。

利用液压支架立柱压力传感器作为数据采集点，难点在于，压力数据变化过于频繁（毫秒级变化），加之液压支架跟机移架动作会脱离顶板，造成有效信息被覆盖。因此工作重点在于数据处理算法的研究上，数据处理的可视化效果如图 2-58 所示。

工作面设备检测系统由两部分组成，即硬件系统和软件系统。硬件系统的主要作用是对设备数据信息进行采集，利用软件对其进行系统的分析，硬件系统与软件系统相结合，需要有特定的应用层协议，硬件和软件遵循特定协议才能使检测系统稳定正常的运行，有效解决设备中出现的问题。决策分析平台软件架构设计如图 2-59 所示。

现有的综采工作面集控系统以集中控制为主，还缺乏设备的运维管理功能，无法将用户的检修、运维、手动操作进行有效的记录。需要充分调研综采工作面设备的日常运维需求，设计开发满足用户需求的移动终端软件，为集控系统的过程监测数据提供标签数据支撑，更好地解决样本数据的有效性和真实性，提升训练模型的精度。

智能移动 APP 系统在功能设计上主要以数据展示和信息的快速录入为主，包括首页、系统和设置。首页中以全矿井组态图展示生产动态，包括主要设备的运行、生产参数、安全情况等。系统中按照智慧安监、智慧生产、生产执行、经营管理、智慧决策将安全、生

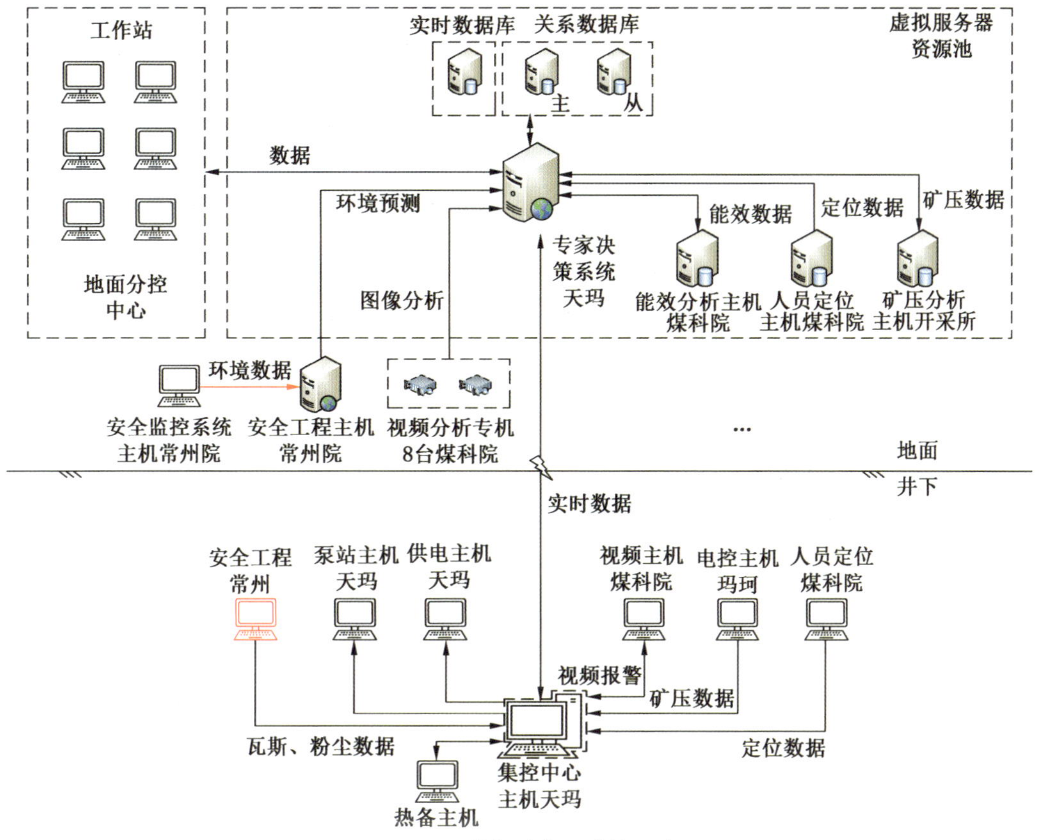

图 2-57 数据采集子系统设计

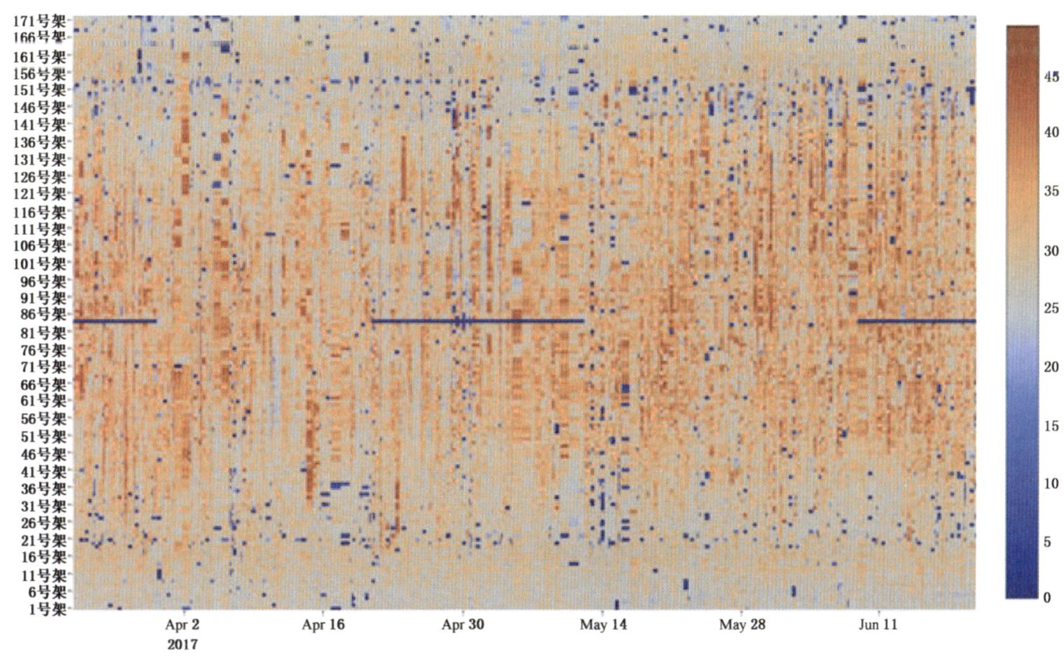

图 2-58 数据处理可视化效果

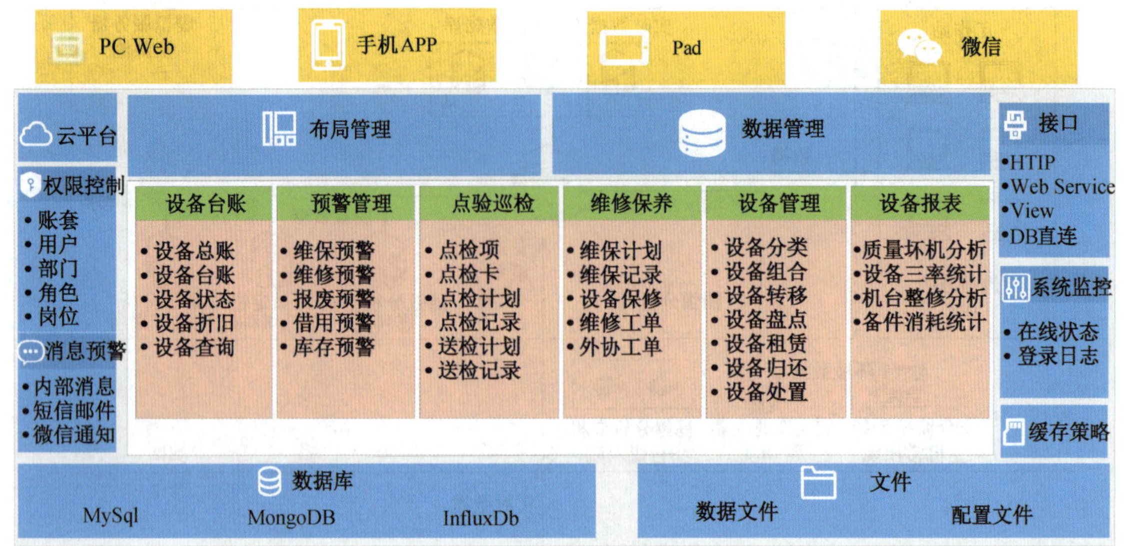

图 2-59　决策分析平台软件架构

产、经营、决策等子系统模块进行分类，并通过智慧决策将各系统融合分析结果进行展示。

数据处理规则一：不以时间尺度可视化数据，改为以推进度（采煤机刀数）作为横轴刻度；同时，结合采煤机位置数据，在采煤机经过端头（或端尾）时，取该时刻所有支架的立柱压力数据作为该刀的顶板压力数据，对数据进行筛选处理。

数据处理规则二：选择液压支架初撑力点作为顶板压力采样数据。液压支架初撑力是泵站给液压支架不间断供液，当支架顶梁与顶板接触后，立柱不能继续往上升，该时刻的立柱下腔能够达到的最大压力。

2.5　智能化采煤执行技术

2.5.1　远程控制技术

远程集中控制技术将工作面生产人员移到井下巷道或地面监控中心，在监控中心，操作人员通过监控主机观察工作面生产情况，通过语音通信进行调度、联络，通过操作台远程操控工作面上的相应设备，通过“一键启停”功能，实现工作面的设备依次顺序自动启停控制。当发现生产过程出现偏离，如工作面顶板发生变化或液压支架未能移架到位，影响工作面连续推进时，可进行人工远程干预。

远程集中控制以采煤机记忆截割、液压支架自动跟机及可视化远程为基础，采用拟人手法，把人的视觉、听觉延伸到工作面，可视化远程干预需要将所有采煤设备的运行状况信息集中采集，并进行信息融合、分析，进而协调不同设备按照生产工艺流程有序动作。采煤工作面集中控制系统作为采煤设备协同控制平台，采用三层网络结构，从下到上依次为采煤设备层、采煤设备机载控制系统层和巷道集中控制系统层。可视化远程干预型智能控制系统设备连接关系如图 2-60 所示。

（1）采煤设备层。主要是指位于工作面的采煤设备，主要包括采煤机、液压支架、刮板输送机、转载机、破碎机和带式输送机等设备。

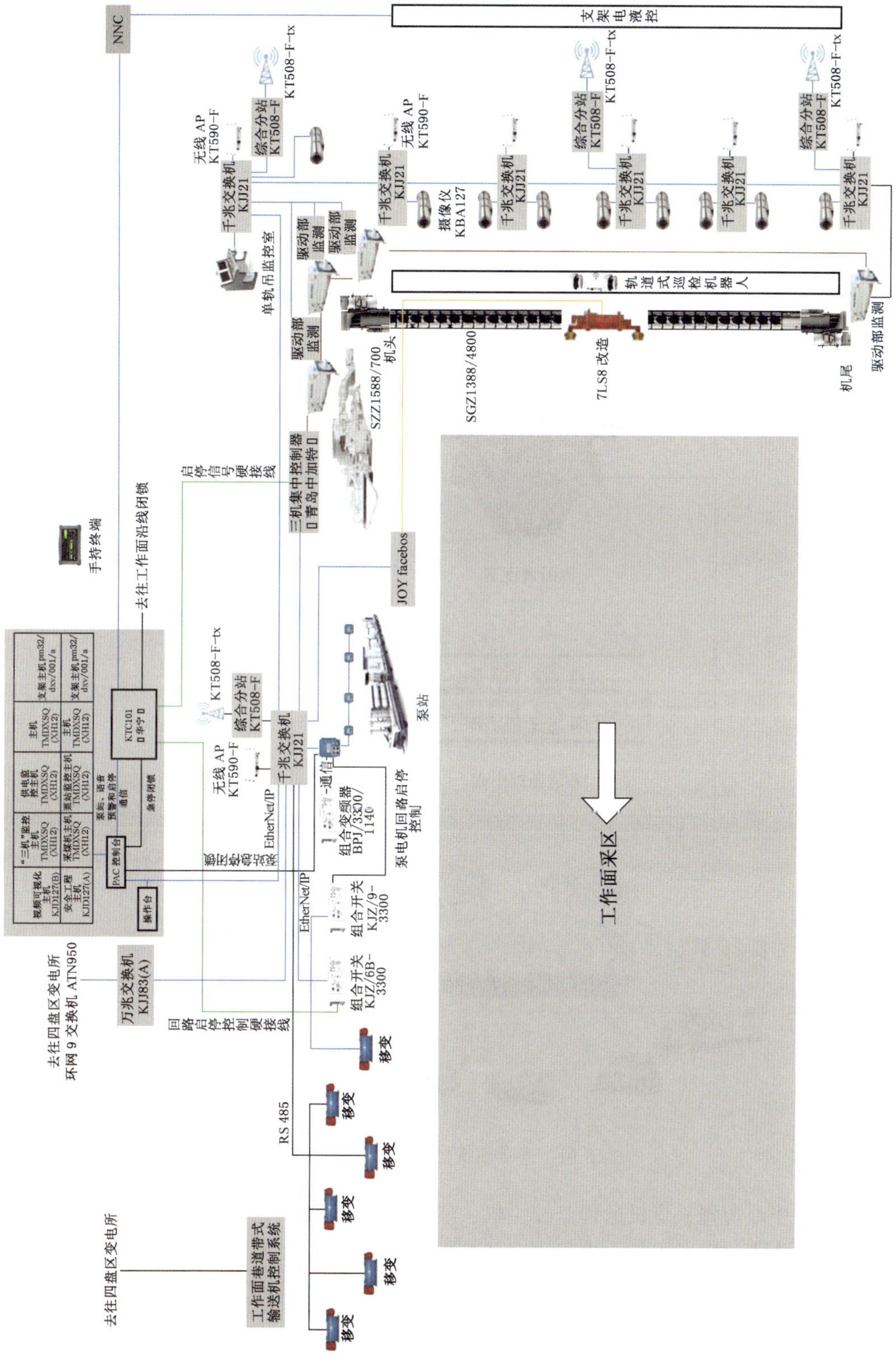

图2-60 可视化远程干预智能控制系统

(2) 单机自动控制系统层。包括采煤机机载电控系统、液压支架电液控制系统、"三机"监控系统、带式输送机运输系统和视频监视系统，用于采集采煤设备运行工况信息，将采集的信息上传至巷道或地面监控中心的集中控制系统，并执行系统下发的控制命令。

(3) 集中控制系统层。在井下巷道和地面调度室配置有监控中心，在监控中心通过监控主机对工作面采煤设备的运行状态监测信息进行实时显示、分析处理和远程控制，通过智能化控制模型，按照生产工艺有序协同控制各采煤设备。

2.5.1.1 远程监控

远程集中控制技术以工业以太网连接地面分控中心和井下巷道监控中心，巷道监控中心接入语音、视频、采煤机、"三机"、带式输送机、集成供液和液压支架电液控制等系统，实现对采煤设备的自动化过程控制和环境、设备工况参数的实时监测，井下监控中心对工作面采煤设备的集中控制，如图 2-61 所示为远程监控技术框架图。

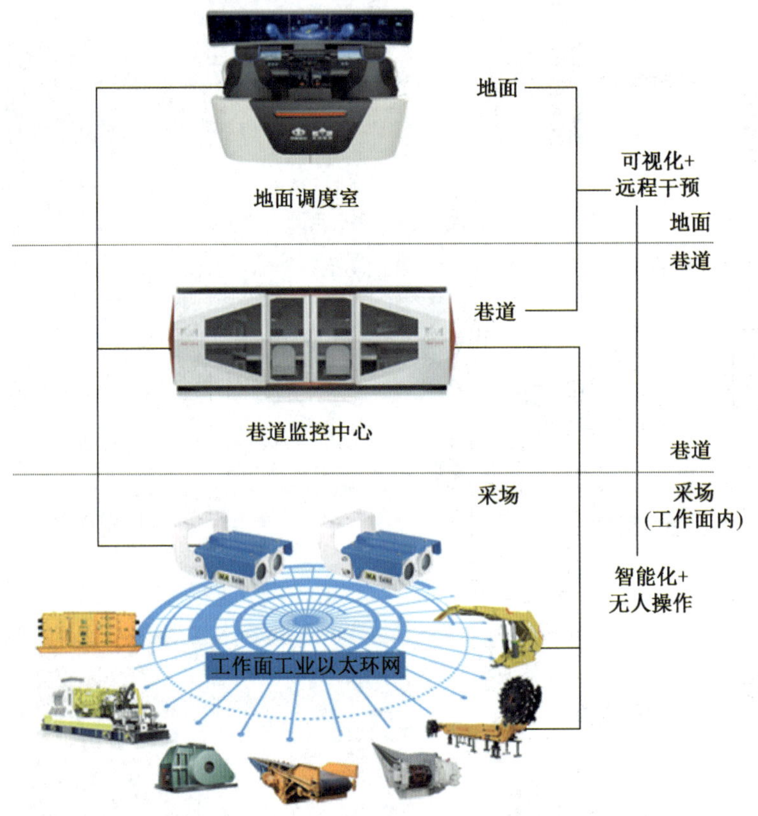

图 2-61 巷道和地面远程监控技术

巷道监控中心配置采煤机远程监控主机、液压支架远程监控主机、支架操作台和采煤机操作台、工作面视频监控显示器等设备组成具备强大计算能力、分析能力的开采大脑。通过使用智能化系统软件及远程控制操作台，协调采煤设备智能化运行，建立整套开采决策系统，保证采煤设备自动化运行。

采煤工作面远程集中控制系统主要功能包括：实现在井下巷道监控中心、地面调度监控中心对工作面设备工况的监测和远程控制；实现工作面液压支架跟机自动化的远程控制；实现采煤机记忆截割自动化的远程控制；实现“三机”设备、泵站系统的启停远程控制。

2.5.1.2 “三机”远程控制

工作面运输系统由刮板输送机、转载机、破碎机等组成。工作面运输系统的各单机设备都各自具有一套完整的单机控制系统，“三机”远程控制将“三机”设备的控制集成在一起，实现了“三机”设备工况进行实时监控，并可通过语音通信功能与工作面操作人员进行通信。

“三机”远程控制系统以在巷道监控中心的 PLC 控制器为核心，所有的逻辑控制、指令的发出、数据的处理都由 PLC 控制器完成。远程操作台用于发送“三机”设备的远程控制命令，远程操作台与 PLC 控制器采用 CAN 总线进行数据通信。刮板输送机采用变频器控制，用来实时调节刮板输送机的转速。PLC 控制器与变频器之间的数据交互采用 CAN 总线。“三机”远程控制系统具有对“三机”设备的单机启停和“三机”设备的一键顺序启停控制功能。

2.5.1.3 采煤机远程控制

采煤机远程控制主要由采煤机远程控制系统软件和采煤机操作台实现。采煤机远程控制系统软件安装部署在巷道监控中心的采煤机监控主机上。监控中心操作人员使用采煤机操作台通过监控主机与采煤机系统进行通信，可在采煤机监控主机上观察采煤机运行工况，同时使用采煤机操作台，将控制命令发送给采煤机进行控制，实现对采煤机的远程控制。视频摄像机实时追踪采煤机滚筒、识别煤层与液压支架，当工作面粉尘较大时，可以使用红外热成像摄像机观察采煤机滚筒割煤场景，视频图像自动完成全景拼接并实时推送给巷道和地面监控中心，监控中心的远程操作人员可以全方位的观察采煤机割煤场景，便于远程干预。采煤机远程控制系统技术架构如图 2-62 所示。

采煤机具备记忆截割模式，以预先设定的牵引速度及记忆学习顶底板高度曲线进行自动割煤。当煤岩分界线附近出现煤层起伏，采煤机滚筒按照原先的记忆截割曲线割煤就会截割到岩石，增加采煤机截齿的消耗量，并使煤炭增加灰分，降低煤质。采用采煤机远程控制，操作人员可以在巷道监控中心监测采煤机记忆截割情况，一旦出现上述情况，操作工人可以通过采煤机操作台向工作面采煤机下发滚筒调节命令，及时修正采煤机滚筒高度，并修正记忆截割曲线，使下一刀割煤时，使用修正后的记忆截割曲线进行控制，提高记忆截割生产模式对煤层变化的适应性能。

采煤机远程控制系统软件通过采煤机系统获取采煤机运行数据，并上传至地面计算机服务器，对采煤机运行状态进行实时监测。在采煤机远程操作台上通过采煤机“心跳”检测和远程安全确认等方法建立起采煤机远程操作的安全体系，确保采煤机远程操作时被控的工作面设备及其人员环境始终处于安全状态。

采煤机远程控制系统软件的功能包括：①远程监测功能，实现各控制单元的运行参数、保护、报警事件的监测。②电机启停控制功能，能实现各控制单元的启停操作、控制命令的有限状态机验证和安全保护等功能。③运行控制功能，能调节采煤机运行状态。④截割路径规划功能，实现基于记忆截割和远程修正的截割路径连续调节功能。

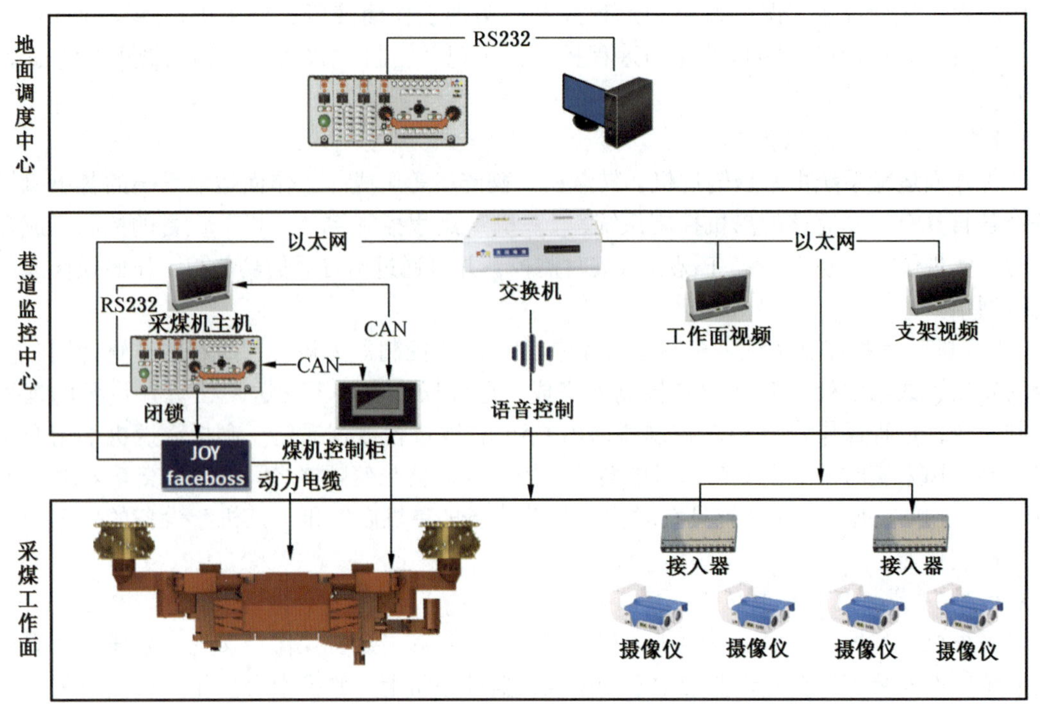

图 2-62　采煤机远程控制系统技术架构

2.5.1.4　液压支架远程控制

液压支架远程控制系统在巷道监控中心部分功能主要由液压支架电液控制系统软件和液压支架操作台来实现。在地面分控中心支架操作台上发出工作面液压支架动作控制命令经矿井以太网传送至井下巷道监控中心监控主机 SAC 系统软件，或直接从井下巷道监控中心发出控制命令，再通过以太网将控制命令发送至压支架控制器。支架控制器通过电磁驱动器控制电磁阀动作，再将电磁阀驱动信号放大控制主阀动作，完成液压支架的远程动作控制。

在煤矿地质条件复杂的工作面，经常会出现跟机移架不到位的情况，需要进行人工干预，通过在监控中心实现液压支架的远程控制，对液压支架跟机过程中出现移架不到位等情况进行远程干预控制，保证了支架跟机的质量效果。

2.5.1.5　泵站远程控制

泵站的远程控制系统主要包括泵站监控主机、远程操作台和泵站控制系统等组成。工作面有多台泵，每个泵站都配置有一台泵站主站控制器，乳化液泵、水箱、液箱、喷雾泵分别配置分站控制器，主站控制器对分站控制器进行集中控制。分站控制器与主站控制器之间使用两条冗余的 CAN 总线进行数据通信，泵站控制系统形成了一个分布式的控制系统，形成由主站控制器和分站控制器构成的泵站通信网络。巷道监控中心的远程操作台与主站控制器通过 RS422 进行远程数据通信，巷道监控中心的操作人员通过远程操作台可以实现泵站的远程控制，实现单台泵站的启停控制和多台泵站的顺序联动启停控制。巷道监控中心的监控主机与远程操作台通过 RS232 进行数据通信，将泵站控制系统传送到操作台数据转发给监控主机进行显示，实现泵站系统运行工况监测。

1. 单泵控制

泵站的电控系统在巷道监控中心配置了1台监控主机和1台操作台，用户可在操作台上发出泵站控制信号，通过RS422通信链路将控制信号发送给主站控制器，主站控制器通过CAN总线将控制信号发送给分站控制器，分站控制器接收到控制信号后，将综合油温、油压、油位、系统压力、水箱水位、液箱液位、油箱油位等信息，判断泵站满足启动条件，则进行起泵操作。也可通过监控主机显示屏操作上位机软件LongWallMind进行泵站设备启停控制，上位机软件LongWallMind将实时显示泵站各项设备运行状态，包括油温、油压、油位、系统压力、水箱水位、液箱液位、油箱油位、各泵启停状态等。泵站远程控制系统可以对乳化液泵站和喷雾泵站进行合理的调度，提高泵站系统的运行效率。

2. 多泵联动

在联动模式下，泵站控制系统将根据系统压力、主泵号以及各泵完好情况自动进行泵站启停。采煤机提高割煤速度时，增加供液系统的流量和压力才能保证液压支架的跟机速度，需要泵站控制系统能够自动增加开泵数量，保证供液流量；系统用液量较少时能够自动减少开泵数量，降低无功损耗。用户仅需要选择联动模式并按下启动按钮，就无须进行后续手动起泵操作。

3. 远程通信

巷道监控中心与泵站控制系统设置了两个通信通道，一是RS422现场总线，主要用于巷道监控中心的远程实时控制数据通信；二是工业以太网，用来进行泵站控制系统的工况数据传输和视频信息传输。

4. 视频监控

在远端的泵站供液配液硐室配备摄像机，通过高速工业以太网使用光缆将视频信息传送到巷道监控中心，为监控中心操作人员进行远程控制提供必要的视频监测信息。

2.5.1.6 “一键启停”远程控制

采煤工作面设备主要由采煤机、液压支架、刮板输送机、转载机、破碎机、泵站、带式输送机等组成。每个设备都有一套独立的单机控制系统，这些单机系统各自独立、运行互无关联，无法形成一套包含采煤工作面所有设备的远程控制体系。

为了提高采煤工作面设备的操作效率，完善工作面设备远程控制技术体系，引入“一键式”的启停工作面全部设备方案，结合数据通信协议，构建“一键启停”控制，实现采煤工作面设备单机启动或停止，多机顺序联动启动或停止的远程控制功能。“一键启停”控制是在工作面单机设备远程控制的基础下，按照设备顺序启停建立一个流程，当按下巷道监控中心操作台上的“一键启动”按钮时，使工作面设备进入运行状态；当按下巷道监控中心操作台上的“一键停止”按钮时，工作面设备立即停机。“一键启停”控制的相关设备如图2-63所示。

2.5.2 自动找直技术

平直的采煤工作面是高效运行和高效运行的基础条件。工作面水平控制指采煤推进过程中，针对采煤机和刮板输送机进行俯仰控制。工作面直线度控制在工作面倾斜方向循环

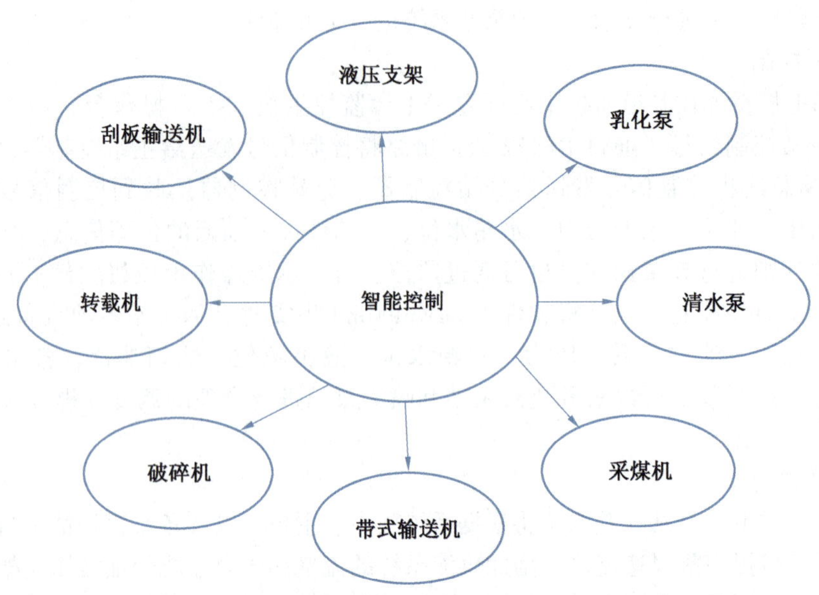

图 2-63　一键启停控制关联设备

割煤过程中，充分确保刮板输送机、液压支架高效完成“推移刮板输送机”、“移架”，通过这种方法规避采煤工作面推进过程中液压支架混乱排列和刮板输送机过度弯曲等问题。以惯性导航技术为核心，对综采三机设备和工作面推进实现精确定位，结合液压支架电液控制技术，能够实现采煤工作面的自动找直。

2.5.2.1　直线度检测技术

惯性导航系统是基于陀螺仪的导向定位方法，通过惯性导航技术检测绘制出采煤机运行轨迹，作为当前工作面的截割形状，再根据采煤工艺设定的工作面推进位置，通过电液控制系统推移支架和刮板输送机，实现工作面自动找直。这种技术采用高精度陀螺仪和定制的定位导航算法，绘制出机载惯性导航的采煤机一次工作面循环截割轨迹，再根据实际的截割曲线计算出最优曲线，分解到每台液压支架需要调整的推移量，下载至各电液控制器对工作面进行找直。惯性导航装置如图 2-64 所示。

图 2-64　一种中精度光纤惯性导航装置

惯性导航系统采用捷联型高精度惯导安装在采煤机电控箱内，将采煤机行走方向、工作面推进方向和采煤机身垂直方向作为三维坐标空间的 x、y、z 轴，通过惯性导航内置的三轴陀螺仪测量惯性导航的横滚角、俯仰角和航向角，结合自身里程计数据，通过组合导航描绘出采煤机的行走轨迹，形成采煤机截割煤层的三维模型。该曲线往水平方向的投影可用于工作面自动找直，往竖直方向的投影结合采煤机滚筒高度信息可用于工作面水平控制。其技术体系如图 2-65 所示。

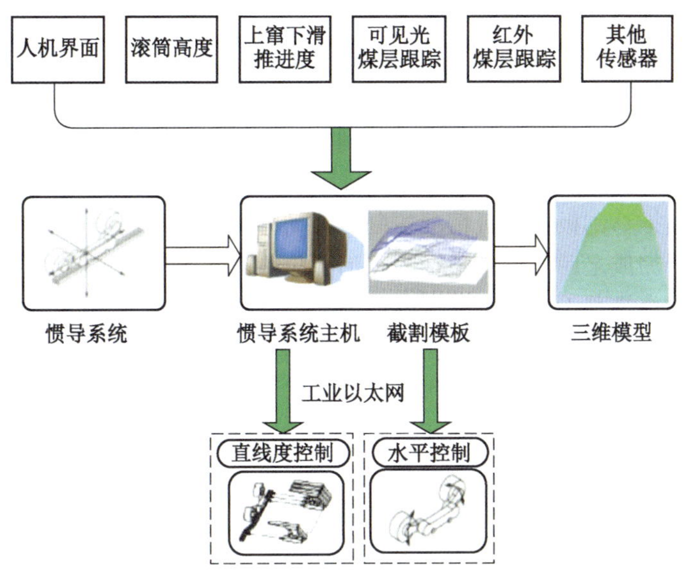

图 2-65　惯性导航找直技术体系

由于采煤机的行进速度较慢，随着时间推移，惯性导航测量误差会越来越大。针对此特点，除了利用惯性导航内置的加速度记计对陀螺仪进行误差补偿外，还利用采煤机行走距离对惯性导航测量的三维轨迹坐标进行校正，提高了姿态导航解算的精度，如图 2-66 所示。所实现的直线度检测结果如图 2-67 所示。

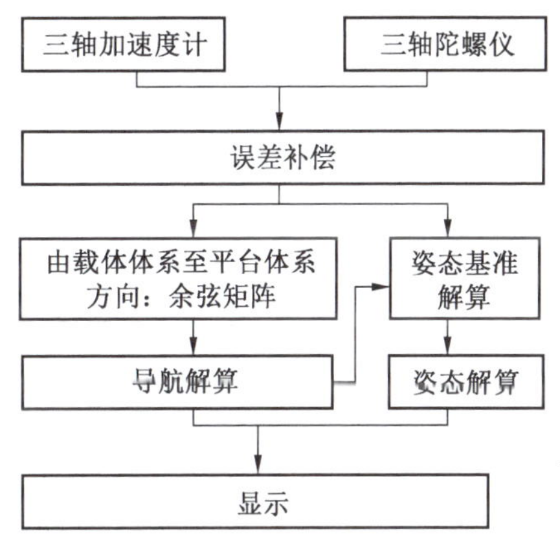

图 2-66　惯性导航/里程仪协同定位系统

2.5.2.2　直线度控制技术

在检测工作面直线度后，协同找直控制的核心是推移刮板输送机和移架的精准控制，主要依靠液压支架电液控制系统自动控制完成，分为移架精准控制流程和推移刮板输送机精确控制流程。移架精确控制主要应用于跟机自动移架阶段，推移刮板输送机精确控制主要应用于单动推移刮板输送机、成组推移刮板输送机、跟机推移刮板输送机阶段。为了提高液压系统的控制精度，液压阀由鲁棒式的开关控制阀改为双速阀控制，通过控制液压支架推移阶段速度来提高控制精

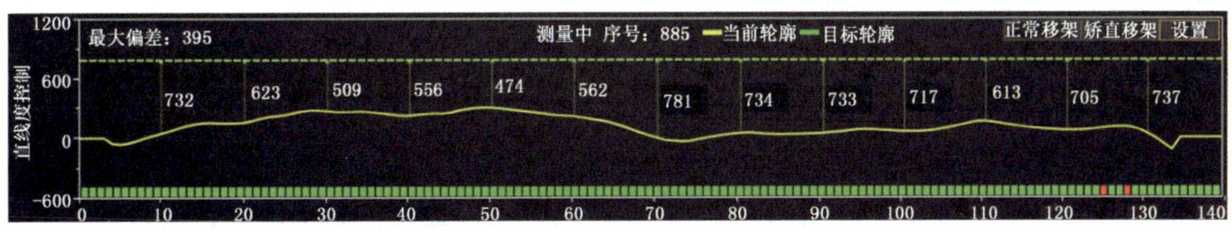

图 2-67　工作面直线度检测结果

度；刮板输送机柔性连接误差通过倾角传感器数据检测与控制来保证相邻中部槽的平行运动改善。各设备间协同工作时累计误差，通过刮板输送机、液压支架协同找直控制来抵消。

推移刮板输送机精准控制中，单动推移刮板输送机精准控制是在执行推移刮板输送机单动之前，先执行逻辑控制动作，保持逻辑控制动作的同时复合加入推移刮板输送机动作，液压支架开始推移刮板输送机精准控制。自动移架推移刮板输送机精准控制是在自动移架升柱阶段执行完成之后，进入销轴间隙消除阶段，利用逻辑控制动作和推移刮板输送机动作的复合，配合推移千斤顶行程传感器消除销轴间隙，该阶段推移控制逻辑阀全程参与动作，推移刮板输送机为缓慢动作，直至推移刮板输送机动作结束。远程及跟机推移刮板输送机精准控制是跟机过程中，操作人员可根据主机系统显示的行程传感器数值、惯导曲线数值、视频中运输机直线效果判断需精准干预控制的液压支架。远程选中待干预的液压支架后，视频系统（煤壁视频、支架视频）自动切换至该区域视角，先执行逻辑控制动作，保持逻辑控制动作的同时复合加入推移刮板输送机动作，液压支架进行自动推移刮板输送机精准控制。

远程推移刮板输送机移架精准控制分为嵌入式电液控制系统和自动化控制系统软件两部分，嵌入式电液控制设置正常控制和精准控制两种参数，见表 2-2。

表 2-2　电液控制系统相关参数

序号	参数	参数意义
1	找直允许	设置是否开启接收精准控制目标参数
2	找直目标	存储精准控制目标参数
3	精准移架	设置是否在自动移架阶段开启精准控制功能
4	精准行程	设置自动移架正常移架和精准移架行程阈值
5	推间隙时间	设置精准控制过程中自动控制最大时间

执行工作面自动找直后，还可以远程对丢架进行远程干预调整，监控中心自动化控制系统软件提供了“视频联动”和“一键控制”功能，可用于远程操作人员选架和控制。如图 2-68 所示。

2.5.3　支架自适应作业技术

2.5.3.1　精确推移

智能化采煤控制系统必须保证工作面在连续推进过程中无人或少人干预，工作面要实现采煤工艺过程的连续性，就必须提升推移刮板输送机移架精度。精准推移控制系统主要包括高精度、高可靠性油缸行程传感器系统、液压流量分级控制系统和推移控制逻辑阀等。

1. 液压流量分级

为提高液压支架推移控制精度，改善液压系统对液压支架推移回路的动态响应性能，特别是液压执行元件的鲁棒性，配备推移控制逻辑阀可以提高控制系统推移刮板输送机精度，推移控制逻辑阀的三维结构如图 2-69 所示。该阀可实现推移刮板输送机、移架动作的快慢双速控制，移架初始阶段采用快速控制，移架末端行程采用慢速控制，同时在移架

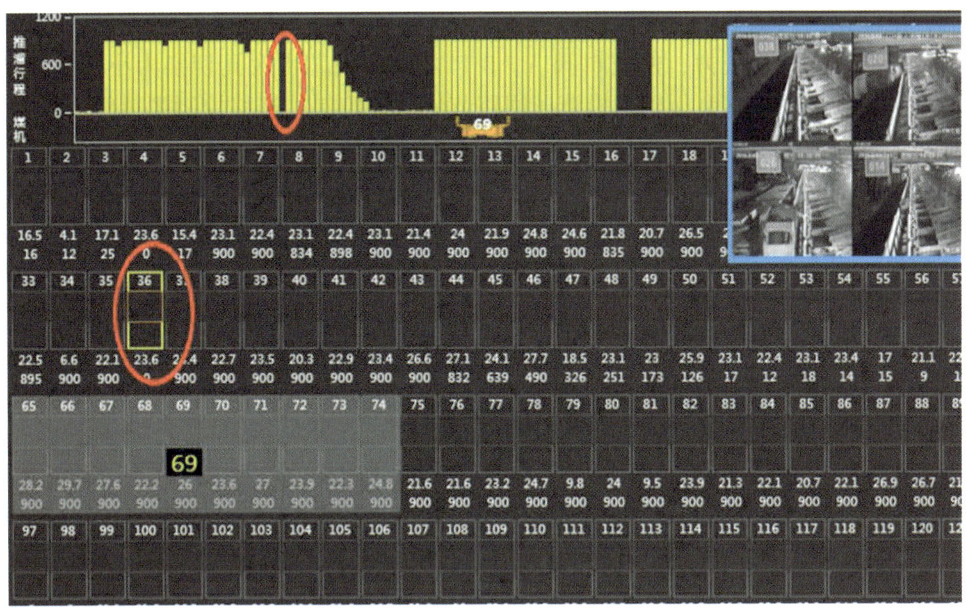

图 2-68 选架及视频快速切换界面图

到位后，采用慢速控制推移刮板输送机，消除刮板输送机与液压支架推移杆之间的间隙。

推移控制逻辑阀工作原理如图 2-70 所示。

电液控换向阀未执行喷雾动作时，逻辑阀 A、B 口之间的阀芯保持正常大孔连通工作状态，液压支架移架、推移刮板输送机液压回路控制功能与未配置逻辑阀时的液压系统功

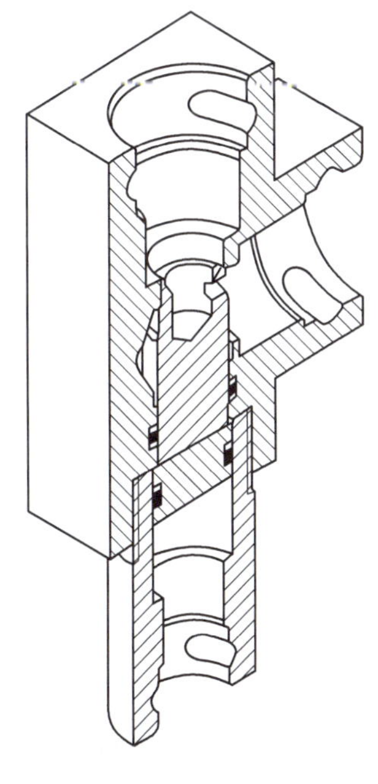

图 2-69 推移控制逻辑阀三维结构图

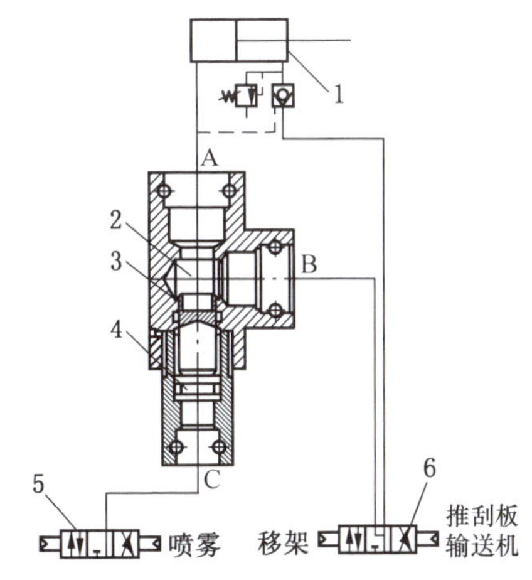

1—推移千斤顶；2—逻辑阀体；3—节流阀芯；4—控制阀；5—电控换向阀喷雾工位；6—电控换向阀推移工位

图 2-70 推移控制逻辑阀工作原理

能相同；电液控换向阀执行喷雾动作时，高压液体由 C 口进入逻辑阀，并推动进液阀杆向上运动，克服弹簧的作用力，使逻辑阀 A、B 口之间的阀芯由大孔切换为小孔工作状态，实现液压支架移架、推移刮板输送机液压回路节流供液控制。推移控制逻辑阀可根据现场不同应用条件对内部节流孔径进行调整，以便平衡移架速度与控制精度。

2. 精确控制

液压支架电液控制系统自动推移精确控制流程如图 2-71 所示。在液压支架移架阶段，当推移行程达到设定的精确移架目标行程阈值时，开始执行逻辑控制动作（该控制功能与架间喷雾功能联动），实现精确移架控制，降低液压系统控制滞后性引起的控制误差；当升柱动作结束后，再次执行推移刮板输送机与逻辑控制动作，实现精确推移刮板输送机动作，进行慢速推移刮板输送机控制，消除液压支架与刮板输送机之间的销耳连接间隙，避免因销轴间隙引起的推移千斤顶无效行程在后续推移刮板输送机时对实际位移测量值的影响，保证液压支架推移步距。

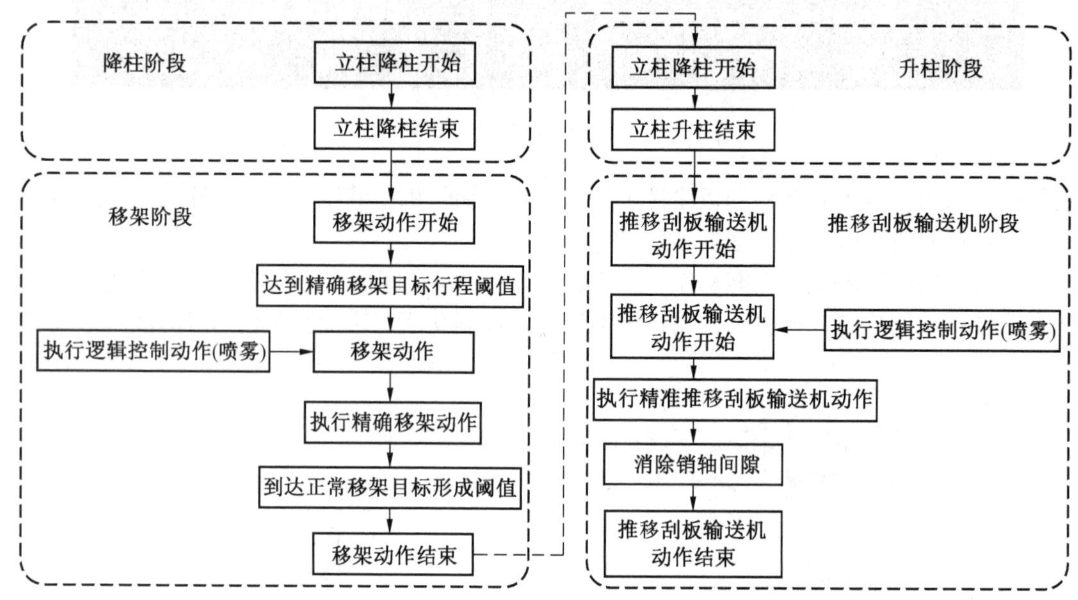

图 2-71 自动推移精确控制流程

2.5.3.2 快速降移升

1. 倒装推移千斤顶快速推移

液压支架倒装推移千斤顶升降柱系统，如图 2-72 所示。为满足液压支架移架力的需要，采用推移千斤顶无杆腔移架，有杆腔推移刮板输送机，推移千斤顶倒装布置的设计方案。推移刮板输送机液压缸采用倒装方式，移架过程中液压缸无杆腔产生的液压力主要用于克服液压支架自重，能够保证移架顺利进行；推移刮板输送机过程中液压缸环形腔产生的液压力主要用于克服推移刮板输送机负载。由于环形腔面积同无杆腔面积之比为 1∶2，故在相同供液压力的条件下，推移刮板输送机力为移架力的一半，这样一方面能够保证推移刮板输送机过程中不致因推移刮板输送机力过大导致中部槽变形，另一方面能保证移架过程中驱动力足够克服系统自重。

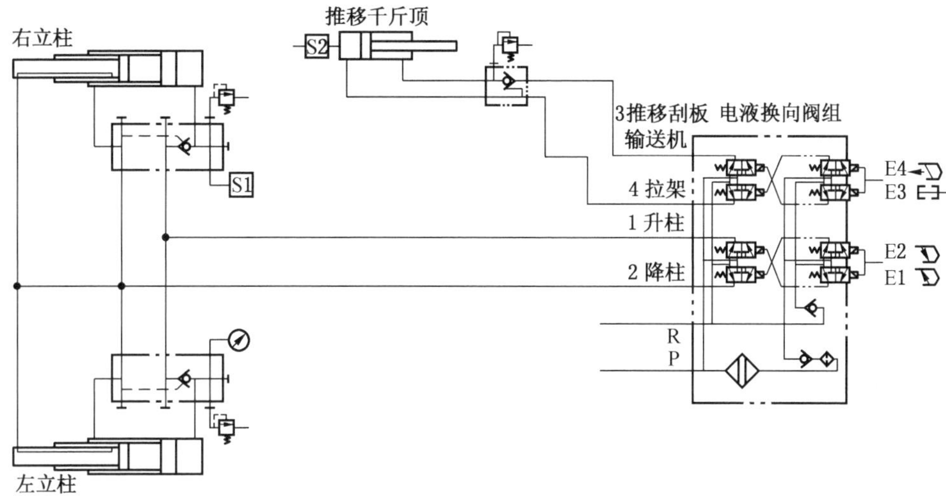

图 2-72　倒装推移千斤顶降移升液压系统

2. 快速升降柱

为满足大采高及超大采高液压支架的快速降移升控制，国内外厂家对超大采高液压支架升降柱系统及推移刮板输送机移架系统进行了研究，目前主要包括以下几种方案：

(1) 立柱快速回液控制技术。针对传统的立柱回液系统，其立柱降柱过程中，下腔工作液经过液控单向锁后经主阀回液到主回液的方式，这种工作方式在低矿压、低顶板工作阻力、小缸径状态下应用较广。针对大工作阻力，在瞬间泄压过程中，其瞬间流量大，如果全流量通过主阀回液时必然会造成很大的流阻损失，从而影响系统的降柱速度，针对该问题，采取快速回液立柱液压系统，其原理图如图 2-73 所示。

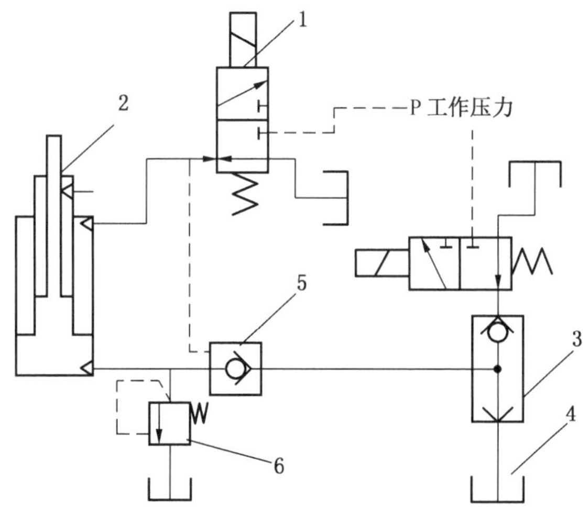

1—主阀；2—千斤顶（液压缸）；3—交替阀；4—回液箱；5—液控单向锁；6—安全阀

图 2-73　快速回液立柱液压系统原理图

该系统主要是通过增加快速交替阀来达到快速降柱的目的，在立柱卸载过程中，立柱无杆腔回液流经液控单向锁后直接流经快速交替阀到回液主管路，将主阀短路，快速交替阀的通流面积比主阀回液通道大得多，避免在立柱卸载过程中因流阻损失过大造成立柱移架速度慢。

（2）二级放大快速升降柱技术。该方案原理如图 2-74 所示。其主要特点为升柱时电液控换向阀作为一级先导并控制立柱供液阀液控口实现立柱供液阀的快速开启及供液，在降柱时为了降低背压，立柱供液阀设置两路 DN32 回液，实现降柱瞬间快速回液，该方案在 7 m 大采高液压支架液压系统中得到了普遍应用。

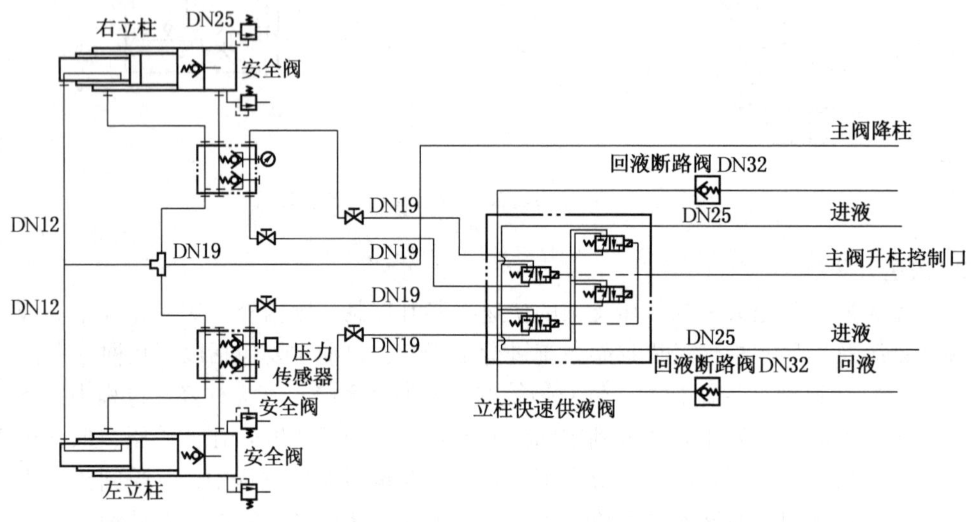

图 2-74　二级控制+立柱快速供液阀系统原理图

（3）主阀直驱+快速回液升降柱技术。利用主阀直驱，液控单向阀单阀芯升柱，双阀芯降柱，主阀与液控单向阀双路回液，保持升柱时系统压力平稳，降柱时多通道分级卸载快速回流，缩短降柱时间，降柱平稳，技术原理如图 2-75 所示。

2.5.3.3　复杂条件支架控制

1. 顶板破碎超前支护跟机

在破碎顶板采煤工作面条件下进行跟机自动控制时，可以在采煤机前滚筒后的煤机机身上方使液压支架伸出伸缩梁对采煤机割煤后的顶板提前进行支护，防止破碎顶板垮落，在采煤机后滚筒位置液压支架开始移架，实施对顶板和煤壁的有效支撑。

顶板压力监测系统与液压支架电液控制系统通过以太网（TCP/IP 协议）进行数据交换传输工作压力数据及顶板监测分析结果，包括初次来压预测结果和周期来压预测结果。这些数据用来指导综采工作面智能化系统调整控制策略，如液压支架电液控制系统对液压支架“降柱、抬底、平衡、移架、升柱”动作改变、采煤机速度改变、液压支架顶梁姿态改变、液压支架底座控制方法改变，以适应工作面来压时的围岩应力变化，进而提升综采工作面智能化控制系统的适应性。主要联动原理如图 2-76 所示。

2. 松软底板液压支架抬底跟机

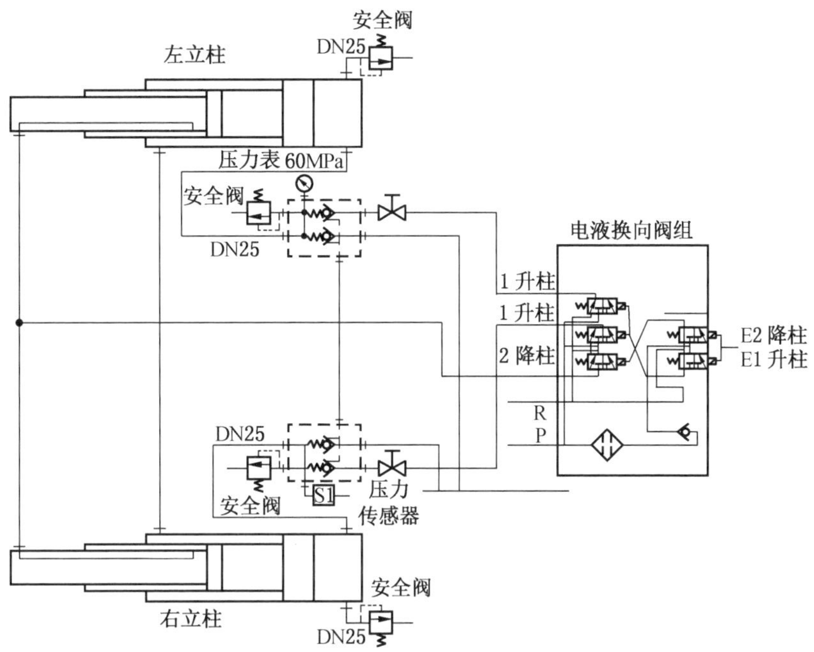

图 2-75 主阀直驱+快速回液升柱降柱系统原理图

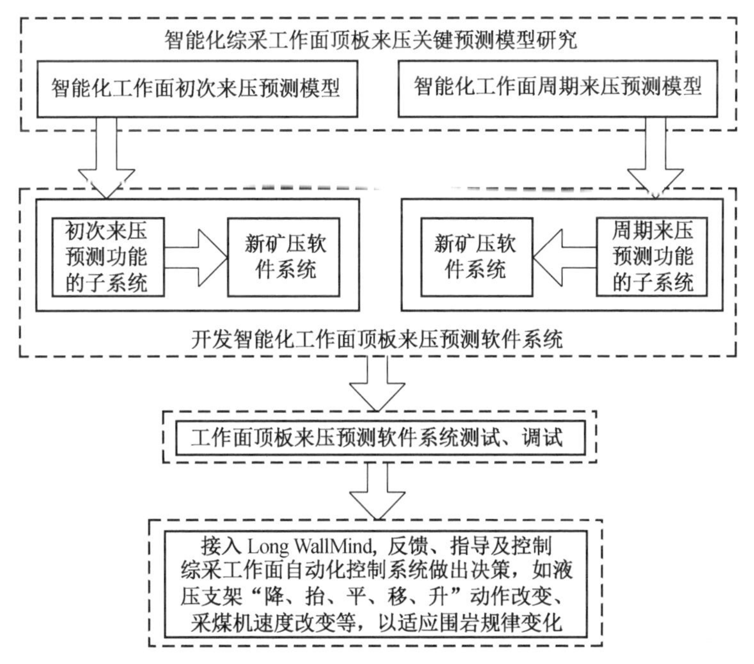

图 2-76 顶板压力监测与跟机自动化控制系统联动原理

在底板为松软易泥化的泥岩或泥质砂岩的软底板采煤工作面条件下进行跟机自动控制时，液压支架移架过程中易产生扎底现象，需要在液压支架上设置抬底装置，在进行跟机移架时，先抬底再开始移架。

基于底板状态的跟机移架自动感知底板状态与液压支架自动移架效率，液压支架的移架控制与工作面底板条件协同动态调整。该技术将液压支架的移架动作与抬底动作并行进行，即在抬底的同时进行移架，或在移架的动作过程中一直进行抬底动作，一边抬底一边移架，增强了抬底与移架的配合度，使液压支架移架动作形成了一个上坡的过程，避免液压支架在移架过程中出现扎底、堆煤等现象。软底板状态下液压支架跟机移架动作控制流程如图 2-77 所示。

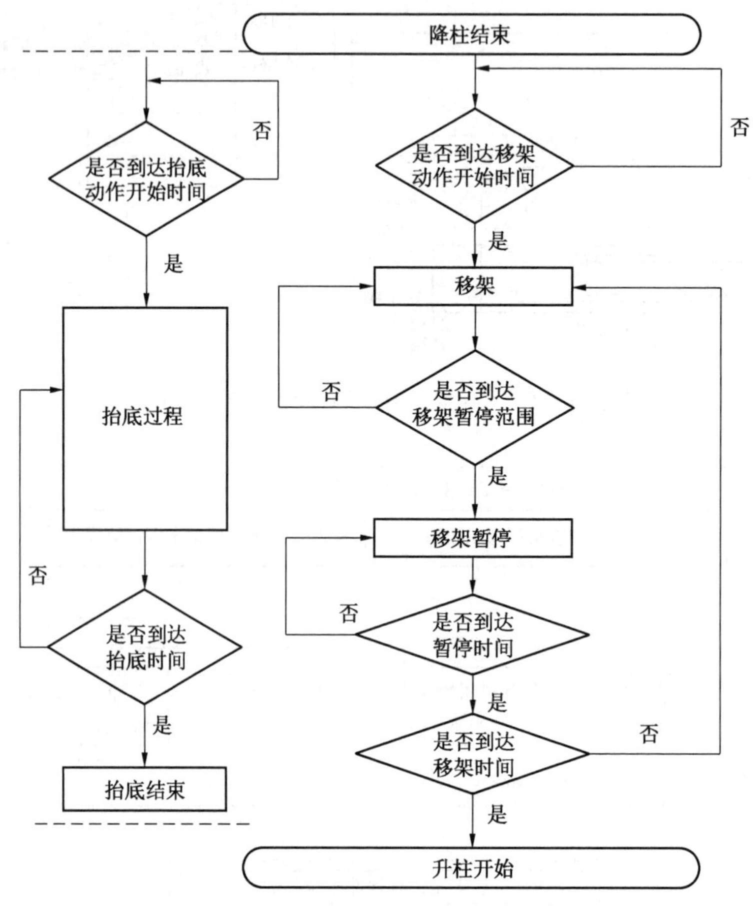

图 2-77　基于底板状态液压支架跟机移架动作控制流程

3. 大倾角防上窜下滑伪斜控制

在倾斜煤层工作面条件下进行跟机自动控制时，受设备重力因素的影响，在下行割煤或返刀时，会产生一个向下的分力致使工作面刮板输送机下滑，如图 2-78 所示。煤层倾角越大，下滑重力分量越大，刮板输送机的下滑力越大，其下滑量也越大。

液压支架与刮板输送机采用连接头连接，在移架推移刮板输送机过程中，刮板输送机与液压支架互为支点进行前移。在推移刮板输送机时，由于刮板输送机满载煤炭后负荷加重，在工作面倾角的重力作用下产生了一个下滑的分力，刮板输送机下滑，与之相连的液压支架的推移杆与刮板输送机的垂直关系被打破，推移杆对刮板输送机产生了一个向下或向上的推力，如图 2-79 所示。而在移架过程中，由于液压支架的自重产生的下滑分力，通过推移杆给刮板输送机产生了一个向下的拉力。因此，在工作面推移过程中，推移杆与刮板输送机的相对方位关系对工作面设备的上窜下滑有较大影响。

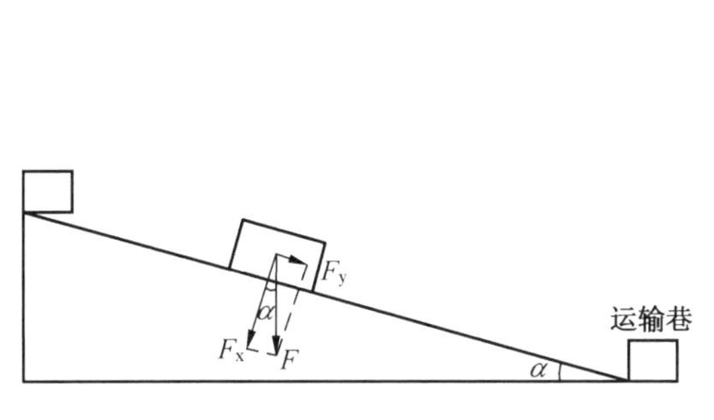

图 2-78 工作面设备受重力分析示意图

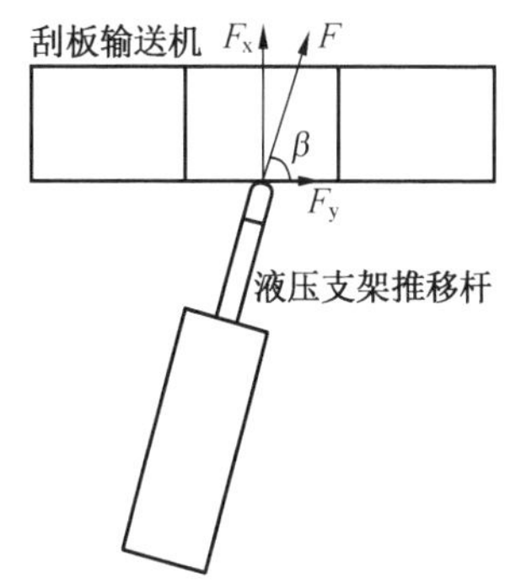

图 2-79 刮板输送机受力示意图

采煤工作面倾角越大，设备下滑趋势就越严重，下滑量就越大，因此减缓工作面的倾斜量，可以减少设备由于自重产生的下滑分量。工作面设备采用伪斜布置（图 2-80），增加工作面长度，适当减小工作面的倾角，改变液压支架与刮板输送机之间的相对位置关系。刮板输送机在前移过程中，由推移杆给刮板输送机提供一个向上的推力，从而避免由于工作面倾角导致设备下滑，使设备在推移过程中，设备下滑力与液压支架推力达到平衡状态。此方法应用得当，可以有效地控制工作面液压支架稳定性。通过倾角传感器可以检

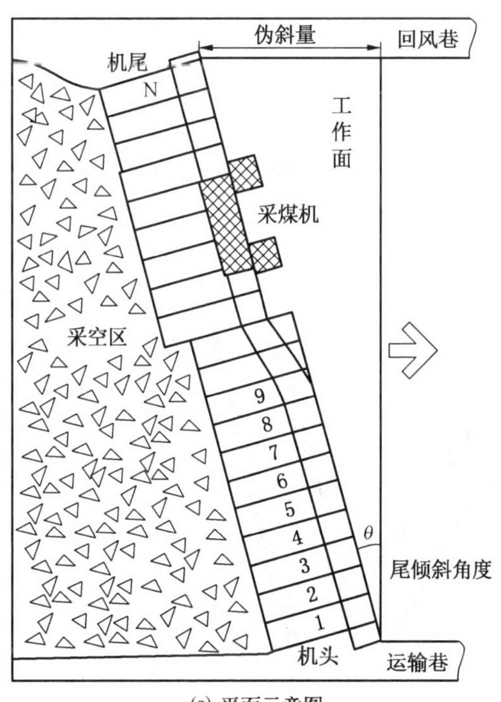

(a) 平面示意图

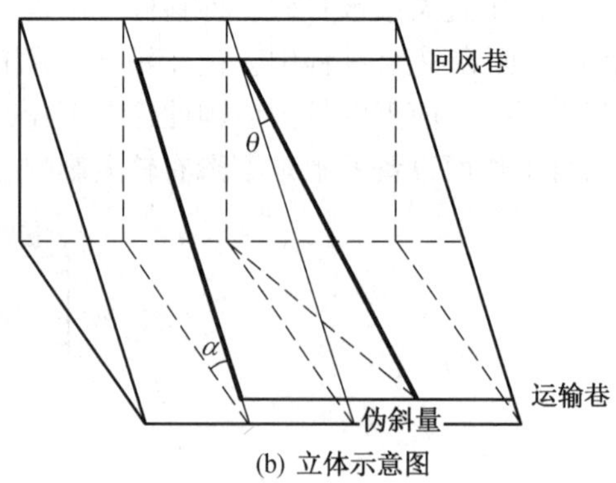

(b) 立体示意图

图 2-80　大倾角工作面伪斜布置

测工作面的倾角，控制液压支架与刮板输送机的位置关系，有效防止液压支架在跟机移架过程中产生上窜下滑量。

4. 大采高防片帮控制

大采高工作面液压支架配备多级护帮板进行煤壁支护，通过在液压支架的一级护帮板上安装行程传感器来控制一级护帮板的收回和伸出的行程，防止片帮煤垮落到液压支架内。在液压支架的一级护帮板上安装压力传感器，通过控制一级护帮板护帮力，实现对煤壁的主动支撑。当护帮力不足时，将自动开启补压功能，与液压支架立柱的自动补压功能可以共同完成对工作面顶板和煤壁的有效管理，同时还可以防止在收护帮板以后有大块煤垮落砸坏立柱油缸或卡在液压支架与电缆槽之间造成液压支架无法推移等事故；在三级护帮板上安装接近传感器，当三级护帮板完全收回到位时，发出检测信号，防止护帮板结构件未收到位造成的结构件干涉碰撞损坏，如图 2-81a 所示。由于多级护帮板收回和伸出的动作过程需要花费较长的时间，在工作面跟机移架过程中，可以通过提前控制多级护帮板的收回和伸出姿态，缩短离采煤机最近的液压支架护帮板的收回时间。在液压支架跟机收

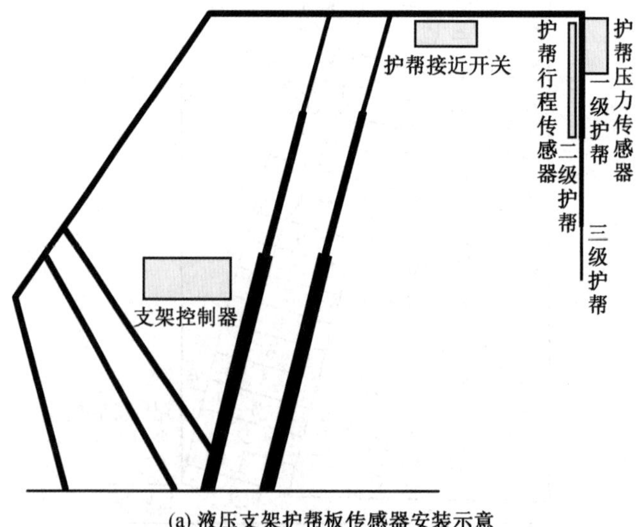

(a) 液压支架护帮板传感器安装示意

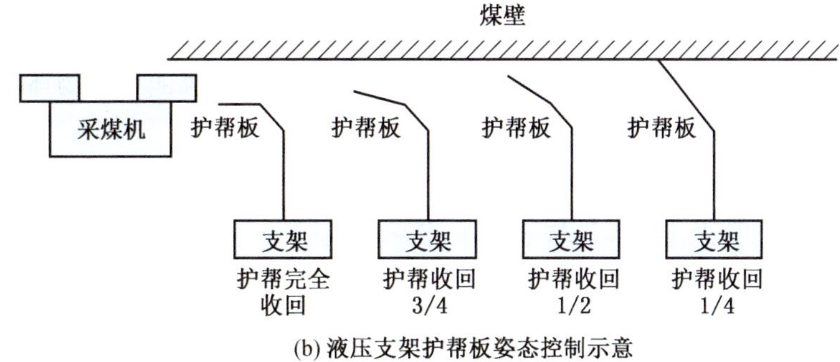

(b) 液压支架护帮板姿态控制示意

图 2-81 液压支架防片帮控制原理

回护帮板的过程中，多架的护帮板可以逐次收回，如图 2-81b 所示，以提高护帮板的收回速度，确保液压支架护帮板收回动作与采煤机截割速度相匹配。

2.5.4 自动矸石充填控制技术

矸石充填控制系统由充填液压支架、矸石输送机等组成。人工充填时，操作人员需要打开落料口，不停地观察落料高度，然后关闭落料口，操作液压支架进行捣实控制，观察压力表是否达到捣实压力，达到充填密度，需要经过 2~3 个放料—捣实作业循环才能完成充填过程，限制了矸石输送机的运料能力，且整个过程中操作人员需要不停地操作液压支架，劳动强度大，生产效率低。

将电液控制技术应用于充填支架充填捣实过程可以实现充填工作面的自动化控制，提高充填效率，提升充填效果。

1. 矸石充填液压支架

充填液压支架为采煤与充填形成相对独立的空间，可实现采煤充填平行作业，提高充填开采效率。矸石充填液压支架如图 2-82 所示，一般是在掩护式液压支架基础上将支架后部取消掩护梁增设平行短后梁，吊挂矸石输送机，矸石通过矸石输送机槽板上的落矸孔落下，实现矸石充填，落矸孔可通过电磁阀实现自动控制。

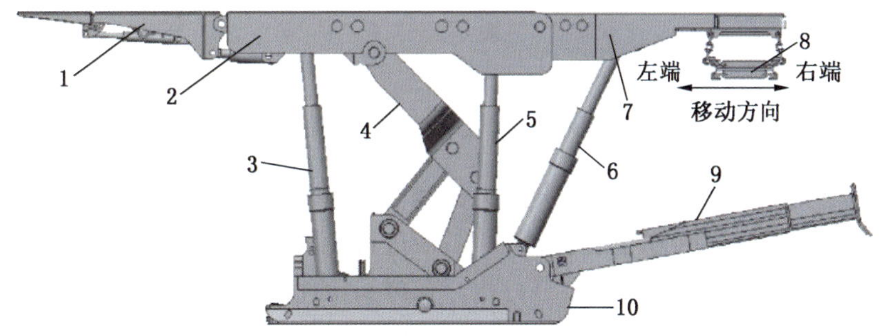

1—前梁；2—顶梁；3—前立柱；4—连杆机构；5—中立柱；6—后立柱；7—后顶梁；8—充填刮板输送机；9—捣实机构；10—底座

图 2-82 矸石充填液压支架

放料检测传感器主要用于检测物料投放量，给落矸孔的开关控制提供依据。一般常用的物料检测传感器是超声波传感器，超声波不受光线影响、方向性好，适用于高湿高温、高粉尘的环境，利用声波反射的原理测量距离，在测量方向的锥面内有物体即可产生反馈信号，被广泛应用在距离、探伤、物位的检测。

2. 自动充填、捣实系统

通过安装在充填液压支架上的电磁阀、传感器，按照充填工艺要求，编制控制程序，实现充填液压支架动作感知，实现充填液压支架的自动落料、充填、捣实控制。

充填工作面自动捣实控制系统由支架控制器、电液控换向阀、传感器、耦合器和电源箱等组成，如图 2-83 所示。

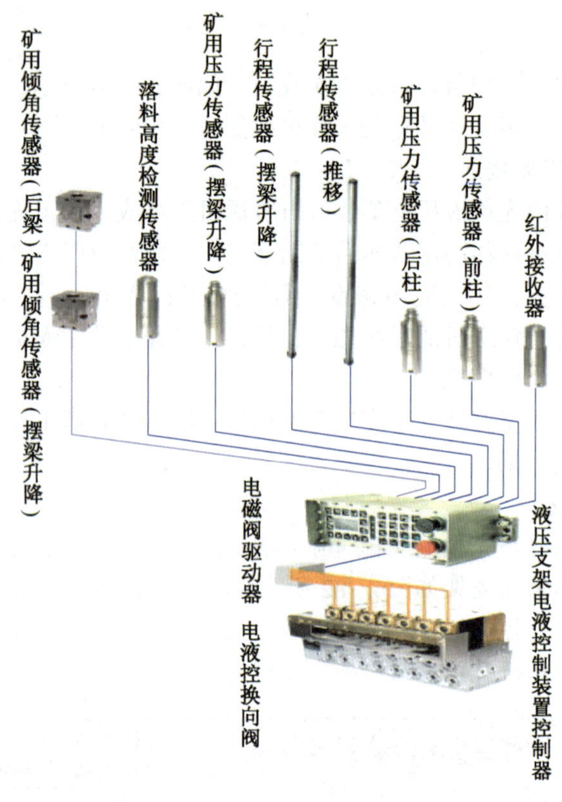

图 2-83　自动充填、捣实控制系统

在充填液压支架的捣实油缸上安装压力传感器，用来检测捣实压力，按照设定的捣实压力进行控制，充填捣实压力可通过支架控制器进行参数设定。在捣实千斤顶上安装行程传感器，用来检测捣实千斤顶捣实推移行程。在捣实千斤顶和后梁上安装角度传感器，用来检测捣实机构的姿态，计算捣实机构与后顶梁的相对位置关系，防止捣实机构与支架后梁、矸石输送机发生碰撞，使用超声波传感器对矸石输送机放矸孔投放的矸石高度进行检测，以便控制放矸孔关闭，开始进行捣实控制。如图 2-84 所示。

充填工作面自动控制功能主要包括：①单个液压支架单动作控制：可以单个控制放矸孔启、闭，捣实千斤顶伸缩，摆梁升降千斤顶伸缩；②单个液压支架自动充填控制：可以

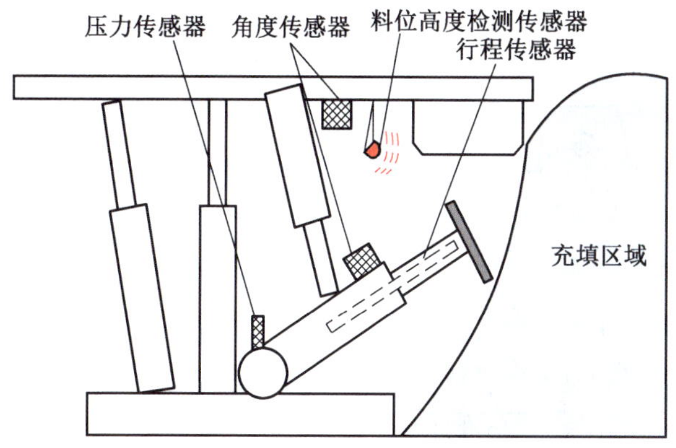

图 2-84 充填支架传感器布置图

实现单台支架自动充填捣实控制；③成组充填控制：可以控制一组支架进行放矸与充填自动控制；④自动充填控制：可以实现全工作面自动充填控制，如图 2-85 所示。整个自动充填过程中，需要多次放料，不断充填捣实，逐步向采空区高位充填，在放料过程中打开矸石输送机上的放矸孔，在充填捣实时需要将放矸孔关闭，在工作面应有两个放矸孔同时放料，并逐步随着采煤机割煤方向逐步完成全工作面的充填工作。放料窗口打开数量需要根据矸石输送机运送矸石速度和液压支架充填高度等因素来确定。在液压支架移架到位后才能进行液压支架的放矸充填。矸石充填工作跟随采煤机位置依次充填，直至完成整个工作面的充填工作。

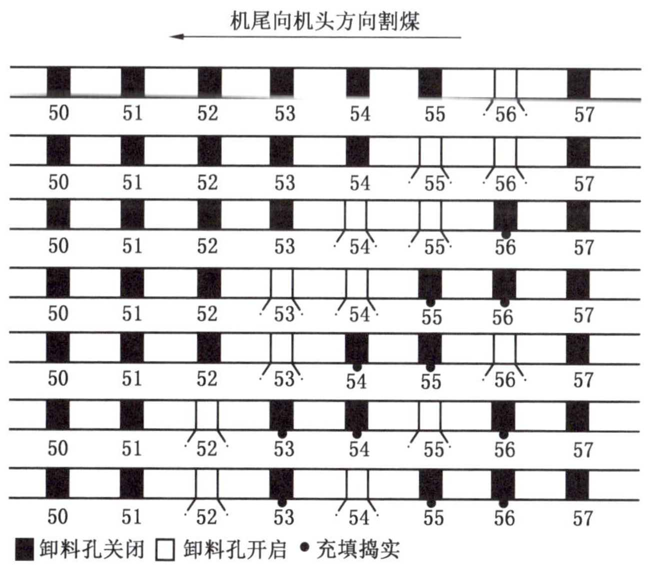

图 2-85 自动充填控制流程

充填液压支架配置有充填捣实机构，如图 2-86 所示。捣实机构主要由夯实框架、捣实油缸、摆梁升降油缸和压实板等组成。捣实机构通过自身往复运动将充填矸石移到后部的顶板，并通过其上下和前后的运动对充填体进行捣实，使充填矸石在推压、接顶的基础上达到一定的致密度，可承受顶板下沉压力、控制顶板下沉量、防止顶板下沉断裂。

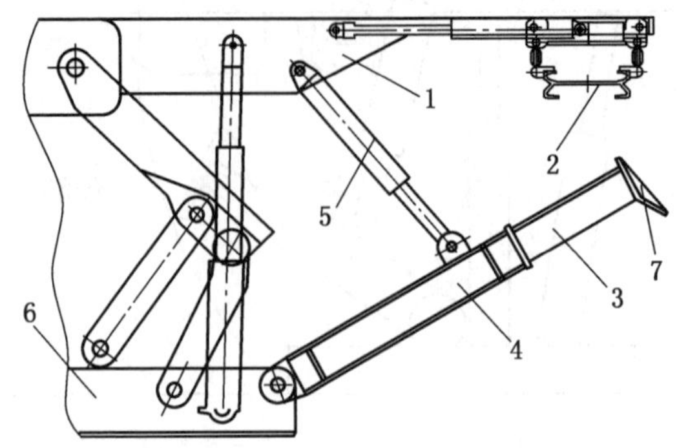

1—后梁；2—矸石输送机；3—捣实千斤顶；4—捣实油缸；5—摆梁升降油缸；6—底座；7—压实板

图 2-86　充填捣实机构结构

2.6　智能化采煤工艺

根据煤层赋存条件、工作面设计参数、产能指标等要求，建设不同模式的智能化采煤工作面：薄煤层和中厚煤层智能化无人开采模式、大采高工作面人—机—环智能耦合高效综采模式、放顶煤工作面智能化操控割煤+人工干预辅助放煤模式、复杂条件智能化+机械化开采模式。其中，条件适宜的薄及中厚煤层实现智能化少人开采，逐步推广应用采煤机自适应截割、液压支架自适应支护、智能放顶煤、刮板输送机智能运输、智能供液、综采设备群智能协同控制等技术。

通常把采煤机沿工作面将煤层全厚割完一次称为进一刀。将一刀割煤的深度称为截深。把采煤机在工作面往返行走时的状态与进刀数相结合称为割煤方式。双滚筒采煤机在正常工作时，一般前滚筒沿顶板割煤，后滚筒沿底板割煤，行走一趟就可完成一刀割煤任务。如果采煤机在往返中都在割煤，那么一个往返就可以完成两刀割煤任务，这种割煤方式称为双向割煤往返进两刀。如果采煤机在往返中只有一趟在割煤，一趟空行，那么一个往返就只能完成一刀割煤任务，这种割煤方式称为单向割煤往返进一刀。不同的综采设备、工作面煤层赋存条件应选用不同的割煤方式。

2.6.1　自动截割工艺方法

采煤机具备记忆截割模式，以预先设定的牵引速度，记忆学习的顶底板高度曲线进行自动割煤，当在煤岩分解线附近出现大块岩石时，采煤机滚筒按照原先的记忆截割曲线割煤就会截割到岩石，会增加采煤机截齿的消耗量，并使煤炭增加灰分，降低煤质；如果采煤工人在工作面跟随采煤机实时调节滚筒高度，不仅身体健康受到粉尘因素影响，飞溅的煤石也给采煤工人的人身安全带来了严重的威胁，采用采煤机远程控制技术，操作人员可以在巷道监控中心监测采煤机记忆截割情况，一旦出现上述情况，操作工人可以通过采煤机操作台向工作面采煤机下发滚筒调节命令，及时修正采煤机滚筒高度，并修正记忆截割曲线，使下一刀割煤时，使用修正后的记忆截割曲线进行控制，提高记忆截割生产模式对煤层变化的适应性能。

智能记忆截割系统由配套传感器（左右滚筒截割高度传感器、采煤机牵引速度与工作面位置传感器、机身倾斜传感器和位置同步传感器）、传感检测与截割控制模块、记忆截割软件包等几部分组成。智能记忆截割系统最多可以支持 31 个截割工艺段的记忆截割控制和各种复杂工作面的端头截割工艺，实现了采煤机循环作业全过程自动化截割，支持远程记忆截割学习，使学习过程简单化。自动运行的采煤机在 300 m 长的工作面上，其行走位置控制精度优于±5 cm，滚筒截割高度的稳态重复误差小于±4 cm。

采煤机记忆截割系统的工作参数与状态的描述，涉及机器本身的三维结构特征与尺寸定义、工作面的布置结构以及采煤机在工作面所处的位置姿态描述方法。

采煤机记忆截割系统中，采煤机机身的倾斜有：①开采方向俯仰角，相对于水平面，机器顶面煤壁侧高于采空侧时为仰采，机身倾斜传感器 Y 轴输出角度为正，俯采时机身倾斜传感器 Y 轴输出角度为负；②行走方向坡角，相对于水平面，当右牵引部高于左牵引部时，机身倾斜传感器 X 轴输出角度为正，反之为负。

采煤机相关的三维特征尺寸主要有：摇臂长度、摇臂相对机身回转中心长度（该长度的一半用于定位机器中部位置）、摇臂回转中心高度（回转中心相对于所骑输送机安装地平面垂直高度）、支撑腿跨距（两支撑滑靴支撑面几何中心之间的距离）、纵向尺寸（支撑滑靴支撑面几何中心到滚筒最大截深处的水平面投影距离）、滚筒直径、机器测量牵引速度（从左往右牵引时，速度值为正，从右向左时为负）。机器在工作面的位置是指机身中部相对于设定参考零点的距离（在参考零点的右侧输出为正值，左侧为负值，用于支架号定位计算和常规显示的数据一般是在此基础上根据现场配置和用户习惯变换后的计算值），如图 2-87 所示。

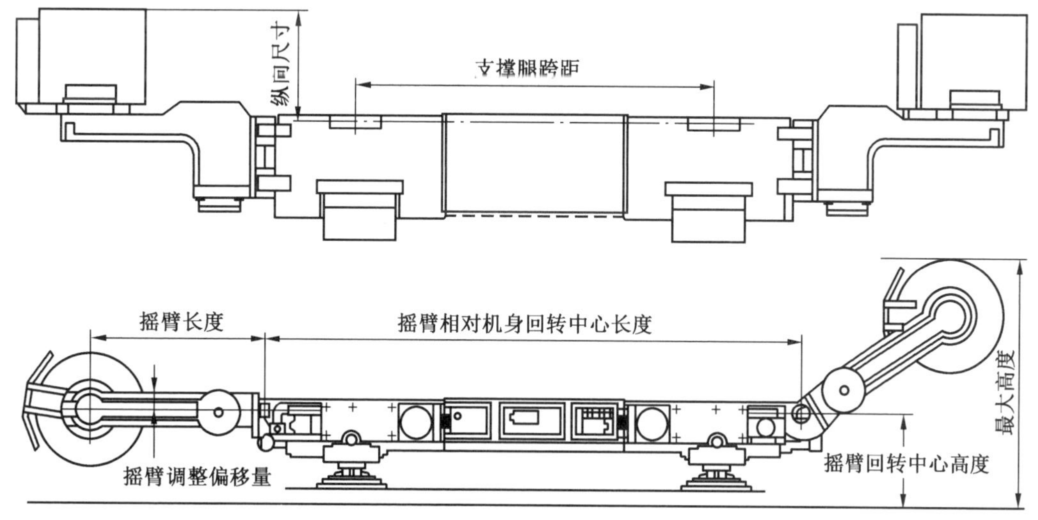

图 2-87　采煤机机身关键尺寸参数

2.6.2　记忆割煤工艺设计

采煤机记忆割煤是滚筒采煤机按照煤层厚度预定截割高度轨迹进行自动割煤的自动化技术，是自动化采煤工艺的核心技术之一。采煤机记忆割煤是指按照示范刀所记录的工作参数、姿态参数、滚筒高度轨迹，进行智能化运算，形成记忆截割模板，在自动截割过程中不断修正误差，实现自动调高、卧底、加速和减速等功能。随着自动化开采的广泛应用，自动化截割技术也取得了长足的发展，衍生出两类自动化截割技术：记忆截割技术与预设截割轨迹技术。记忆截割技术适用于地质条件相对简单的薄煤层采煤工作面；预设截割轨迹技术适用于地质条件相对复杂，构造发育、煤厚变化相对较大的薄煤层综采工作面。

1. 示范刀学习

记忆截割为人工控制采煤机沿工作面煤层先割一刀作为示范刀，控制中心将示范刀内采煤机位置及姿态信息进行记录与存储，在工作面正常开采期间，截割流程由示范刀揭示的采煤机控制指令根据行程传感器采集的采煤机位置进行自动控制。当遇煤岩界面异常点时，采煤机司机根据工作面视频监控系统反馈的信息进行煤岩界面的识别，并对采煤机工况参数进行及时修正，经修正完善的采煤循环作为记忆截割自动化开采新的示范刀，如图2-88所示。

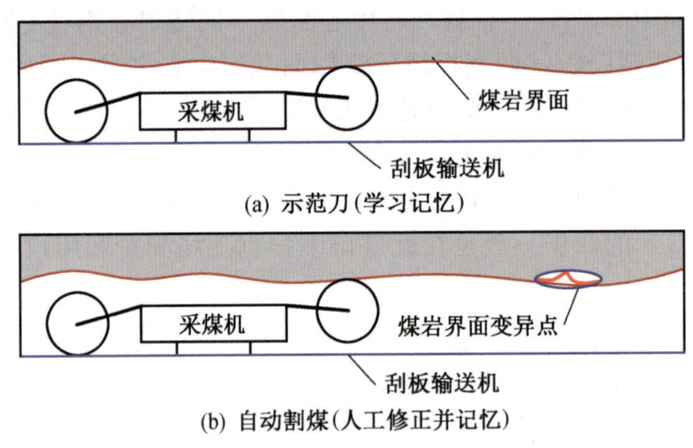

图2-88　采煤机记忆截割技术示意图

记忆截割技术实施过程中，记忆参数是由示范刀信息揭露获得的，薄煤层采煤工作面地质条件复杂多变，需要频繁更新示范刀的信息实现记忆截割，因此记忆截割技术对地质条件的适应性相对较差，仅适用于煤层顶底板相对平整、煤层倾角及煤层厚度变化小的薄煤层工作面。

2. 中部割煤工艺

某矿智能化无人综采工作面采用机头、机尾双向自动化记忆割煤工艺，在工作面往返一次进两刀，每刀截深为0.8 m。进刀方式为端部斜切方式，采煤机自开缺口，一次进刀距离为30 m。

工作面主要工艺流程为：割煤→装煤→移架支护→推移刮板输送机。采用多模型智能决策记忆割煤技术实现采煤机的自动化割煤过程。通过在采煤机机身设置多种传感器来实现对采煤机的采高、速度等数据的采集，并在控制程序数据库中进行记忆，实现对“示范刀”的学习，最终实现记忆截割。

3. 三角煤割煤工艺

三角煤截割工艺主要依靠采煤机自动记忆截割来执行作业任务，液压支架则根据采煤机的实时位置进行三角煤区域的跟机动作。

结合现场实际，开发了“机架协同控制”割三角煤工艺，通过加大两者数据交互应用范围，使采煤机和液压支架在执行当前动作和开始下一动作时，都能从对方得到“其动作执行是否到位”的信号；当对方上一个动作还未完成时，自身则要逐渐减速甚至停机等待对方完成动作后，才开始执行下一道工序，提升了三角煤自动化截割水平。

2.6.3 可视化远程干预工艺设计

按照定位技术控制采煤机自动割煤，控制支架根据采煤机位置实现自动追机拉架。实现采煤工艺要求的斜切进刀、割三角煤、端头扫底煤等各种工艺的远程协调控制。将工作面整套装置作为一个控制的整体，对采煤机自动记忆截割和电液控制系统的拉架、推移刮板输送机以及间架喷雾等随机联动控制。采用嵌入式防爆计算机与采煤机和电液控制系统通信，利用智能化控制软件对工作面设备进行自动控制、调整。同时，采用视频实时跟踪技术，实现工作面设备可视化远程自动操控。

由于综采工作面地质条件和环境极为复杂，因此采煤机在不同的位置采高控制不是固定的，需要根据顶板岩层的变化而变化。其牵引速度也是根据负荷而变化。因此，采煤机需要通过人为操作一个循环割煤周期自学习一遍。在远程遥控时，采煤机将根据学习时的记忆数据进行割煤。但是如果工作面情况与学习记忆数据极端不一致时，需要人为手动干预，这时，需要清晰的视频图像作为干预控制的基础。

综采工作面工况复杂，靠传感器不能检测到所有的现场情况，采用摄像机观察工作面的情况是不可缺少的监控手段，与传感器相互配合，是采煤机司机能够远程操作的重要依据，是人目视范围的延伸。因此，可视化与记忆截割相结合，才能实现真正的远程干预。

3 液压支架电液控制系统

液压支架电液控制系统使采煤技术实现了从机械化向自动化的变革，是智能化采煤工作面的基础核心技术。随着智能化工作面控制技术的发展，对电液控制系统的功能和性能提出了更高的要求，需要研制适应不同煤层开采条件的多型号支架控制器，设计覆盖全支架的各种传感器，提高电磁阀的控制精度和驱动效率，并与采煤和运输协同作业实现智能化工作面的自动化安全高效生产。本章对电液控制系统的组成、工作原理及主要设备进行阐述，介绍电液控制系统的设计和设备选型，以及系统的安装、调试、操作及维护等内容，列举了系统的常见故障及相应的处理方法。

3.1 电液控制系统概述

液压支架电液控制系统集机、电、液等控制技术于一体，包括感知、决策、执行等设备，由支架控制器、驱动器、压力传感器、行程传感器、位置传感器、耦合器、信号转换器、电源箱、连接电缆、电液控换向阀组、液控单向阀、安全阀、远程操作装置、巷道和地面监控中心等组成，实现液压支架的自动化控制，如图 3-1 所示。电液控制系统极大提高了控制的方便性、可靠性和安全性，提升了支架控制操作的自动化程度。液压支架电液

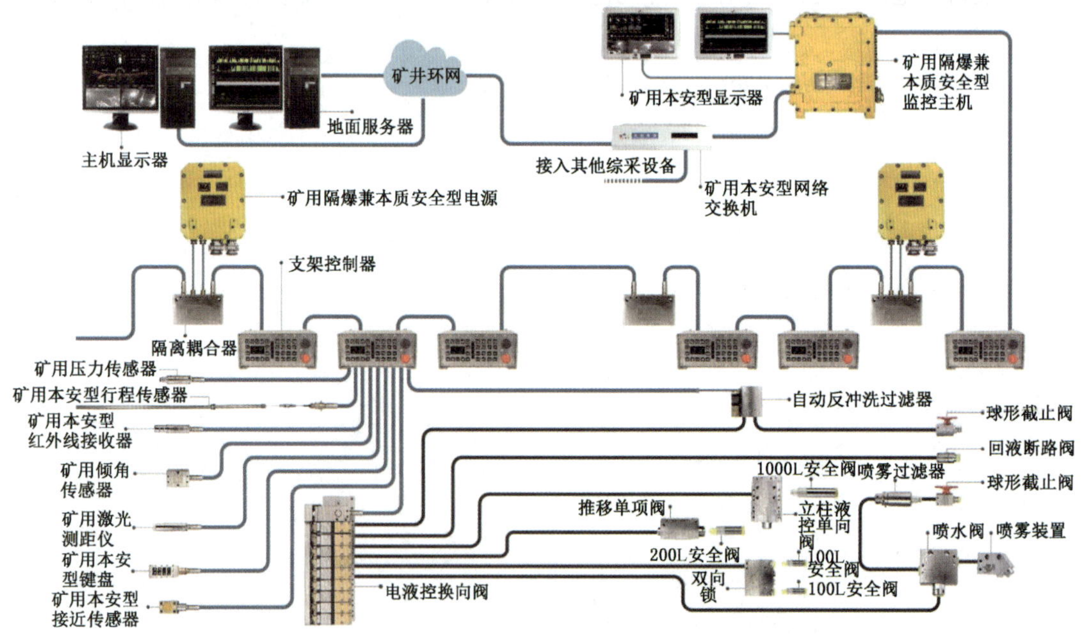

图 3-1 液压支架电液控制系统组成结构

控制系统的成功应用与否已经成为衡量煤矿采煤工作面生产技术水平的重要标志。

3.1.1 电液控制系统组成

液压支架电液控制系统由电控和液压两个部分组成，电控部分负责液压支架的逻辑控制和运行工况监测，通过程序控制电磁阀实现液压支架的自动化动作；液压部分负责将电磁阀动作转化成液压信号，并驱动液压缸动作，实现液压支架的控制。

3.1.1.1 电控系统

电液控制系统在液压支架上配置了传感器，用来检测支架的运行状态，实现支架动作的闭环控制。在支架推移千斤顶上安装行程传感器，用于检测推移行程；在支架立柱上安装压力传感器，用于检测立柱压力；在主要活动结构件上安装倾角传感器，用来检测姿态；在具有多级护帮的支架上安装接近传感器，用来检测护帮板收伸状态；在采煤机上安装红外发射传感器，支架上安装红外接收传感器，用于检测采煤机位置和运行方向。

电液控制将液压支架的动作流程固化为程序，通过人机交互键盘或采煤机位置变化触发支架控制器程序执行，实现对液压支架动作的自动控制，并通过相应传感器监测动作执行过程，完成降柱、移架和升柱等动作。液压支架跟机自动化控制按照工作面采煤工艺执行，跟随采煤机实现自动收/伸护帮板、自动移架和自动推移刮板输送机等功能。

工作面每台液压支架上配置一套支架控制单元，如图 3-2 所示，支架控制单元主要由支架控制器、电磁阀驱动器、压力传感器、行程传感器、红外接收传感器、隔离耦合器、

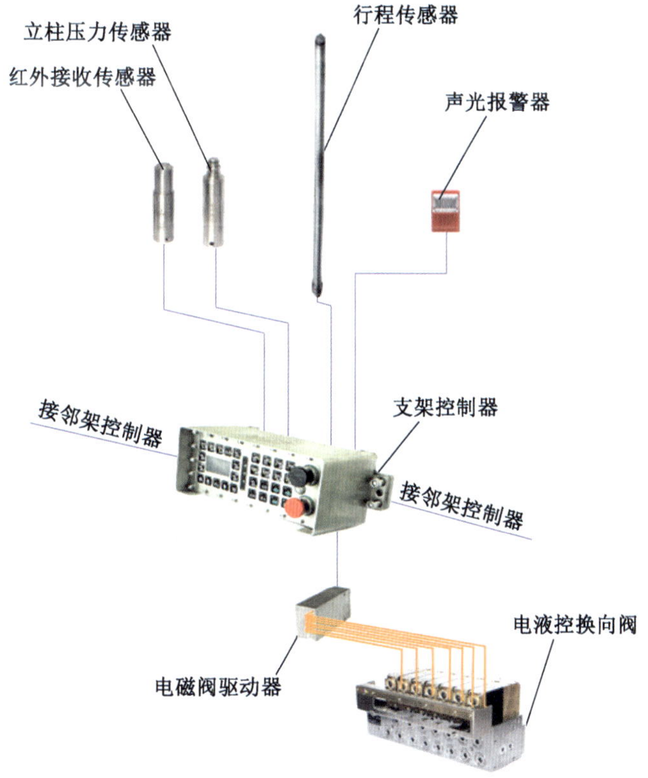

图 3-2 支架控制单元

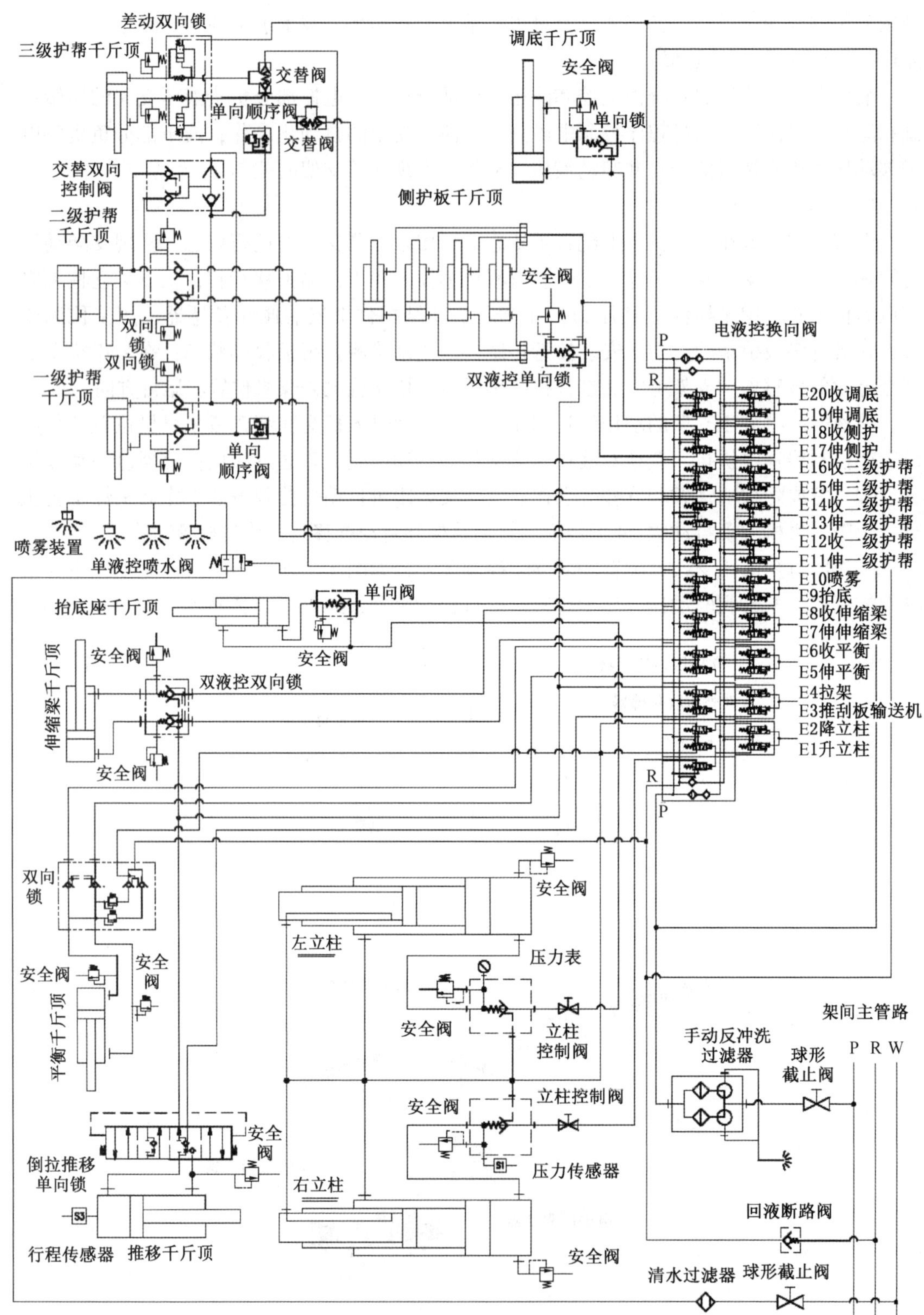

图 3-3　典型工作面支架液压系统

电液控换向阀和声光报警器等组成。支架控制单元由电源箱供电，每个电源箱可供 6～10 台支架，不同电源组的控制器之间需要配置隔离耦合器，实现电源本安电路之间电气隔离、信号耦合。

3.1.1.2 液压系统

液压支架及其液压系统是电液控制系统的承载主体，是实现高效电液控制的基础和保障，是影响工作面生产安全性、可靠性和高效性的关键因素。以下对支架液压系统和典型主供液系统的组成及其工作原理进行介绍。

1. 支架液压系统

支架液压系统以电液控换向阀为中心，由立柱、推移、平衡、伸缩梁、护帮、抬底、侧护、底调和喷雾等控制回路组成，结合多种辅助用阀实现液压支架各种油缸（千斤顶）的动作控制，液压支架各动作为并联控制回路，可实现单独控制。液控单向阀及双向锁控制千斤顶单向闭锁或双向闭锁，进而实现立柱及相关千斤顶的单向支撑或双向支撑；安全阀是立柱及相关千斤顶的限压装置，将千斤顶实际压力限定在允许的最大压力以下，防止出现安全隐患；支架过滤器负责支架工作介质过滤，确保工作介质的清洁度；回液断路阀控制支架回液单向流动，避免系统回液背压、回液污染对液压支架本体及其电液控制系统液压元件造成影响。典型的工作面支架液压系统如图 3-3 所示。

2. 主供液系统

根据不同工作面液压支架的供液需求和特性，主供液系统有单进单回供液方式、环形供液方式、双进双回梯形网络供液方式及“三进三回”环形供液方式等。

单进单回供液方式设置一条主回液通路，如图 3-4 所示，主要应用于工作阻力较小、对移架速度要求不高的薄煤层工作面，缺点是在工作面延程较长、支架较多时，压力损失大。大工作阻力液压支架由于立柱、千斤顶缸径较大，对流量和泵站压力的要求较高，一般不采用此种供液方式。

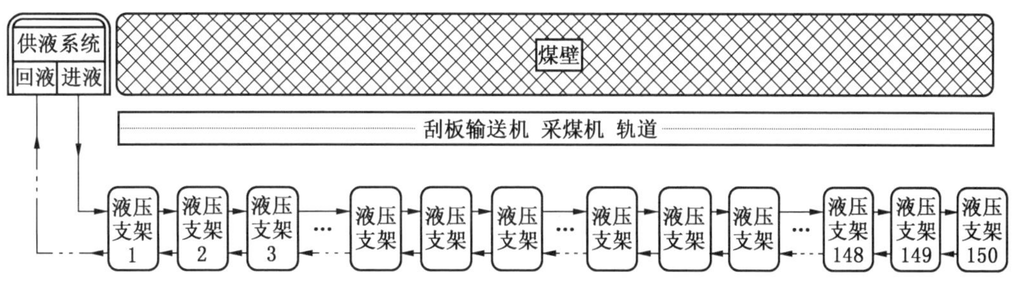

图 3-4 单进单回供液方式

环形供液方式是在单进单回基础上，增设一组工作面进回液管路，由机头引出至机尾，如图 3-5 所示。环形供液方式实现机头、机尾双向同时供液，可降低工作面远端管路压力损失，避免因工作面过长导致供液不足。

双进双回梯形网络供液方式是在环形供液基础上，增设一组巷道进回液管路，同时根据流量匹配要求，每隔一定数量支架通过三通将两路进液连通，如图 3-6 所示。

该方式进一步优化了工作面支架供液及回液效率，有效降低了支架位置对供回液系统

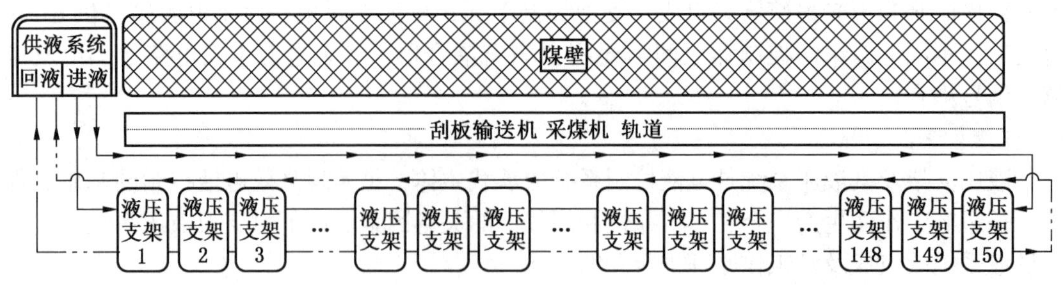

图 3-5　环形供液方式

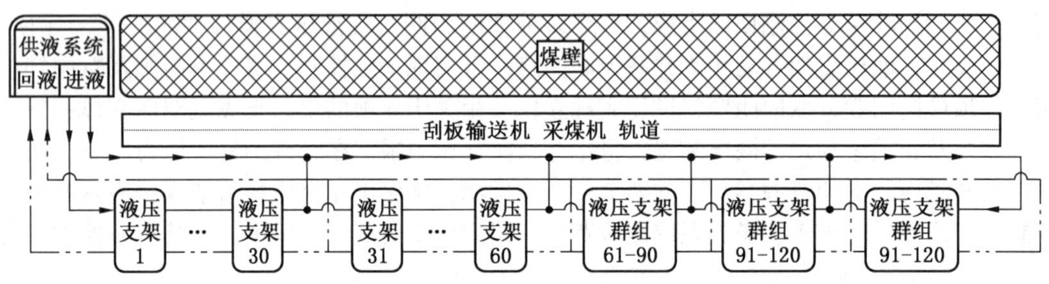

图 3-6　双进双回梯形网络供液系统

的影响，使支架进回液等效通径加大，流体通道更为畅通，解决了由于支架回液不畅，引起系统背压和支架端压力低等问题，提升了支架动作速度。在系统检修时，可切断任意区域支架供回液，而不影响其他区域正常供回液。该供液方式在中厚煤层大工作阻力液压支架中普遍应用。

“三进三回”环形供液方式是在双进双回梯形网络基础上，再增设一路巷道进回液管路，其中一路在采煤机线槽，由机头引至机尾，如图 3-7 所示。此供液方式进一步降低了工作面的供液压力损失，提高了工作面的供液能力，适合在超长综采工作面使用。目前，7 m 以上超大采高综采工作面液压系统通常采用此种供液方式。

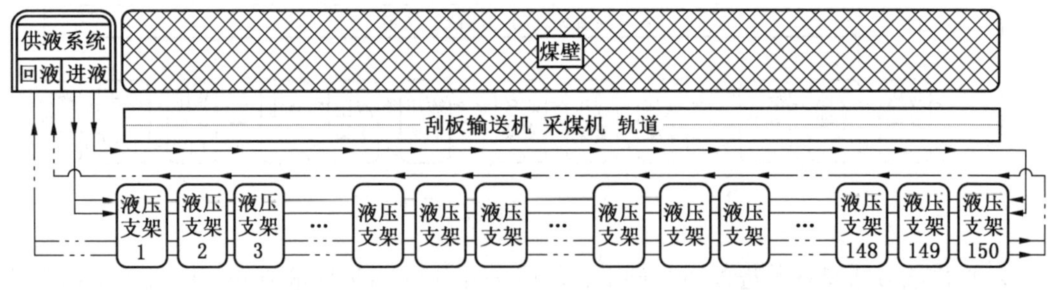

图 3-7　“三进三回”环形供液方式

主供液系统需要根据工作面实际配置进行选型，影响因素包含液压支架配置、乳化液泵站流量、采煤机速度等条件，同时进行系统级计算分析，确保液压系统配置选型合理。可借助特定流体仿真软件进行全工作面管路仿真建模，对系统阻力损失、回液背压等进行量化分析，提升系统配套科学性。

3.1.2 电液控制系统功能

液压支架电液控制系统具备本架、邻架和隔架单动作，以及成组移架、推移刮板输送机和收伸护帮板和跟机自动控制功能；在安全方面，具有急停、闭锁和停止等操作功能；为巷道和地面监控中心提供了远程操作工作面液压支架的控制能力。

1. 单动控制

单动控制是支架电液控制系统的基础功能，可以实现液压支架所有动作的独立控制，电液控制的所有高级功能都是建立在此基础上。单动动作的时间取决于人工按键持续时间，即人工按下操作键开始执行动作，抬手停止动作。

2. 成组控制

成组动作是指操作人员发出一次操作指令，可以控制一组支架顺序完成指定的动作。具体操作如下：选定操作架，从操作架左邻架或右邻架开始，连续相邻的若干台液压支架被设定成为一组，操作者在操作架发出动作命令，液压支架的相应动作从操作架设定的启动架开始，逐架顺序完成动作或同时完成动作。

3. 自动补压控制

自动补压功能，即通过对液压支架立柱或护帮油缸下腔压力进行实时监测，获得液压支架顶板压力或煤壁支撑力，自动对液压支架立柱油缸或护帮板控制油缸进行压力补偿，通过电液控换向阀进行立柱二次升柱或护帮二次伸出，确保液压支架立柱对顶板支护强度和护帮板对煤壁的支撑强度。

4. 自动移架控制

自动移架是实现工作面跟机自动化控制的基础，通过移架、推移刮板输送机实现工作面设备的迁移。整个动作过程分为降柱、移架、升柱三个阶段，以立柱压力和推移行程位移传感器检测为主，以时间参数为辅进行动作控制。

5. 液压支架远程控制

远程控制是指在巷道或地面监控中心利用矿用本安型支架操作台进行选架、支架单动、支架成组以及跟机随动等指令下发，控制指令通过搭建的通信网络高速传输至所选支架控制器，由控制器执行动作指令。

3.1.3 电液控制系统特点

液压支架电液控制系统的主要特点如下：

（1）采用电液控制和计算机软件技术实现了液压支架的自动控制功能，具有多种操作方式，系统配合多种传感器监测，使液压支架动作更加准确，提升了液压支架的控制质量。

（2）系统具有单架、成组、跟机自动化和地面、巷道远程等控制功能，使液压支架操作更加灵活方便。

（3）系统具有带压移架、超前支护、自动补压等功能，有助于改善支护效果，提升工作面顶板管理水平。

（4）系统电液控换向阀主阀阀芯采用整体插装结构，集过滤器、进液单向阀和回液单向阀于一体，结构紧凑，过液能力强，满足大流量液压系统的要求。

（5）可以实现高效跟机自动作业，降低工人劳动强度，改善工人劳动条件。

(6) 可以实现多架同时定量推进功能，保证刮板输送机缓慢弯曲，避免中部槽连接处产生过大应力，实现工作面的平直推移。

3.2 电液控制工作原理

电控系统主要设备包括传感器、控制器、电磁阀驱动器、电源箱、隔离耦合器、支架操作台、监控主机等。以下对电控系统的关键元部件及其工作原理进行介绍。

3.2.1 支架传感器

支架传感器是实现自动检测和自动控制的首要环节，可分为压力、行程、倾角、测高及红外收/发传感器等。

3.2.1.1 压力传感器

压力传感器是感受压力信号，并按照一定的规律将压力信号转换成电信号的器件或装置。通过监测支架立柱腔内的液体压力，为控制器执行操作提供实时立柱压力，如带压擦顶移架时，需实时采集立柱压力数据，并根据设置的压力参数控制液压支架动作。

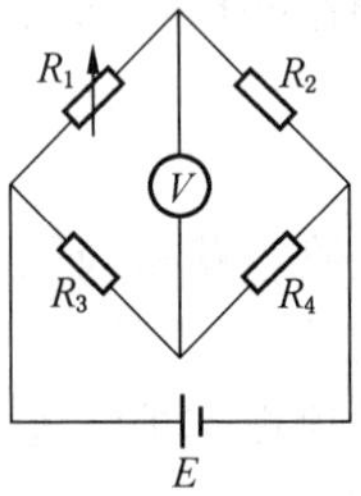

R_1 R_2 V R_3 R_4 E

图 3-8 压力传感器工作原理

常用的压力传感器有压阻式、微熔式、电容式等。以压阻式压力传感器为例简单介绍其工作原理，如图 3-8 所示，压敏电阻接入惠斯登电桥中，没有外加压力作用，电桥处于平衡状态（称为零位）；当传感器受压后，压敏电阻发生变化，电桥将失去平衡，输出与压力对应的电压信号。

$$V = \frac{R_2R_3 - R_1R_4}{(R_1 + R_2)(R_3 + R_4)}E \tag{3-1}$$

式中 R_1——压敏电阻；

R_2、R_3、R_4——定值电阻；

E——固定输入电压值；

V——测定电压值。

GPD60 与 GPD60（B）为矿用本安型压力传感器，如图 3-9 所示，主要性能参数如下：

工作电压：DC12 V。

工作电流：≤25 mA。

本安参数：U_i，DC12.5 V；I_i，2 A。

测量范围：0~60 MPa。

电压输出：0.78~4.94 V、0.5~4.5 V。

输出误差：≤1%FS（满量程）。

3.2.1.2 行程传感器

常用的行程传感器有干簧管、磁致伸缩、霍尔式等，以磁致伸缩行程传感器为例简单介绍其工作原理，磁致伸缩行程传感器主要由磁环、波导丝、测量杆和电子仓等部分组成，如图 3-10 所示。

行程传感器配合外部磁环使用，内部电路产生一个“起始脉冲”，此起始脉冲沿磁致

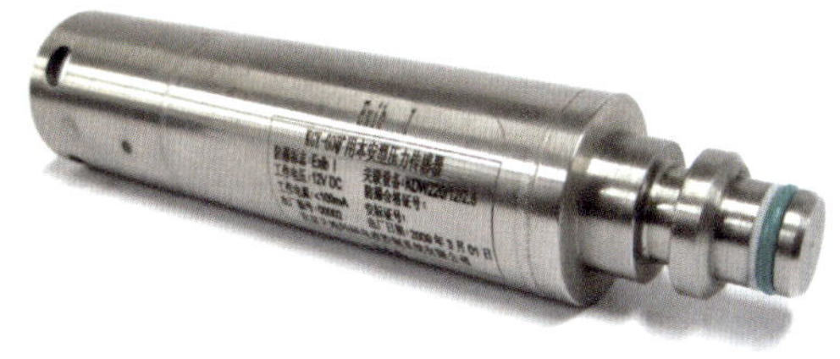

图 3-9 压力传感器

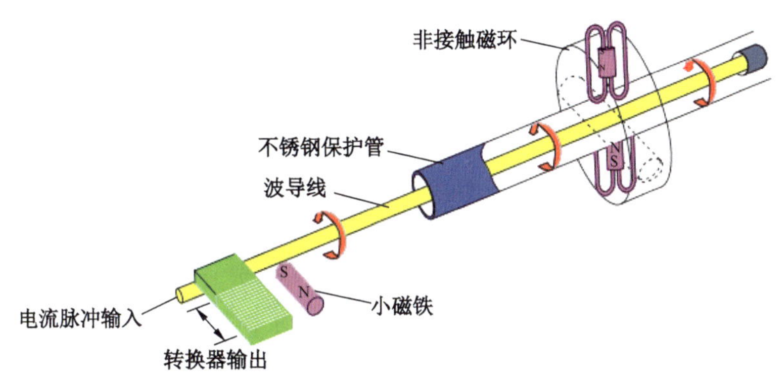

图 3-10 磁致伸缩传感器

伸缩线（波导丝）传输，同时产生一个沿着波导丝跟随脉冲前进的旋转磁场。当该磁场与外部磁环的磁场相遇时，两磁场叠加发生磁致伸缩效应，使波导丝扭动。这一扭动产生的扭动波沿波导丝传播并转换成相应的“终止脉冲”，通过计算“起始脉冲”与相应“终止脉冲”之间的时间差，即可精确测出该位置的行程值。

如图 3-11 所示，IE 表示的是波导丝在磁环作用下产生扭曲的位置；PWM 的脉冲宽度代表起始脉冲与终止脉冲之间的时间差，与磁环位置成正比。

其中起始脉冲与终止脉冲的时间差 Δt 取决于 T_1 和 T_2：其中 T_1 为电脉冲发射与到磁环位置的时间间隔，T_2 为波导丝产生扭转波到回收时间间隔。由于电脉冲传播速度近似光速，T_1 近似为 0，在此计算中忽略不计，故 Δt 近似为 T_2。

扭转波在波导丝中传输的速度按下式计算：

$$V = \sqrt{\frac{G}{\rho}} \tag{3-2}$$

式中，G 为波导丝剪切弹性模量；ρ 为波导丝的密度。由于弹性模量和密度是固定的，因此在波导丝中的扭转波传播速度为固定值。行程值即可通过下式计算出：

$$S = V\Delta t = VT_2 \tag{3-3}$$

在传感器的工作过程中，会以一定的频率不停发出电脉冲，每次磁环与行程传感器相对运动，都可测得新的行程值。

行程传感器采用密封结构，外壳由 304 不锈钢制成，电子仓、波导丝等部件内置。外

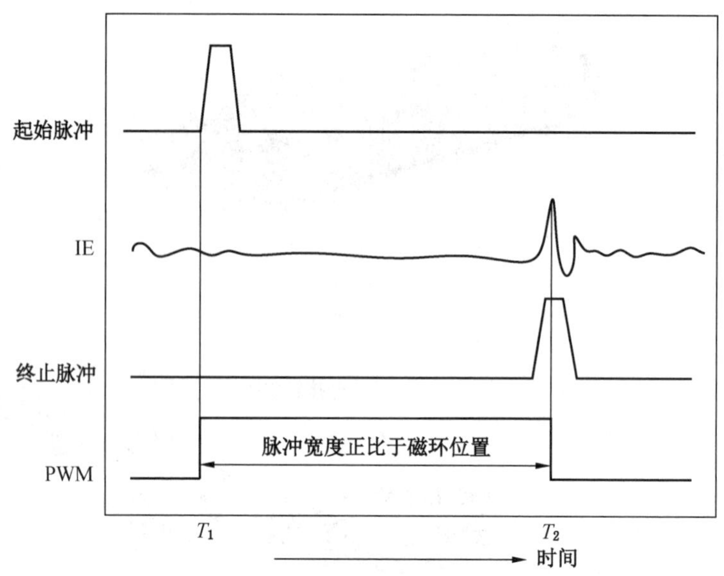

图 3-11　行程传感器工作原理

壳杆体所有焊缝采用氩弧焊，焊缝要求熔深 1.2 mm 以上，并使用环氧树脂密封出口处，整体防护等级可以达到 IP68。电气连接件通常采用 4 芯快速插头，线芯定义如图 3-12 所示。

GUC1200 型行程传感器（图 3-13）为矿用本安型，根据位置不同可分为推移行程传感器、尾梁行程传感器、插板行程传感器等，其主要性能参数如下：

额定电压：DC12 V。

工作电流：≤20 mA。

测量范围：0~1200 mm。

输出信号：0.50~4.50 V。

基本误差：≤±0.02 V。

外壳防护等级为 IP68，外壳材质为不锈钢。

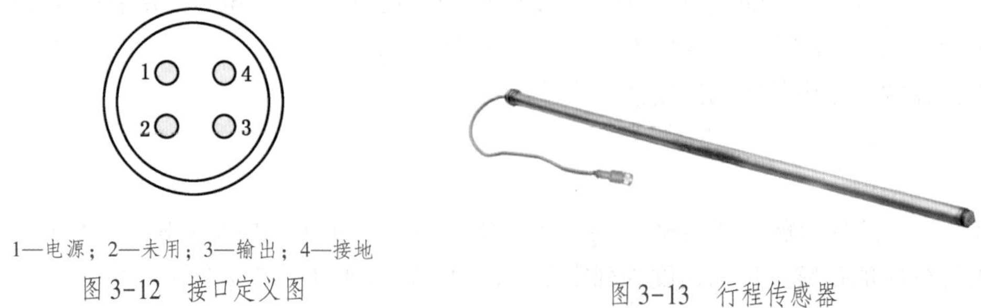

1—电源；2—未用；3—输出；4—接地

图 3-12　接口定义图

图 3-13　行程传感器

3.2.1.3　倾角传感器

在工作面液压支架顶梁、掩护梁、四连杆、底座安装倾角传感器，可监测液压支架的运行姿态，防止支架发生倾斜或咬架。常见的倾角传感器有陀螺仪、加速度计两类，以加速度计倾角传感器为例分析其工作原理。加速度计倾角传感器利用重力加速度进行角度计算，主要原理是检测重力加速度计在各轴的分量，通过三角函数求得坐标轴与重力方向（即竖直方向）的夹角，得到物体的倾斜角度。

如图 3-14 所示，物体在空间中的位置以向量 $\boldsymbol{R}$ 表示，可以分解成 $\boldsymbol{R}_X$、$\boldsymbol{R}_Y$、$\boldsymbol{R}_Z$，分别为在 X、Y、Z 上的投影，关系如下：

$$\boldsymbol{R}^2 = \boldsymbol{R}_X^2 + R_Y^2 + \boldsymbol{R}_Z^2 \tag{3-4}$$

物体实际倾斜角度，即 $\boldsymbol{R}$ 与 X、Y、Z 轴之间的夹角，在图中可以表示为 A_{xr}、A_{yr}、A_{zr}，可以利用三角函数求得物体与三轴的夹角：

$$A_{xr} = \arccos(R_X/R) \tag{3-5}$$

$$A_{vr} = \arccos(R_Y/R) \tag{3-6}$$

$$A_{zr} = \arccos(R_Z/R) \tag{3-7}$$

GUD90B 型倾角传感器（图 3-15）可以同时测量 XY 轴方向角度，多个倾角传感器串联，可获取多个部件角度，3 个或 4 个串联可以获得支架高度，其主要性能参数如下：

工作电压：DC12 V。

工作电流：≤80 mA。

角度测量范围：0°～90°，精度±0.3°。

RS232 输出信号传输速率：9600 bps。

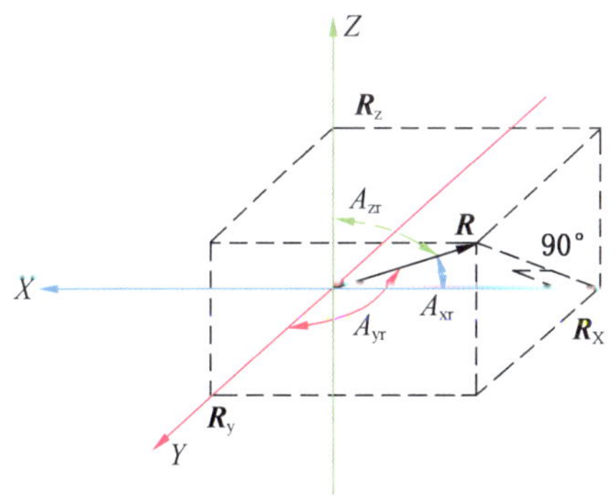

图 3-14　物体角度分析

图 3-15　倾角传感器

3.2.1.4　测高传感器

测高传感器可以通过测量支架高度，判断当前采煤高度以及支架支护状态，为工作面支架动作控制和割煤高度检测提供依据。

封闭式差压液位测高传感器的基本原理（图 3-16）：传感器主体采用密封的结构方案，在密闭的液管内注入液体，两端采用压力传感器分别测量压力。根据帕斯卡定律得知，外力作用下在两端产生的压力值相等。但是当传感器两端位于不同的高度位置时，由于重力作用，密闭液管内的液体会对处于更低位置的压力传感器产生力的作用，使两端压力产生差值，压力差与高度方向上的距离成正比。

传感器测定的高度为

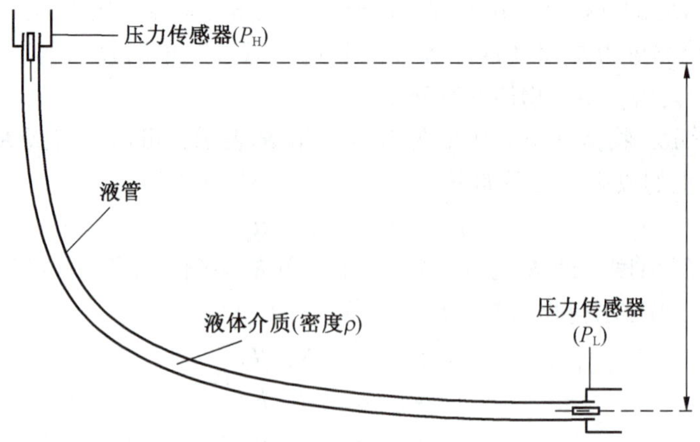

图 3-16 测高传感器基本原理

$$H = \frac{P_H - P_L}{\rho g} \tag{3-8}$$

图 3-17 测高传感器

式中，P_H 为高位压力；P_L 为低位压力；g 为重力加速度；ρ 为液体密度。

GUC8 型矿用本安型测高传感器如图 3-17 所示，其主要性能参数如下：

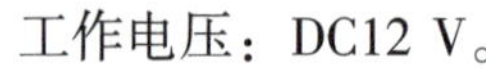

工作电压：DC12 V。

工作电流：≤50 mA。

本安参数：U_i，DC12.5 V；I_i，2 A。

通信端口：RS232。

传输速率：9600 bps。

传感器基本误差：≤1%（满量程），三轴角度检测误差≤0.3°。

3.2.1.5 红外收/发传感器

红外线信号收发装置由红外信号发送器和红外信号接收器两部分组成，红外信号发送器安装在采煤机机身上，红外信号接收器安装在采煤工作面的每一台液压支架上。红外信号接收器对接收到的红外信号进行解码，将采煤机位置信号通过 RS232 通信方式发送给支架控制器，支架控制器即可判断采煤机位置，如图 3-18 所示。

3.2.2 支架控制器

支架控制器是电液控制系统的核心部件，是单台支架控制的中枢。支架控制器的主要功能包括：①采集液压支架立柱压力、推移行程及姿态等信息，并通过总线上传到巷道监控中心主机；②依据采集到的数据和控制器操作界面发出的指令驱动电磁先导阀阀杆动作，开启小液孔驱动电液控换向阀的高压液进入到油缸相应的腔体，实现液压支架动作；③通过支架控制器间的物理连接和软件协议实现控制器之间的数据传递；④存储电液控制系统程序及参数。

支架控制器的工作原理如图 3-19 所示。支架控制器以微控制器为核心，将驱动电路

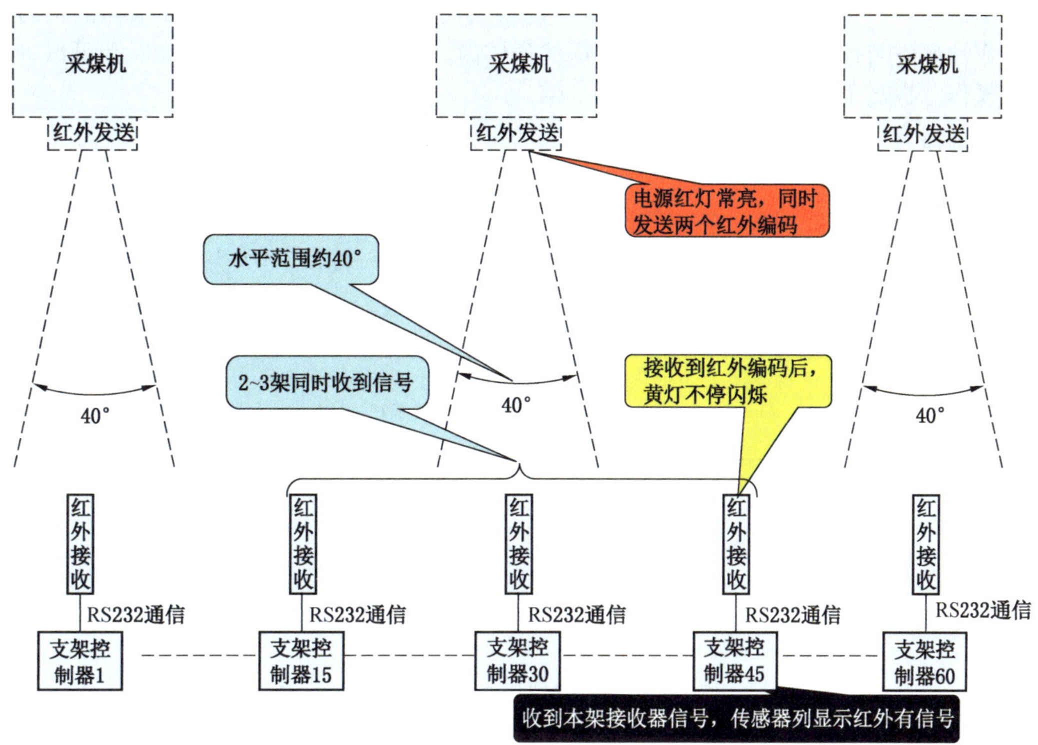

图 3-18　红外收/发传感器工作原理示意图

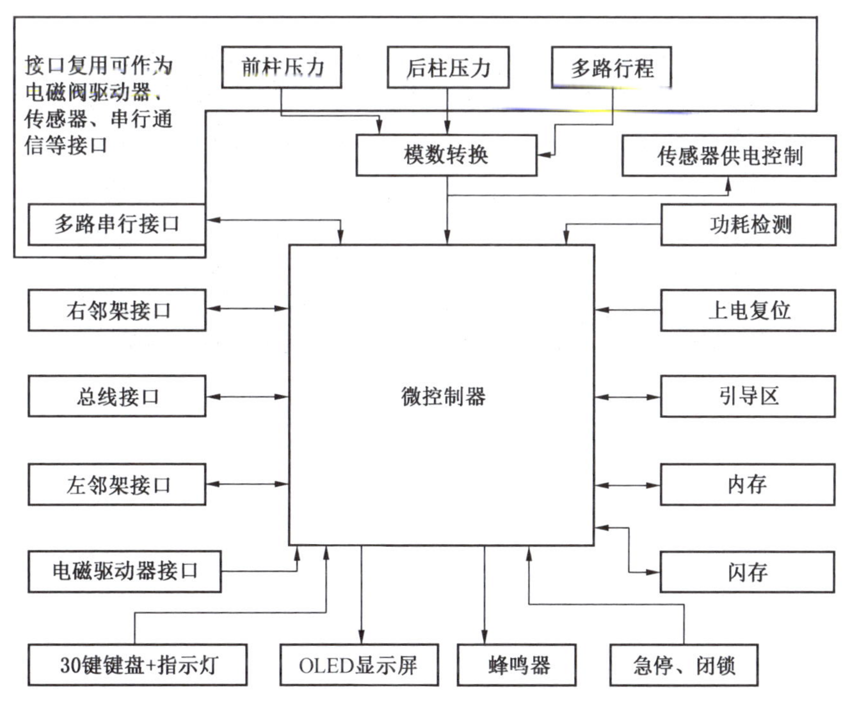

图 3-19　支架控制器原理图

与控制器融为一体，采用了 CAN 现场工业总线通信及低功耗设计技术，在结构上将易损的操作性部件与控制核心部件分置于不同的壳体内。当操作性部件出现故障时，可以进行邻架操作，提高了系统运行的可靠性和效率。

控制器有各种类型的输入、输出以及通信口，连接器插座均分布在控制器后面（图3-20），显示了 14 个插座的分布及其编号。左邻架和右邻架接口是电源输入口，其中一个作为电源输入时，另一个接口作为输出给下一台控制器供电。A2 为右邻架接口，G2 为左邻架接口，C1、D1、E1、F1、G1、C2、D2、E2 为模拟输入接口，F2 为 RS232 接口，A1、B1、C1、D1、E1、F1、G1、B2 为电磁阀驱动输出口。

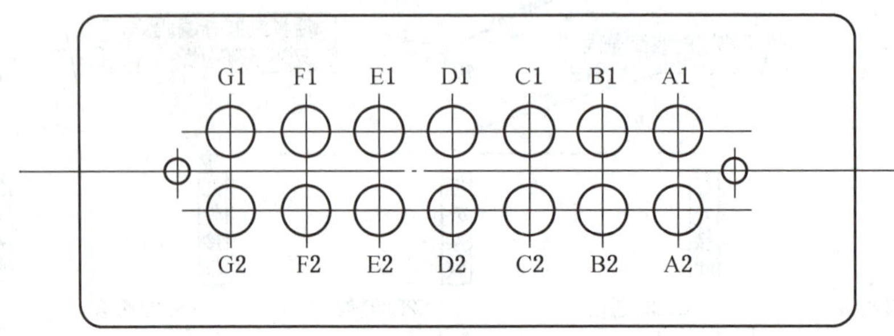

图 3-20　26 功能控制器接口图

支架控制器操作面板如图 3-21 所示，人机交互主要包括：①通过按键发出控制命令，操纵支架动作；②通过键操作，进行系统或功能参数的设置；③查看工作状态、故障错误信息，设置参数、检测值等。

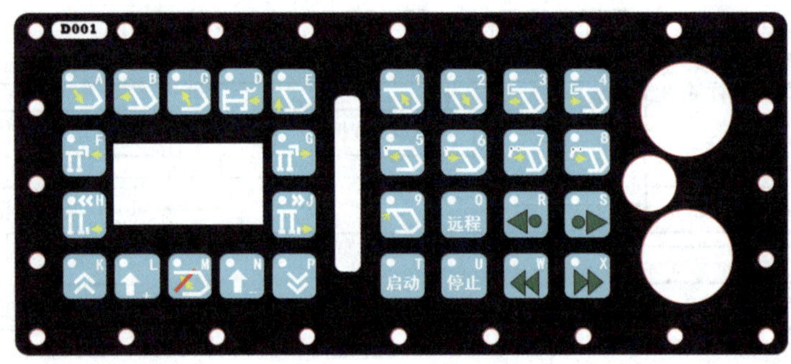

图 3-21　控制器操作面板

ZDYZ-Z 型液压支架电液控制器主要有经济型、网络型、26 功能及 20 功能等类型。

（1）ZDYZ-Z（A）经济型控制器如图 3-22 所示，其主要性能参数如下：

工作电压：DC12±5% V。

工作电流：≤50 mA。

本安参数：U_i，DC12. 5 V；I_i，2 A。

CAN 通信端口传输速率：33. 3 kbps。

模拟量输入信号：(0. 5~5. 0)±2. 5%V 标准电压信号。

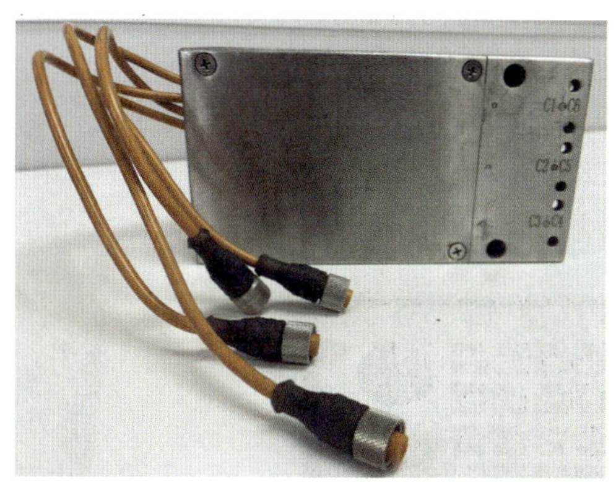

图 3-22 经济型控制器

（2）ZDYZ-Z（W）网络型控制器如图 3-23 所示，其主要性能参数如下：

工作电压：第一路，DC12 V；第二路，DC12 V。

工作电流：第一路，≤500 mA；第二路，≤1500 mA。

CAN 通信端口传输速率：500 kbps。

以太网通信端口传输速率：100 M、1000 M。

RS485 输出信号传输速率：115200 bps。

RS232 输出信号传输速率：9600 bps。

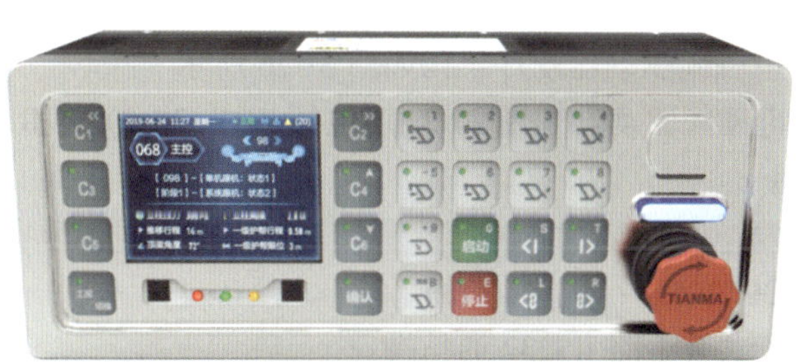

图 3-23 网络型控制器

（3）26 功能控制器（图 3-24）有两个型号：ZDYZ-Z 普通型和 ZDYZ-Z/K4.0 集成煤机红外型，其主要性能参数如下：

工作电压：DC12±5% V。

工作电流：≤100 mA。

本安参数：U_i，DC12.5 V；I_i，2 A。

CAN 通信端口传输速率：33.3 kbps。

模拟量输入信号：(0.5~5.0)±2.5% V 标准电压信号。

RS232 通信接口传输特率：115200 bps。

（4）ZDYZ-Z（B）型 20 功能控制器如图 3-25 所示，其主要性能参数如下：

工作电压：DC12±5% V。

工作电流：50 mA。

本安参数：U_i，DC12.5 V；I_i，640 mA。

CAN 通信端口传输速率：33.3 kbps。

模拟量输入信号：(0.5~5.0)±2.5% V 标准电压信号。

RS232 通信接口传输波特率：9600 bps。

图 3-24　26 功能控制器

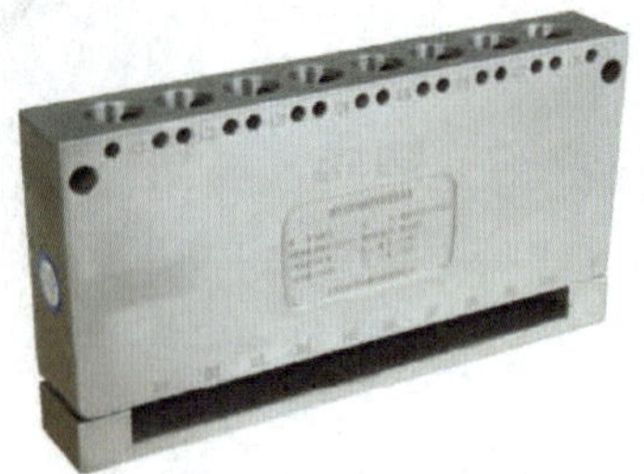

图 3-25　20 功能控制器

3.2.3　电磁阀驱动器

支架控制器通过电磁阀驱动器实现对电磁先导阀的驱动控制，具有驱动电磁先导阀的输出接口，驱动器与控制器的电磁阀驱动口连接，驱动器最多支持 13 个电磁阀单元，完成 26 个动作控制。

电磁阀驱动器内嵌微功耗控制核心，实时操作系统及标准控制程序，接收本台支架控制器的指令，通过控制驱动芯片输出开关量电平信号，实现支架的降柱、移架、推移刮板输送机等动作控制。电磁阀驱动器硬件架构如图 3-26 所示。

ZDYZ26-Q 系列电磁阀驱动器（图 3-27）包括 ZDYZ26-Q 型和 ZDYZ26-Q（A）型，其主要性能参数如下：

工作电压：DC12 V。

本安参数：U_i，DC12.5 V；I_i，640 mA。

RS232 通信端口：共有 1 路 RS232 通信端口。

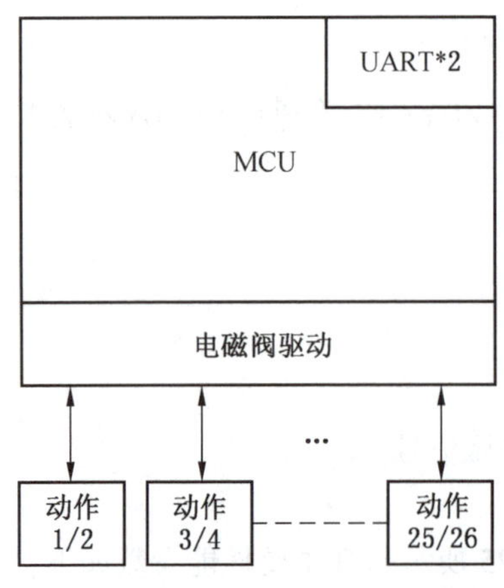

图 3-26　电磁阀驱动器硬件架构图

图 3-27　电磁阀驱动器

3.2.4 供电及隔离

隔爆兼本安型电源箱将隔爆电气回路中的电源经过能量变换、本质安全栅隔离，输出安全电压；隔离耦合器实现不同电源回路间的控制器电气隔离、信号耦合，保证不同回路的电气安全。

3.2.4.1 电源箱

电源箱将 127 V 交流电源，变换成直流 12 V，向电控系统供电。常用的双路电源箱内部装有两个独立的 AC/DC 浇封模块，构成独立的两路电源，每路额定负载电流 2 A，可向 4~6 个相邻的支架控制器供电。每路电源都具有截止式过流保护，整定电流 2 A。电源箱输内部接线如图 3-28 所示。

KDW127/12 型电源箱装有 4c 插座，KDW127/12（D）型电源箱装有 8c 插座，可实现快速插拔，每一路本安电源均不共地，提供过流、短路、过压保护。KDW127/12/2.0 型电源箱如图 3-29 所示。其主要性能参数如下：

输入电压，交流 127 V，50 Hz；电流，<1 A；交流电源波动范围，75%~110%。

KDW127/12 型（带耦合器型）CAN 通信端口。

KDW127/12（D）型同时输出四路电源，且可以耦合左右两侧的通信信号。

每一路电源的本安参数：U_0 为 DC12 V；I_0 为 2 A；C_0 为 30 μF；L_0 为 50 μH。

每一路电源的标称输出电压 12 V，额定输出电流 1.8 A，输出电压偏离值不超过标称值的 5%，负载效应不大于 5%，源效应不大于 5%，周期与随机偏移不大于 250 mV，过流保护值不大于 2 A，过压保护值不大于 12.5 V，短路电流不大于 40 mA。

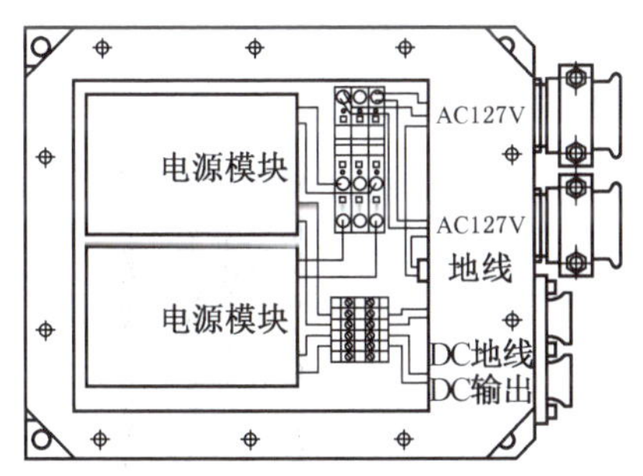

图 3-28 双路电源箱的接线

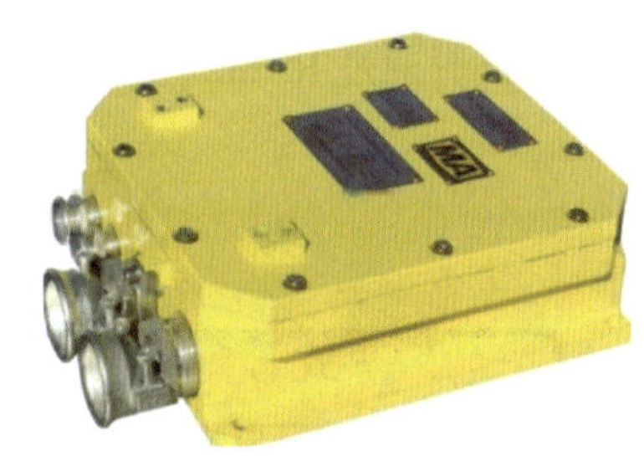
图 3-29 KDW127/12/2.0 矿用隔爆兼本质安全型稳压电源

3.2.4.2 隔离耦合器

隔离耦合器实现两组控制器之间的安全电气隔离和通信信号耦合，常见的隔离耦合方式有光电耦合、磁耦合等。以磁耦合为例分析其工作原理，如图 3-30 所示，耦合器内部由 A 侧和 B 侧电路组成，两部分电路是两路独立本安电源，耦合器通过内部磁耦合电路传输通信信号，无直接电信号的连接。

3.2.5 远程控制

3.2.5.1 支架操作台

液压支架的远程控制通过矿用本安型支架操作台实现支架单动、成组以及跟机随动。

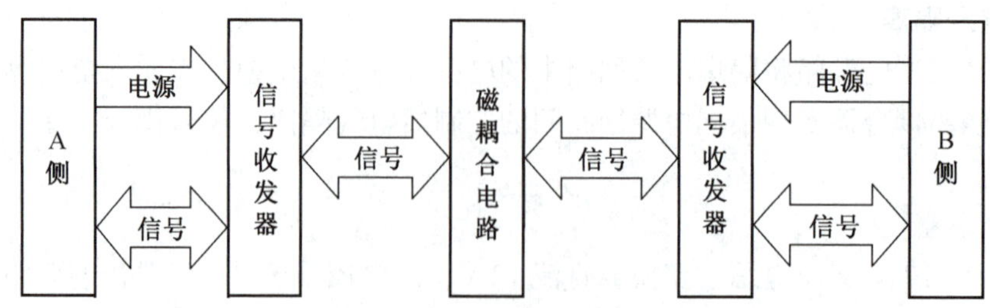

图 3-30 磁耦合式隔离耦合器

支架操作台通过双线 CAN 接口与工作面信号转换器连接，实现工作面控制数据双向通信。支架操作台与主控计算机通过 RS232 连接，上报操作数据。

某型支架操作台共有 6 个外设接口，分别为急停闭锁接口、以太网接口、RS232 接口、RS422 接口、双线 CAN 接口、电源，外设接口定义见表 3-1。

表 3-1 支架操作台接口定义表

接口	急停闭锁	以太网	RS232	RS422	双线 CAN	电源
线芯 1	—	TX+	—	Y+	—	12 V
线芯 2	接线端 1	TX-	RXD	Z-	CANH	—
线芯 3	接线端 2	RX+	TXD	A+	CANL	—
线芯 4	—	RX-	GND	B-	—	GND

支架操作台与液压支架电液控制系统信号转换器双线 CAN 接口连接，实现电液控制数据的传输，同时通过 RS232 与主控计算机进行数据通信，如图 3-31 所示。

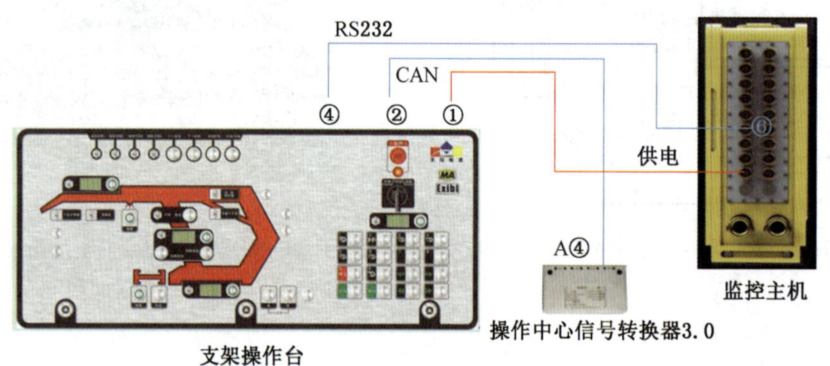

图 3-31 支架操作台连接示意图

3.2.5.2 巷道监控主机

巷道监控主机是由隔爆计算机、显示器和操作键盘等组成，安装在工作面巷道监控中心，配置有以太网、RS232、RS422、CAN 总线通信等接口，通过信号转换器与工作面支架控制器连接形成完整的数据传输与监控网络功能。

巷道监控主机具有以下功能：

(1) 汇集、存储工作面支架控制器传递数据，并在屏幕上显示。

(2) 通过设置输入控制参数，控制工作面支架动作。

(3) 紧急停止支架的动作。

(4) 实现采煤机位置监测以及液压支架跟机自动控制。

(5) 通过交换机将系统数据传送至地面调度室。

3.2.5.3 远程控制软件

液压支架电液控制系统软件不仅能实现对液压支架的控制，还能监测与液压支架的实时状态信息、动作信息和故障信息等。该软件系统基于双 CAN 总线的通信算法和协议，保证了远程监控液压支架信息传输过程的实时性和可靠性。

工作面液压支架的状态信息通过工业以太网和现场总线报送到监控主机上安装的液压支架远程控制系统软件。软件界面集中体现采煤工作面液压支架的整体情况和动作情况。软件整体布局如图 3-32 所示，包括标题栏和传感器状态显示区，其中标题栏主要体现设备连接情况及相关操作记录，传感器显示区域显示支架安装的传感器数据和支架动作执行情况，从上至下依次为立柱压力、推移刮板输送机行程、煤机位置、护帮状态、红外传感器状态、支架动作、喷雾动作、支架高度、支架倾角数据、控制器通信状态和工作面姿态等。各柱状图纵轴为刻度数据值，横轴为支架架号。

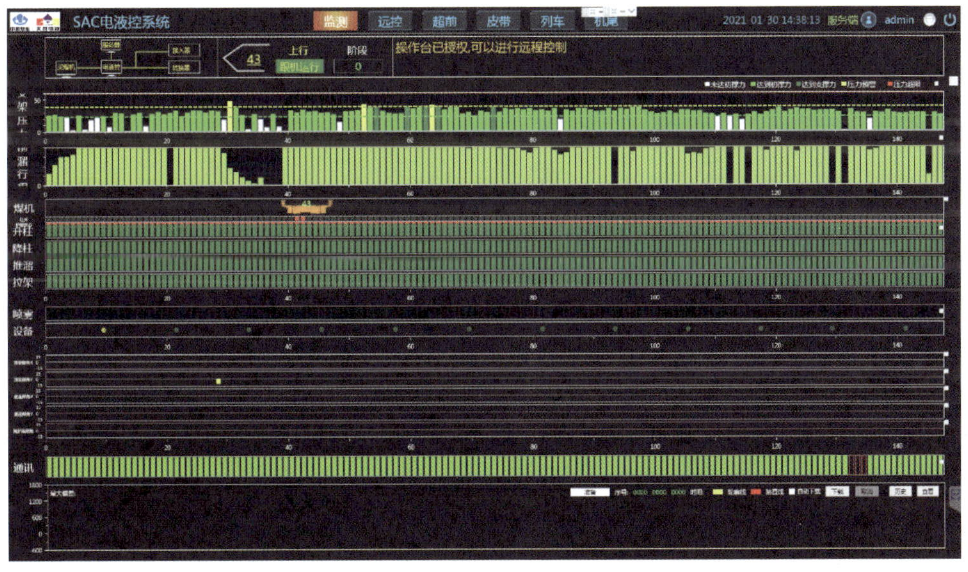

图 3-32 液压支架电液控制系统软件界面

3.2.6 通信系统

工作面上的支架控制器互联成为一个通信网络系统，采用总线技术实现了控制器间的数据通信，采用嵌入式操作系统进行各项任务的管理与实时调度。

系统为控制器互联配置了必需的硬件及数据通信和控制功能所需的相应软件。在每架成套配备控制器、人机交互界面、传感器、阀组等部件的基础上，控制器互联成网并运行于软件平台上，形成了系统实用化的基本应用层次。在工作面端头，控制器链路的终端还可再连接一个特殊的控制器（运行不同软件），作为信号转换器，实现工作面数据上传。

在全工作面支架控制器互联的基础上，在工作面巷道中设立井下主控计算机，并与工作面支架控制器网络连接。主控计算机汇集并存储支架控制器采集的数据和参数，监视支架的工况和动作状态。主控计算机可设置输入控制参数，发出控制命令，与采煤机位置检测装置协调配合，实现采煤机位置监测以及液压支架跟机自动控制。

工作面每台支架控制器都有一个固定独立的网络地址，网络地址编号一般是连续的，支架控制器之间通过电缆连接器顺序连接，实现支架控制器之间的通信。SAC 型支架电液控制系统采用 CAN 工业现场总线进行数据通信，每台支架控制器配置了两路通信通道，一路称之为 CANBIDI，用来实现两个相邻控制器之间的点对点通信，另一路搭接在一起称之为 CANBUS，用来实现本架控制器与其他支架控制器的数据通信，该路通信总线具有多种通信方式，可以实现远程点对点数据通信，如图 3-33 所示。

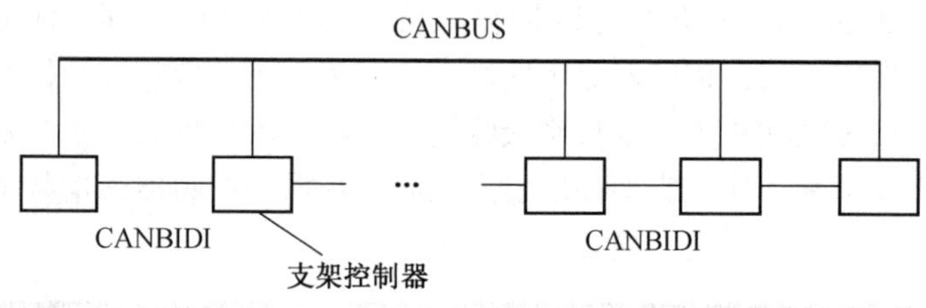

图 3-33　通信通道图

3.3　液压系统工作原理

液压支架液压系统关键元部件主要包括电液控换向阀、液控单向阀、安全阀、支架过滤器、泄液回收双向锁等。以下对液压系统的关键元部件及其工作原理进行介绍。

3.3.1　电液控换向阀

支架电液控换向阀是电液控制液压系统的核心部件，根据不同设计原则，电液控换向阀的结构型式有所不同，但结构组成大体一致，主要包括电磁先导阀、阀体、阀芯、过滤器、单向阀等。电液控换向阀按额定压力分为 31.5 MPa、37.5 MPa 和 40 MPa 三类，流量为 125～1000 L/min。

1. 结构特征

典型中厚煤层电液控换向阀组结构如图 3-34 所示，阀组由六部分组成：电磁先导阀、阀体、DN10 小阀芯、DN20 大阀芯、先导过滤器、单向阀。主控阀芯整体采用插装式结构，进液胶管直径 DN25，回液胶管直径 DN32，控制立柱升降，移架、推移刮板输送机的功能口为 DN20 接口，采用 DN20 阀芯；其余的功能口为 DN10 接口，均采用 DN10 小阀芯。

该电液控换向阀组具有 18 个工作口，9 个电磁先导阀，主阀除通过支架控制器发出指令控制电磁先导阀动作外，在电磁先导阀上还备有手动控制按钮，便于支架在维修或电控出现异常时进行操作。

2. 工作原理

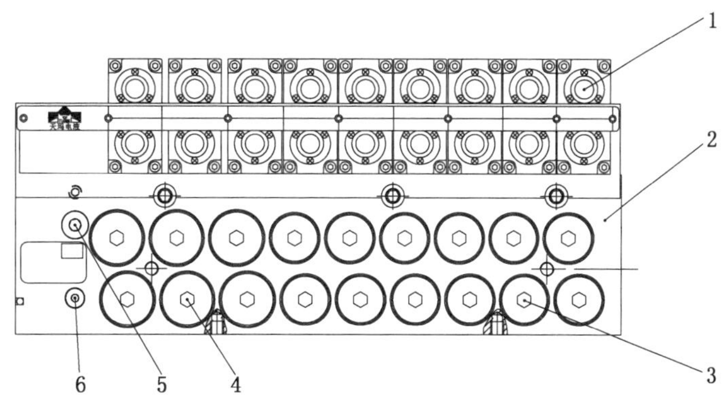

1—电磁先导阀；2—阀体；3—小阀芯；4—大阀芯；5—过滤器；6—单向阀

图 3-34 电液控换向阀组结构

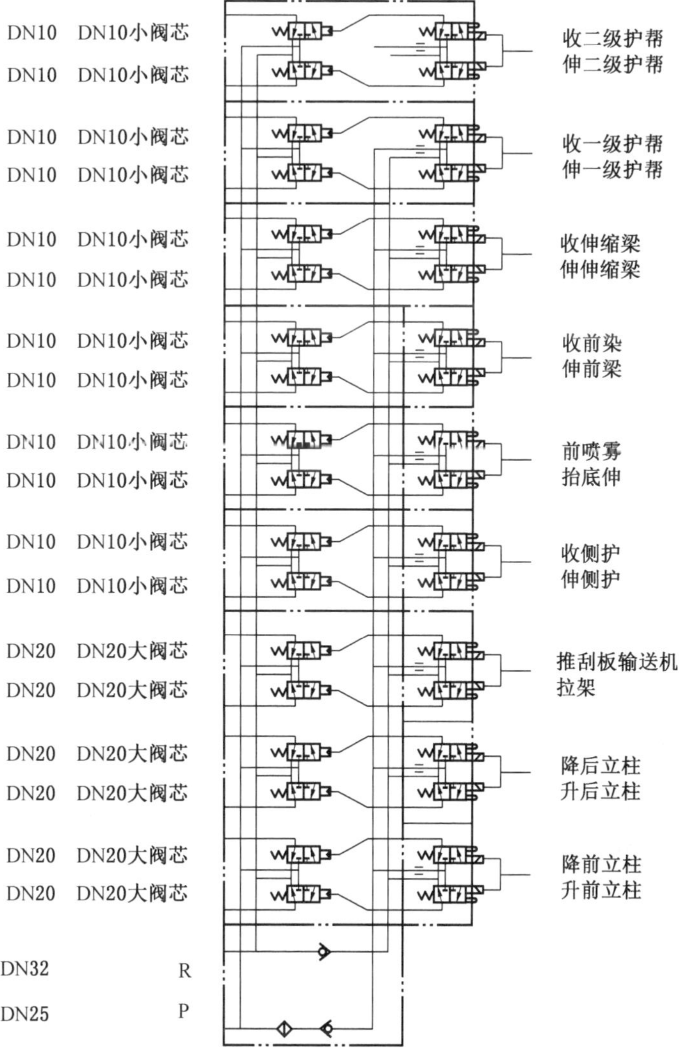

图 3-35 电液控换向阀组原理

主阀的每个功能口都由一个开关电磁阀、一个两位三通先导阀和一个液控两位三通换向阀组成，电液控换向阀组可以动作 1 片阀的其中一个功能口进行供液，也可以同时动作 1 片阀的两个功能口同时供液，如图 3-35 所示。

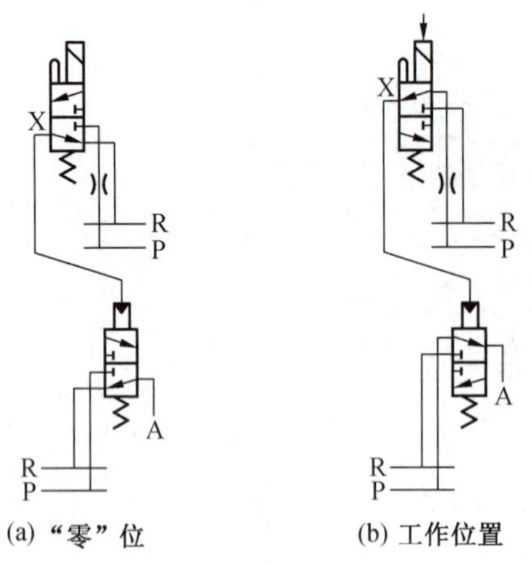

图 3-36　电液控换向阀控制原理

电液控换向阀控制原理如图 3-36 所示，高压液体从 P 口进入后，分为两路，一路向主阀供液，另一路向电磁先导阀供液。供给电磁先导阀的液体首先进入先导过滤器过滤，然后到达电磁先导阀的 P 口。主阀的回液来自两路，一路是主阀芯回液，另一路是电磁先导阀回液，电磁先导阀的回液经过回液单向阀进入主回路。

在“工作位置”时，电磁铁通电，产生磁力，推动放大顶杆，开启先导阀，先导阀进入工作状态。此时先导阀工作口 A 与进液口 P 相通，与回液口 R 断开，向主阀芯的控制口输入高压液体。高压液体推动主阀芯的活塞和阀杆，将主阀的工作口与回液口 R 断开，与进液口 P 接通，工作口输出高压液体。

“零”位时，电磁铁断电，无输出力，此时先导阀工作口 A 与进液口 P 隔开，而与回液口 R 相通；同时主阀阀芯在弹簧力的作用下也处于“零”位，工作口与进液口 P 断开，与回液口 R 相通。

3. 元部件组成

（1）电磁先导阀。电磁先导阀作为电液转换装置，是电液控换向阀的核心元件，电磁先导阀外形如图 3-37 所示。电磁先导阀由电磁铁和先导阀两部分组成，其中电磁铁采用双联干式结构，连接插头通常为四针形式，由顶杆、线圈、衔铁和轭铁组成。先导阀采用液压平衡式球阀结构，通过减力机构与电磁铁相连，由进回液阀芯、阀座、顶杆和阀体组成，进回液阀芯为陶瓷球，阀座为特种不锈钢，采用锥形结构，顶杆完全平衡静压力。

电磁先导阀工作原理如图 3-38 所示，由两个两位三通阀组成，每个两位三通阀有“零”位和工作位置两个状态，有进液口 P、工作口 A/B、和回液口 R 等三个液流口。零

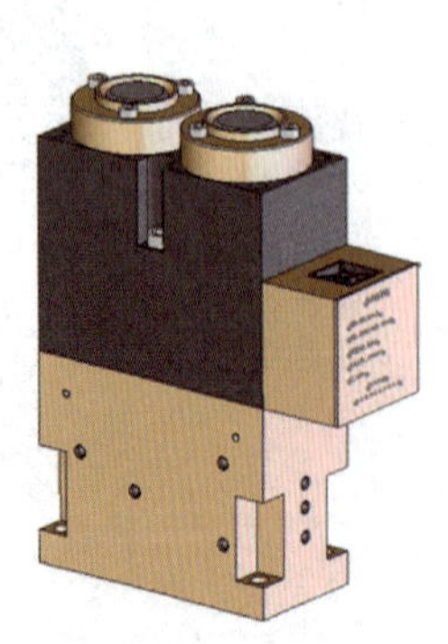

图 3-37　电磁先导阀

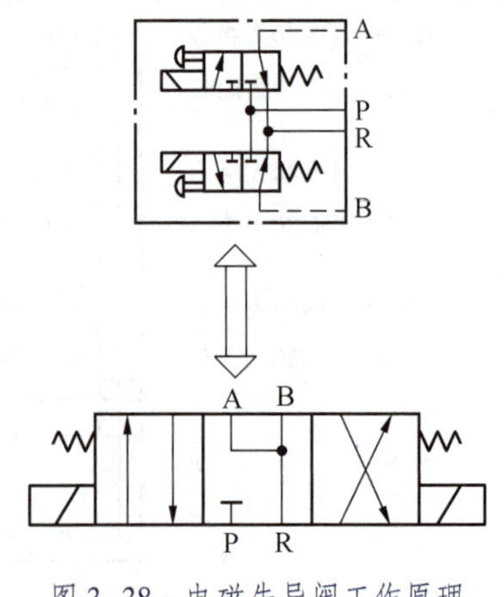

图 3-38　电磁先导阀工作原理

位时，工作口与回液口相通，高压口关闭；工作位时，工作口与高压口相通，回液口关闭。电磁铁断电时，先导阀在弹簧力的作用下工作口 A 与进液口 P 断开，与回液口 R 相通；电磁铁通电时，电磁力推动顶杆，打开先导进液阀芯，此时先导阀工作口 A/B 与回液口 R 断开，与进液口 P 相通，输出高压液体。电磁铁再次断电时，弹簧力使先导阀进液阀芯复位，工作口 A/B 与回液口 R 相通，与进液口 P 断开。

本安型电磁铁是指在正常或故障状态下所产生的电火花和热效应不致引起爆炸危险的电磁铁，是电液控制的执行元件，与先导阀配合使用，通过吸合与断开带动先导阀开启与关闭，在控制系统程序的控制下，根据支架控制器指令控制液压支架动作。电磁铁由铁芯、电磁铁顶杆（衔铁）、电磁线圈和弹簧等组成，当线圈通电时，产生电磁场吸合电磁铁衔铁，顶杆顶开先导阀的阀芯，使其开启，弹簧受到压缩；当线圈断电时，电磁场消失，弹簧伸开，衔铁恢复到原来的状态，先导阀阀芯复位。

电磁铁采用导套壳体一体式结构，顶杆与衔铁过盈配合，不仅可以提升装配效率，还可以避免重复调节顶杆；采用自锁式防磕碰双层径向密封结构，使其可靠性及防护等级得到显著提升，防止因接插件易磕碰、锁紧不牢靠而导致失效。对电磁铁磁路参数采取仿真计算及实验验证相结合的方式进行合理配置，降低磁阻，提升软磁材料利用率，保证输出电磁力水平的同时进一步缩小体积。如图 3-39 所示，通过磁场仿真手段，对电磁铁磁力线进行优化，改善输出电磁力趋势，进一步提升电磁铁与先导阀放大杠杆之间的匹配性能。

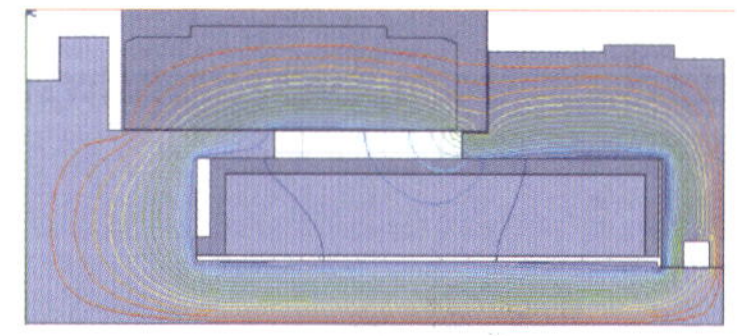
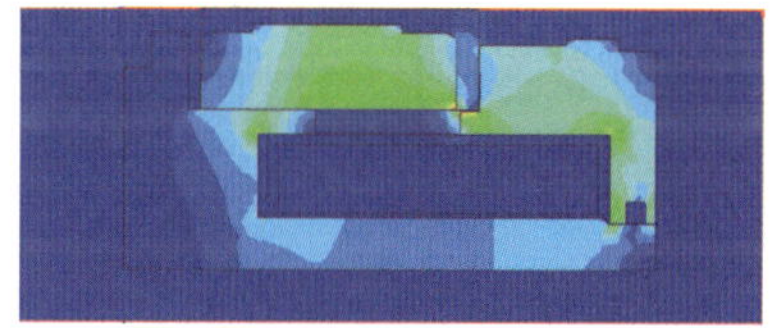

图 3-39 电磁铁磁场分布仿真图

先导阀电磁铁结构如图 3-40 所示，该结构轭铁端面盆状凹陷，衔铁相应凸起，使电磁铁吸力随气隙减小的梯度变缓，电磁铁吸力大小能满足电磁先导阀的要求。此外，在轭铁和衔铁间加隔磁材料可解决剩磁的问题。

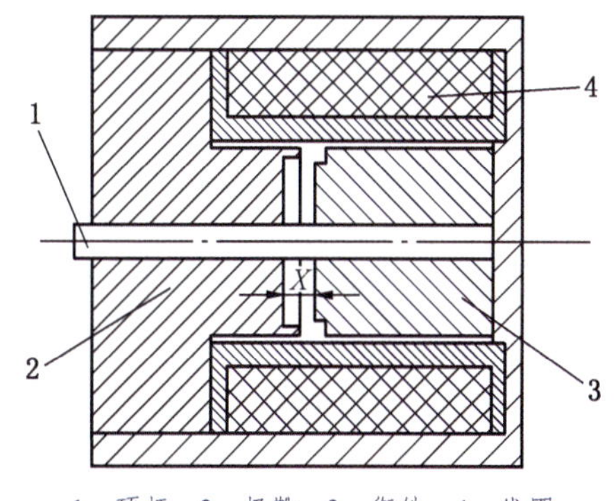

1—顶杆；2—极靴；3—衔铁；4—线圈

图 3-40 盆形电磁铁结构

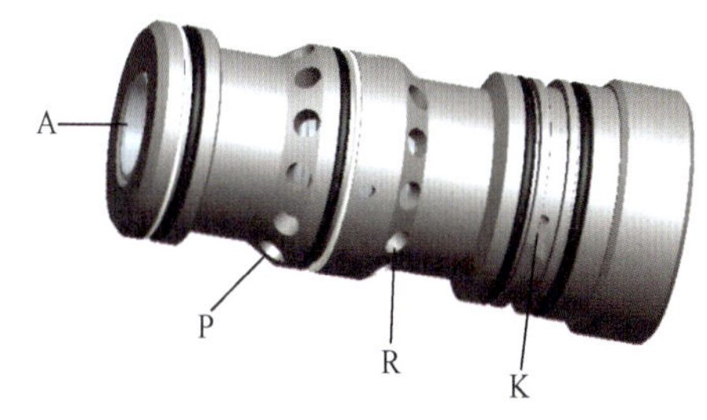

A—工作口；P—高压口；R—回液口；K—控制口

图 3-41 电液控换向阀阀芯结构

(2) 换向阀阀芯。电液控换向阀通过换向阀阀芯实现换向，不同流量的二位三通阀芯组件结构原理相同，液流通径不同。阀芯采用插装式结构，装入阀体后与阀体组成二位三通阀结构，如图 3-41 所示。该阀为插装式结构，整个阀内部零件组装为一个阀芯组件，更换方便。

二位三通阀有“零”位和工作位置两个状态，有高压口 P、回液口 R、工作口 A 和控制口 K 四个液流口。“零”位时工作口 A 与回液口 R 相通，压力为“零”，高压口关闭；工作位置时，工作口 A 与高压口 P 相通，回液口关闭。

当控制口 K 压力为“0”时，二位三通阀处于“零”位；当控制口 K 压力为 P 时，二位三通阀处于工作位置。在 K 口控制压力下，回液阀芯向左运动，首先关闭回液口 R，然后推动进液阀芯向左运动，克服弹簧的作用力，打开高压口，P 口与工作口 A 相通，主控阀打开进入工作状态。当 K 口撤掉控制压力时，进液阀芯在弹簧的作用下向左运动复位，P 口与 A 口切断，A 口与 R 口接通。

(3) 先导过滤器。由于先导阀结构复杂，存在大量精密配合副，因此需进一步提高工作介质的清洁度，一般在主阀体上安装小型过滤器，如图 3-42 所示。过滤器过滤精度为 25 μm，采用整体插装结构，便于拆装。其主要作用是对进入先导阀的工作介质进行精细化前置过滤，根据实际情况可适当增加先导过滤器的过滤面积，减少先导阀过滤的堵塞，降低更换频率。

(4) 单向阀。一个电液控换向阀配置两个单向阀，如图 3-43 所示。一个在电磁先导阀进液通道上，保持电液先导阀内部液体正向流动，保持工作过程中系统压力的稳定；另一个在电磁先导阀回液通道上，保持电磁先导阀内部液体正向流动，避免回路背压引起的误动作。

图 3-42　先导过滤器

图 3-43　单向阀

4. 典型的电液控换向阀

200 L/min 电液控换向阀为薄煤层工作面定制化开发，将支架过滤器、先导过滤器、支架控制器等产品集于一体，具有集成度高、体积小等特点，整阀厚度小于 115 mm，如图 3-44 所示。

500 L/min 电液控换向阀广泛适应于中厚煤层及大采高综采工作面，是市场主流应用产品。其特点有产品成熟度高、稳定可靠、工况适应性高、功能可扩展性好，如图 3-45 所示。

1000 L/min 电液控换向阀主要针对大采高和超大采高液压支架开发，适应超大流量下降移升快速动作工况，阀芯组件过液通径大，采用硬密封结构，密封寿命高，抗污染能力强。同原有电液控换向阀+液控换向阀的二级放大方案相比，该电液控换向阀采用直接驱动式结构，具有结构简洁紧凑、响应速度快及维护便捷等特点，如图 3-46 所示。

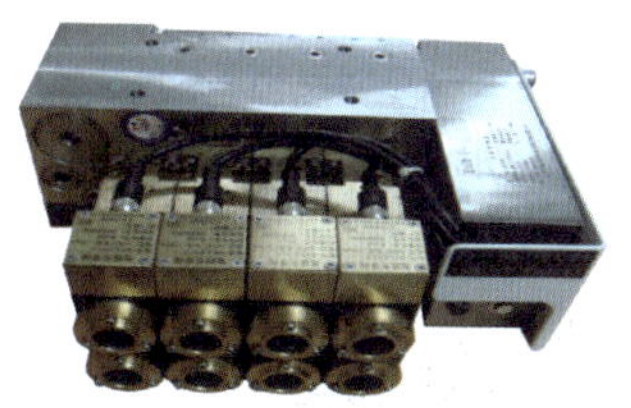

图 3-44 200 L/min 电液控换向阀

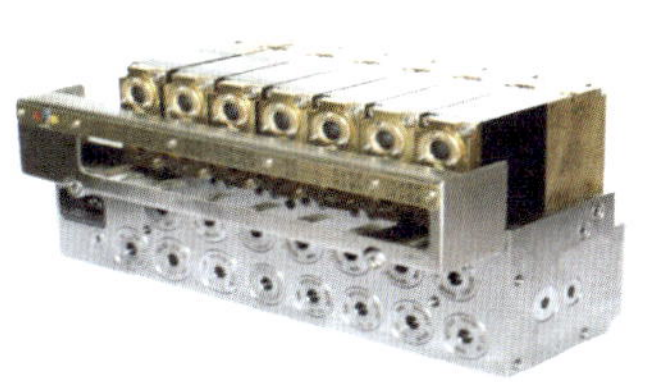

图 3-45 500 L/min 电液控换向阀

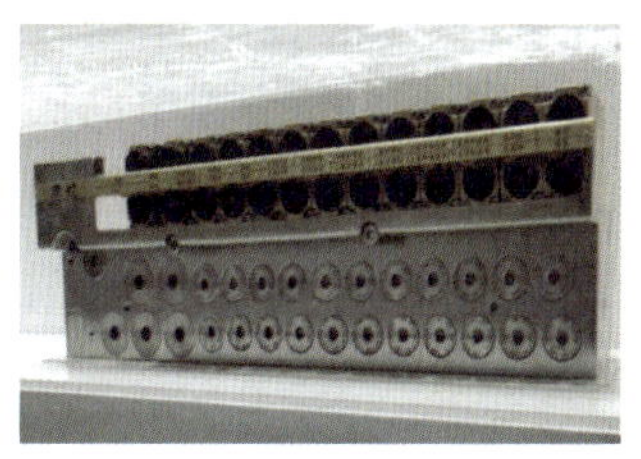

图 3-46 1000 L/min 电液控换向阀

3.3.2 液控单向阀

液控单向阀主要控制千斤顶的单向闭锁，国内外立柱液控单向阀最大流量目前已达到 1600 L/min，压力到 50 MPa。

1. 立柱液控单向阀工作原理

液压支架立柱通过换向阀进回液控制，通过立柱液控单向阀单向闭锁，通过安全阀进行超压防护，其控制原理如图 3-47 所示。

立柱液控单向阀插装阀芯结构如图 3-48 所示，采用双级卸载的方式解决液控单向阀卸载瞬间产生液压冲击问题。该大流量结构的立柱液控单向阀采用了二级开启结构，能有效减小液压冲击，适用于大流量、大采高液压支架，其关键密封件采用新型材料，大大提高了液控单向阀的使用寿命。

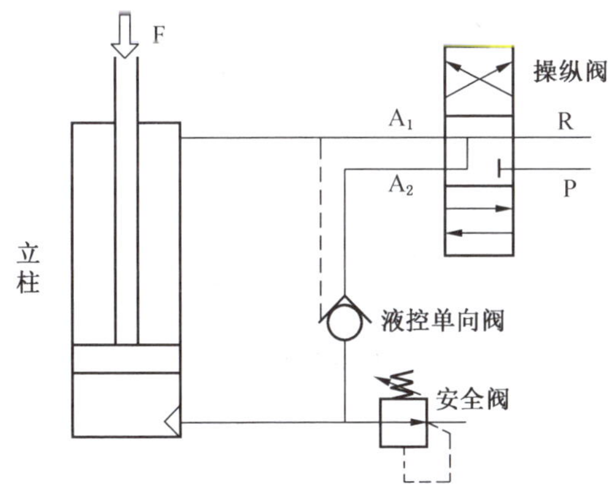

图 3-47 立柱控制原理

图 3-48 立柱液控单向阀插装阀芯结构

2. 推移液控单向阀原理

液压支架多采用倒装推移千斤顶结构，需通过推移液控单向阀锁闭推移千斤顶的环形腔，在移架阶段，解锁瞬间易出现短时的动态增压器效应，造成环形闭锁腔压力急剧升高，安全阀开启。目前主流的推移单向锁采用顺序阀结构，其系统原理如图 3-49 所示。

由系统原理图可以看出，推移刮板输送机时阀芯处于 1 工作位，当移架时其首先到达 0 工作位，此时先解除环形腔的闭锁状态，然后推动阀芯到达 2 工作位，开始给推移千斤顶的活塞腔供液移架。该结构有效提高了推移单向阀的控制效果并延长了使用寿命。

3. 典型液控单向阀

400 L/min 液控单向阀适用于薄煤层液压支架立柱，整体结构紧凑，控制稳定。采用优质密封材料，密封性能好且密封寿命长，达到国标 A 类阀标准，如图 3-50 所示。

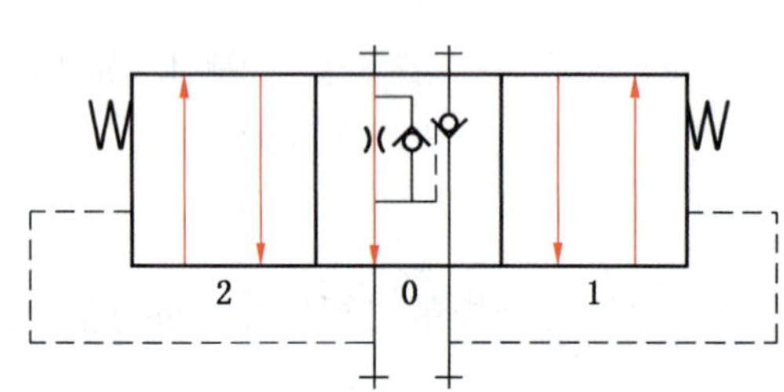

图 3-49　倒拉推移单向阀插系统原理

图 3-50　400 L/min 液控单向阀

630 L/min 液控单向阀适用于绝大多数中厚煤层，是目前使用范围最广的液控单向阀产品，具有开启关闭特性好、控制稳定性高、背压安全性高、抗冲击性能优越等特点，整阀寿命 30000 次以上，达到国标 A 类阀标准，如图 3-51 所示。

1600 L/min 液控单向阀是目前最大流量液控单向阀，采用双阀芯并联结构，具有良好的高低压密封性能，抗冲击能力强，在开关瞬间有足够的安全系数，如图 3-52 所示。

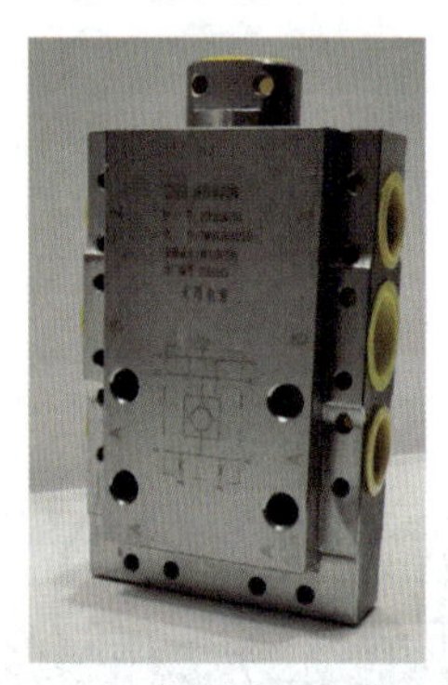
图 3-51　630 L/min 液控单向阀

图 3-52　1600 L/min 液控单向阀

3.3.3　安全阀

液压支架安全阀是煤矿液压支架千斤顶的过载保护元件。以立柱安全阀为例，在顶板下沉时，保证立柱工作腔内的液压力在设定的安全范围内，使支架具有恒阻特性，在立柱过载时及时卸压，保证液压支架及其元部件的安全。

安全阀的工作状态具有动作时间短、压力高、流量大等特征，通常采用小流量及公称流量启溢闭特性、冲击压力安全性、大流量溢流寿命等性能指标来衡量，并以此为标准来作为设计和选型主要依据。为了适应大缸径立柱的需求，对安全阀的流量等级要求越来越高。常规安全阀性能指标最高为流量 1000 L/min、压力 50 MPa，全部为机械弹簧式结构，如图 3-53 所示。随着公称流量的增大，大流量安全阀所需弹簧的刚度、体积和质量也随预压缩力和阀芯直径的增大而增大，大大增加了其设计和加工难度，弹簧成为大流量安全阀集成设计的瓶颈。

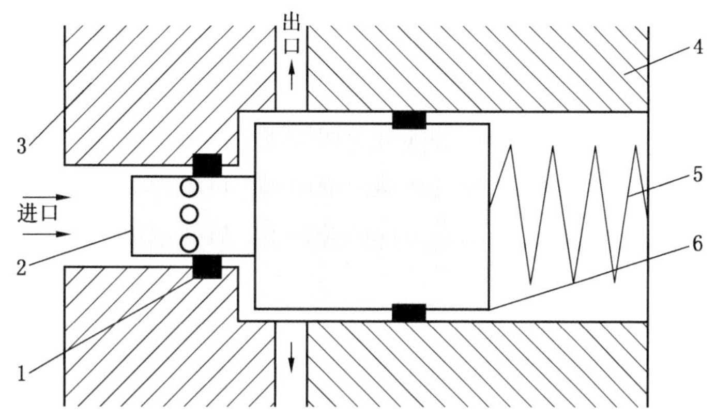

1—密封圈；2—阀芯；3—导向套；4—阀体；5—弹簧；6—弹簧座

图 3-53　弹簧式安全阀结构原理

充气安全阀以高压惰性气体代替机械弹簧，较好地解决了弹簧刚度增大与安全阀体积受限的矛盾，现已开发出最大流量 1250 L/min、压力 50 MPa 的充气式安全阀，并成功在超大采高液压支架上推广应用，其结构原理如图 3-54 所示。

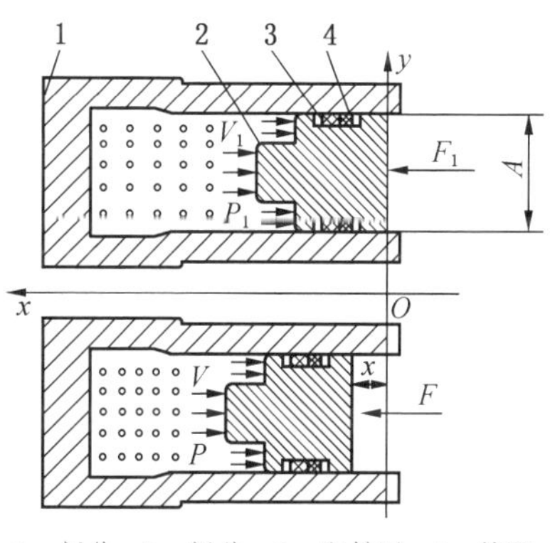

1—阀体；2—阀芯；3—密封圈；4—挡圈

图 3-54　充气式安全阀结构原理

3.3.4　液压支架过滤器

液压支架过滤器负责本架工作介质的前置过滤，确保本架工作介质的清洁度，目前主要有手动反冲洗过滤器、自动反冲洗支架过滤器、筒式过滤器三种形式。以下对常用的手动反冲洗过滤器和自动反冲洗过滤器进行介绍。

1. 手动反冲洗过滤器

手动反冲洗过滤器具有反向冲洗污染滤芯、操作便捷的特点，由阀体、不锈钢滤芯以及三通球阀等组成，两个滤芯平行并联置于阀体内，原理如图 3-55 所示。正常情况下，两个操作手把处于中位，工作介质从进液口进入，分两路经过两个滤芯过滤后汇集，从出液口流出，实现过滤功能。当需要反冲洗左侧滤芯时，只需要将手把旋转到反冲位，系统工作介质从进液口进入经过右侧滤芯过滤后，反向冲洗左侧滤芯，污染物排出过滤器外，实现左侧滤芯的冲洗；反之亦然。

2. 自动反冲洗过滤器

自动反冲洗过滤器可根据控制信号，按照设置好的程序，打开或关闭过滤器的反冲洗

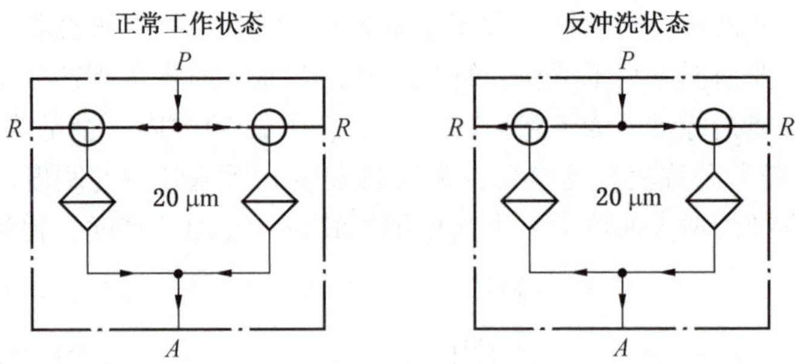

图 3-55 手动反冲洗过滤器工作原理

功能，达到滤芯自清洁目的。自动反冲洗过滤器主要由电磁先导阀、反冲洗阀芯、先导阀滤芯及主过滤芯等组成。其配有先导过滤器及单向阀，可实现分级过滤，即主阀流道与先导阀流道介质清洁度互不干扰。通过设定控制器程序，可实现定时自动反冲洗、邻架电动控制反冲洗及手动按钮反冲洗功能。整体采用双进双出并联结构，配置插装式阀芯，可维护性强。其原理如图 3-56 所示，结构如图 3-57 所示。

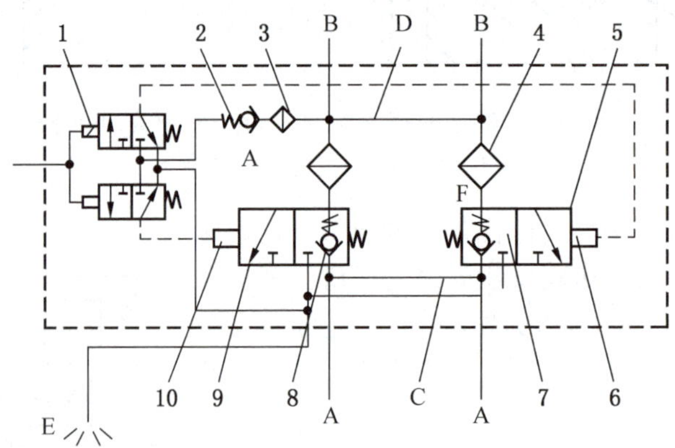

A—进液口；B—出液口；C—进液流道；D—出液流道；E—排污口；F—连通通道；
1—先导阀；2—单向阀；3—先导滤芯；4—滤芯组件；5—反冲控制阀；6—反冲洗工位；7—正向过滤工位；
8—进液阀芯；9—排污阀芯；10—顶杆

图 3-56 自动反冲洗过滤器工作原理

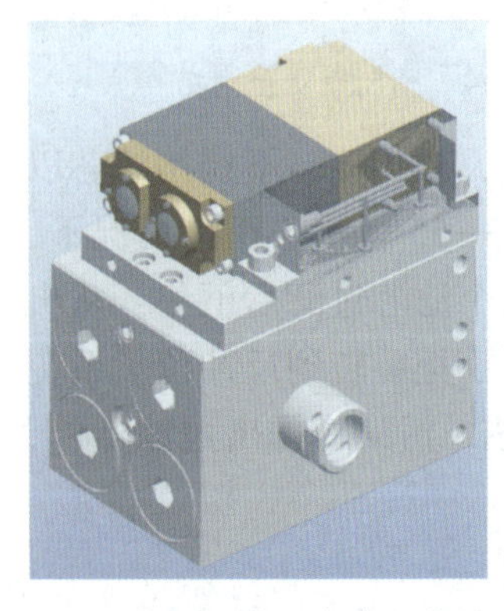

图 3-57 自动反冲洗过滤器

在正向过滤工作位 7，进液口 A 无高压液或进液口 A 处的高压液压力低于反冲控制阀与滤芯组件的连通通道 F 处的高压液压力时，进液阀芯 8 与排污阀芯 9 均处于关闭状态；当进液口 A 处的高压液压力高于反冲控制阀与滤芯组件的连通通道 F 处的高压液压力时，进液阀芯 8 开启，高压液经反冲控制阀 5、连通通道 F 及滤芯组件 4 过滤后从出液口 B 流出，完成对高压液的过滤。

在反冲洗工作位 6，反冲控制阀 5 处于反冲洗状态工作位，当清洗左侧滤芯时，经滤芯组件 4 过滤后的高压液一部分经先导滤芯 3、单向阀 2 后给先导阀 1 供液，控制先导阀 1 使其中一功能口动作，使高压液经先导滤芯3、单向阀2、先导阀1后，进入到顶杆10后端的液腔，顶杆10将排污阀芯9打开，从而控制左侧反冲控制阀5换向到反冲洗工作位，左侧反冲控制阀5的进液阀芯8关闭，排污阀芯9打开与排污口E相通，由于两出液口B由出液连通孔D连通，经右侧反冲控制阀5及滤芯组件4正常过滤后的高压液一部分经出液连通孔D流入左侧滤芯组件4的内部后流出，将左侧滤芯组件4外表面的污物经排污口E排出电控反冲洗过滤器外，完成左侧滤芯组件4的一次清洗过程。同理，通过控制先导阀1的其他功能口可完成对其他滤芯组件的清洗。

3.3.5 泄液回收双向锁

泄液回收双向锁如图3-58所示，其内部集成了两个插装单向锁阀芯、两个插装单向阀、两个插装式安全阀，可以对各级千斤顶进行闭锁，并回收安全阀的喷出液。其原理如图3-59所示，该阀具有4个标准液压接口，与普通双向锁保持一致，可对其进行简化替代。

图3-58 泄液回收双向锁

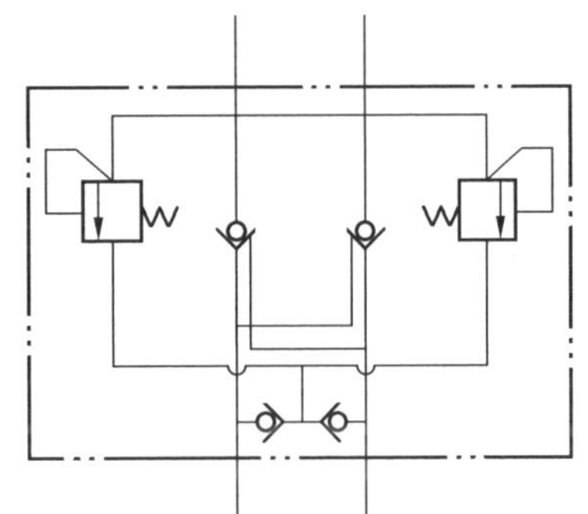

图3-59 泄液回收双向锁原理

泄液回收双向锁产品包括单向锁、交替单向阀、回收型安全阀，集成度高，兼具油缸闭锁和安全阀泄液回收功能，可直接替换传统液压系统中的双向锁及安全阀，而不会改变原系统管路布置及功能。传统的安全阀阀芯工作环境恶劣，容易生锈，致使阀芯开启卡塞，大大缩短了安全阀的使用寿命。在该设计方案中，安全阀阀芯一直浸泡在乳化液中，因乳化液有润滑、防腐作用，可大大降低阀芯生锈、卡塞的概率，延长安全阀的使用寿命。

为适应泄液回收的需求，同时提高产品的安全性，在设计过程中对插装式安全阀进行了特殊设计，可以消除回液管的背压影响，安全阀开启压力不受影响，对油缸提供充分保护。

3.4 电液控制系统设计

对电液控制系统的配套设计进行阐述，并详细论述了系统跟机速度与用液需求匹配的设计过程，提供设备列表，为电液控制系统的选型提供示例参考基础。

3.4.1 系统配套设计

液压支架电液控制系统由工作面电控系统、电液控换向阀、工作面巷道监控主机系统、井上下数据传输系统构成，能够实现单架/邻架控制、成组控制、跟机自动化控制、闭锁及紧急停止、故障显示及报警、自动补压、带压移架、矿压监测、工作面数据集成及上传、顺槽及地面监测、数据分析及信息发布等功能，其架构如图 3-60 所示。可根据工作面的不同情况，选择合适的配套方案。

3.4.1.1 薄煤层工作面

薄煤层工作面的特点是空间狭小、通风断面小、安全保障难度大，针对此特点要求电控自动化系统与液压支架进行嵌入式配套设计，要求控制器集成红外线接收功能。电液控换向阀利用侧面螺纹孔固定于主阀安装架，嵌入式安装在支架顶梁前方；驱动器集成于电液控换向阀，节省安装空间且便于管理维护。

薄煤层电液控制系统采用 26 功能控制器+驱动器+400 L/min 电液控换向阀的配套方式，既满足薄煤层两柱掩护式液压支架功能需求，也满足多传感器接入，可扩展为智能化综采工作面。

3.4.1.2 中厚层工作面

中厚煤层是我国达到高产高效目标的主要煤层，随着综采装备的不断发展，增强系统规模及配置的可选择性和可扩展性成为主要发展方向，监控功能需具有较强的适应性和可延伸性，可根据需要选用各种控制功能。

中厚煤层电液控制系统采用 8 路模拟信号输入，4 路串口串口通信用于控制功能相对复杂、传感器较多的支架。系统可接入 11 个传感器，驱动器安装在电液控换向阀上，实现高度集合。系统具有自动补压功能，如遇顶板较软时，不断地补压可能会导致支架错茬等情况发生，为避免此种情况发生，可通过程序选择性择性地打开闭自动补压功能。

电液控制系统配置倾角传感器，进行支架姿态检测及控制。在护帮千斤顶双向锁下腔配置一个压力传感器，工作面液压支架护帮板处于支护煤壁状态时，检测其压力以确保有效护帮。在护帮千斤顶配置行程传感器或倾角传感器，当采煤机在运行过程中向前进行割煤动作时，如未检测到护帮有效收回时，可给采煤机发出停止信号，并提醒工作面巡视人员及监控中心内操作人员，及时对出现的故障情况进行确认与排除。

3.4.1.3 大采高工作面

大采高工作面的电液控制系统配套原则和功能同中厚煤层电液控制系统基本相同。在此基础上，针对大采高工作面需要加强煤壁支护的特点，在一级护帮千斤顶双向锁下腔配置压力传感器或倾角传感器，用来感知液压支架护帮板对煤壁的支护效果，保证护帮板对煤壁的支护完好，有效防止大块煤垮落对生产设备和人员产生危害；并且能够实时检测护帮收回状态，通过工作面自动化控制系统，实现采煤机与支架的防碰撞功能，当检测到护帮没有收回时，给采煤机发出停止信号。在顶梁配置集成倾角功能的测高传感器，在底座配置倾角传感器，可进行支架姿态的检测，并通过控制系统对支架在运动过程中的姿态进行控制。当支架的相关部件角度大于限定值时，实施对支架动作的闭锁控制，防止出现咬架和倾倒等事故的发生。

大采高液压支架姿态控制策略：通过对液压支架姿态与受力状态监测信息分析，对支架可能出现的姿态进行感知，防止液压支架出现“低头”“高射炮”状态，避免支架支护失效等情况出现。同时依据液压支架与顶煤围岩耦合控制模型，指导支架电液控制系统

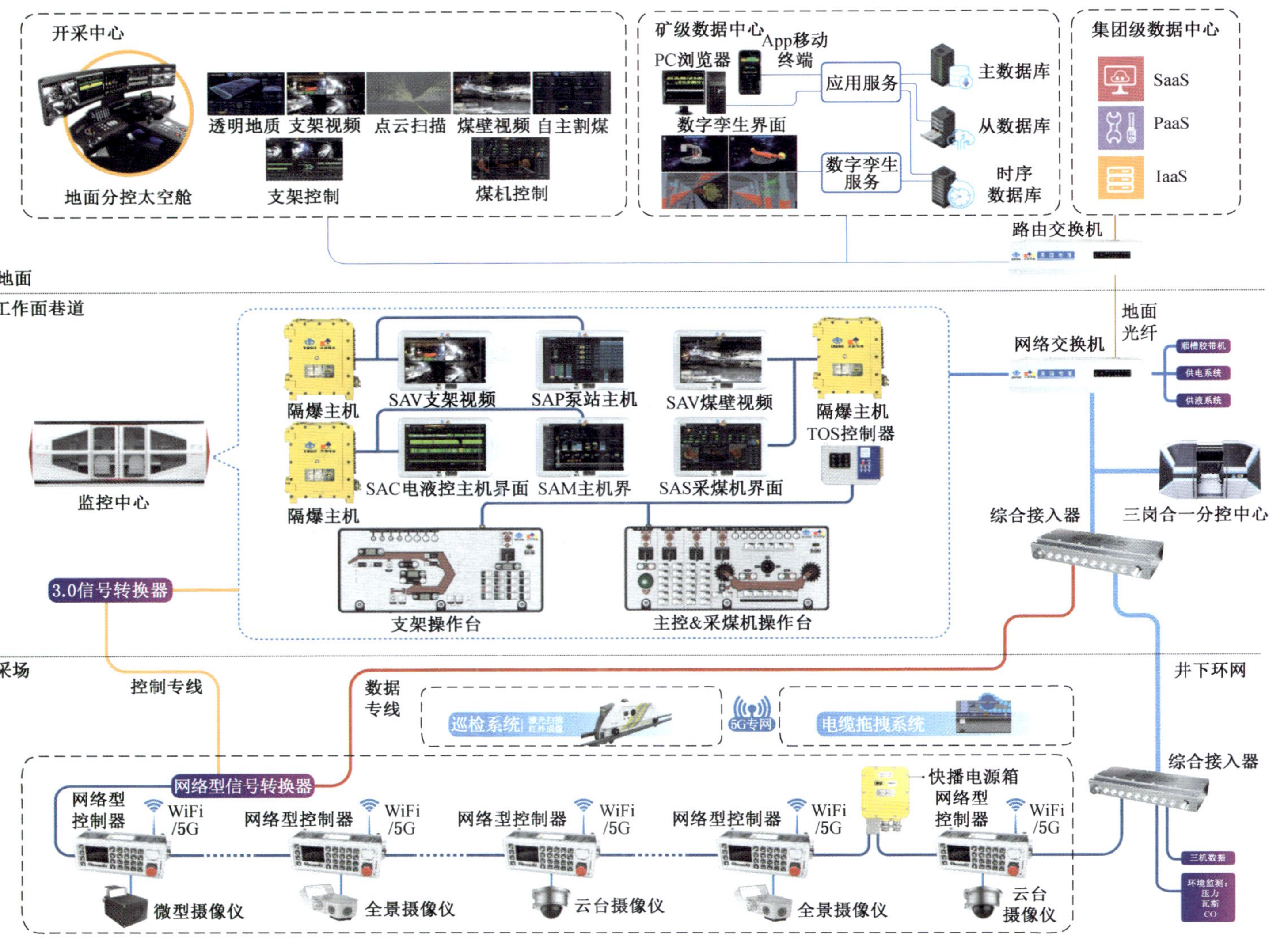

图3-60 电液控制系统架构图

在支架降柱—移架—升柱的推进过程中进行姿态自适应调整，保证支架始终处于良好的支护状态。

3.4.1.4 放顶煤工作面

放顶煤液压支架主要为四柱支撑掩护式液压支架和两柱掩护式综放液压支架，除放煤机构外，其电液控制系统配置同中厚煤层电液控制系统的配置基本相同。相较于其他情况，系统配备手动放煤键盘或遥控器，能够实现通过放煤键盘手动放煤，包括单动作放煤和成组自动放煤。

放顶煤液压支架尾梁和插板控制策略：尾梁千斤顶及插板千斤顶配置行程传感器，用于监测尾梁放煤口变化情况，实现对放煤口大小的控制；电控程序可根据实际放煤工艺编制不同尾梁插板联动控制策略。同时通过配置尾梁和插板传感器联合监控放煤机构姿态，增加降尾梁与收插板联动功能，实现放煤支架后部刮板输送机防碰撞功能。

后部煤矸识别策略：多传感融合的煤矸放落识别，配置煤矸放落过程声音拾取装置、煤矸放落过程掩护梁与煤矸碰撞振动辨识装置、在线灰分测定装置，实现顺序调度支架自动放煤控制功能。

3.4.2 跟机速度与用液配比

电液控制系统的智能化主要体现在采煤速度和液压系统供能速度的硬件匹配性及自动跟机逻辑的软件适应性。解决液压支架自动跟机速度和跟机动作质量问题是提高工作面液压支架自动化水平的关键。跟机动作质量主要与电液控制系统动作液压特性及其供液水平有关，自动跟机速度主要与工作面供液系统的稳定性有关。电液控制系统经过多年的运行和实践，形成了一套完备的跟机速度与用液需求匹配方法，可作为工作面选型参照，是跟机自动化程序调参的重要参考。

3.4.2.1 体积预估法

体积预估法采用传统的液压支架缸径、杆径及行程计算动作需液量，将其与液压支架相关参数和跟机时序结合，可以计算出理想用液需求。通过跟机速度和架间距关系，可计算出特定跟机速度下平均需液量。通过液压支架动作分解，形成单个时间点或时间周期特定的跟机动作数量、时序等，与动作需液量结合，可计算出特定跟机速度瞬时需液量和周期平均需液量。

体积预估法方法简便，适用于手动控制跟机和简单自动化跟机工况。该方法采用的平均化计算方法存在一定局限，动作需液量无法反映动作进程中需液量的变化，而特定跟机速度可理解为匀速跟机，因此无法反映实际工况动态需液量变化。

当煤机速度一定，则支架要求的平均动作时间也一定，在供液条件相同的情况下，需要考虑动作特性进行动作逻辑的优化构建。降低支架平均动作时间，有提高单架自动移架时间和提高架群间动作复合水平两种途径。

首先根据油缸有效油缸容积计算，以立柱的升降柱动作为例，升柱动作油缸容积（需液量）：

$$V_1 = \frac{\pi D_1^2}{4} \times l_1 \tag{3-9}$$

式中 D_1——立柱大腔内径，mm；

l_1——立柱设定降柱行程，mm，取 200 mm。

V_1——立柱降柱动作油缸容积（需液量）。

$$V_2 = \frac{\pi(D_1^2 - d_1^2)}{4} \times l_1 \tag{3-10}$$

式中 D_1——立柱大腔内径，mm；

d_1——立柱二级腔外径，mm；

l_1——立柱设定降柱行程，mm，取 200 mm。

根据上述容积公式可得各动作用液量，以典型中厚煤层液压支架为例，液压支架分动作用液体积表见表 3-2。

表 3-2 分动作用液体积表

序号	动作	动作	动作千斤顶	缸径/mm	杆径/mm	行程/mm	截面/mm²	体积/L	动作缸数	总体积/L	备注
1	升柱	升柱	立柱	400	380	200	125600	25. 12	2	50. 24	全行程
2	降柱	降柱					3900	0. 78	2	1. 56	全行程
3	推移刮板输送机	推移刮板输送机	推移	200	140	960	5100	4. 896	1	4. 896	全行程
4	拉架	拉架					31400	30. 144	1	30. 144	全行程
5	抬底	抬底	抬底	140	100	260	15386	4. 0004	1	4. 0004	全行程
6	伸护帮	伸护帮	二级护帮	80	60	300	5024	1. 5072	2	3. 0144	全行程
7	收护帮	收护帮	二级护帮				2198	0. 6594	2	1. 3188	全行程

根据容积推算工作面分钟用液量：

$$V = \sum_{k=0}^{7} (V_n \times S_n \times X_n) \tag{3-11}$$

式中 V_n——各动作油缸容积，mm^2；

S_n——各动作油缸个数；

X_n——各动作执行架数。

根据各动作执行次数，当每分钟或固定时间换算成分钟时，各动作执行架数 X_n 相同，即在一定时间完成 X_n 架动作。设定一分钟内动作以下动作，可计算分钟用液量见表 3-3。

表 3-3 分钟平均用液量

序号	动作							体积/L	备注
	升柱	降柱	推刮板输送机	拉架	抬底	二级护帮伸	二级护帮收		
1	1	0	10	2	2	3	3	180. 48832	混合动作
2	2	1	10	0	1	3	3	167. 99996	混合动作
3	1	1	1	1	1	1	1	95. 17356	1 分钟 1 架
4	2	2	2	2	2	2	2	190. 34712	1 分钟 2 架
5	3	3	3	3	3	3	3	285. 52068	1 分钟 3 架

表 3-3（续）

序号	动作							体积/L	备注
	升柱	降柱	推刮板输送机	拉架	抬底	二级护帮伸	二级护帮收		
6	4	4	4	4	4	4	4	380.69424	1 分钟 4 架
7	5	5	5	5	5	5	5	475.8678	1 分钟 5 架
8	6	6	6	6	6	6	6	571.04136	1 分钟 6 架

由表 3-3 可知，当每分钟完成 6 架推移时，需液量为 571 L/min。本计算为理想状态计算，不考虑动作间隔及动作执行时油缸实时用液波动，仅根据动作用液量和时间进行总用液量计算。由于架间距一定，则根据动作架次可推算出跟机速度：

$$v = X \times w \tag{3-12}$$

式中 v——液压支架跟机速度，m/s；

X——支架完成动作架数，即各动作执行架数 X_n 相同时 $X=X_n$；

w——架间距，m。

此计算方法可由跟机速度计算理想用液体积，理想条件下用液体积的前提是供液流量和压力稳定、煤机速度稳定，因此与实际工作面用液状态存在方法性误差。根据目前现场经验，实际最大瞬态用液体积，即泵站可用容量应达到理想用液体积的 1.5 倍左右。若跟机速度为 12 m/min，一般中厚煤层工作面应具备 3 台 500 L/min 泵站或 2 台 630 L/min 泵站同时供液能力，一般大采高工作面应具备 3 台 630 L/min 泵站同时供液能力。

3.4.2.2 系统仿真法

随着计算机仿真技术的成熟与推广，采用仿真分析法计算液压系统用液需求量，可以有效解决体积预估法的不足。使用 AMESim、Matlab 等软件，建立多种形式的液压系统仿真模型体系，以稳态、动态、批处理和间断连续等多种方式仿真，能够得到较高精度和较佳稳定性的仿真结果。AMESim 流体仿真软件进行液压支架电液控制系统仿真，基于动作逻辑控制构建了降移升顺序动作、推移刮板输送机动作、伸缩护帮动作模型，仿真分析得到不同动作模式下液压支架的行程、流量和压力特性。在此基础上为液压支架自动化跟机控制提供动态参考。

1. 液压支架动作级仿真

基于 AMESim 软件参数化建模特性，通过实物测试或元件级仿真对液压缸、液压阀进行特征参数化，采用 HYD 库模型依照跟机自动化逻辑程序，结合“泵—管—阀—缸”四级液压元部件，进行动作级仿真建模。代表性的典型中厚煤层支架降移升动作模型如图3-61 所示，二级护帮组合动作模型如图 3-62 所示。

以典型中厚煤层降移升动作为仿真示例，根据工作面现有供液系统，设置系统的进液流量为 1000 L/min，供液压力为 30 MPa，分析单架降移升动作和两架同时降移升动作两种模式下的动作属性。

单架降移升顺序动作位移曲线如图 3-63 所示，降柱、移架和升柱依次顺序运行，抬底和放底分别结合在降柱和升柱中。

整个动作从 2 s 触发，持续 10.6 s 结束，与实际工作面动作时间相近，其中降柱持续

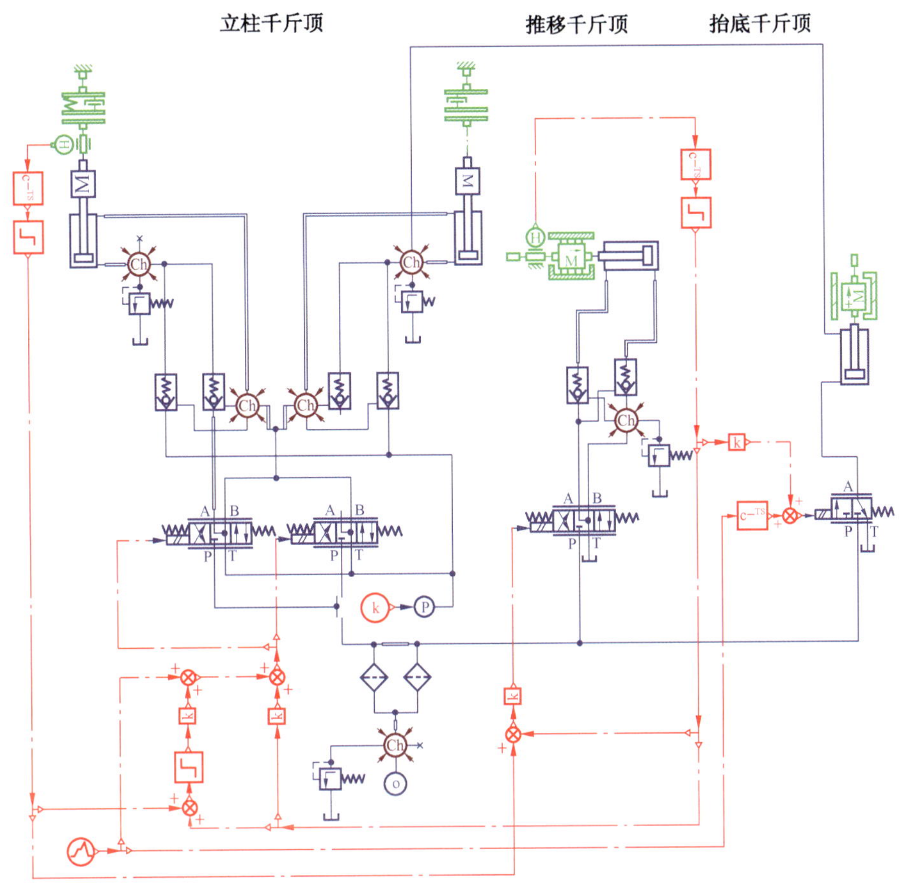

图 3-61 降移升组合动作模型

时间 3.4 s，移架持续 2.9 s，升柱持续 3.8 s，其余时间为信号延时和放底部分行程。在正常跟机过程中，放底无须单独进液，其流量由升柱动作的管路供给，该过程剩余的 0.5 s 可不计入总时间。因此在充足供液条件下，降移升顺序动作时间 10.1 s。

单架降移升组合动作流量曲线如图 3-64 所示，各动作由于其液压缸和进液位置不同，用液量差别较大。移架为无杆腔进液，移架动作时，活塞行程较大，接近主阀最大供液量供液。升柱过程也是无杆腔进液，升柱动作时，缸径较大，动作需要较高的流量供给，由于两个立柱同时升柱，两立柱基本均分供液流量。相比移架和升柱两个动作，降柱和抬底动作分钟用液量较小，且持续时间较短。

2. 架群系统级仿真

工作面液压支架架群动作以时域分析，可归结为不同支架在同一时间的不同动作集合，结合液压支架跟机自动化逻辑控制，可建立时域动态液压系统仿真模型。架群系统级仿真有助于分析液压支架动作速度和质量，研究选型及跟机自动化参数合理性。由于架群系统级仿真模型参数众多，涉及独立参数百余个，因此对模型参数准确性和整体匹配性要求较高。

3. 自动仿真软件

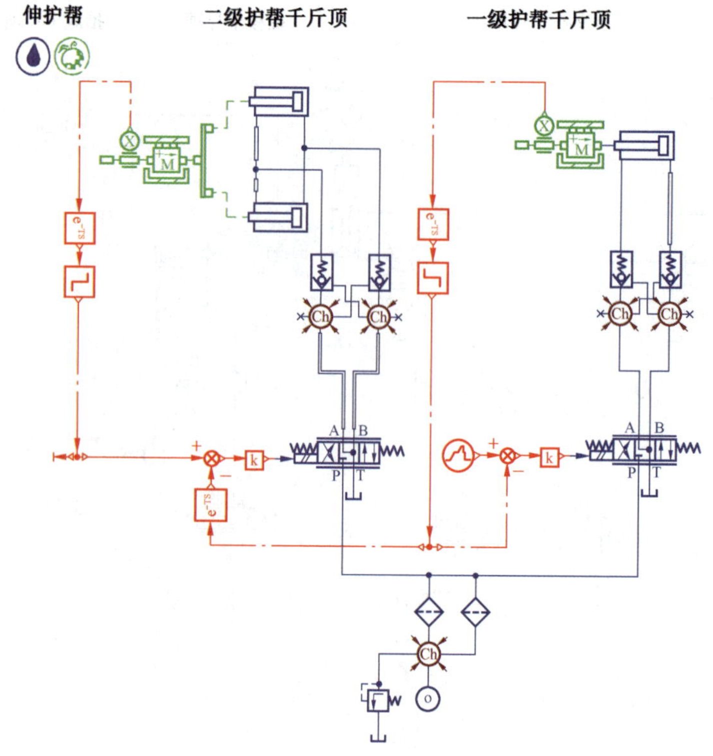

图 3-62　二级护帮组合动作模型

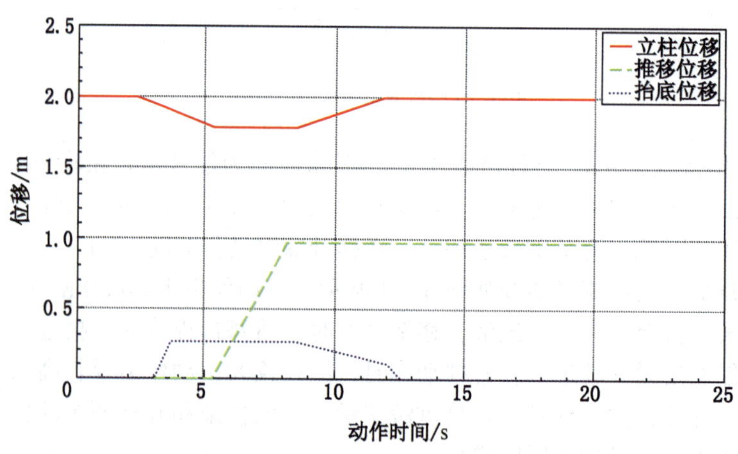

图 3-63　单架降移升组合动作位移曲线

基于上述动作级仿真和架群级仿真，将仿真技术与软件技术结合，形成具备自动仿真且更加适用于参数化配套选型及跟机逻辑优化的应用场景。目前第一代自动仿真软件基于AMESim 软件自编程功能，可实现双柱、四柱及放顶煤支架的液压动作及简单的架群仿真，但受制于参数准确度及合理性，其运算速度及可操作性存在改进空间。

系统的设计运用多种方法，根据液压支架配套油缸参数，以一定开采速度为前提进行

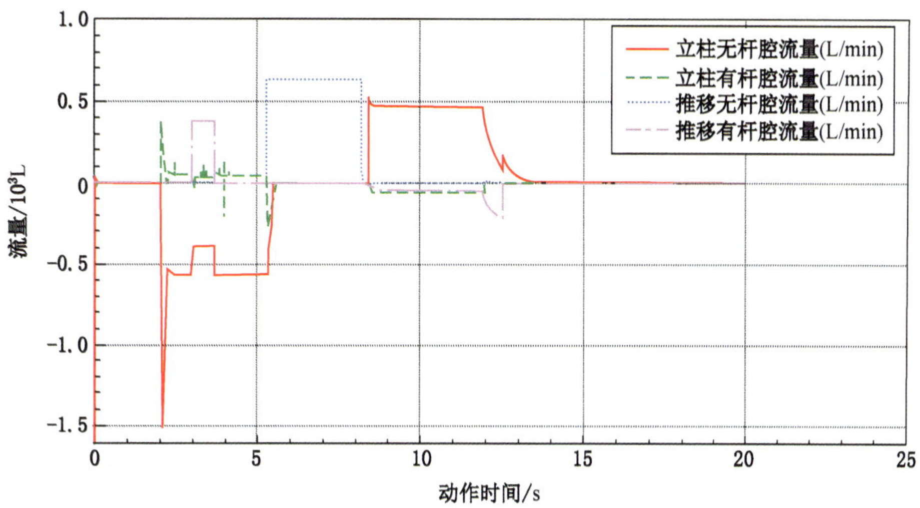

图 3-64 单架降移升组合动作流量曲线

反向推算，其最直观的结果是动作流量特性和系统理论需液量，根据结果进而可以对乳化液泵、电液控换向阀、支架辅助用阀、支架过滤件、液压管路等液压元器件进行流量、压力、精度等参数选型。初步选型框架搭建后，通过计算或仿真逐步反馈修正，最终形成“泵—管—阀—缸”相互耦合、高效运转的液压系统。

3.4.3 系统设备列表

根据以上设计论述，结合具体实际需求，进行液压支架电液控制系统设备选型。系统主要设备见表 3-4。

表 3-4 电液控制系统主要设备

序号	名称	配置说明	备注
常 规 配 置			
1	支架控制器	1 台/架	
2	电磁驱动器	1 台/架	
3	电液控换向阀	1 台/架	
4	自动反冲洗过滤器	1 台/架	
5	行程传感器	1 套/架	推移行程检测
6	压力传感器	1 套/架	立柱压力检测
7	红外线接收器	1 台/架	采煤机位置检测
8	红外线发射器（安装于采煤机机身）	1 台/工作面	根据系统功率计算
9	矿用隔爆兼本安型稳压电源	1 台/6 架	
10	矿用本安型信号转换器	1 台/工作面	
11	连接器	1 套/架	
12	安装附件	1 套/架	

表 3-4（续）

序号	名称	配置说明	备注
高级功能配置			
1	无线接收器	1台/架	系统遥控操作
2	测高传感器	1台/架	支架高度及顶梁姿态检测
3	倾角传感器	1台/架	支架底座倾角检测
4	压力传感器	1套/架	护帮压力检测
5	行程传感器	1套/架	护帮、伸缩梁收回状态检测
6	行程传感器	1套/架	尾梁、插板状态检测
7	近感探测器	1套/架	人员定位
8	精确拉架	1套/架	工作面直线度保证

3.5 电液控制系统实用操作

3.5.1 电液控制系统安装

3.5.1.1 安装计划

电液控制系统安装前，应制定好安装计划，明确专人负责系统的设备清点、运输与储存，做好相关工作安排。如在设备下井前，应清点设备种类与数量，在运输过程中注意避免剧烈碰撞，在存放设备时注意防水防潮。

在制定安装计划时，需明确安装工期与施工人员数量，可将施工人员分为若干组，按照定期定量原则，规划好每组每天应完成多少台支架设备安装。为保证效果与进度，在安装前应组织安装人员参加电液控制系统安装培训，确保施工人员掌握系统的设备构成与连接方式，熟悉安装计划。

3.5.1.2 安装实施

电液控制系统安装时，应按照安装计划，首先向施工人员宣贯当日安装规划与注意事项，明确设备安装顺序与安装要求。在实施过程中，应按照当日安装规划中需求的设备种类与数量，做好设备的领用与运输管理。

电液控制系统电液控换向阀组与辅助阀等一般在地面完成安装，支架下井后，需要完成电控设备安装。安装时应遵循先接供电、后装设备的顺序。首先由电工完成电液控制系统电源箱的固定与127 V交流供电电缆连接，之后再安装支架控制器、传感器等电控设备，并完成控制器架间及传感器连接器的安装和标准化整理工作。

一般电液控制系统中，工作面首架电控设备连接方法如图3-65所示。

工作面中间架电控设备连接方法如图3-66所示。

当日安装工作完成后，应为已装完电液控制系统设备的支架供电、供液。为已上电的支架控制器传入控制器程序，并测试支架手动控制功能与电控控制功能。

3.5.1.3 注意事项

为了把控系统的安装施工质量，保证系统可靠运行，在安装时应注意以下事项：

(1) 安装时要保证设备连接正确，需根据电液控制系统用户手册中说明的支架控制器

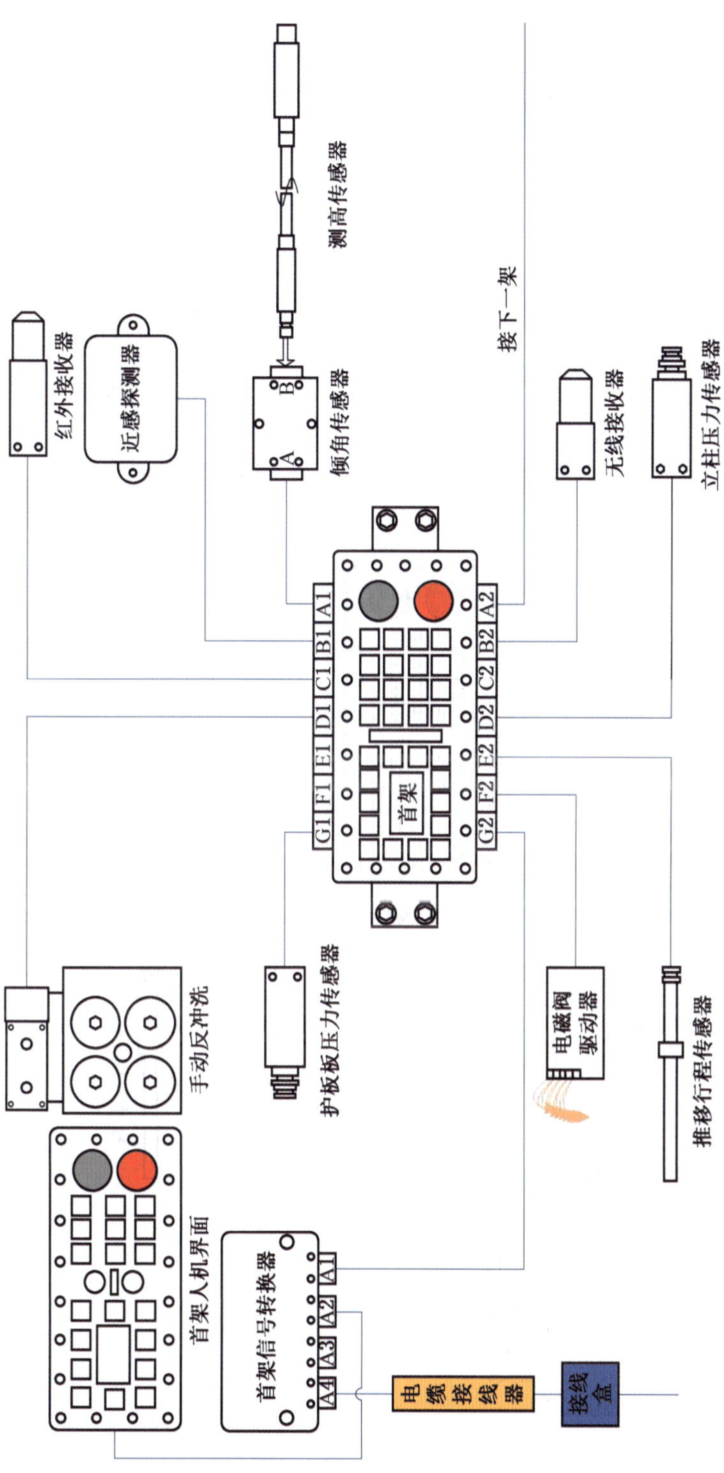

图3-65 工作面首架电控系统连接示意图

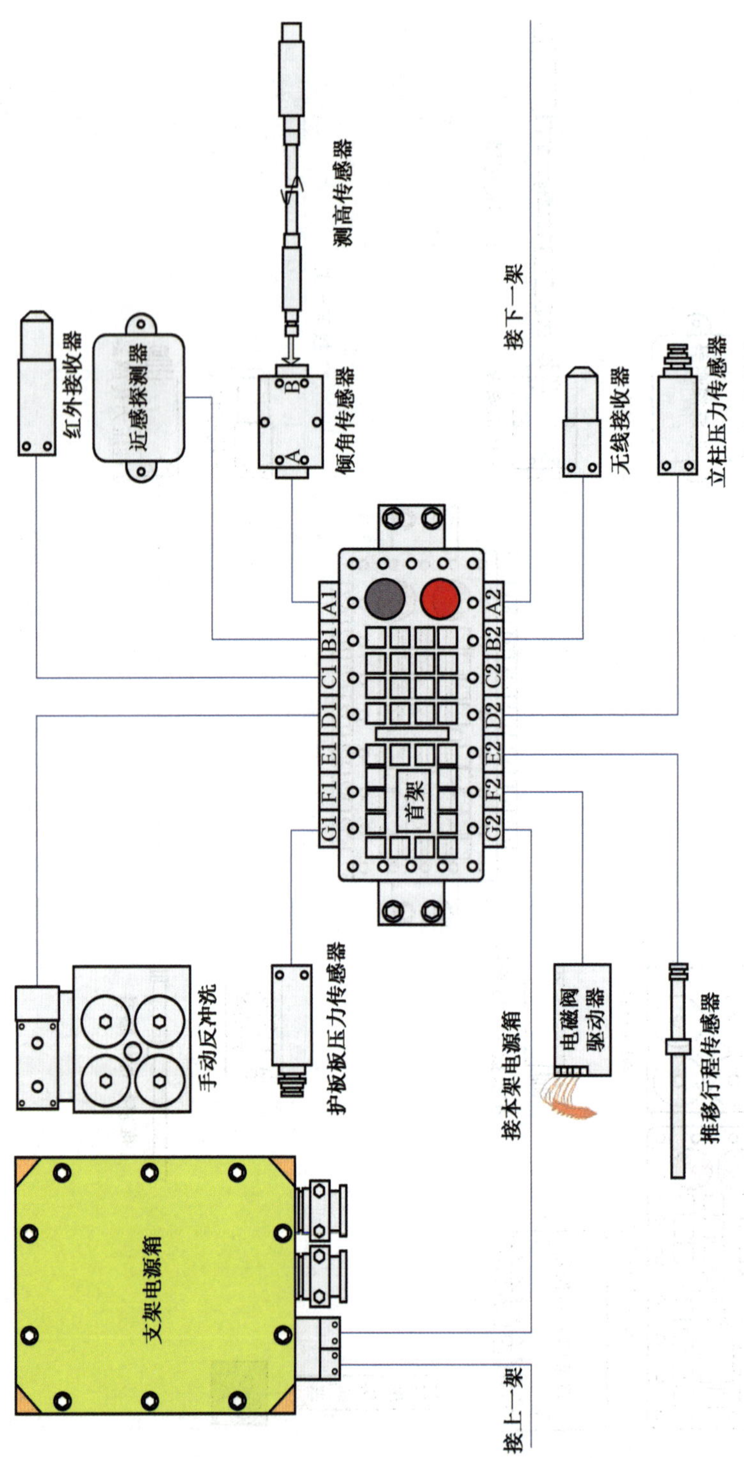

图3-66 工作面中间架电控系统连接示意图

背部接口、电磁阀驱动器阀口顺序、电液控换向阀背部液压管路接口连接说明进行连接。

(2) 安装时应注意做好电控设备的敞口保护，所有未连接的电控设备接口应安装圆形插座堵头和 U 形卡。

(3) 安装时应注意做好液压阀类与管路的敞口保护，所有未连接的液压设备接口应安装堵头和 U 形卡。

(4) 安装时应注意确保连接器走线流畅，留有合适的余量，保证支架正常动作过程中连接器不被挤压或拉断。

(5) 安装完毕连接器后，应仔细检查各个部件的连接状况，确保连接状况良好，接头紧固到位，线缆接序正确。

(6) 在连接电源箱时，应采用 127 V 标准供电电缆。

(7) 应保证系统供电电源稳定（127 V AC），系统末端存在压降时，应保证末端供电电压在（100 V AC）以上。

(8) 电液控换向阀与液压管路的连接为快速接头管式连接，直接插接在系统管路中即可。阀体上有安装孔，用螺栓固定在支架的安装架上。在使用前应对其在支架上的连接状况进行检查，确保连接紧固可靠。

(9) 检查胶管和管路附件，液压管路连接正确后，应先供液并进行功能试验，确保支架动作无误。

(10) 检查确定电液控制系统连接器连接正确、可靠之后，可给系统供电并传入控制器程序，之后应及时检查所有控制器是否均已成功传入同一版本程序。

(11) 电液控制系统投入运行前，由专业人员对系统的管路连接，所有元件的完好状况进行检查，确认连接正确无误，元件完好方可投入运行。

(12) 安装中发现电磁先导阀有故障时应整体更换，禁止在井下解体维修。

(13) 液压介质必须符合国家及行业标准，必须经满足过滤精度要求的过滤器过滤后才可接入电液控换向阀组使用。

3.5.2 电液控制系统配置

完成电液控制系统的设备安装后，需要合理配置电液控制系统支架控制器中的各项参数，才能实现电液控制系统的各项功能。本部分对主要参数的配置方法进行介绍。

3.5.2.1 支架编号设置

建立支架控制器之间的相互通信是实现电液控制系统功能的基础，也是进行电液控制系统整体功能调试的基础，要实现支架控制器之间的正常通信，首先应正确设置支架编号功能相关参数。

设置时应依据工作面实际的液压支架数量、架型数量、不同架型的分布区间、机头机尾方向等对支架控制器“整体参数”和“服务”参数列中的最大架号、最小架号、地址增向、支架编号等参数进行设置。当工作面中间架架型与端头架架型不一致时，还需正确设置中间小号、中间大号、端头小号、端头大号参数。设置支架编号时，需要对表 3-5 所列参数逐一进行设置。

3.5.2.2 传感器有效性设置

支架控制器在执行成组动作、单架自动移架、自动跟机功能时需读取传感器数据，作

表 3-5　编号主要参数

参数名称	参数含义	参数名称	参数含义
最小架号	工作面第一架的架号	地址增向	设定支架编号增加的方向
最大架号	工作面最末一架的架号	支架编号	本台支架编号
中间小号	工作面中间架型的第一台支架编号	端头小号	工作面首架号区域的最后一个端头支架编号
中间大号	工作面中间架型的最后一台支架编号	端头大号	工作面尾架号区域的第一个端头支架编号

为判断动作条件或执行效果的依据。当发现传感器故障后，应及时将故障传感器设为无效，避免控制器无法正常执行支架控制功能。

设置时应依据液压支架实际配套与连接情况及传感器的完好性对控制器“缺省参数”参数列中的有效性参数进行设置。设置传感器有效性时，需要对表 3-6 所列参数逐一进行设置。

表 3-6　传感器有效性主要参数

参数名称	参数含义	参数名称	参数含义
立柱压力	设定立柱压力传感器开通或关闭	倾角传感	设定倾角传感器开通或关闭
后柱压力	设定后柱压力传感器开通或关闭	支架高度	设定支架测高传感器是否开通或关闭
推移行程	设定推移行程传感器开通或关闭	基准支架	设定本架控制器是否采集显示邻架高度数值
护帮行程	设定护帮行程传感器开通或关闭	测距安装	标定工作面底板到支架控制器的高度值
护帮压力	设定护帮压力传感器开通或关闭	角度测高	是否读取测高传感器内自带的倾角数据值

3.5.2.3　基础通信功能设置

电液控制系统中支架控制器需要通过总线上传传感器、煤机位置等各类数据，并对控制器网络完成性进行检查。为实现上述功能，需要正确设置控制器“缺省参数”参数列中的基础通信功能相关参数，规定控制器如何通过总线上传各类数据，如何进行网络检测，并设定系统时间。

设置基础通信功能相关参数时，需要对表 3-7 所列参数逐一进行设置。

表 3-7　基础通信功能相关参数

参数名称	参数含义	参数名称	参数含义
煤机位置上传	设定煤机位置是否上传至信号转换器	年	设定当前的年份
煤机数据	设定煤机位置数据上传的频率	月	设定当前的月份

表 3-7（续）

参数名称	参数含义	参数名称	参数含义
动作数据上传	支架动作数据是否上传给信号转换器	日	设定当前的日期
网络检测	在网络通信状况的自动检测中，按顺序上方控制器向下方相邻控制器发出检测指令的时间间隔	时	设定当前的时刻
变换器	电控系统是否配置信号转换器	分	设定当前的分钟
变换器位置	信号转换器在端头控制器的左侧还是右侧	星期	设定当前的星期
首架编号	与信号转换器连接的第一架控制器的编号	时间修改	允许和禁止修改当前的年、月、日、时、分和星期。在空闲状态下按数字 0 即可显示当前时间
传感报送	传感器数据报送时间间隔	倾角 1 版本	倾角传感器 1 的版本号
邻架检测	设定系统是否报送邻架通讯故障	xxxxx：x. x	控制器程序项目名称与版本号
检测时间	设定报送邻架通讯故障的周期	版本代号	控制器程序项目代号

3.5.2.4 自动补压功能设置

依据液压支架的支撑压力对补压上限、补压下限、目标压力等参数进行设置，实现对液压支架支撑压力的管理，通过立柱下腔压力判断分析顶板接触及受力情况，进行立柱的二次升柱，提高液压支架支护的可靠性，实现对工作面顶板的有效管理。主要参数见表 3-8。

表 3-8 自动补压主要参数

参数名称	参数含义	参数名称	参数含义
补压下限	立柱压力在此压力以下，不补压，视为处于降柱（不支护）状态。压力从低端越过此值，则进入了可补压区	单次时间	一次补压的最大时限。如补压一直未能达到目标压力，则到此时限补压停止
补压上限	立柱工作压力从此值之上下降，跌过此值，则补压功能自动启动	补压间隔	如某次补压未能达到目标压力，则相隔该时间之后，下一次补压再次自动启动
目标压力	自动补压的目标压力，达到此压力值补压自动停止	补压次数	连续不能达到目标压力自动补的压次数限制

3.5.2.5 成组功能设置

电液控制系统成组功能可实现以工作面的任何一个液压支架为基准（操作架），向左或向右控制相邻的若干个液压支架自动执行某一成组动作。成组功能包括：成组移架、成组推移刮板输送机、成组护帮板、成组伸缩梁、成组护帮板伸缩梁联动、成组放煤、成组喷雾、成组反冲洗等。支架自动跟机时，自动移架、推移刮板输送机、伸收护帮板也需按照成组动作参数中规定的动作时间、动作次序执行自动跟机动作。

设置各个成组功能对应的成组动作参数时，需要根据液压支架执行对应所需的实际动作时间及动作流程进行设置。成组功能主要参数见表 3-9。

表 3-9 成组功能主要参数

成组移架参数列			
参数名称	参数含义	参数名称	参数含义
动作范围	成组动作的一组支架的架数	移架时间	规定移架至目标行程的允许最大时限
启动间隔	执行成组移架启动架距操作架之间相隔支架的架数	再降柱动作	规定拉架最大时限已到，但还没能达到目标行程的情况，是否要再降柱再移架过程
移架压力	立柱压力必须卸至此压力以下，程序才允许本架移架	再降柱时间	再降柱过程降柱动作的持续时间
过渡压力	立柱压力必须升至此压力以上，程序才允许邻架作自动移架	再移架时间	规定再降柱阶段结束后，最大移架时间
支撑压力	立柱升柱的目标压力	再降柱次数	此参数规定允许再降柱移架的次数
邻架相关	规定自动移架程序运行是否需要先检查相邻支架的支撑状态，即以邻架立柱压力是否达到过渡压力作为本架自动移架程序运行的必要条件	升柱时间 1	规定在升柱阶段，立柱压力升到过渡压力的允许最大时限
目标行程	移架过程的目标行程值	升柱时间 2	规定在升柱阶段，立柱压力从过渡压力升到支撑压力的允许最大时限
找直目标	惯性导航找直目标行程值	降柱时平衡	此参数规定平衡千斤顶在降柱阶段如何参与动作
伸缩梁动作	规定伸缩梁的动作是伸或收或不动	升柱时平衡	规定在升柱阶段，平衡千斤顶动作是伸/缩/无
降柱延时	收护帮动作完毕之后经过多少时间再启动降柱动作	降柱时侧护	降柱时侧护板做何种动作
降柱时间	规定立柱压力降到移架压力的允许最大时限	移架时侧护	移架时侧护板做何种动作
再降时间	规定压力卸至移架压力后持续降柱时间	升柱时侧护	升柱时侧护板做何种动作
开始抬底	规定抬底动作的起始时间	擦顶移架	此参数规定在移架阶段是否允许带压移架
抬底时间	规定抬底持续的时间	喷雾允许	规定在自动移架过程中本架是否允许喷雾

表 3-9（续）

成组移架参数列			
参数名称	参数含义	参数名称	参数含义
抬底目标	自动移架时，移架动作达到的行程值，抬底停止	喷雾开始	规定喷雾开始动作的时间
移架开始	规定移架动作的起始时间	喷雾时间	规定喷雾持续的时间
成组护帮护顶参数列（单动参数）			
参数名称	参数含义	参数名称	参数含义
动作范围	成组自动伸缩梁动作控制的支架架数	一级伸目标	成组伸一级护帮板的目标
启动间隔	执行成组自动护帮或伸缩梁动作的支架与操作架之间相隔支架的架数	一级收时间	成组收一级护帮板的动作时间
架间延迟	成组自动伸缩梁动作相邻支架之间的启动延迟时间	伸二级时间	成组伸二级护帮的动作时间
伸伸缩梁	成组伸伸缩梁的动作时间	收二级时间	成组收二级护帮的动作时间
收伸缩梁	成组收伸缩梁动作时间	伸三级时间	成组伸三级护帮的动作时间
降柱时间	做成组收伸缩梁或成组收伸缩梁联动动作时先行降柱的动作时间	收三级时间	成组收三级护帮的动作时间
一级伸时间	成组伸一级护帮板的动作时间		
成组护帮护顶参数列（联动参数）			
参数名称	参数含义	参数名称	参数含义
联收参数 0	联动时，收伸缩梁的开始时间	联伸参数 0	联动时，伸伸缩梁的开始时间
联收参数 1	联动时，收伸缩梁的动作持续时间	联伸参数 1	联动时，伸伸缩梁的动作持续时间
联收参数 2	联动时，收一级护帮动作开始时间	联伸参数 2	联动时，伸一级护帮动作开始时间
联收参数 3	联动时，收一级护帮动作持续时间	联伸参数 3	联动时，伸一级护帮动作持续时间
联收参数 4	联动时，二级护帮第一次做动作设置，包括伸/收	联伸参数 4	联动时，二级护帮第一次做动作设置，包括伸/收
联收参数 5	联动时，二级护帮第一次动作开始时间	联伸参数 5	联动时，二级护帮第一次动作开始时间
联收参数 6	联动时，二级护帮第一次动作持续时间	联伸参数 6	联动时，二级护帮第一次动作持续时间
联收参数 7	联动时，二级护帮第二次做动作设置，包括伸/收	联伸参数 7	联动时，二级护帮第二次做动作设置，包括伸/收
联收参数 8	联动时，二级护帮第二次动作开始时间	联伸参数 8	联动时，二级护帮第二次动作开始时间

表 3-9（续）

成组护帮护顶参数列（联动参数）			
参数名称	参数含义	参数名称	参数含义
联收参数 9	联动时，二级护帮第二次动作持续时间	联伸参数 9	联动时，二级护帮第二次动作持续时间
三级收开始	成组联动动作时，三级护帮板收的开始时间	三级伸开始	成组联动动作时，三级护帮板伸的开始时间
三级收动作	成组联动动作时，三级护帮板收的动作时间	三级伸动作	成组联动动作时，三级护帮板伸的动作时间

3.5.2.6 跟机功能设置

电液控制系统可实现在生产过程中依据采煤机位置与行走方向，自动控制采煤机前滚筒前方支架执行收护帮板、收伸缩梁动作，采煤机后滚筒后方支架自动执行移架、伸护帮板、伸伸缩梁、推移刮板输送机动作。并可实现灵活的自动跟机喷雾控制功能。

为实现上述跟机自动控制功能，需要依据工作面配置的设备情况合理设置采煤机机身长度、跟机动作距离、跟机动作范围等“跟机参数”列中的参数。并综合考虑工作面条件与液压支架设备完好程度、供液系统运行情况、支架实际动作速度，优化调整对应的跟机参数与成组动作参数。以保证在支架自动跟机过程中，采煤机与液压支架互不干涉，不同跟机动作间衔接合理互不干涉、刮板输送机保持良好的运行姿态，液压支架达到设定的初撑力，有效管理工作面顶板、煤壁。主要参数见表 3-10。

表 3-10 跟机功能主要参数

参数名称	参数含义	参数名称	参数含义
跟机	是否跟机的开关量，启动/停止	移架范围	跟机时一次触发液压支架开始移架动作的支架数量
跟机类型	用于区分全工作面跟机和中部跟机，设为 0 是普通跟机，设为 1 是全工作面跟机	推移刮板输送机范围	跟机时一次触发液压支架开始推移刮板输送机动作的支架数量
跟机首架	跟机的首台支架号	伸伸缩范围	跟机时一次触发液压支架开始伸缩梁伸出动作的支架数量
跟机末架	跟机的末台支架号	伸护帮范围	跟机时一次触发液压支架开始护帮板伸出动作的支架数量
煤机身长	采煤机相当于几台支架的宽度	收伸缩范围	跟机时一次触发液压支架开始伸缩梁收回动作的支架数量
移架距离	开始执行跟机移架动作的液压支架距离采煤机位置的液压支架数量	收护帮范围	跟机时一次触发液压支架开始护帮板收回动作的支架数量
推移刮板输送机距离	开始执行跟机推移刮板输送机动作的液压支架距离采煤机位置的液压支架数量	推移刮板输送机控制	1—上行动作；2—下行动作；3—上行下行都动作

表 3-10（续）

参数名称	参数含义	参数名称	参数含义
收伸缩梁	开始执行跟机伸缩梁收回动作的液压支架距离采煤机位置的液压支架数量	伸缩控制	1—上行动作；2—下行动作；3—上行下行都动作
收护帮板	开始执行跟机护帮板收回动作的液压支架距离采煤机位置的液压支架数量	护帮控制	1—上行动作；2—下行动作；3—上行下行都动作
伸伸缩梁	开始执行跟机伸缩梁伸出动作的液压支架距离采煤机位置的液压支架数量	移架控制	1—上行动作；2—下行动作；3—上行下行都动作
伸护帮板	开始执行跟机护帮板伸出动作的液压支架距离采煤机位置的液压支架数量	喷雾控制	1—上行动作；2—下行动作；3—上行下行都动作
移架动作	本架是否允许进行跟机自动移架	喷雾动作	本架是否允许进行跟机自动喷雾
推移刮板输送机动作	本架是否允许进行跟机自动推移刮板输送机	喷雾时间	本架开启自动喷雾的时间
伸缩梁动作	本架跟机自动伸伸缩梁、护帮板或自动收伸缩梁、护帮板或无动作	不动作大号	跟机范围内的支架，可以使中间一部分连续的支架不跟机动作，不动作大号是这段不动作支架的最大编号
煤机限制	采煤机位置限制项，当两次接收到的位置信息大于此参数时，跟机停止	不动作小号	跟机范围内的支架，可以使中间一部分连续的支架不跟机动作，不动作小号是这段不动作支架的最小编号
上前喷雾	煤机上行时是否允许前滚筒的前方支架执行喷雾动作	下前喷雾	煤机下行时是否允许前滚筒的前方支架执行喷雾动作
上前喷距离	煤机上行前滚筒方向支架做跟机喷雾动作时，第一个喷雾支架到采煤机位置的距离（支架数）	下前喷距离	煤机下行前滚筒方向支架做跟机喷雾动作时，第一个喷雾支架到采煤机位置的距离（支架数）
上前喷范围	煤机上行前滚筒方向支架做跟机喷雾动作时，执行喷雾动作的支架数	下前喷范围	煤机下行前滚筒方向支架做跟机喷雾动作时，执行喷雾动作的支架数
上后喷雾	煤机上行时是否允许后滚筒的后方支架执行喷雾动作	下后喷雾	煤机下行时是否允许后滚筒的后方支架执行喷雾动作
上后喷距离	煤机上行后滚筒方向支架做跟机喷雾动作时，第一个喷雾支架到采煤机位置的距离（支架数）	下后喷距离	煤机下行后滚筒方向支架做跟机喷雾动作时，第一个喷雾支架到采煤机位置的距离（支架数）
上后喷范围	煤机上行后滚筒方向支架做跟机喷雾动作时，执行喷雾动作的支架数	下后喷范围	煤机下行后滚筒方向支架做跟机喷雾动作时，执行喷雾动作的支架数

3.5.3 电液控制系统操作

3.5.3.1 就地操作

SAC 型液压支架电液控制系统具备人机交互功能，工作面现场操作人员可通过支架控制器面板上的操作按键，对液压支架进行就地操作控制。就地操作控制时，支架控制器将优先响应现场操作人员发出的控制命令，对应执行支架控制器程序中的安全功能、单架非自动功能、单架自动功能、成组自动功能。当工作面支架控制器自动跟机功能后，支架控制器程序将根据操作人员设定的成组动作参数与跟机参数，按照电控系统检测到的采煤机位置与行走方向，控制跟机区域内的液压支架自动执行跟机自动功能。

为便于理解操作方法，首先说明支架控制器人机操作界面主要功能，一是操纵支架的所有动作，可通过按键发出控制命令，实施支架控制的所有功能；二是设置系统所有参数，可通过键操作输入各项参数，设置电液控制系统主要功能；三是查看控制系统的状态信息，包括工作（控制）状态、故障错误信息、设置状况及参数值、传感器实时检侧值等。支架控制器人机界面操作面板如图 3-67 所示。

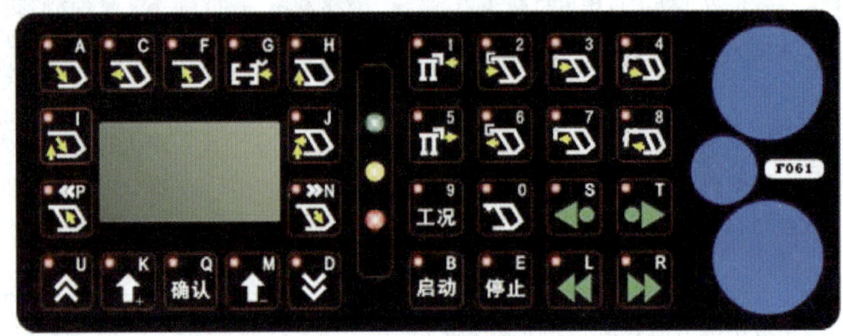

图 3-67 支架控制器人机界面操作面板示意图

键盘上共设有 30 个方形按键及 2 个圆形按钮。按键可分为 3 个区域，分别为动作区、功能区和菜单区。动作区包括用于选择支架要执行何种动作的按键，键盘膜上以图形标识出不同动作。功能区包括用于选择被控支架的单架、成组选架按键及启动、停止按键。菜单区包括用于左右或上下翻转菜单项的按键，以及执行菜单功能的“软键”和菜单项确认键。

以上各区域按键的功能并非固定不变，除按键上的支架动作图标或汉字标识外，每个按键右上角还印有字母或数字，可用来输入和修改系统参数。按下具体按键后所实现的功能取决于“键序”，即什么状态下按此键。某一个按键的某一功能，只有在符合对应“键序”规则情况下才具备，否则均属无效按键操作。累计三次无效按键操作后，程序将自动锁定键盘，需要对照按键右上方字母，顺次按下 R—E—L 三个按键解锁键盘。另外，由于不同项目配套架型与动作功能要求不同，按键功能与布局也有所差异。

首先说明一些具备共同性的按键标识所对应的功能，按键标识功能见表 3-11。

表 3-11 按键标识功能

按键标识	按键功能	按键标识	按键功能
0	输入参数数字 0	2	输入参数数字 2
1	输入参数数字 1	3	输入参数数字 3

表 3-11（续）

按键标识	按键功能	按键标识	按键功能
4	输入参数数字 4	H	输入字母 H
5	输入参数数字 5	I	输入字母 I
6	输入参数数字 6	J	输入字母 J
7	输入参数数字 7	K	输入字母 K
8	输入参数数字 8	L	输入字母 L
9	输入参数数字 9	M	输入字母 M
A	输入字母 A	N	输入字母 N
B	输入字母 B	P	输入字母 P
C	输入字母 C	Q	输入字母 Q
D	输入字母 D	R	输入字母 R
E	输入字母 E	S	输入字母 S
F	输入字母 F	T	输入字母 T
G	输入字母 G	U	输入字母 U
工况	传感器数值显示快捷键，在空闲状态下按下该键直接进入传感器数值显示菜单	确认	输入参数后，按本键进行确认； 单架控制时，先选择左右方向后，按本键可开启隔架选择模式
启动	执行单架自动动作功能或成组自动动作功能	停止	停止其有效范围内支架控制器正在或预警执行的动作，解除控制器主控或被控状态
«	向左翻页键：切换界面显示进入菜单项，向左移动菜单列	»	向右翻页键：切换界面显示进入菜单项，向右移动菜单列
	向上翻页键：切换界面显示进入菜单项，向上切换高亮显示的菜单行		向下翻页键：切换界面显示进入菜单项，向下切换高亮显示的菜单行
	向左单架选择键：单架控制时选择左侧的被控制支架		向右单架选择键：单架控制时选择右侧的被控制支架
	向左成组选择键：成组控制时选择左侧的被控制支架		向右成组选择键：成组控制时选择右侧的被控制支架
	左侧软键：不同键序对应不同功能。 单架控制时，执行高亮显示的菜单行左侧对应的功能； 修改参数时，按照最小单位依次增加参数数值		右侧软键：不同键序对应不同功能。 单架控制时，执行高亮显示的菜单行右侧对应的功能； 修改参数时，按照最小单位依次减小参数数值

完成电液控制系统安装与检查后，应及时验证系统安全功能、单动功能、成组功能。

在工作面具备跟机条件后，可调试跟机参数并验证支架跟机功能。以下介绍电液控制系统安全功能、单架非自动功能、单架自动功能、成组自动功能及跟机自动功能的操作方法。

1. 安全功能

安全功能是电液控制系统最基础的功能，主要包括支架控制器的急停、闭锁和停止功能。现场操作人员可通过按下支架控制器面板上的急停、闭锁按钮或停止按键，实现对应的安全功能。控制器面板上急停、闭锁按钮及停止按键位置，如图 3-68 所示。

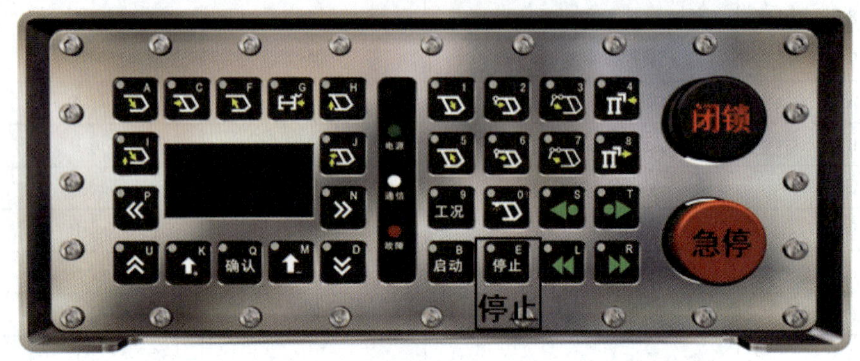

图 3-68　急停、闭锁按钮及停止按键位置示意图

（1）闭锁按钮为黑色圆形按钮，位于支架控制器人机操作界面的右上角，按下后可停止本架及左右邻架正在执行的动作，并对本架动作实施硬件闭锁，左右邻架动作实施软件闭锁。按下闭锁按钮后，将持续闭锁本架及左右邻架，只有拔起闭锁按钮后，本架及左右邻架才可恢复正常动作控制。进入闭锁状态的支架控制器不再响应其他支架控制器或监控中心、地面分控中心发来的控制命令，但依然可以通过人机操作界面控制按键，操作其他未被闭锁的控制器执行支架动作。在闭锁状态下，支架控制器数据通信功能不受影响，可正常采集上传传感器数值、煤机位置等数据，可正常修改支架控制器各项参数。

闭锁操作方法：在进行工作面设备维修调试时，维修人员所在的支架不允许实施任何动作，为此系统设置了闭锁功能。此时，操作人员只要按下该架人机操作界面上的闭锁按钮，即实施闭锁操作，本架进入闭锁状态。闭锁操作使该架控制器硬件驱动电路的电源被切断，从而保证支架不会执行电控动作。左右邻架则进入软件闭锁状态，通过软件作用，左右邻架的驱动电路电源也被关断，禁止电控动作。只有拔起闭锁按钮后，才能解除闭锁操作，恢复正常的电控动作功能。按下闭锁按钮后，闭锁范围仅为本架及左右邻架，这三台支架以外的其他支架控制器不受影响，仍可正常工作。

（2）急停按钮为红色圆形按钮，位于支架控制器人机操作界面的右下角，按下后可紧急停止正在执行的自动功能动作，并禁止全工作面自动功能运行。按下工作面任意一架控制器上的急停按钮后，将立即停止全工作面范围内正在执行的单架自动移架、支架成组动作与自动跟机动作，并持续禁止以上自动功能，只有全工作面所有控制器均已拔起急停按钮后，才可恢复以上自动功能。

按下急停按钮的支架控制器及其左右邻架不再响应其他支架控制器或监控中心、地面分控中心发来的控制命令，但依然可以通过人机操作界面控制按键，操作其他支架控制器执行单架非自动动作。在急停状态下，支架控制器数据通信功能不受影响，可正常采集上传传感器数值、煤机位置等数据，可正常修改支架控制器各项参数。

急停操作方法：当工作面发生可能危及安全生产的紧急情况，需要立即停止或禁止所有支架的自动动作时，操作人员可就近按下工作面任意一台支架控制器上的紧急停止按钮，全工作面支架自动动作立即停止，自动控制功能在急停解除前被禁止，无法运行。按下急停按钮后，本架控制器硬件驱动电路的电源被切断，从而保证支架不会执行电控动作。通过软件作用，左右邻架的驱动电路电源也被关断，禁止电控动作。只有拔起急停按钮后，才能恢复正常的电控动作功能。按下急停按钮后，本架及左右邻架将禁止所有电控动作，这三台支架以外的其他支架控制器将禁止所有自动动作，只能执行单架非自动动作。

（3）停止按键为黑色方形按键，以“停止”字样在支架控制器人机操作界面上进行标识。停止键的作用范围受支架控制器“整体参数”列中“停止范围”参数的设定值控制。按下停止键后，作用范围为按停止键的本架及其左右两边各加上“停止范围”参数所设定的架数。

支架控制器在非空闲状态下，按一次停止键，操作架返回到空闲状态，再次按下停止键，参数设定范围内的支架将立即停止所有动作。停止按键为自复位按键，仅按键当时有效，无需手动复位。

停止操作方法：操作人员应知悉支架控制器参数设定的停止范围，在正常生产和检修过程中，需要停止一个范围内的控制器动作时，操作人员可使用停止按键，停止附近支架正在执行的动作。在使用支架自动跟机功能时，应注意停止范围不应设置过大，以免打断正在执行的支架跟机动作。

2. 单架非自动功能

单架非自动功能是指对单台支架单一动作或组合动作的控制功能，其控制对象为邻架、隔架的立柱、平衡、推移、护帮等部件。

操作人员可以通过支架控制器人机操作界面选择对应单一支架，再以点动方式按下按键，即可实现控制单台支架的降柱、升柱、移架、推移刮板输送机、伸收护帮等单一动作或降柱抬底、拉架抬底组合动作。

单架非自动功能操作方法：单架非自动控制时，必须先选定被控支架，可选择左右邻架、隔架或本架作为被控支架，被选中的支架控制器将进入从控状态并发出声光报警。

选择邻架时的操作：在操作架控制器上按下向左单架选择键或向右单架选择键，可分别选中操作架的左邻架或右邻架作为被控支架。

选择隔架时的操作：在操作架控制器上先选中左邻架或右邻架作为被控支架，再按下“确认”键进入隔架选择模式，在隔架选择模式下按一次向左单架选择键选中左隔第一架，按两次向左单架选择键选中左隔第二架，以此类推可以选择到左隔第四架。在按向左单架选择键选架过程中，每按一次向右单架选择键被选架都会向右退一架（例如：当前用选中左隔第三架，按一次向右单架选择键选中左隔第二架，再按一次向右单架选择键选中左隔第一架，再按一次向右单架选择键选中左邻架）。选择右隔架操作时，过程与此类例。

在选定被控支架后，接着就可以按动作区按键发操作命令，持续按住不放直至动作完成。抬起按键后动作停止。当前按键标识图例与动作对应关系，见表 3-12。

表 3-12　按键标识图例与动作对应关系

图例	动作	图例	动作	图例	动作
	降柱		伸一级护帮板		降柱同时抬底
	收平衡		伸三级护帮板		升尾梁
	收一级护帮板		伸侧护板		推移刮板输送机
	收三级护帮板		伸底调		伸伸缩梁
	收侧护板		收插板		伸二级护帮板
	收底调		移架		喷雾
	伸插板		收伸缩梁		伸掩护梁侧护板
	拉后部刮板输送机		收二级护帮板		移架同时抬底
	升柱		抬底		收尾梁
	伸平衡		收掩护梁侧护板		

因按键数量限制，并非所有动作都有专门按键。如果支架动作种类较多，系统会将不常用的动作的操作项目归入“辅助功能”菜单列。选架后将自动切换到该菜单列，可使用向上翻页键或向下翻页键调出相应动作的菜单项，再按下左侧软键或右侧软键发操作命令。持续按住不放直至动作完成；抬起按键后动作停止。

选择本架时的操作：程序为本架推移刮板输送机或拉后部刮板输送机设置了快捷按键。只要在操作架控制器上按下推移刮板输送机或拉后部刮板输送机动作按键，本架即可开始最长达 5 min（时间可调）的推移刮板输送机或拉后部刮板输送机动作，而不必持续按下动作按键。在控制器设定的推移刮板输送机时长或拉后部刮板输送机时长之内，如推移行程已达到参数规定的目标值则自动停止推移刮板输送机或拉后部刮板输送机动作，否则持续动作至推移刮板输送机或拉架时间结束。在动作执行过程中，如再次按一下推移刮板输送机或拉后部刮板输送机按键则会提前停止对应动作。

电液控制系统的单动功能有效替代传统手动操作阀，是实现自动化程度更高的成组或跟机功能的基础。

3. 单架自动功能

单架自动功能特指单架自动移架功能，使用该功能时被选中的左右邻架将按照控制器程序“成组移架”参数列中的设定，依次执行收护帮板、收伸缩梁、降柱、抬底、拉架、升柱动作及相关辅助动作。

单架自动功能操作方法：在操作架控制器上先选中左邻架或右邻架作为被控支架，再按下“启动”按键，被选支架即开始执行单架自动移架顺序联动动作，不必持续按键，动作会自动进行并自动结束。

4. 成组自动功能

成组自动功能是指支架控制器按照程序中对应的成组动作参数，在单动功能基础上以多台支架为一组，自动执行对应成组动作。

操作人员可以通过支架控制器人机操作界面选择成组动作方向与动作类型，再按下“启动”按键，即可实现成组自动动作。

成组自动功能操作方法：成组自动控制时，必须先选定被控支架组，在操作架控制器上按下向左成组选择键或向右成组选择键，可分别选中左侧支架或右侧支架作为被控组支架，被选中的支架控制器将进入从控状态并发出声光报警。

在选定被控支架组后，需要选择成组功能，默认为成组移架。如需使用其他成组功能，可按下动作按键切换对应成组功能。当前按键标识图例与成组动作对应关系，见表3-13。

表 3-13 按键标识图例与成组动作对应关系

图例	动作	图例	动作	图例	动作
	成组推移刮板输送机		成组喷雾		成组收伸缩梁
	成组伸伸缩梁		成组收一级护帮板		成组伸一级护帮板
	成组收二级护帮板		成组伸二级护帮板		成组拉后部刮板输送机

选定成组动作种类后，可按下向左单架选择键或向右单架选择键，选择支架执行成组动作时的动作递进方向，切换由左侧向右侧支架递进执行成组动作，或由右侧向左侧支架递进执行成组动作。

通过修改支架控制器程序中“成组移架”“成组推移刮板输送机”“成组护帮护顶”“成组拉后部刮板输送机”“成组喷雾”等成组动作参数列中的参数设定，可对相应的成组自动功能进行调整。

5. 跟机自动功能

跟机自动功能是指支架控制器按照程序中对应的跟机参数，在成组自动功能基础上，以采煤机实时位置和行走方向，自动触发支架跟机动作。

操作人员可以通过支架控制器人机操作界面进入“跟机参数”列，将其中“跟机”参数设为“启动”即可打开跟机自动功能。

跟机自动功能操作方法：跟机自动控制时，电液控制系统通过采煤机位置传感器捕获采煤机位置，分析采煤机行走方向，并通过控制器总线通讯将采煤机实时位置与方向发送到电液控制系统内所有支架控制器上。系统根据采煤机位置、方向和跟机功能相关参数控制支架自动跟机动作，从而使整个工作面根据采煤机位置变化，自动执行跟机收伸护帮板、收伸伸缩梁、移架、推移刮板输送机、喷雾等动作，实现液压支架跟机自动化控制功能。

当操作人员按下急停或电控系统中采煤机位置突然跳变，且差值超过“跟机参数”列中“煤机限制”参数设定值后，将自动关闭跟机自动功能，实现对人员和设备的安全保护。危险解除或煤机位置恢复正常后，可再次进入“跟机参数”列，将其中“跟机”参数设为“启动”即可打开跟机自动功能。

3.5.3.2 远程控制

SAC 型液压支架电液控制系统在实现现场控制的基础上，也具备远程控制功能。通过将电液控制系统通信接入监控中心并入矿井环网，操作人员可通过部署在监控中心或地面分控中心的支架操作台或电液控制系统上位机软件的控制页面发出控制命令。操作人员在远程控制工作面液压支架时，可通过电液控制系统上位机软件显示的对应支架动作反馈、传感器数据及监控视频画面，综合判断被控支架的动作情况，保证远程控制效果。以下分项说明如何使用支架操作台或电液控制系统上位机软件的控制页面进行远程控制。

1. 支架操作台远程控制

支架操作台分别部署于井下监控中心与地面分控中心，井下支架操作台与井下电液控制系统上位机相连，连接方式如图 3-69 所示。地面支架操作台与地面电液控制系统主机相连，连接方式如图 3-70 所示。

支架操作台工作状态分为空闲状态、请求授权状态和获得授权状态，支架操作台必须在获得授权状态下才能对工作面液压支架实施远程控制。支架操作台在未操作前，不向电液控制系统上位机申请操作权限，其处于空闲状态；进行远程控制前，支架操作台向电液控制系统上位机发出远程操作授权请求，等待上位机仅授权指令，其处于请求授权状态；电液控制系统上位机向支架操作台发送授权指令后，支架操作台获得远程操作授权，其处于获得授权状态。

1）授权操作流程

在使用支架操作台远程控制功能前，应首先获取操作授权，操作流程如下：

（1）确认支架操作与电液控制系统上位机间通讯正常，确认电液控制系统上位机与工作面电液控制系统通信正常（在地面控制时，还应确认地面电液控制系统主机与井下监控中心电液控制系统上位机通信正常）。向工作面操作人员确认工作面支架控制器急停已解除。

（2）使用操作人员账户与密码，登录进行远程控制的井下监控中心电液控制系统上位

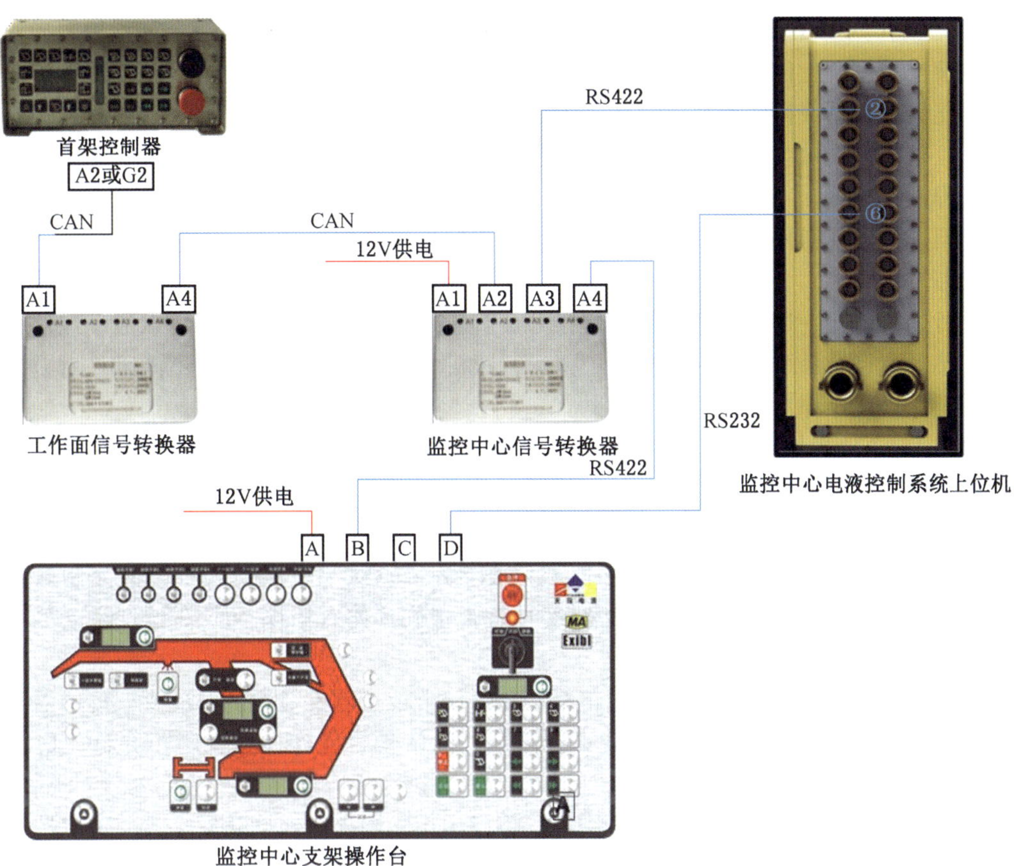

图 3-69 井下支架操作台连接方式示意图

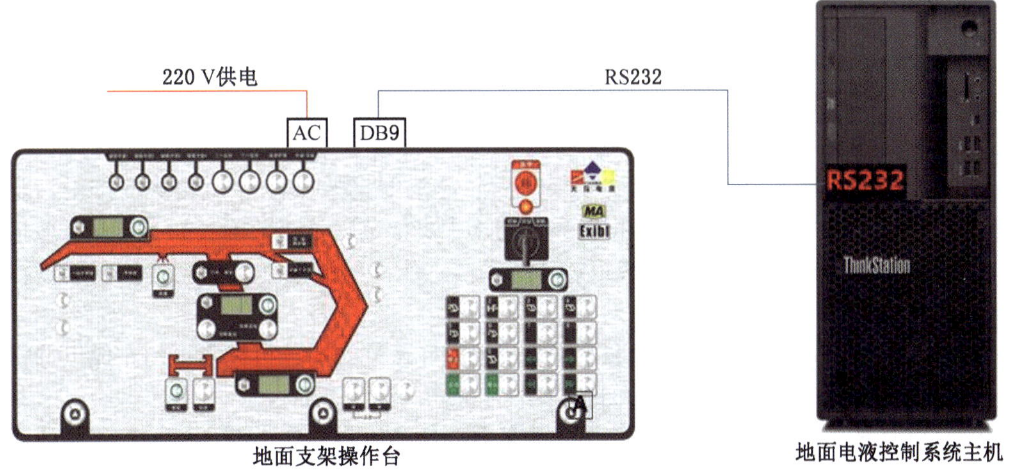

图 3-70 地面支架操作台连接方式示意图

机或地面电液控制系统主机 LongWallMind 程序。

（3）操作人员在支架操作台上输入密码，向电液控制系统上位机请求远程控制操作授权。电液控制系统上位机核对密码正确后下发远程操作权限，支架操作台获得远程控制授权。在支架控制器或操作台按下急停、电液控制系统上位机 LongWallMind 程序重启等特定情况下，支架操作台会自动退出远程操作授权状态，退出后需要确认无安全隐患后，再次申请远程操作权限。

支架操作台获得操作授权后，可继续切换支架操作台控制挡位。通过操作台旋钮可以在“控制”“跟机”“闭锁”三个挡位间切换。旋钮开关旋转到“控制”挡位时，可以对支架进行远程单动、远程成组控制；旋钮开关旋转到“跟机”挡位时，可以启动或停止工作面支架电液控制系统自动跟机功能，并进行跟机干预操作；旋钮开关旋转到“闭锁”挡位时，操作台无操作功能。

2）远程单动操作流程

（1）按下支架操作台向右单架选择键，选择支架动作类型为单动。观察支架操作台 4 号数码显示管，数码显示管开始闪烁后，按下数字按键输入被控支架的控制器架号。

（2）输入被控支架编号后，需按下支架操作台“确认”按键，观察电液控制系统上位机 LongWallMind 程序显示的选中支架编号是否正确，如有错误，应按下“停止”按键取消此次操作。

（3）确认支架编号后，必须通过电液控制系统上位机软件显示的对应支架传感器状态及监控视频画面，综合判断被控支架安全情况，确认是否允许操作，若不允许，应按下“停止”按键，退出操作。

（4）工作面被控支架控制器被选中后，将发出声光预警。在确认安全后，可以按下相应的单动动作按键来控制支架进行动作，上位机能够同时显示出相关支架的动作反馈及传感器数据。因电液控制系统主控时间限制，若在 10 s 内无支架单动操作，支架操作台将退出此次单动操作，控制时需要再次选择被控支架编号。

3）远程成组操作流程

（1）按下支架操作台向左成组选择键或向右成组选择键，选择支架成组动作方向。观察支架操作台 4 号数码显示管开始闪烁后，按下数字按键输入成组动作范围的起始支架编号。

（2）输入成组动作范围的起始支架编号后，需按下支架操作台“确认”按键，观察电液控制系统上位机 LongWallMind 程序显示的选中支架范围是否正确，如有错误，应按下“停止”按键取消此次操作（不同成组动作范围由工作面电液控制系统支架控制器保存的成组参数规定）。

（3）确认成组动作范围后，如果要修改成组动作递进方向，可以点击向左成组选择键或向右成组选择键来修改成组动作递进方向。

（4）默认成组动作类型为成组移架，如果需要切换成组动作类型，可按下相应的成组动作类型按键，对支架成组动作类型进行修改（注意：成组伸缩梁动作与成组伸缩梁+护帮联动复用相同键位）。

（5）确认成组动作范围、动作类型后，必须通过电液控制系统上位机软件显示的对应成组动作范围的支架传感器状态及监控视频画面，综合判断被控支架安全情况，确认是否允许操作，若不允许，应按下“停止”按键，退出操作。

（6）在确认安全后，可按下“启动”按键来执行成组动作，上位机能够同时显示出相关支架的动作反馈及传感器数据。因电液控制系统主控时间限制，若在 10 s 内无操作，支架操作台将退出此次操作，控制时需要再次选择被控支架编号。

4）远程启停跟机操作流程

工作面跟机状态未开启时，按下支架操作台“跟机启停”按键，可以启动工作面跟机状态。工作面跟机状态开启后，4 号数码管按键灯常亮。再次按下“跟机启停”按键，可停止工作面跟机状态。

5）退出远程操作流程

在完成远程控制操作，并且一段时间内无需再使用远程控制功能时，应及时取消远控授权。退出远控授权后，操作台会弹出退出远控提示信息。

在电液控制系统上位机与支架操作台通信中断，电液控制系统上位机与工作面电液控制系统通信中断，或支架操作台按下急停键后，系统会自动退出支架操作台远控授权，以保证人员与设备安全（注意：在出现设备通信中断后，需要立即停止远程操作，并排查问题，问题解决后，才可以再进行远程操作授权请求及远程控制操作）。

2. 电液控制系统软件远程控制

液压支架电液控制系统软件提供了远程控制界面，操作人员可以通过鼠标点击需要控制的支架架号图标进行选架，并点击对应的支架单动或成组动作图标选择要执行的动作，实现对工作面液压支架的远程控制。操作流程如下：

（1）确认电液控制系统上位机与工作面电液控制系统通信正常（在地面控制时，还应确认地面电液控制系统主机与井下监控中心电液控制系统上位机通信正常），向工作面操作人员确认工作面支架控制器急停已解除。

（2）使用操作人员账户与密码，登录进行远程控制的井下监控中心电液控制系统上位机或地面电液控制系统主机 LongWallMind 程序。

（3）通过鼠标点击需要控制的支架架号图标进行选架。

（4）通过电液控制系统上位机软件显示的对应支架传感器状态及监控视频画面，综合判断被控支架范围的安全情况，确认是否允许操作。若不允许，应退出。

（5）选架后可以看到目标支架的当前传感器及姿态数据，再次确认安全后，可用鼠标点击对应的支架单动操作或成组操作图标，发出远程控制动作命令。

3.5.4 电液控制系统自动找直

刮板输送机是煤矿井下工作面不可或缺的运输设备，如图 3-71 所示。刮板输送机通过直线定位推移实现矫直，直线定位推移原理建立在刮板输送机弯曲推移机理上。其工作原理如下：用 1 组支架直接推移 1 组中部槽同时横向前移，推移中，一是控制 1 组中部槽首部和尾部水平转角的大小；二是控制 1 组中部槽之间不形成水平转角，使每节中部槽在移动过程中只作直线移动，且在横向移动中均受到控制，不能随机任意转动。故可消除刮板输送机横向移动过程中的无序状况，减少中部槽在纵向前行中的无效转动，降低了磨损度，同时也避免由于中部槽转动而导致刮板链受力不均，消除了刮板链的无效负荷，降低了电机无用功率，提高了中部槽和刮板链的使用寿命。尤其是当中部槽在横向推移过程中，不再反复张开闭合，避免了由于频繁张开、闭合带来的对口不严及错口问题，进一步提高了哑铃销的使用寿命。

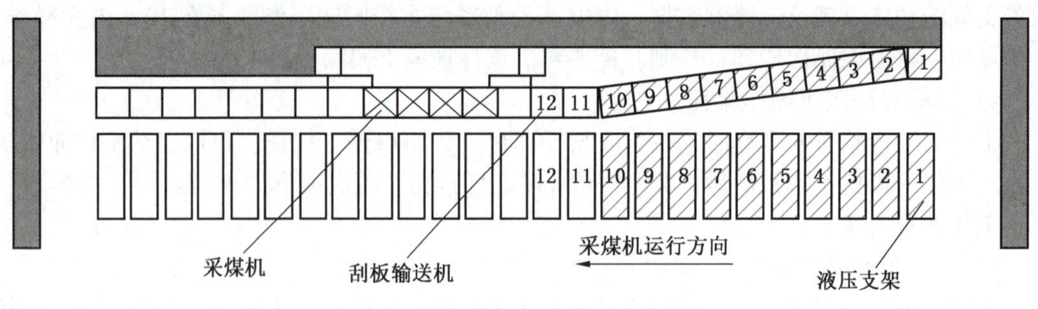

图 3-71　工作面三机布置示意图

刮板输送机直线定位推移控制过程如下：在每节中部槽的铰接点分别安装水平角度传感器，可实时采集各个水平转角的数据并及时传到集控机数据库，由总控机集中控制，建立液压支架推移缸传感器移架数据库和移架传感器数值模型。每割 1 刀煤移架后，根据坐标值统一找直液压支架。每次推完整部刮板输送机后，根据推移缸传感器数值模型，统一推直刮板输送机，综合协同刮板输送机直率和液压支架直率，最后实现工作面自动取直。

3.5.4.1　参数设置

1. 惯性导航配置

通过浏览器访问惯导服务软件，进入到系统设界面，根据工作面的实际情况，设置通信参数和其余参数，详见表 3-14 和表 3-15。

表 3-14　惯导通信设置参数表

参数名称		参数说明	配置方法
支架控制系统	通信地址	设置支架控制系统井下 SAC 主机的 IP 地址	设为电液控制主机 IP 地址
	端口号	设置支架控制系统井下 SAC 主机与惯导系统以太网通信端口号	设置为：44818
	超时时间	设置通信超时时间	设置为：15 s
采煤机控制系统	通信地址	设置惯导请求读取采煤机位置数据的网络设备的 IP 地址	配套 EIP 网关时，设为 EIP 网关的 IP 地址
	端口号	设置采煤机控制系统主控计算机预留的与惯导系统的以太网通信接口端口号	设置为：44818
	超时时间	设置通信超时时间	设置为：15 s
	工作面长度	设置工作面的长度	结合工作面实际情况，在生产中观察惯导设置界面显示的采煤机位置最大值进行设置

表 3-15 惯导系统工作面参数设置表

参数名称		参数说明	配置方法
工作面	名称	工作面名称	设置工作面的名称
	机头方向	• 左侧 • 右侧	朝向煤壁，判断机头在左手侧还是右手侧，并进行配置
	截割模式	• 双向截割 • 单向截割，机尾进刀 • 单向截割，机头进刀	根据工作面生产工艺进行选择
里程计	机头进入点	采煤机进入机头位置时里程计位置数值	根据现场实际情况进行配置
	机尾进入点	采煤机进入机尾位置时里程计位置数值	
	液压支架	支架数目及支架宽度参数设置	根据工作面实际支架数量增加或减少支架数目，同时设置支架的宽度，支架宽度按照工作面支架实际宽度填写

2. 自动化 LM-SAC 配置

若现场配置了惯导系统，则电液控制监控主机 LongWallMind-SAC 软件平台及相关工程需要配置惯导找直功能。在完成软件部署后，首先要对软件工程进行相关惯导找直功能参数配置，具体参数配置界面如图3-72 所示。

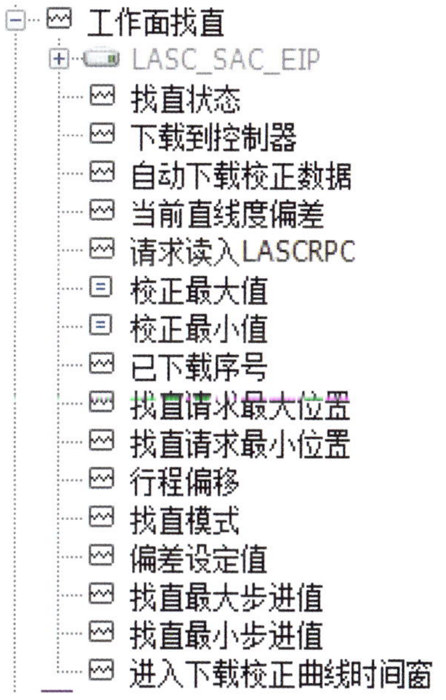

其参数具体说明如下：

（1）找直状态：属于只读参数，显示当前系统的找直状态。

“找直状态”为 0 时，上位机可以接收惯导装置发来的轮廓数据与校正数据，但不会生成工作面轮廓曲线（黄色）与校正曲线（红色）。

“找直状态”为 1 时，上位机按照轮廓数据生成显示工作面轮廓曲线（黄色），按照校正数据生成显示工作面校正曲线（红色），但不会向控制器下发找直目标。

“找直状态”为 2 时，上位机生成显示工作面轮廓曲线（黄色）与校正曲线（红色），并向控制器下发找直目标。

图 3-72 SAC 软件工程工作面找直功能配置

（2）下载到控制器：属于只写参数。0—无意义；1—开始将 RPC（位置矫正）数据下载到控制器；2—下载满行程推移刮板输送机移架数据。

（3）自动下载校正数据：属于读写参数。0—禁止自动下载；1—允许自动下载。当设置为允许自动下载时，电液控制主机要在每循环开始前，自动向支架控制器下载本循环移架目标行程值。根据自动找直控制“一刀检测、一刀矫直”的控制方式，在自动下载模式下规定：上行循环（采煤机由机头向机尾方向），当采煤机位置越过找直请求最小位置，并且在有效范围内（程序默认为10台支架距离），进行支架移架目标行程值下发，默认上行循环为检测工序，因此下发的支架移架目标行程值为满行程移架控制参数；下行循环（采煤机由机尾向机头方向），当采煤机位置越过找直请求最大位置，并且在有效范围内（程序默认为10台支架距离），进行支架移架目标行程值下发，默认下行循环为找直工序，因此下发的找直移架目标行程值为找直控制参数。

（4）当前直线度偏差：属于只读参数，指当前惯导曲线的最大值与最小值的差值。

（5）请求读入LASCRPC（惯导位置矫正）：属于只写参数。若参数值大于0，则将RPC（位置矫正）数据读入到缓冲区。

（6）校正最大/最小值：用于修正最终下发到控制器的RPC（位置矫正）值，限制下载到控制器的RPC值位于校正最小值与校正最大值之间。

（7）已下载序号：表示下载到控制器的RPC数据所属的工作面轮廓线编号。

（8）行程偏移：用于设定行程传感器的偏差。正值表示移动多一些，负值表示移动少一些。

（9）找直模式：属于只写参数。0—移架找直，1—推刮板输送机找直。当前一律采用移架找直控制模式。

（10）偏差设定值：当前未启用此参数功能。

（11）找直最大步进：设置支架移架应完成的最大步进量。

（12）找直最小步进：设置支架移架应完成的最小步进量。

（13）进入下载校正曲线时间窗：在自动下载模式下，是否进入下载校正曲线的时间窗口。

3. 电液控制器配置

支架控制器中，与惯导找直相关的两个参数有2个，分别是“缺省参数”列中的“找直允许”和“成组推移刮板输送机”列中的“找直目标”，“找直目标”的数值即主机下发的移架找直目标行程，当移架找直目标行程（校正值）通过主机下发给控制器、“找直允许”开启后，自动移架的“目标行程”不再由“自动移架”列的“移架目标”控制，而是由“找直目标”所对应的数值控制，从而在采煤过程中达到找直效果。

3.5.4.2 指令下发

电液控制监控主机软件平台及相关工程配置了惯导找直功能，工程软件界面应如图3-73所示。电液控制主机软件主界面直线度控制窗口配置了直线度控制操作按键，可根据现场实际使用情况进行设定。

正常移架：点击此按键，主机向电液控制系统控制器下发全行程移架参数值。

矫直移架：点击此按键，主机向电液控制系统控制器下发找直控制移架参数值。

设置：点击此按键，进入主机工作面找直参数设置对话框。

同时在电液控制主机软件中，点击“高级”→“找直控制”，即可打开惯导找直相关功能的操作界面，可以通过此界面对找直功能详细情况进行查询。

在矫正数据界面内，可以实现对工作面轮廓线数据、RPC数据的请求，找直移架目行程数据向支架控制器下发，数据下发状态检测及标记，以及清除数据下发状态等操作。轮廓数据包括当前工作面轮廓线、RPC数据的序号以及对轮廓线在每台支架处的数据。

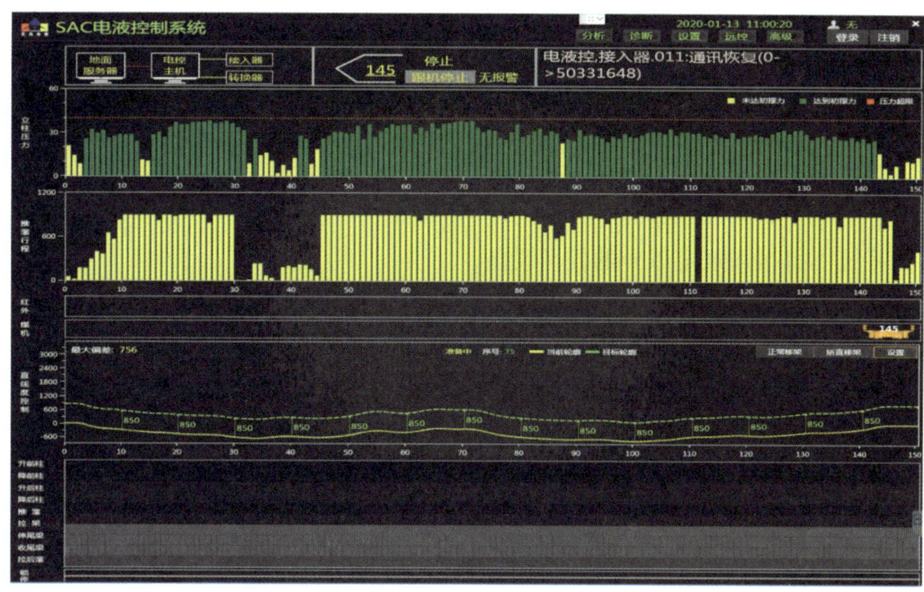

图 3-73 带惯导找直功能的 SAC 主机软件主界面

在校正数据界面内，可以实现以下操作功能：

(1) 工作面轮廓线数据、RPC（位置矫正）数据请求。点击界面中的“读入惯导数据”按键，即可将最近生成的一刀曲线数据从惯导软件中获取，“序号”中显示曲线的序号，每台支架会根据自己所处的工作面曲线位置获得一个数值。

(2) RPC（位置矫正）数据下发及下发状态标志清除。点击界面中的“下载到控制器”，即可将于矫直的支架移架目标行程值下发到工作面的每个控制器，控制器成功接收找直目标参数后对应支架的行程数值框变成绿色。已下载后若想再次下发 RPC（位置矫正）数据，需先“清除全部更新标记”，此时数值框再次变成灰色。

若勾选“允许自动下载到控制器”，当每生成一刀曲线时主机会自动将移架目标行程下载到控制器。

3.5.5 操作维护安全规则

1. 安全规则适用范围

为确保安全、正确地使用液压支架电液控制系统，所有使用该系统在综采工作面工作的人员，包括工作面操作人员、维护人员、管理人员及其他进入工作面工作的辅助人员，都必须遵照 SAC 电液控制系统安全规则。

2. 管理职责

(1) 应确保使用液压支架电液控制系统的综采工作面的区队及煤矿负责生产安全的领导（或安全负责人）获取本规则，并确保本规则得到宣传、贯彻和执行。将本规则所规定的安全事项编入本综采工作面的操作规程。

(2) 液压支架电液控制系统的所有操作（急停和闭锁除外）、维护、维修只允许由经过学习并熟悉操作使用方法、理解掌握了本规则并由矿方任命的专职操作人员进行，其他人员不得操作本系统。

(3) 专职操作维护人员应负责向工作面所有人员宣贯本安全规则，并保证每个人掌握闭锁、急停和停止按钮的使用和操作。

(4) 系统的所有密码只限指定专职操作人员掌握使用，不准对外泄露。严禁非专职操作人员擅自修改系统的参数。

(5) 系统必须使用为该工作面定制的专用软件和支架控制器、遥控器等控制部件，不可随意混用。

(6) 系统不得接入规定以外的任何设备。

3. 操作规则

(1) 操作人员工作时应集中精力，密切注意支架动作所涉及位置及其附近的状况，防止支架动作可能导致对自身或他人的安全威胁和设备的损毁。

(2) 操作人员如发现液压支架电液控制系统处于闭锁或急停状态时，应及时了解原因，确认危险状况解除后方可复位。

(3) 任何人员不得滞留在动作的支架内。当执行单架自动动作、成组自动动作及跟机自动动作时，被控制单元发出自动动作警示信号（蜂鸣器有节奏鸣响或警示灯在闪），严禁人员进入报警的支架内，在该区域内的人员应立即撤出。操作命令发出后，如发现有人进入到支架动作区域，应立即就近按下急停按钮停止自动功能的动作。

(4) 工作面人员在任何地点发现支架动作将导致危险发生，无论此时支架是否已在动作，都应立即就近按下急停按钮，使支架停止执行的动作，并报告专职操作人员。

(5) 在液压支架电液控制系统运行正常的情况下，禁止在本架直接手动操作先导阀按钮对支架进行控制。如有必要手动操作本架先导阀按钮时，必须确保有足够的安全空间，必须检查管路连接状况（包括管路连接位置是否正确、U 型卡是否连接紧固可靠、胶管及接头是否完好），在确认完好后方可操作。

(6) 执行手动操作支架立柱卸压或降柱动作时，必须先检查相邻支架的支护状况，在确保其处于支撑状态时方可操作。

(7) 禁止由支架操作工和采煤机司机以外的其他人员开启跟机自动化功能。

(8) 跟机自动化功能开启后，禁止任何未受过跟机自动化安全培训的人员进入跟机自动化区域。一般情况下采煤机前滚筒前 10 架至后滚筒后 20 架（根据采煤工艺要求可能范围有所增加）为跟机自动化的危险区域，除采煤机司机、支架工外禁止任何人员在此区域逗留。

(9) 支架操作工和采煤机司机应时刻注意顶底板条件以及跟机自动化动作情况，如有问题，应及时处理，必要时停止跟机自动化。

(10) 遇紧急情况需停止整台支架动作时，可在任一支架的电液控制器上按急停按钮，停止支架动作。

4. 维护规则

(1) 专职操作维护人员应对液压支架电液控制系统进行定期检查维护，如发现问题应及时维修，确保系统的完好性。

(2) 在工作面内作业人员，需要进入支架动作所触及的危险区域，应对危险区域内的支架实施闭锁并关闭支架进液截止阀，如在支架内长时间停留或对支架进行维修时至少应闭锁本架；对刮板输送机进行维修时应闭锁本架及上下邻架；对采煤机进行维修时应闭锁机身全长范围内支架再加上下各两架；清理工作面上下端头刮板输送机前端浮煤时，应对清理范围内的控制系统进行闭锁。在放顶煤工作面，需要对后部运输机或支架后部进行维护维修时，应闭锁工作区域内所有支架。

（3）系统的电源箱、控制单元、传感器、隔爆主机等电气部件，要严格按照《煤矿安全规程》有关井下电气设备安全管理的规定进行管理维护，电源箱和隔爆主机严禁带电开盖。

（4）系统的闭锁、急停按钮、蜂鸣器应定期检查，工作面安装调试时检查一遍，以后每隔三个月应检查一遍，如有损坏应及时更换、修复。

（5）对液压系统进行维修时，首先要关闭进液截止阀，再卸去该液压部件内的液体压力，并对控制单元实施闭锁或对支架进行机械支护，以免发生意外。

（6）执行支架过滤器反冲洗前，应检查排污管路连接是否固定可靠，防止液体喷出伤人或胶管伤人。

（7）对液压阀进行压力试验时应加防护罩，防止零件崩出伤人。

（8）维修更换部件，只允许更换原供货商提供的部件。

（9）井下只能进行阀芯组件更换，其他维护维修工作必须在地面进行。地面维护工人要求进行过相关专业培训。维修车间要求保持清洁，拆卸的零件首先进行清洗，检查零件是否损坏，剔除损坏零件，密封件要求全部更换，用专用工具拆装。

3.6 系统常见故障及处理方法

电液控制系统常见故障一般分为液压系统故障与电控系统故障两大类，本部分对常见的液压系统、电控系统故障及处理方法进行介绍。

3.6.1 液压故障及处理

液压支架液压系统故障多数与液压系统的液压元件有关，如胶管和管接头密封失效、液压元件故障、立柱或千斤顶不动作等，根据问题现象可进行针对性排查处理。在维护保养、排查处理液压系统故障时，应特别注意避免二次污染和破坏。在拆卸液压系统泵、管、阀等元件过程中，应保证过液结构清洁度和各项密封完整度。支架液压系统常见的故障现象与分析处理方法，见表3-16。

表3-16 支架液压系统常见故障的分析与处理方法

产品名称	故障现象	原因分析	处理方法
立柱	乳化液外漏	1. 液压密封件不密封； 2. 接头焊缝裂纹	1. 更换液压密封元件； 2. 上井更换、拆检补焊
	立柱不升或慢升	1. 截止阀未打开或打开不够； 2. 泵的压力低、流量小； 3. 换向阀漏液或内窜液； 4. 过滤器堵塞； 5. 管路堵塞； 6. 系统有漏液； 7. 立柱变形或内外漏液	1. 打开截止阀并开足； 2. 查泵压、水源、管路； 3. 上井更换、检修； 4. 更换、清洗； 5. 查清排堵或更换； 6. 查清后更换密封件或元件； 7. 上井更换、拆检

表 3-16（续）

产品名称	故障现象	原因分析	处理方法
立柱	立柱不降或慢降	1. 截止阀未打开或打开不够； 2. 液控单向阀打不开； 3. 换向阀动作不灵； 4. 顶梁或其部件有蹩卡； 5. 管路漏液或堵塞	1. 打开截止阀； 2. 检查压力是否过低、管路是否堵漏； 3. 清理堵塞矸尘或更换带盖操纵； 4. 排除蹩卡物并调架； 5. 排除漏、堵或更换
	立柱自降	1. 安全阀漏液； 2. 单向阀不能锁闭； 3. 立柱硬管、阀接板漏，立柱内渗液； 4. 立柱窜液	1. 更换密封； 2. 上井更换、检修； 3. 外漏查清后更换、检修； 4. 更换立柱
	立柱无法达到目标支撑压力	1. 泵压低，初撑力小； 2. 操作时间短、未达泵压； 3. 初撑力达不到要求； 4. 安全阀调压低，未达工作阻力；安全阀失效	1. 调泵压，排除管路堵漏； 2. 操作充液足够； 3. 按要求调安全阀开启压力； 4. 更换安全阀
千斤顶	不动作	1. 管路堵塞，或截止阀未开，或过滤器堵塞； 2. 千斤顶变形不能伸缩； 3. 与千斤顶连接件蹩卡	1. 打开截止阀，清洗过滤器； 2. 上井更换、检修； 3. 排除蹩卡
	动作慢	1. 泵压低； 2. 管路堵塞； 3. 几个动作同时操作，造成短时流量不足	1. 检修泵、调压； 2. 排除堵塞部位； 3. 协调操作，避免过多动作同时操作
	个别存在联动现象	1. 换向阀窜液； 2. 回液阻力影响	1. 操作充液足够，调整泵压； 2. 更换漏液元件
	无法达到目标支撑压力	1. 泵压低，初撑力低； 2. 时间短，未达到泵压，初撑力低； 3. 闭锁液路漏液，达不到额定阻力； 4. 安全阀开启压力低，工作阻力低阀、管路漏液； 5. 单向阀、安全阀失灵，闭锁超阻； 6. 千斤顶窜液	1. 调整泵压，排除管路堵漏； 2. 操作时间要充分； 3. 更换管路； 4. 更换漏液阀、管路； 5. 更换控制阀； 6. 更换千斤顶
	千斤顶漏液	1. 密封件损坏； 2. 缸底、接头焊缝有裂纹	1. 除接头 O 形圈在井下更换外，其他均上井更换、检修补焊； 2. 上井更换、检修补焊

表3-16（续）

产品名称	故障现象	原因分析	处理方法
电液控换向阀	支架动作缓慢	工作液不干净或更换胶管或接头时进入脏物堵塞过滤器	更换已经堵塞的过滤器，上井后清洗
	电磁先导阀与主阀连接端面漏液	电磁先导阀端面处O形圈失效	更换电磁先导阀端面处O形圈
	手动能动作、电控不动作	电磁阀顶杆调节不合适、连接器松动或损坏	检查连接器连接或重新调节顶杆
	动作复位缓慢	电磁阀顶杆卡滞或弯曲	更换电磁阀顶杆或支架、更换电磁先导阀
	主阀不动作时有液流声，可能有活塞缓慢动作	阀芯窜液	更换对应阀芯，旧阀芯上井更换阀座
立柱液控单向阀	立柱不动作	1. 支架进液截止阀关闭； 2. 系统内无压力或压力过小	1. 打开截止阀； 2. 提高系统压力
	立柱自降	1. 与B口相连的操纵阀窜液； 2. 单向阀密封破坏	1. 维修相应的操纵阀； 2. 更换单向阀内部阀芯组件和密封大阀座
	阀体功能口渗液	快速插头密封破坏	更换相应的密封件
	阀体与立柱阀板间漏液	阀体与立柱阀板间的O形密封圈失效	更换阀体与立柱阀板间O形密封圈
倒拉推移单向锁	千斤顶闭锁腔处于承载状态下，压力缓降	单向阀密封失效	更换阀垫
护帮双向锁	不能闭锁液路	1. 阀或阀座损坏； 2. 被液中杂质卡住不能有效密封	1. 更换检修； 2. 冲液几次仍不能有效密封，则更换检修
液控双向锁	不能闭锁液路	1. 阀或阀座损坏； 2. 被液中杂质卡住不能有效密封	1. 更换检修； 2. 冲液几次仍不能有效密封，则更换检修

表 3-16（续）

产品名称	故障现象	原因分析	处理方法
球形截止阀	截止阀关闭不严或不能开关	1. 阀座磨损； 2. 其他密封件损坏； 3. 手把紧，转动不灵活	1. 更换阀座； 2. 更换 O 形圈； 3. 拆检
回液断路阀	支架不动作，系统压力卸不掉	回液断路阀接反	正确安装回液断路阀
	所有动作同时动作	回液断路阀堵死，系统回液憋压	更换回液断路阀
安全阀	不到额定工作压力即开启	1. 未按要求额定压力调定安全阀开启压力； 2. 弹簧疲劳失去要求特性； 3. 紧定螺钉松动	1. 重新调压； 2. 更换弹簧； 3. 更换上井调试
	降到关闭压力不能及时关闭	弹簧特性失效	更换上井换弹簧
	渗漏现象	1. 主要是密封圈损坏； 2. 阀芯不能复位	1. 更换上井换 O 形圈； 2. 更换检查阀芯、弹簧等
	外载超过额定工作压力安全阀不能开启	1. 弹簧力过大、不符合要求； 2. 阀芯、弹簧座、弹簧变形卡死； 3. 动了调压螺套，实际超调	1. 更换弹簧； 2. 更换上井检修
液控单向阀	不能闭锁液路	1. 阀或阀座损坏； 2. 被液中杂质卡住不密封	1. 更换检修； 2. 冲液几次仍不密封，则更换检修
自动反冲洗过滤器	反冲口高低压漏液	阀座失效	更换阀座
	支架动作缓慢	过滤器严重堵塞，液体太脏或使用时间过长	左右各反冲三次，看动作速度是否改观，如无改变，则只能更换滤芯
	电磁先导阀大面积不动作	1. 主阀过滤器堵塞； 2. 反冲洗过滤器滤芯失效	1. 及时更换主阀小过滤器； 2. 及时更换支架手动反冲洗滤芯
交替单向阀	不能闭锁液路	1. 阀或阀座损坏； 2. 被液中杂质卡住不密封	1. 更换检修； 2. 冲液几次仍不能密封，则更换检修

表 3-16（续）

产品名称	故障现象	原因分析	处理方法
液压附件	高压胶管损坏漏液	1. 胶管被挤、砸坏； 2. 胶管过期老化断裂； 3. 胶管与接头扣压不牢； 4. 推移、升降时胶管被拉挤坏； 5. 高低压管误用，造成裂爆	1. 清理好管路、坏管更换； 2. 及时更换； 3. 更换； 4. 更换坏管，并整理好胶管，必要时用管夹整理成束； 5. 更换裂管，胶管标记明显
	管接头损坏	1. 升降、推移架过程中被挤碰坏； 2. 装卸困难，加工尺寸或密封圈不合格； 3. 密封面或 O 形圈损坏，不能密封； 4. 接头体渗液为锻件裂纹气孔缺陷造成	1. 损坏接头及时更换； 2. 拆检，密封圈不合格要更换； 3. 更换 O 形圈或接头； 4. 更换接头

3.6.2 电控故障及处理

液压支架电控系统一般由百余台支架控制器顺序连接组成，每 6~8 架安装一个电源箱，不同电源模块供电的不同组支架控制器之间通过隔离耦合器或类似功能的电路隔离电路连接，耦合数据通信。机头首架或机尾末架的支架控制器连接信号转换器，将电液控制系统数据、传感数据打包上传到监控中心，同时接收工作面支架控制器发来的采煤机红外信号，利用采煤机运行趋势以及统计模型分析计算采煤机位置，并发布到工作面所有支架控制器上。支架控制器背部连接了电磁阀驱动器、压力传感器、行程传感器、红外接收器、倾角传感器、测高传感器、人员感知传感器、无线接收器等设备，用来执行液压支架动作控制、液压支架信息采集、人员定位、无线遥控等功能。

电控系统常见故障多数与系统的供电、通信或设备问题有关，大致可分为系统供电类故障、系统通信类故障和关键设备类故障，可根据问题现象进行针对性排查处理。电控系统设备在维护清洁过程中应注意避免高压水直接冲洗外壳和零部件，防止元器件进水受潮失效。

1. 系统供电类故障

液压支架电液控制系统在运行中，偶尔会由于大功率设备启停造成供电电源不稳定，反馈到电液控制系统中，造成电压跌落、谐波畸变、频率偏移等故障，在控制器上表现出来通信错误、设备重启、采煤机位置跳变、急停误报等现象。根据电液控制系统供电装置布局特点，干扰信号一般都是由布置在巷道的组合开关、综保装置等供电装置从工作面一端引入，由于线路损耗，在远离供电源的一端，故障问题更加突出，可以根据整个工作面故障出现的概率，来推断此类故障是否由供电原因引起。

处理措施是可以借助手持式电能质量分析仪对电网信号进行观察，尤其是电网谐波，要保证在远离供电的尾端，谐波畸变率小于 5%。如果超过此值，巷道的供电装置可能会对电液控制系统造成干扰。处理方法是检修组合开关和综保装置，确保装置处于正常工作状态。

2. 系统通信类故障

电控系统中控制器之间采用 CAN 总线和邻架 CAN 双通信链路进行数据传递。常见故障有总线通信故障、邻架通信故障、传感信息丢失等。

处理的措施是首先确定是不是某个固定节点（控制器、耦合器、传感器）出现问题，可以使用替换法进行排除；如果故障位置不固定，可按照表 3-17 进行故障排查与处理。

表 3-17 系统通信类故障分析处理表

故障现象	原因分析	处理方法
总线通信故障	大多数是在采煤时出现此类问题，判断传感器数据上传频率是否过高引起了总线局部堵塞故障	修改控制器参数，降低传感器数据上传频率
邻架通信故障	在邻架选架与控制正常的情况下，控制器界面上显示“××架控制器邻架通信故障”，判断是否由通信故障检测时间参数设置过短造成的故障	查看系统参数，将邻架检测时间参数调整为较大值，再观察故障是否消失
传感信息丢失	如果是分段传感数据丢失，需要排查此段控制器系统参数（传感器设备）是否和其他控制器一致	修改控制器系统参数
	传感器数据上传路径分为 RS422 上传、接入器上传，如果整个工作面传输路径设置不一致，可能会造成数据丢失	修改控制器系统参数

3. 关键设备类故障

电控系统中的关键设备包括电源箱、支架控制器、隔离耦合器、信号转换器及连接器、电缆接续器等系统附件。

其中电源箱常见故障包括电压低于额定值、模块老化带载能力差等，排查时应首先切断负载使用专用仪器检测电源箱电压是否为额定值，再逐一连接支架控制器及传感器等设备，观察电源模块是否工作正常，排除设备接口漏电或连接器短路问题后，可更换电源模块观察供电是否恢复正常。

支架控制器常见故障有黑屏、操作时不动作、按键失灵、通信故障、传感显示“ **** ”或者“VVVV”，出现上述故障时，可按照表 3-18 进行排查。

表 3-18 控制器常见故障分析处理表

故障现象	原因分析	处理方法
控制器不上电（黑屏）	控制器本身以及配接的传感器设备故障造成电源保护	在控制器与电源箱之间接入多通接线盒，用万用表测试工作电压，如果电压不正常，先拔下控制器，测量电压是否恢复正常，排查电源箱故障；依次插拔传感器，排查是否为传感器故障导致的电源保护

表 3-18（续）

故障现象	原因分析	处理方法
支架不动作或动作迟滞	邻架通信故障、连接器断路、隔离耦合器故障、电磁驱动器故障、电磁先导阀故障等造成	逐一设备排查；支架动作迟滞时，调整通信相关参数，检查故障现象是否重现，判断是否为通信数据堵塞造成的控制命令迟滞
数值显示VVVV	传感器损坏或线缆损坏	尝试更换线缆或传感器
数值显示****	相关的传感器参数未开启	阅读用户手册，开启相关传感器参数
	传感器损坏	尝试更换传感器
采煤机位置不变或丢失	红外接收器损坏、信号转换器故障、连接器断路、隔离耦合器故障、总线堵塞	尝试更换线缆、传感器、隔离耦合器；单台液压支架红外传感器有信号，无煤机位置显示时，排查信号转换器是否故障，检查缺省参数“变换器”开关是否打开

4　智能集成供液系统

随着我国智能化采煤技术和装备的推广应用，对采煤工作面供液系统的流量、压力和介质清洁度提出了更高要求，而传统的乳化液供液系统存在供液不稳定、自动化技术落后、系统匹配性差、乳化液配比精度低、介质清洁度难保障等问题，难以满足采煤工作面的智能化要求。通过应用状态监测、电磁卸载、变频控制、智能联动、分级供水、反冲洗过滤、分级过滤、乳化液自动配比、智能停机保护等技术，实现了集成供液系统的感知、控制、协同、执行和运维等智能化，满足液压支架动作和采煤机喷雾降尘的液压动力要求，为高效采煤提供供液保障。本章对智能集成供液系统的组成、工作原理和主要设备进行阐述，介绍了系统设计、系统选型方法，并对系统的使用操作、常见故障及处理方法进行详细说明。

4.1　集成供液系统概述

智能集成供液系统主要包括泵站、水处理系统、乳化液自动配比系统、多级过滤系统和电控系统五大组成部分，具体包括乳化液泵站、喷雾泵站、电磁卸载阀、原水箱、水处理装置及控制系统、乳化液自动配比装置、浓度监测及循环校正装置、清水过滤站、高压过滤站、回液过滤站、中央控制器、分布控制器、变频器、软件系统及连接管路等组成。“五泵三箱”智能集成供液系统的系统结构如图 4-1 所示。

智能集成供液系统主要功能包括：

（1）主要设备状态监测、预警与保护功能：通过对油温、油位、压力和浓度等参数的实时监控，实现及时报警和停机保护。

（2）状态监测与数据保存上传功能：可以查询泵站运行和历史信息，具有数据传输到工作面集中控制中心的接口。

（3）泵站电磁卸载功能：通过控制软件设定乳化液泵输出压力，实现乳化液泵的高压自动卸载以及空载启停。

（4）乳化液泵站的变频控制功能：实现系统压力波动的最小化，提高泵的有效利用率，实现节能高效和稳定供液。

（5）急停、闭锁保护功能：包括单泵闭锁及多泵站的急停控制。

（6）多种控制方式：既能远程单动或就地自动控制单泵，也能远程联动控制多泵。

（7）多泵站智能联动功能：根据用液情况实现“主、次、辅、备”泵的智能启、停控制。

（8）智能化操作功能：自动加水、配液、乳化液浓度在线校正。

（9）液压系统清洁度保障功能：实现对进水、高压乳化液、回液的多级高精度过滤。

（10）爆管保护功能：在胶管爆裂等突发情况下，迅速停泵，确保井下设备及操作人员安全。

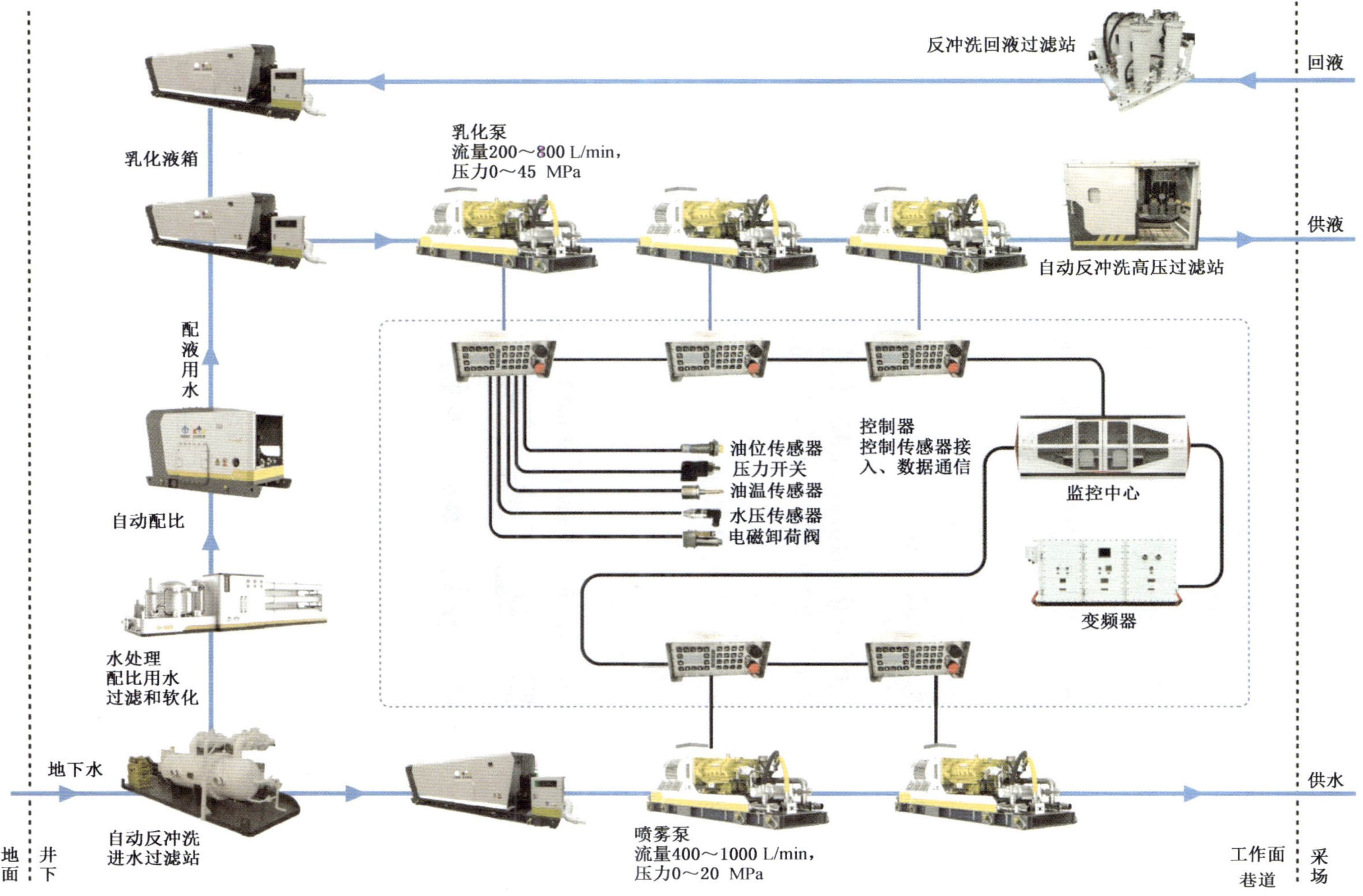

图4-1 智能集成供液系统结构

智能集成供液系统采用基于变频控制的多泵负载流量匹配、泵站电磁卸载和空载启停控制、乳化液自动配比和自动补液补油、安全急停及紧急卸载控制、泵站状态参数检测与保护、设备故障预警及诊断等技术，实现了综采工作面供液系统的集中监控、运行工况数据上传和地面远程监控等功能，具有如下特点及优势：

(1) 专业化系统集成解决方案。智能集成供液系统不仅具备基本的供液功能，还将变频控制、智能联动控制、多级过滤、紧急卸载、自动补液（水)、乳化液自动配比、系统运行信息检测与上传等功能集成于一体，形成智能采煤工作面供液系统整体解决方案。

(2) 节能、高效。智能集成供液系统采用高性能变频器、节能型变频电机、乳化液泵站和电磁卸载结合新模式，降低了传统泵站系统的损耗，使系统经济节能，设备高效运转。

(3) 按需供液。乳化液泵站主泵变频和电磁卸载智能联动控制，最小化系统压力波动，最大化匹配系统需求，实现按需供液。

(4) 稳定、清洁的工作介质保障。通过多级过滤、液箱自清洗和反冲液回收，保证了工作介质的稳定和清洁，配合乳化液自动配比装置，使乳化油的用量实现精确控制。

(5) 安全。系统集成工作面紧急卸载阀，可将高压液快速卸载至回液箱，实现泵站的失压保护和安全停机，确保安全生产。

4.2 集成供液系统组成及工作原理

4.2.1 系统工作原理

智能集成供液电控系统架构如图 4-2 所示。

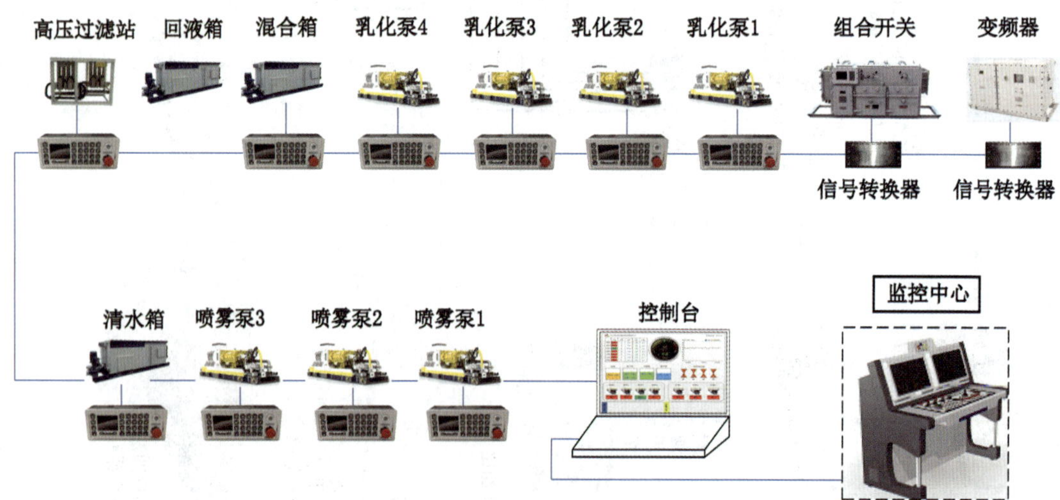

图 4-2 智能集成供液电控系统架构图

在控制方面，集成供液电控系统设计时考虑到煤矿井下的特殊工况及液压系统模块化设计的需要，采用集中—分布式架构，由一台控制主站和多台控制分站组成。各种传感器信息由各控制分站采集后统一传输至控制主站分析处理，根据处理结果对泵站电机启停和调速、卸载阀的动作进行决策控制，实现对乳化液泵站、喷雾泵站、乳化液箱和水箱等设备的控制。电控系统接收供液需求对应的控制信息，执行相应的控制操作，并与监控中心进行信息交互。

在供液方面，集成供液系统利用进水过滤站对供水进行处理后，一路连接喷雾泵，用于采煤机和液压支架喷雾降尘、设备动力传动系统的冷却等；另一路需经过深度过滤，并与乳化油自动配比后输送至乳化液泵，乳化液经过高压过滤站过滤后为采煤工作面液压支架提供动力，最后经过回液过滤返回乳化液箱。

4.2.2 供液泵组

4.2.2.1 泵组结构及工作原理

乳化液泵站和喷雾泵站是采煤工作面供液系统的核心设备，乳化液泵站为液压支架提供液压动力，是液压系统的动力源；喷雾泵站主要用于采煤机喷雾降尘、设备动力传动系统的冷却等。

为了满足大采高液压支架的高初撑力、高工作阻力设计要求以及快速移架和安全支护的需求，需要高压大流量乳化液泵站进行配套，乳化液泵站最大输出压力超过 40 MPa，流量一般为 200~630 L/min，驱动乳化液泵的电动机功率一般为 150~315 kW，最大功率达 1000 kW。

BRW800/40 型乳化液泵通过联轴器与防爆电机连接在一起，安装在同一底座上，同时配有外置润滑系统、卸载阀、安全阀等，如图 4-3 所示。乳化液泵组一般采用卸载阀进行压力自动调节，而喷雾泵组普遍采用溢流阀进行工作压力调节。

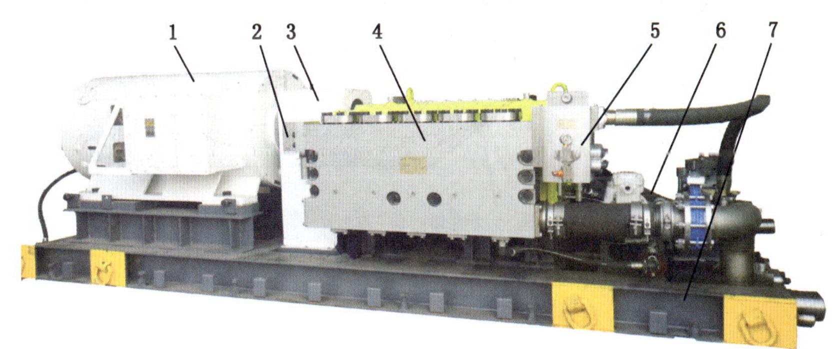

1—防爆电机；2—安全阀；3—联轴器；4—乳化液泵；5—卸载阀；6—外置润滑系统；7—泵站底座

图 4-3 BRW800/40 型乳化液泵组系统结构图

4.2.2.2 乳化液泵

乳化液泵型号依据 MT/T 188.2《煤矿乳化液泵站 乳化液泵》编制，如图 4-4 所示。

示例：BRW800/40，表示乳化液泵，采用卧式结构，公称流量为 800 L/min，公称压力为 40 MPa。

典型的高压大流量乳化液泵结构如图 4-5 所示，该乳化液泵为卧式五柱塞往复泵，具有流量均匀、压力稳定、运转平稳、脉冲小、振动低、噪声小、使用维修方便等特点。柱

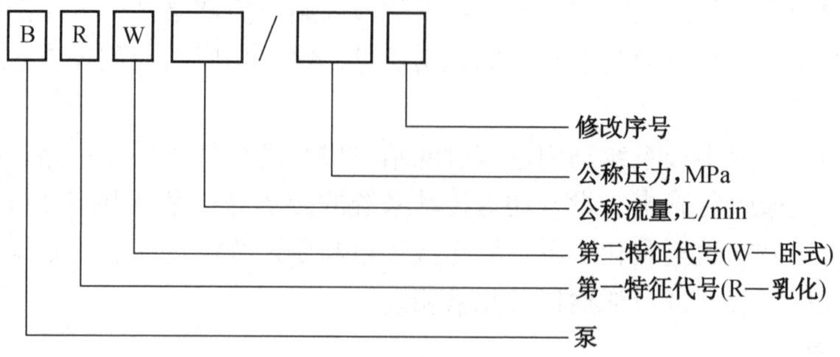

图 4-4　乳化液泵型号

塞往复运动的速度随曲轴转动按正弦规律周期性变化，瞬间流量等于同时工作柱塞瞬时排量的总和。泵的瞬时流量在一定区间内周期性变化，这种变化现象称为泵的流量脉动，五柱塞泵的流量脉动低于三柱塞泵的流量脉动。流量脉动可引起液压系统压力产生周期性脉动。压力和流量脉动易引起管道和阀的共振，泵站液压系统中的蓄能器能够有效减缓流量和压力脉动。

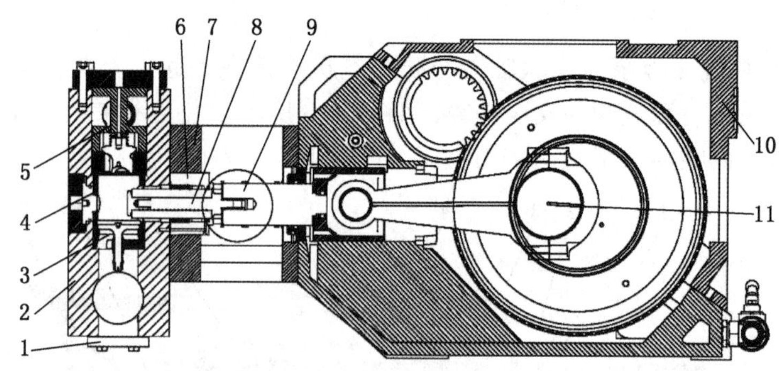

1—吸液腔封堵板；2—泵头体；3—吸液阀组件；4—隔套；5—排液阀组件；6—液力转换壳体；7—中箱；8—柱塞；9—滑块；10—曲轴箱体；11—齿轮

图 4-5　乳化液泵

乳化液泵整体结构按功能属性可分为动力端、液力端和电气支持部分。在动力端，乳化液泵的传动轴由三相防爆电机驱动，经一级齿轮减速带动曲轴旋转，再由五列连杆、滑块带动柱塞做往复运动。在此过程中，进入液力端的乳化液经过吸液阀吸入乳化液柱塞腔体，柱塞在曲轴连杆的驱动下将乳化液送入排液阀，实现由电机机械能到液压能的转换，乳化液经电磁卸载阀调节压力，此后，高压液通过液压管路输送到执行结构。泵出口处安装有设置好的安全阀，确保泵在安全、稳定的工作压力下运行，还可以根据需要选择是否安装蓄能器。

乳化液泵的流量等级从 200 L/min 到 800 L/min，满足薄煤层到大采高工作面的不同流量需求，额定压力最高达 45 MPa，适用于不同采高的综采液压系统，也可用于远距离供液系统的高压补液，主要技术参数见表 4-1。

表 4-1 常用乳化液泵主要技术参数

类别	型号			
	BRW200/45	BRW400/37.5	BRW630/40	BRW800/40
进水压力	常压	常压	常压	常压
公称压力/MPa	45	37.5	40	40
公称流量/(L·min^{-1})	200	400	630	800
曲轴转速/(r·min^{-1})	438	438	451	458
柱塞直径/mm	40	55	55	60
柱塞行程/mm	140	140	110	145
柱塞数量/个	3	3	5	5
电动机功率/kW	200	315	500	630

4.2.2.3 喷雾泵

喷雾泵站流量等级从 400 L/min 到 1000 L/min，压力最高达 20 MPa，适用于不同采高的工作面供液系统和远距离供液系统的喷雾降尘，主要技术参数见表 4-2，喷雾泵组如图 4-6 所示。

表 4-2 常用喷雾泵主要技术参数

类别	型号			
	BPW400/16	BPW500/16	BPW800/16	BPW1000/16
进水压力	常压	常压	常压	常压
公称压力/MPa	16	16	16	16
公称流量/(L·min^{-1})	400	500	800	1000
曲轴转速/(r·min^{-1})	438	605	451	615
柱塞直径/mm	55	80	65	80
柱塞行程/mm	140	60	120	70
柱塞数量/个	3	3	5	5
电动机功率/kW	132	160	250	315

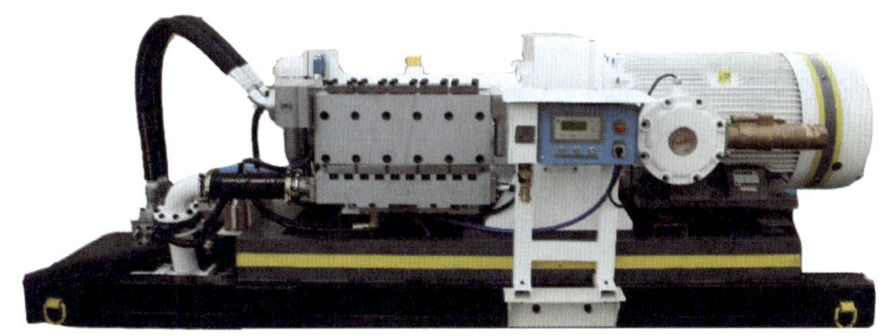

图 4-6 喷雾泵组

4.2.2.4 电磁卸载系统

电磁卸载系统是供液系统压力控制的核心部件，其增压和卸载动作的动态响应特性、灵敏性、稳定性、可靠性等性能，直接影响供液系统的供液压力稳定性、节能效果以及液压支架的稳定性和使用寿命。电磁卸载系统利用电磁控制技术，优先控制电磁先导阀动作，继而控制卸载阀动作，从而实现对系统压力的自动控制，减轻泵站负载，延长其使用寿命。相比于传统的机械卸载阀，电磁卸载系统的压力调整范围大，可远程控制，满足采煤工作面的智能化控制要求。

1. 电磁卸载系统

电磁卸载系统主要由电磁先导阀、单向阀芯组件、卸载阀芯组件、过滤器与阀体组成，其结构如图 4-7 所示。

为提高泵站出口压力调节的可靠性及安全性，电磁卸载系统还增加了机械调压阀，在电磁先导阀出现故障不能正常动作时，机械调压阀发挥作用对系统压力进行调节，起到了对系统压力双控的作用。电磁先导阀的机控和电控模式，可以通过调整电磁先导阀上的凸轮进行切换，如图 4-8 所示。一般情况下机械卸载压力调定值比电磁卸载压力调定值高 2.5~3 MPa。

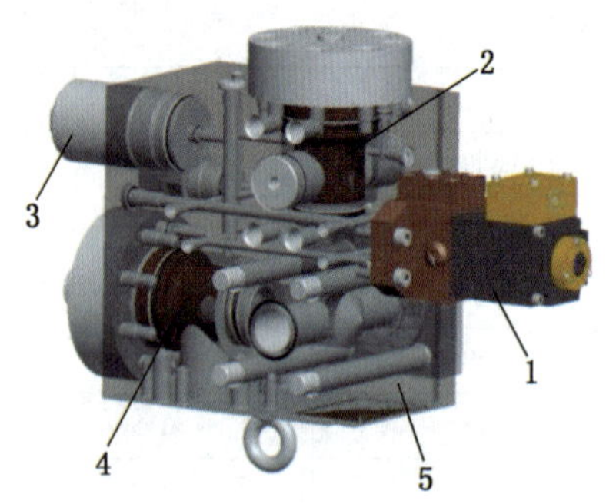

1—电磁先导阀；2—单向阀芯组件；3—过滤器；4—卸载阀芯组件；5—阀体

图 4-7 电磁卸载系统结构

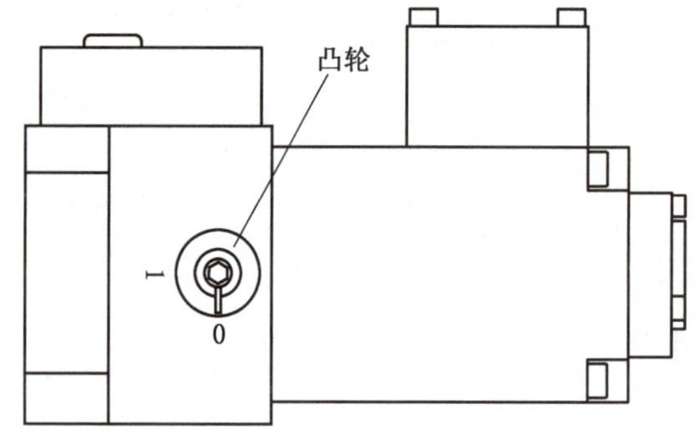

图 4-8 电磁先导阀凸轮位置示意图

当侧面凸轮转动至“1”位置，卸载阀进入机械卸载模式。调整机械调压阀的弹簧力，增大调压阀卸载压力值，每转动 1/4 圈，观察该位置卸载压力与恢复压力，直至卸载压力超过系统需求压力 1~3 MPa。

当侧面凸轮转动至“0”位置，卸载阀进入电控卸载模式。在泵站控制系统中设定卸载压力与恢复压力（推荐卸载压力为系统需求压力，恢复压力低于卸载压力 3 MPa），在泵站控制系统界面中观察乳化液泵压力变化情况，确定压力波动情况在所设置范围之内。如有异常情况立即对电磁先导阀进行断电，泵站停止工作。

2. 工作原理

电磁卸载系统进液口、回液口和工作口，分别连接乳化液泵的泵头出液口、回液管路和高压管路，通过控制介质的流动方向来实现系统的增压—卸载过程。液体介质经乳化液泵柱塞腔加压后，高压液通过排液阀到泵头出液口流入卸载系统进液口，一般会被分成四条液路：

液路一：高压液顶开单向阀芯进入主供液系统，直接向工作面输送高压液。

液路二：顶开单向阀芯的高压液经阻尼孔到达机械调压阀，给顶杆推力。

液路三：泵出口高压液经过滤器后，一路进入电磁先导阀，推动先导阀芯；另一路经机械调压阀到达卸载阀芯上腔，控制卸载阀芯关闭。

液路四：当控制腔压力降低时，高压液顶开卸载阀芯，来自泵的介质直接通过卸载口回液箱。

当工作面用液量增加，传感器检测到系统压力降低至设定值时，电磁先导阀换向，高压液进入卸载阀芯上腔，由于卸载阀芯前后端面面积不同，在液压力和弹簧力作用下使卸载阀芯关闭停止卸载，单向阀芯打开向系统供液，实现系统增压。

当工作面用液量减少，传感器检测到系统压力大于设定值时，电磁先导阀换向，卸载阀芯后腔液压力消失，卸载阀芯在液压力作用下打开，乳化液经卸载口回流液箱，实现卸载动作，系统压力降低。

电磁卸载系统通过电磁控制实现增压、卸载动作，当电磁控制失效，电磁先导阀不能动作，系统压力无法卸载时，会使卸载阀在高压下溢流，导致乳化液介质温度迅速升高，会对乳化液泵和密封件寿命产生较大的影响。因此，机械卸载作为系统压力控制的第二道防线，起着重要的作用。当电控模式失效，系统压力超过设定的电磁卸载动作压力而持续上升时，到达机械调压阀调定的压力后，机械调压阀开始动作，使卸载阀芯控制腔压力卸载，卸载阀芯打开，完成系统压力卸载。电磁卸载系统工作原理如图 4-9 所示。

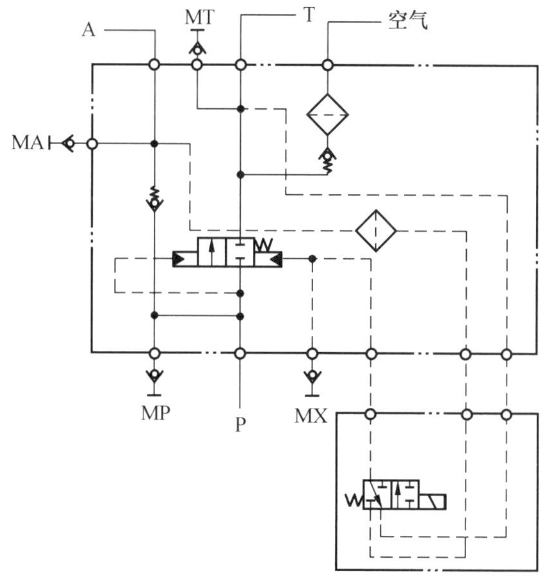

图 4-9 电磁卸载系统工作原理

4.2.2.5 远距离供液技术

随着乳化液泵流量和性能的提升，在复杂地质条件下，远距离供液的优势更加明显。

通过研制高压大流量乳化液泵，解决了远距离造成的压降过大问题，提高了供液距离，远距离集成供液系统原理如图 4-10 所示。

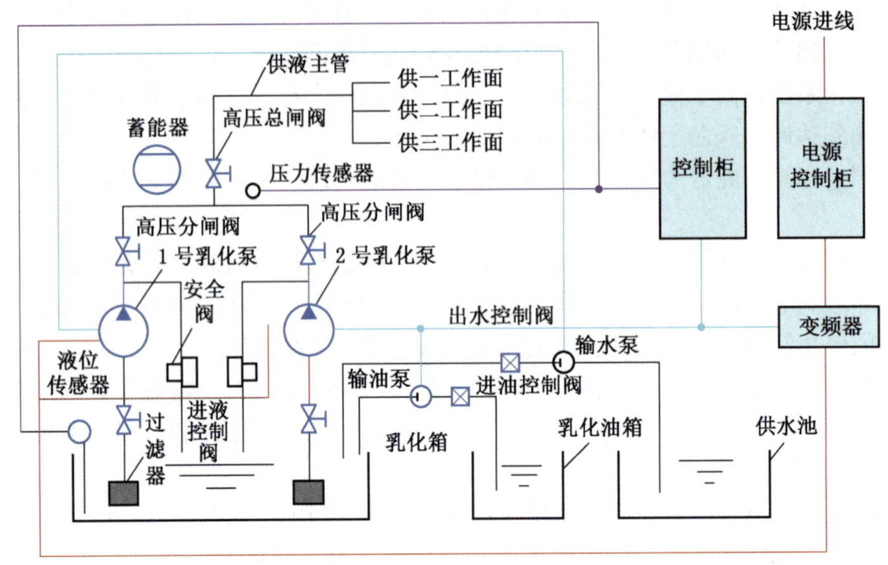

图 4-10　远距离集成供液系统原理

国内已实现 3500 m 以上的远距离集成供液，逐步实现由“一面一站”向“地面集中供液”过渡。控制技术在远距离集成供液过程中发挥重要作用，具体包括：

（1）下行供液工作面回液中继。当工作面为下行供液且存在较大落差时，回液初始压力无法克服高程损失和沿程损失，会造成工作面回液不畅。通过回液中继及自动控制系统，解决了乳化液泵远距离爬坡回液的问题。通过增加回液中继箱及水泵，配合系统的电气自动控制，使得回液在离开工作面时具备一定初始动力，从而克服由于高度差和管道输送所造成的压力损失。

（2）多工作面乳化液供应匹配控制。采用多路并联形式满足不同工作面的流量需求，基于多路快速切断阀实现了工作面乳化液供应的压力匹配和独立控制。在电磁换向阀失电状态下，能够快速切断阀的进液口与快速切断阀的出液口，使电磁换向阀处于截断状态，保证电源故障时的设备安全。

（3）全变频驱动泵站控制。在多工作面远距离供液过程中，对泵站的变频启动及工作时间的分配策略提出了更高的要求。通过全变频驱动泵站系统，调整变频器与组合开关联动控制逻辑，制定工作时间统计及定期切换控制策略，提高泵站使用效率，降低泵站启动时对泵本身的伤害，缩短泵站检修时间，延长集成供液系统的使用寿命。

4.2.3　水处理系统

不同矿区水质差异较大，一些矿井的供给原水含有较高硬度的离子，且含有悬浮物颗粒、有机物等杂质。若未经处理直接使用，容易造成支架液压系统污染，支架滤芯、电液阀等精密液压元件堵塞和锈蚀。采用水处理设备对矿井粗过滤水进行进一步净化，可以有效去除原水中的悬浮物颗粒、有机物、微生物以及各类溶解性盐离子，保证液压动力介质的纯净度，提高用水水质，降低液压系统故障率，提高液压系统安全可靠性。

4.2.3.1 工艺流程与系统组成

常用的水处理系统为乳化液配比给水反渗透装置，新一代水处理系统为智能型反渗透净水装置（包含一体式和分体式）。

1. 乳化液配比给水反渗透装置

反渗透装置适用范围广泛，抗进水波动性强，主要采用吸附过滤加反渗透除盐的净水工艺，原水经过砂滤器去除水中的悬浮物及胶体物、炭过滤器去除水中的有机物和余氯，经过保安过滤器滤去水中大于 5 μm 的颗粒物后进入反渗透装置，产出的除盐水送至水箱，由除盐水泵输送往乳化液配比系统，如图 4-11 所示。反渗透装置有 4 t/h 和 10 t/h 产水量两类。

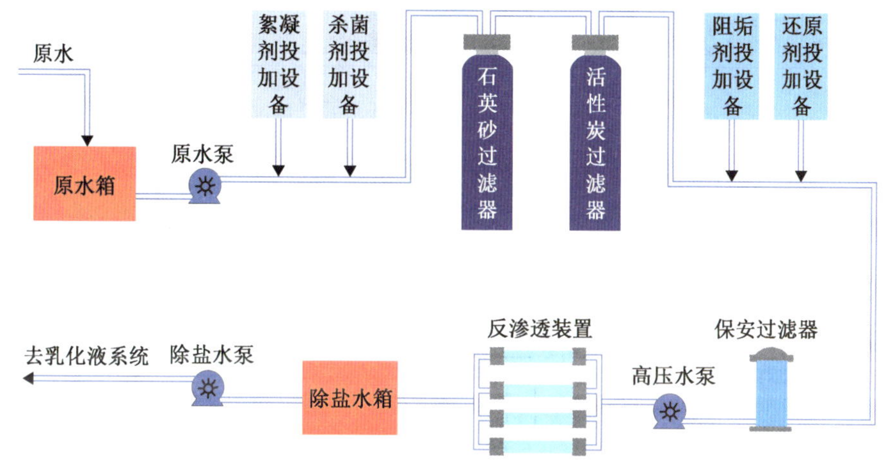

图 4-11 乳化液配比给水反渗透装置工艺流程

反渗透装置由原水箱撬块、砂过滤器撬块和炭过滤器撬块（预过滤撬块）、反渗透撬块、除盐水箱撬块等几部分组成。各撬块通过软管相连，组成一个有机整体，也可根据具体情况进行布置，布置示意图如图 4-12 所示。一般情况下，清水过滤站过滤后的水通过管道连接原水箱撬块进水口，纯水箱撬块出水口连接乳化液配比装置。针对左右工作面的布置需求，设备可整体旋转，保证设备正面面对人行通道，方便操作。

2. 智能型反渗透净水装置

智能型反渗透净水装置采用结合多级过滤和反渗透除盐的成套净水工艺流程（图 4-13），能够有效去除供给原水中的泥沙、煤粉、铁锈、胶体物质、有机污染物、无机盐离子等杂质，设备产水水质远高于 MT 76 标准，满足井下高纯净度用水需求。智能型反渗透净水装置集制水、储水、供水、加药、电控等功能为一体，具有高度集成和故障自诊断报警等优点，无须专人值守，只需定期巡视或更换备件耗材。智能型反渗透净水装置按产水量分为 6 t/h、10 t/h、20 t/h 三类；按设备结构型式可分为一体式和分体式反渗透净水装置两类，如图 4-14 所示。

智能型反渗透净水装置内部所有单元均安装于底座之上，装置外部由门板式箱体包围，局部位置可以打开，方便设备检修和维护。设备左右两侧均设有进水口，方便设备调

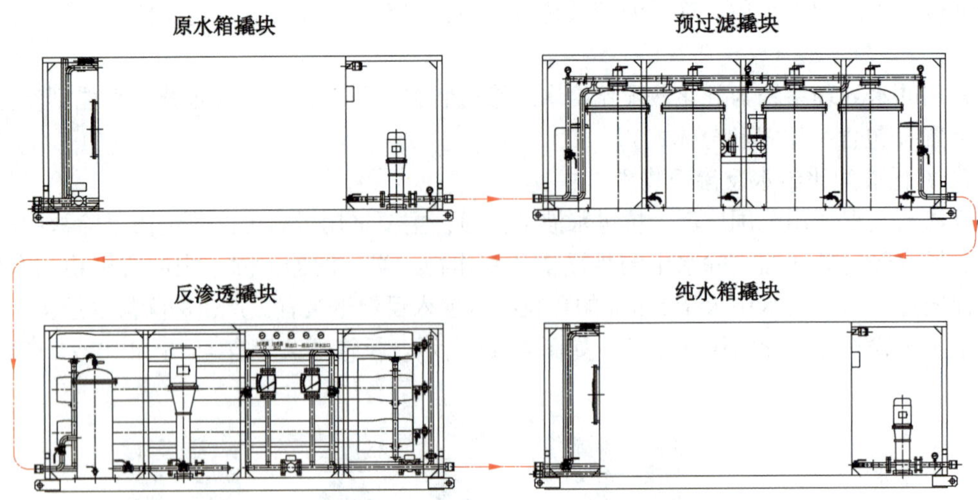

图 4-12　乳化液配比给水反渗透装置示意图

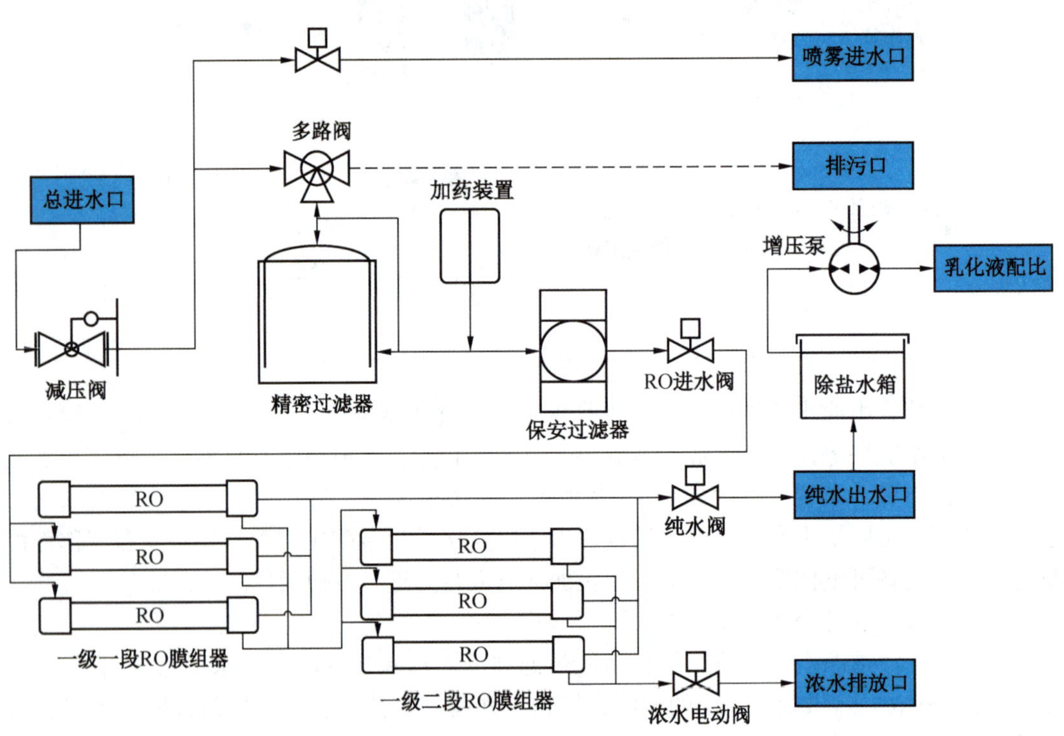

图 4-13　智能型反渗透净水装置工艺流程

向，同时保证设备正面面对人行通道，方便操作。

一体式反渗透净水装置内，减压阀、安全阀、自清洗过滤器、纤维精密过滤器、保安过滤器、反渗透膜组件、除盐水箱等均集成在一个模块中。分体式反渗透净水装置分为水处理模块与除盐水箱模块，水处理模块产水口通过管路与除盐水箱进水口相连，使得水处理模块与除盐水箱模块组成为一个整体。

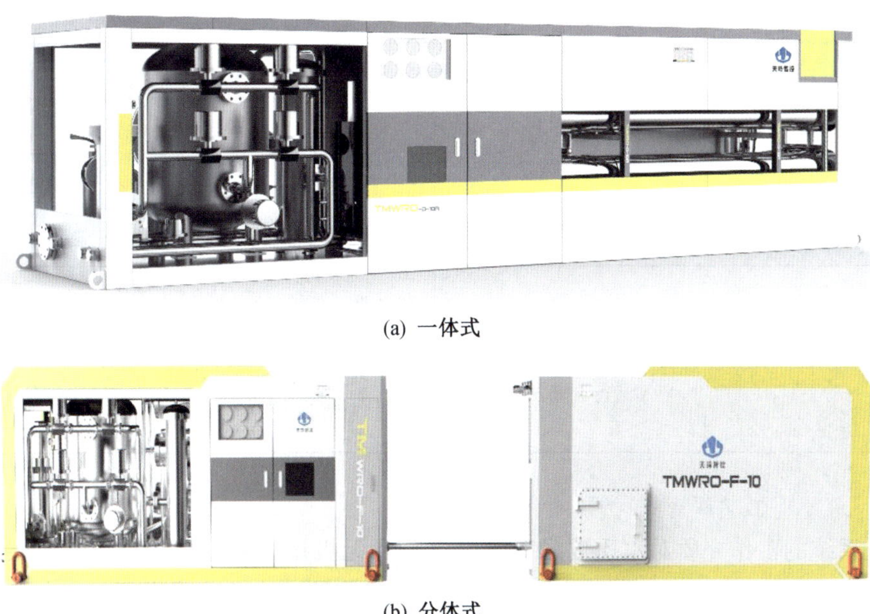

(a) 一体式

(b) 分体式

图 4-14 智能型反渗透净水装置

为了保证设备产水连续性，智能型反渗透净水装置还设有一路应急管路，可在预处理过滤器故障时，仍然保证设备的正常产水。

综上所述，每类水处理设备都有其特定的适用条件与独特技术优势，不同设备特点见表 4-3。

表 4-3 水处理系统技术参数

参数名称	系统类型		
	乳化液配比给水反渗透装置	智能型反渗透净水装置	
		一体式	分体式
产水量/$(t \cdot h^{-1})$	4、10	6、10	6、10、20
设备尺寸/(mm×mm×mm)	单个撬块尺寸 4000×1400×1600	5750×1420×1520	单个模块尺寸 3850×1350×1570
产水水质	优于 MT 76	优于 MT 76	优于 MT 76
产水脱盐率/%	≥98	≥99	≥99
产水氯离子浓度/$(mg \cdot L^{-1})$	≤50	≤50	≤50
产水硫酸根浓度/$(mg \cdot L^{-1})$	≤50	≤50	≤50
原水回收率/%	≥60	≥60	≥60
运行方式	自动/手动，自动优先级高		

表 4-3（续）

参数名称	系统类型		
	乳化液配比给水反渗透装置	智能型反渗透净水装置	
		一体式	分体式
除盐水箱容积/m^3	5	3	5
设备主要特征	抗进水波动性强、出水水质优良稳定、故障率低、运行管理方便	设备集成度高，全过程监测设备运行状态与产水状态、无须专人值守、分级制水供水	灵活性高、适应狭小的井下巷道空间、储水容量大、全过程监测设备运行状态与产水状态、无须专人值守

4.2.3.2 水处理工艺原理

液压系统的工作介质对水质要求高，悬浮物和无机盐的去除是水质净化的关键步骤。对此，首先采用颗粒物梯级预处理技术，通过接触混凝、吸附、过滤、截留分离等工艺，将原水中的颗粒物、胶体、铁、锰等污染物进行去除，降低水中的污染指数，使之达到反渗透进水水质要求；然后通过反渗透工艺将水中的钙、镁、氯离子等溶解性离子及微生物、细菌病毒等深度去除，使得水处理设备的出水水质优于 MT 76 标准，满足井下高纯度用水需求。

（1）絮凝原理。原水中含有一定数量的悬浮物和胶体物质，这些物质表面带负电荷，经电性中和后才会凝聚。因此，如果原水中悬浮物和胶体物质含量较高、粒径较细，则应加入高电荷的阳离子或高分子聚合物，即絮凝剂，使其凝聚变大变重，再通过过滤器过滤，可去除大部分悬浮物、胶体等，达到反渗透进水水质指标。

（2）介质吸附过滤。通过采用石英砂、活性炭、无烟煤、锰砂、高分子纤维球等滤料作为过滤介质，当原水自上而下经过这些介质所形成的滤料层时，由于介质本身的吸附作用及滤料层的机械阻流作用，使得原水中的颗粒物、有机物、胶体等被截留下来，出水浊度大大降低。

（3）阻垢技术。膜结垢是由于给水中的微溶盐在进水逐渐浓缩时超过了浓度积而沉淀到膜上，使得反渗透膜的产水效率和使用寿命大幅下降。因此必须防止 $CaCO_3$、$CaSO_4$、$SrSO_4$、$BaSO_4$、SiO_2、CaF_2 结垢。

通常采用投加化学阻垢剂的方式，来防止结垢造成反渗透膜污染。化学阻垢剂主要通过干扰无机盐结垢的晶核结晶来控制膜结垢污染，可以分为络合增溶、晶格畸变以及静电斥力三类作用形式。

（4）反渗透。反渗透是一种以压力差作为驱动力的分离过程，主要是在压力作用下，利用反渗透膜所具有的截留作用，使得溶液中溶剂与溶质分开。在反渗透过程中施加的压力，常为渗透压的几倍甚至几十倍。在压差的作用下，水从浓溶液一侧透过反渗透膜流入稀溶液一侧，形成产品水，而被截留下来的溶质则在膜的另一侧形成浓水。反渗透膜运行示意如图 4-15 所示。

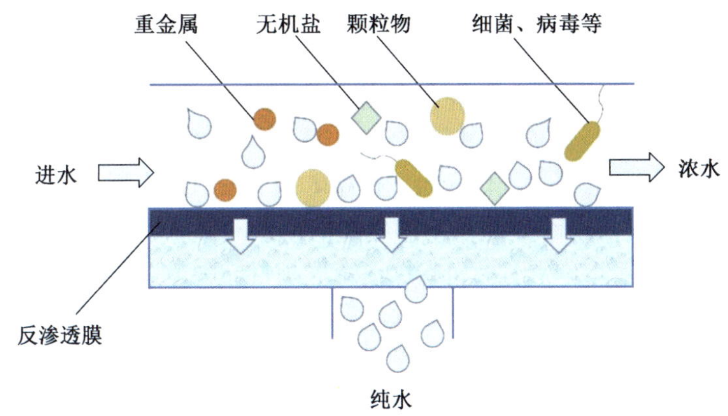

图 4-15 反渗透膜运行示意图

4.2.3.3 核心元部件

1. 乳化液配比给水反渗透装置

设备核心元部件主要为砂过滤器、活性炭过滤器、保安过滤器、反渗透膜组件等。

砂过滤器、活性炭过滤器主要利用石英砂、活性炭作为过滤介质，过滤吸附去除水中悬浮物使出水澄清，这两种过滤器需要依靠多路阀切换实现过滤器的运行、正洗、反洗工况。

保安过滤器由不锈钢壳体和耐污染大流量 5 μm 熔喷滤芯等部件组成，用于防止大颗粒物质进入反渗透系统。保安过滤器运行周期一般为 3 个月，当压差达到 0.1 MPa 时，就需要更换滤芯。

反渗透膜组件以苦咸水淡化膜作为膜分离介质，将其按一定排列规律设计为单级反渗透系统，可实现脱盐率大于 98%，水回收率在 60% 以上。

2. 智能型反渗透净水装置

设备核心元部件主要为减压阀、安全阀、自清洗过滤器、纤维精密过滤器、保安过滤器、反渗透膜组件、除盐水箱等。

自清洗过滤器以独特的缝隙式不锈钢滤网作为过滤芯，该过滤芯的独特缝隙式结构，使得过滤芯的纳污量更大。为达到良好的清洗效果，在过滤网内设计有不锈钢钢丝刷子，当达到清洗压差后，该刷子在 PLC 控制下作旋转运动，将黏附在滤网内壁上的污物清理干净。

纤维精密过滤器内采用彗星式纤维滤料作为过滤材料，具有过滤精度高、截污量大、反冲洗洗净度高、耗水量少等优点，由该滤料形成的滤床空隙率分布接近理想滤料。纤维精密过滤器通过优化电磁阀间的布局，使得过滤器可根据污染情况进行自动正反洗及自动排污功能。

反渗透膜采用特殊的极强抗污染型端面自锁苦咸水淡化膜产品，此膜件具有最宽的 pH 值耐受范围，较高的化学耐受性、抗污染性强、高脱盐率、高产水量等优点。通过采用 6 支膜串联的设计思路，使得设备的脱盐率稳定在 99%，水回收率大于 60%。

除盐水箱设检修人孔、进水管、出水管、溢流管、排污管等接口，其中一体式反渗透净水装置除盐水箱容积为 3 m^3，分体式反渗透净水装置除盐水箱容积为 5 m^3。为充分保障乳化液配比用水的水质安全，系统还设有反渗透产水水质在线监测装置，可对设备产水的电导率、浊度、pH 值等参数进行监测。当产水水质不合格时，可自动报警停机。

4.2.4 自动配比系统

乳化液作为液压传动的一种工作介质，在煤矿井下得到了广泛的应用。煤炭行业规定乳化液浓度为 3%~5%，不符合浓度要求的乳化液都会降低液压支架的使用寿命。国内外乳化液的配比已经由人工地面混合、手控配液发展到自动配液。自动配比系统能够配置出高质量的乳化液，适应集成供液系统的智能化发展。

4.2.4.1 系统组成与功能

乳化液自动配比系统主要由清水箱、油箱、乳化液箱、进水过滤器、乳化液混合器、控制器、浓度传感器、加油泵、增压泵、电磁启动器等组成，系统结构如图 4-16 所示。

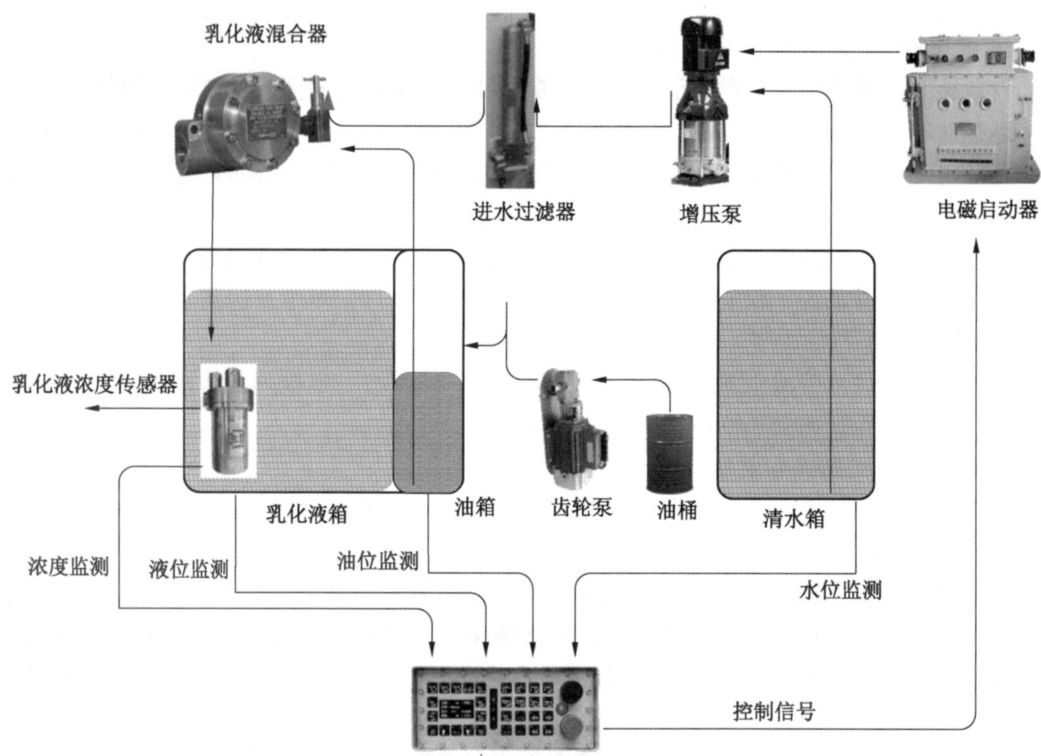

图 4-16 乳化液自动配比系统结构

进水过滤器的使用有利于提高输出乳化液的清洁度，延缓乳化液混合器的磨损。乳化液混合器通过增压泵供水以保证其供水压力恒定，提高乳化液配比质量。自动配比系统大幅提高了乳化油的利用率和乳化液配比的稳定性，配比浓度误差可控制在±0.5%以内，解决了手动配液稳定性差、劳动强度大、配比浓度不准确等一系列问题。

乳化液自动配比系统主要功能如下：

（1）具有手动与自动两种控制模式，实现自动与手动控制乳化液配比系统启停功能。

（2）具有乳化液箱液位、乳化油箱油位、乳化液配液浓度监测与显示功能。

（3）具有液位实时监测和乳化液自动补液功能，当乳化油箱油位偏低时，实现报警并停止乳化液自动配比，提示补充乳化油。

（4）系统配有稳压装置，能够适应井下水压 1~2 MPa 范围不稳定的工况条件。

由于系统配置了增压泵，保证配比乳化液的水压稳定，所以一旦乳化液混合器调定浓度后，可长期配比浓度准确的乳化液，无须再次调整浓度。

4.2.4.2 工作原理

1. 乳化液自动配比流程

乳化液自动配比流程如图 4-17 所示。清水从清水箱抽出，通过增压泵加压后进入进水过滤器，同时齿轮泵从油箱中吸出乳化油，与压力稳定清洁的水源在乳化液混合器中混合，实现乳化液自动配比，无须再次搅拌混合，配比后的乳化液进入乳化液箱。系统利用传感器检测浓度变化或液位变化的差值，并转换为控制信号，控制辅助泵加注乳化油或水进行自动配比。齿轮泵将油桶中的乳化油抽送到集成乳化液配比功能的油箱内，供乳化液自动配比用。通过操作控制器按钮实现齿轮泵启停，降低了工人劳动强度。

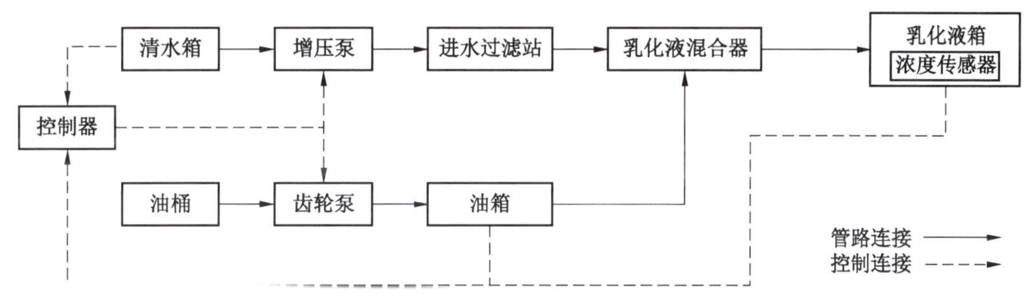

图 4-17 自动配比流程

2. 浓度检测技术

乳化液浓度是衡量乳化液配比质量的重要指标。国内外有关乳化液浓度检测方法主要有：

（1）采用衰减原理的声学法、光学折射法、辐射法、微波法等。

（2）采用电学原理的静电法和电容法。

（3）采用谐振原理的核磁共振法、电子磁共振法、密度电磁感应谐振法等。

最为常用的主要有光学折射法和密度电磁感应谐振法。

4.2.4.3 乳化液自动配比相关装置

1. 乳化液混合器

乳化液自动配比器质量稳定可靠，配比浓度稳定，输出浓度调节范围宽，整体采用黄铜材料加工，牢固耐用，如图 4-18 所示。

高端泵站系统均配置该设备，主要技术参数见表 4-4。

2. 矿用本安型浓度传感器

表 4-4　乳化液混合器主要技术参数

序号	参数名称	参数值
1	配比浓度范围/%	1~10
2	工作流量范围/(L·min^{-1})	22~135
3	最高工作压力/MPa	13.5
4	安装接口	进口 DN20，出口 DN25

GND7 矿用本安型乳化液浓度传感器主要功能为监测液压系统用乳化液的浓度，设备如图 4-19 所示。主要技术参数见表 4-5。

图 4-18　乳化液混合器

图 4-19　矿用本安型浓度传感器

表 4-5　矿用本安型浓度传感器主要技术参数

参数名称	参数
工作电压/V	DC12
工作电流/mA	<70
输出信号	RS485
测量范围/%	1~7
绝对误差/%	±0.2

4.2.5　过滤系统

目前煤矿供液系统介质主要以乳化液为主，乳化液在液压系统内循环工作，不可避免产生污染，油液性能劣化变质，导致相关元件性能降低或失效，出现过度磨损、堵塞或卡滞等现象，进而降低液压系统可靠性。因此，液压系统需要实现安全高效的清洁度保障。供液系统外部污染物为胶状颗粒和煤粉，内部污染物主要为铁锈、金属残渣、金属试件腐蚀物及少量残留泥沙等。有关试验表明，固体颗粒污染物导致的系统故障占总数的 55%。

4.2.5.1　过滤体系

采煤工作面液压系统的特性，决定了单级过滤或者一次过滤无法完成系统内全部液质的清洁保障。特别在引入电液控制系统之后，精密元器件对污染更为敏感，液质清洁度很大程度上影响着液压元器件的故障率。根据液压系统分布和每阶段的流体特征，构建复合多级过滤系统体系是保证液压系统整体清洁度的有效方案。

目前，工作介质过滤可以分为四级，其体系框架如图 4-20 所示。

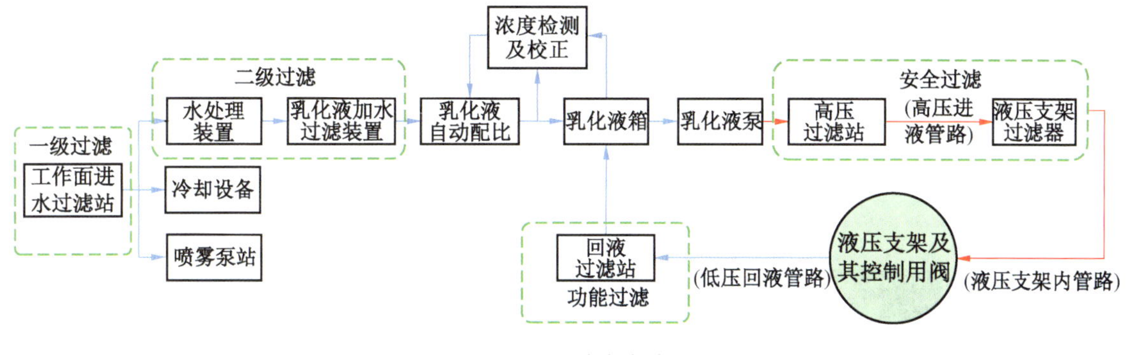

图 4-20　过滤体系

(1) 一级过滤为系统前端供水质量提供保障，一般分两级精度：25 μm 精度液质进入系统二级过滤，60 μm 精度液质进入冷却设备和工作面喷雾系统。

(2) 二级过滤分为水处理装置和乳化液加水过滤装置，其中水处理装置为液质提供化学过滤或反渗透处理，进一步处理微生物、重金属离子等水质元素，为乳化液配比提供更高液质的水源。乳化液加水过滤装置则是在配液执行元器件前端进行防护性过滤。

(3) 功能过滤主要为工作面回液系统乳化液介质过滤，工作面系统回液污染程度较高，回液过滤站将系统循环过程中携带的污染物过滤分离至系统外，保证系统内部液质稳定。

(4) 安全过滤主要在工作面执行前端进行防护过滤，进一步排除供液管路和接头等二次污染对液压元器件产生的破坏，是液压支架系统控制和动作液质安全的最终防护。

4.2.5.2　工作原理

1. 过滤器原理

利用有孔介质，从流体（液体或气体）中去除污染物，可以使流体达到所需的洁净度水平。由于液压系统污染液质复杂，过滤设备多采用成熟可靠的机械式滤网过滤技术，利用多孔网膜对液质进行过滤分离，小于多孔网膜孔隙的颗粒通过滤网进入清洁系统，大于多孔网膜孔径的污染颗粒隔绝在清洁液质外。由于滤网纳污容量有限，因此需要定时更换清洁滤芯或设置反冲洗结构等，实现污垢脱离系统，保障滤网持续有效过滤。目前，采煤工作面常用滤网种类为金属编织网（多层特种编织折叠滤网）、金属元件（楔形网）、金属粉末烧结等，常见过滤精度为 25 μm 和 60 μm。多层特种编织折叠滤网结构如图 4-21 所示。

2. 反冲洗过滤原理

目前，采煤工作面高压液质过滤可实现常态化的滤网反冲洗。压力传感器实时监测滤网内外侧压差，压差超限则高压液通过电磁控制阀实现正向液流截止，同时排污口开启，高压液反向流入，对滤网附着污物一侧的冲洗，实现滤网的自清洁。该类型的高压反冲洗过滤器和过滤站广泛应用在采煤工作面。

以反冲洗高压过滤站为例，工作原理如图 4-22 所示，反冲洗过程由电磁先导阀来控制三位三通阀和二位二通反冲洗阀芯的液流方向来实现。

图 4-21 多层特种编织折叠滤网结构

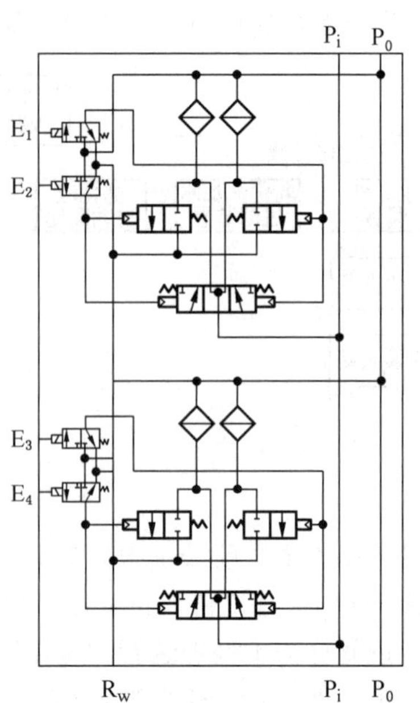

图 4-22 反冲洗高压过滤站工作原理

图 4-22 中，P_i 为进液口，P_0 为出液口，R_w 为反冲口。作为泵站出口的一级过滤，从泵站出口出来的乳化液首先从过滤站的进液口进入，通过过滤站 4 个滤芯过滤后从出液口流出。本过滤站可以非常方便地对滤芯进行反冲洗，在正常工作状态时可通过控制器完成反冲洗操作。

正常工作状态下，高压乳化液由过滤站 P_i 口进入，经过滤芯过滤由 P_0 口流出进入液压支架。反冲洗电磁阀按钮按下或者收到控制器发来的反冲洗指令时，电磁先导阀进入反冲洗工作状态，推动阀芯，切断合流；高压乳化液由 P_i 口进入，经由一个滤芯过滤反冲另一个滤芯，反冲后的乳化液经冲洗接口 R_w 流出。

反冲洗高压过滤站有手动、手动顺序和定时自动等三种控制冲洗方式，其控制器工作原理如图 4-23 所示。控制器实时监测过滤站进液和出液压力，计算压差并进行相应自动控制。

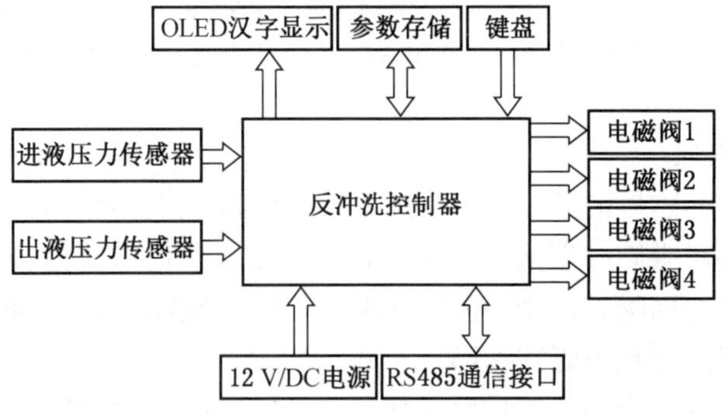

图 4-23 反冲洗高压过滤站控制器工作原理

由于清水和回液液质压力较低，直接引入液流反冲洗效果一般，因此需要借助外力实现滤网反冲洗。目前常见的滤网反冲洗结构有吸吮旋盘式、刮刀式、压差反冲式和旋转喷射式等。对比高压环境，低压环境下各种结构形式的反洗效率均有不足。

4.2.5.3 多级过滤系统

1. 清水过滤站

清水过滤站是井下清洁供液的第一关，是保证井下用水基本清洁的关键设备，分为进水过滤站和自动反冲洗清水过滤站。

（1）进水过滤站。进水过滤站滤网采用传统筒式结构，如图4-24所示，用一备一，折叠滤网或楔形滤网，手动拆装清洁，不具备自动化功能，但由于其可靠性高，经济性好，被煤矿广泛使用。其主要技术参数见表4-6。

表4-6 进水过滤站主要技术参数

参数名称	参数范围
公称流量/(L·min^{-1})	1000、2000、3000
公称压力/MPa	2.5、6.3、10
过滤精度/μm	25、40、60

图4-24 进水过滤站

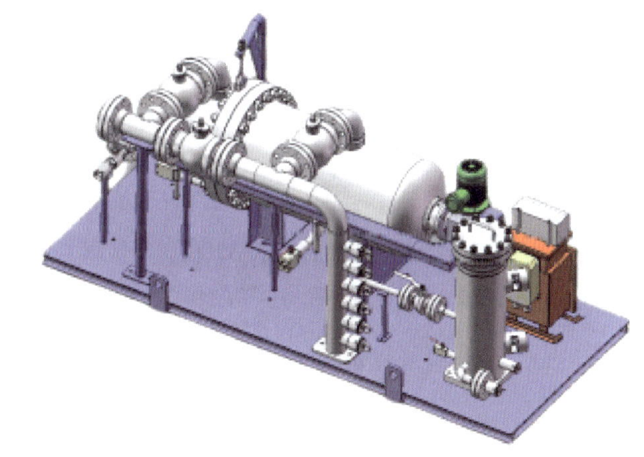

图4-25 自动反冲洗清水过滤站

（2）自动反冲洗清水过滤站。自动反冲洗清水过滤站采用若干并联柱式滤芯组件，在大直径横向滤筒内并联环形分布，可通过电机带动反冲盘进行滤芯循环反向冲洗，配置了控制系统，自动化程度较高，如图4-25所示。其主要技术参数见表4-7。

表4-7 自动反冲洗清水过滤站主要技术参数

参数名称	参数范围
公称流量/(L·min^{-1})	2000、2500、3200
公称压力/MPa	3.2、6.3

表 4-7（续）

参数名称	参数范围
一级过滤精度/μm	25、40、60
二级过滤精度（可选）/μm	25
定时反洗	0~99 min 59 s 任意设定，出厂设置为 4 h
反洗时间	0~99 min 59 s 任意设定，出厂设置为 2 min

2. 高压过滤站

高压过滤站是泵站出口的第一级过滤装置，是高压液进入工作面液压系统的前端设备，承担着高压液液质过滤功能。以耐全压的自动反冲洗高压过滤站为例，采用多层滤网结构、滤网与高强度骨架焊接方式，提高了过滤站的纳污能力，解决了过滤滤芯不能承受系统压差产生变形击穿的难题。过滤站结合了功能过滤与安全防护，建立起主动预防与被动防护的安全体系，使过滤效率提高 10% 以上，解决了单级过滤无法满足介质清洁度要求高的难题。

自动反冲洗高压过滤站如图 4-26 所示。过滤站配置为双进双出形式，采用成组排布，每组有 4 个滤芯，滤筒分别安装在主体上方，呈一字排列。每个主体均配有两组控制阀，电动控制阀通过螺钉固定在主体的前面。过滤站配备机械式污染指示器和自动的压力监测系统，可反馈滤筒内外侧压力状态，进而判定滤芯堵塞程度。

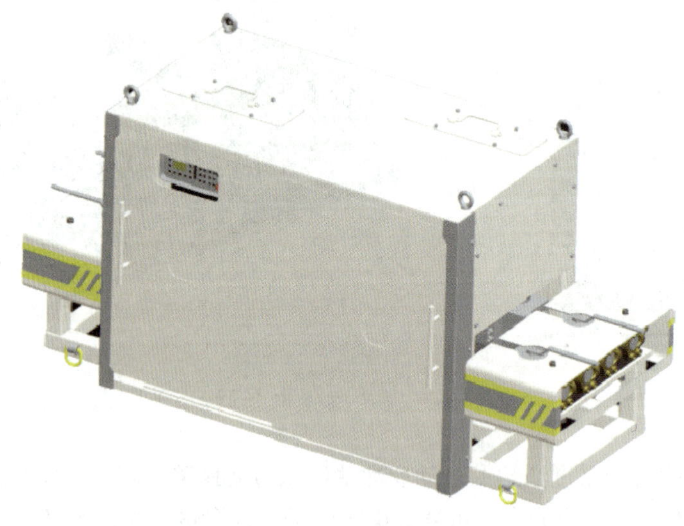

图 4-26　自动反冲洗高压过滤站

过滤站控制器可实现压力压差显示和自动反冲洗控制，具备定时自动、压差自动、手启自动、手动按钮 4 种反冲洗方式。反冲洗后产生的污水可通过反冲洗回收系统回收使用，也可直接外排。

高压过滤站的主要技术参数见表 4-8。

表 4-8　高压过滤站技术参数

参数名称	参数值
公称流量/(L · min^{-1})	1250、2500、3750
过滤压力/MPa	31.5
过滤精度/μm	25

3. 回液过滤站

回液过滤站是工作面回液的清洁过滤设备，是对工作面返回的液体进行过滤处理，是液箱前的一道污染壁障。回液过滤站可通过增加电机或液力等驱动方式，对滤芯污染面进行反冲或反吸处理，进而成为反冲洗回液过滤站。

（1）回液过滤站。主要由若干组并联滤筒、大流量低压溢流阀和大通径换向球阀三部分组成，如图 4-27 所示。其主要技术参数见表 4-9。

表 4-9　回液过滤站主要技术参数

参数名称	参数范围
公称流量/(L · min^{-1})	1000、2000、3000
过滤压力/MPa	2.5
过滤精度/μm	25、40、60

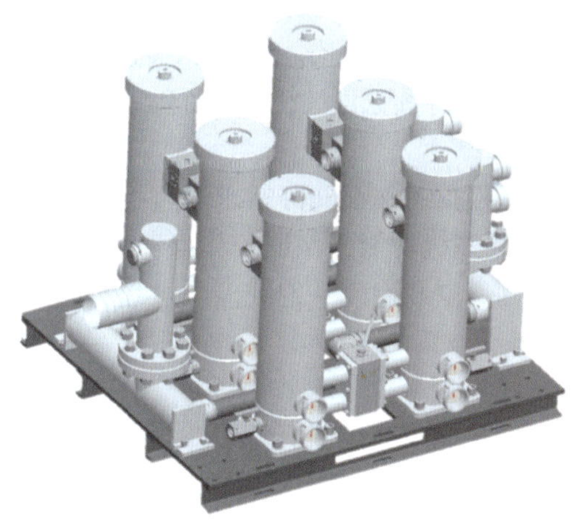

图 4-27　回液过滤站

图 4-28　反冲洗回液过滤站

GLZH2000 型号为用二备二型式，GLZH3000 型号为用三备三型式，通过双联换向球阀进行切换。每个滤筒配备一个溢流阀，用于控制滤筒内压力，可进行溢液回收。每个滤筒设置一个排污口，排污口还可作为滤筒的卸压口。每个滤筒配备两块压力表，分别监测滤筒的进、出液压力。压力表设计为三色指示，通过观察压力表指针所处位置即可判断过滤站滤芯堵塞程度。若单侧滤芯阻塞严重则需切换另一侧滤筒，并拆出滤芯进行清洗。

（2）反冲洗回液过滤站。基于上述回液过滤站，通过引入高压液和增加带有定向切向孔的旋转喷杆，使中间喷杆自驱进行轴向旋转，同时喷出高压液清洗滤网，实现滤网反冲。当单个滤筒堵塞时，可通过并联换向球阀切换滤筒，并打开排污阀和反冲球阀，引入高压液进行滤网。反冲洗回液过滤站结构如图 4-28 所示。其主要技术参数见表 4-10。

表 4-10　反冲洗回液过滤站主要技术参数

参数名称	参数范围
公称流量/(L·min^{-1})	1000、2000、3000
过滤压力/MPa	2.5
过滤精度/μm	25、40、60

4.2.6　电控系统

智能型集成供液电控系统采用集中—分布式架构，由一台控制主站和多台控制分站组成，控制主站负责集中监测和操作，控制分站负责就地监测和操作，能够实现对集成供液分系统设备的智能化控制。电控系统配备了矿用隔爆监控主机和集中操作台，使操作人员可以在操作台或泵站本地完成供液系统设备操作和参数修改，动态直观地观察了解设备的运行状况，及时发现设备故障，进行数据保存、数据上传等工作，减少泵站操作和设备巡查的劳动强度。

4.2.6.1　系统组成与工作原理

智能型集成供液电控系统由各类传感器、泵站控制器、监控主机和操作台等组成，电控系统设备连接图如图 4-29 所示。

电控系统以控制主站和控制分站为核心，电磁卸载与变频控制的结合使用，通过对多个泵站设置主、次、辅、备编组和不同调定压力，电控系统实现了多泵站的智能联动和功率匹配。

1. 电磁卸载稳定供液控制

泵站配备了机械—电控双模式的电磁卸载阀，可以根据工作面实际需求通过控制软件调整泵站出口压力波动范围，实现泵站空载启动及空载停机功能，保证工作面稳定供液，解决了在泵站启动瞬间电机电流过大对电网冲击的问题。空载启动、空载停泵过程与高压系统隔离，避免高压系统的震动。

2. 乳化液泵站智能联动控制

将乳化液泵站变频控制与电磁卸载相结合，两者的智能联动控制避免了变频控制导致的低速重载、运动部件磨损剧烈等问题，降低不必要的功率损耗和零部件磨损，提高了泵站的响应速度和利用率，实现泵站的高效、节能、稳定供液。工频泵和变频泵运行的电流曲线如图 4-30 所示。

3. 工作面按需供液控制技术

电液控制系统可以设置液压支架的动作次序，结合采煤机牵引速度、液压支架动作缸径和数量等参数，通过流量函数计算液压支架动作所需的流量。液压支架执行动作前，工作面用液需求将由液压支架电控系统发送给集成供液系统，由供液系统进行泵站的变频调节，从而实现工作面按需供液，如图 4-31 所示。集成供液系统依托“主、次、辅、备”多泵联动机制，以变频、电磁卸载为调节手段，实现按需供液的最优控制。

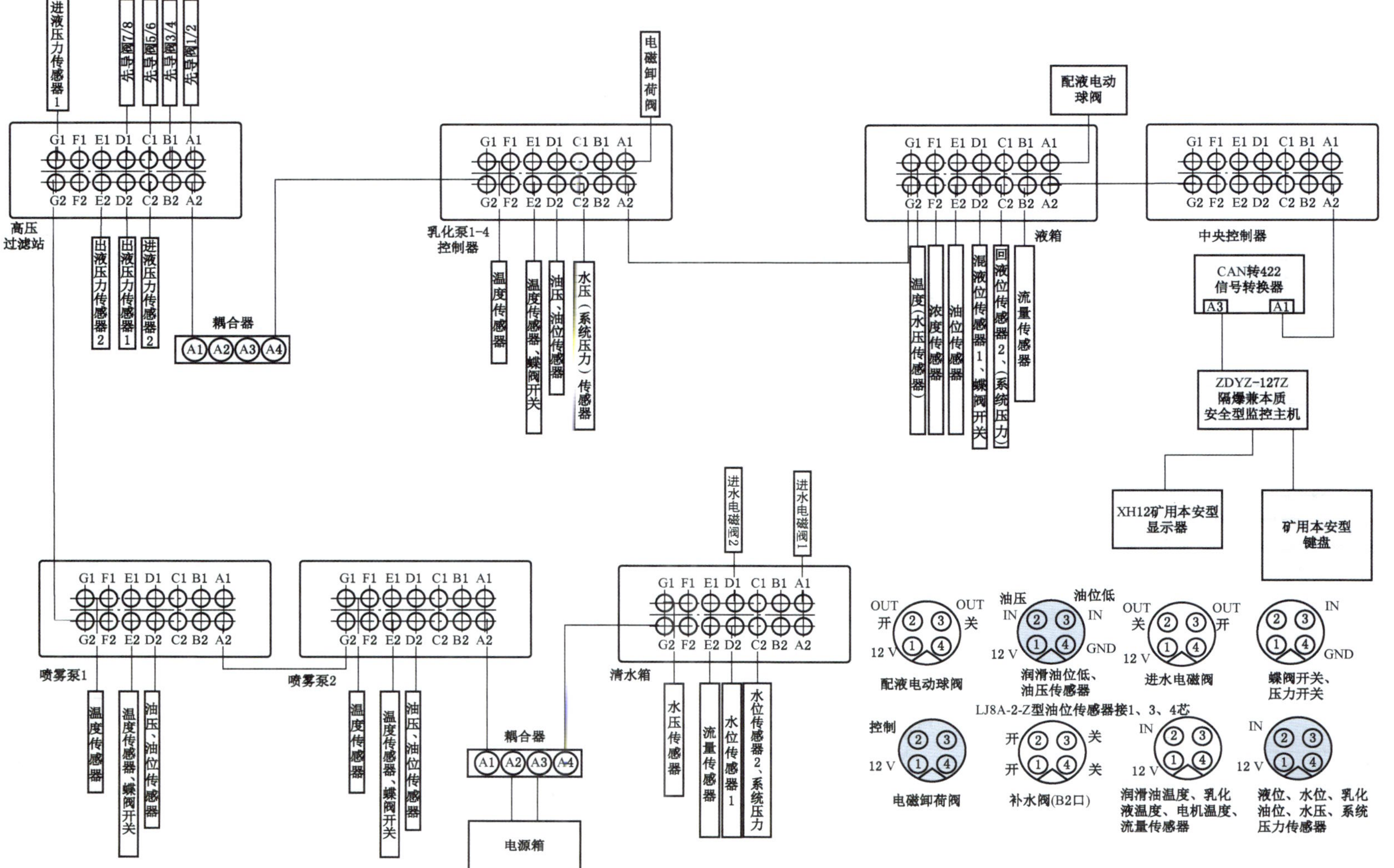

图4-29 电控系统设备连接图

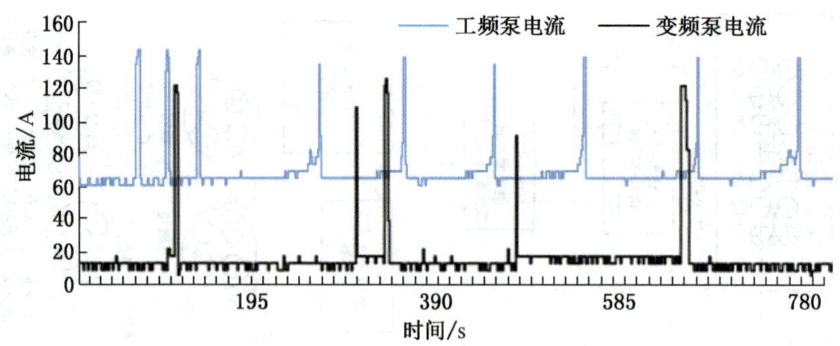

图 4-30 工/变频泵运行电流

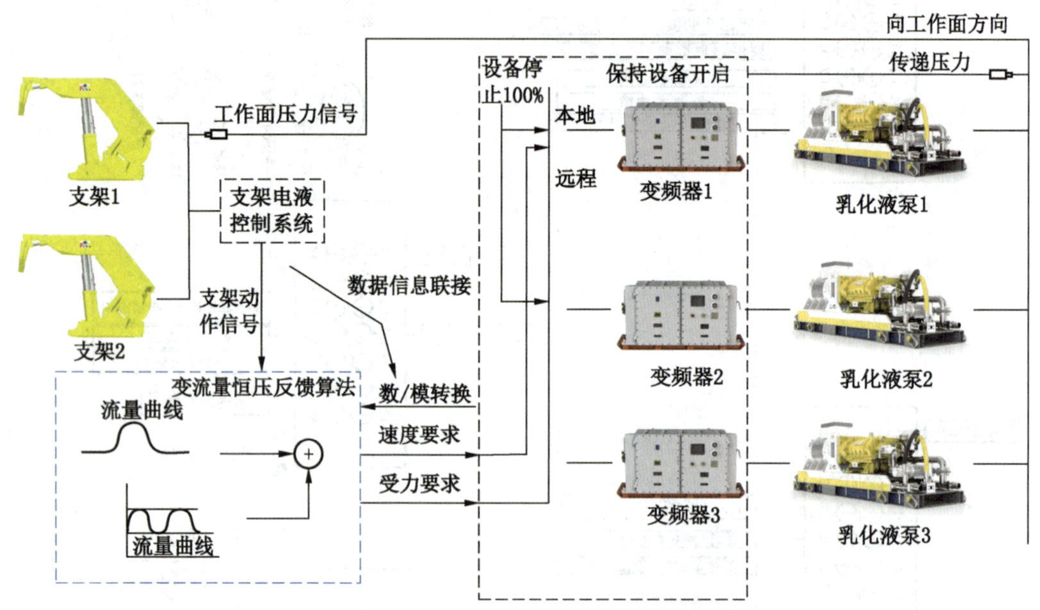

图 4-31 工作面按需供液控制技术原理

在联动模式下，电控系统将根据用液需求及各泵站工况自动进行泵站启停，以达到支架频繁动作时及时开启多台泵站，动作完毕后自动停止多余泵站的功能。同时还能根据泵站各自的工作时间，调整主泵顺序，使各泵站的使用寿命更加平均，从而兼顾工作效率与节能环保。

4. 多参量在线监测诊断技术

集成供液系统是集机、电、液为一体的复杂系统，故障模式多样化，依靠常规运行状态参量监测，难以满足故障预警和诊断需求，因此需要融合其他监测技术进行泵站多参数融合故障诊断，辅助实现泵站智能化。目前供液系统采用的在线监测诊断技术包括：

（1）常规运行状态参量在线监测诊断。泵站的常规运行状态参量主要包括减速箱油温、油压和油位，泵站进、出口压力、流量和吸液箱液温等。依靠各种传感器进行状态参量的数据采集，集成供液监测诊断系统将监测参量与设定的阈值进行实时对比，实现泵站故障的在线监测与诊断，同时提供报警和自动停机保护等功能。

（2）振动噪声在线监测诊断。被广泛应用的综合故障诊断分析方法，是分析复杂系统故障的有效手段。振动噪声的在线监测诊断，一般是通过传感器，将振动或噪声等表征机械状态的特征参量转化为电信号，经过放大采集、信号处理和分析后，对故障信息或故障零部件进行报警或诊断。

（3）油液监测技术。通过对润滑油的污染度、磨损颗粒以及润滑油的理化性能进行监测分析，其结果可作为预测设备故障的判定依据。泵站减速传动系统作为集成供液系统的核心动力部件，曲柄滑动轴承、滑块-滑块孔摩擦副、齿轮传动副等方面的磨损难以避免，对油液磨损颗粒的监测是判断泵站传动系统健康状态最关键和最有效的手段，油液污染物的监测也是非常重要的环节。另外，油液的乳化、气泡或水分增高都将弱化油液润滑性能，有可能加速旋转和传动部件的磨损，因此对油液的理化性能的检测也具有重要意义。

4.2.6.2 相关设备

1. 矿用本安型控制器

矿用本安型控制器（图 4-32）采用与液压支架电液控制器兼容的微处理器，集成了数据采集模块和输出控制模块，能够实现对泵站的起停、卸载、补液、自动配比等控制功能。控制器在集成供液各子系统中能够互用，只需配置相应参数即可完成设备类型的互换，满足连续生产的需要。其主要技术参数见表 4-11。

表 4-11 泵站用控制器主要技术参数

参数名称	参数说明
额定工作电压/V	DC 12
工作电流/mA	650
通信端口	单线 CAN
输入信号	4 通道模拟信号、5 通道数字信号、1 路串行通信信号
输出信号	4 通道输出
外壳防护等级	IP68
屏幕显示	中文
壳体材质	不锈钢

2. 矿用本安型油温传感器

通过含有 PT100 电阻的探头对油温的检测，经过变送器转换后，输出 4~20 mA 的电流信号，设备如图 4-33 所示。其主要技术参数见表 4-12。

表 4-12 油温传感器技术参数

参数名称	参数值
工作电压/V	DC 12
测量范围/℃	0~100
探头长度/mm	50

图 4-32　矿用本安型控制器

图 4-33　矿用本安型油温传感器

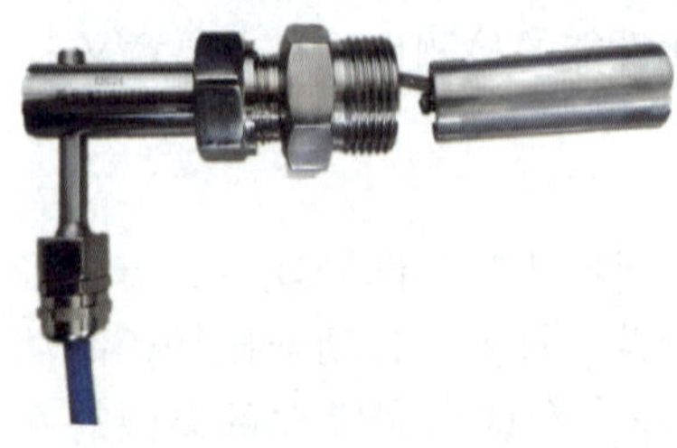

图 4-34　矿用本安型油位传感器

3. 矿用本安型油位传感器

泵站润滑油油位传感器（图 4-34）采用侧装浮球开关，安装在泵站曲轴箱侧方下部。当泵站内的润滑油油位低于最低位置时，浮球就会与连杆接触，传感器会发出闭合信号并输入给电控系统，停止该泵；在启动该泵时，会由于该油位信号过低而无法启动该泵。其主要技术参数见表 4-13。

表 4-13　矿用本安型油位传感器主要技术参数

参数名称	参数值
工作电压/V	DC 12
工作电流/A	0.7
最大工作温度/℃	200

4. 矿用本安型油压传感器

油压传感器（图 4-35）通过高可靠性的放大电路，将系统的压力转换为 4~20 mA 的电流信号输出到控制设备。其主要技术参数见表 4-14。

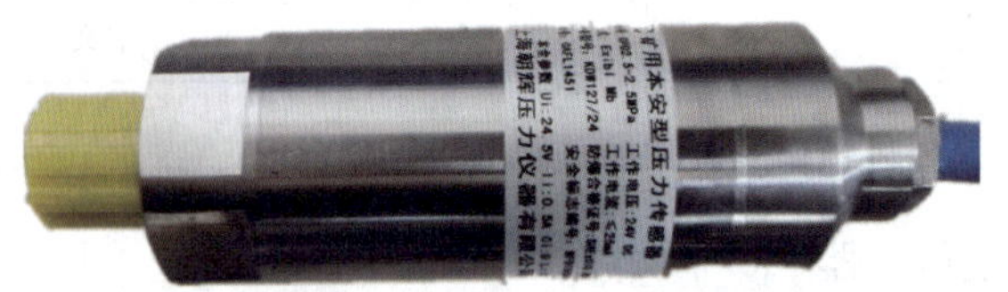

图 4-35　矿用本安型油压传感器

表 4-14　油压传感器主要技术参数

参数名称	参数值
工作电压/V	DC 10~30
测量范围/MPa	0~2.5
测量精度/%	0.5
输出信号/mA	4~20

5. 矿用压力传感器

压力传感器用于泵站出口压力测量，最大测量范围可达到 60 MPa，通过高可靠性的放大电路，将泵站出口压力转换为 4~20 mA 的电流信号输出到控制设备。压力传感器采用螺纹方式固定，方便安装与维护。矿用压力传感器主要技术参数见表 4-15。

表 4-15　矿用压力传感器主要技术参数

参数名称	参数值
工作电压/V	DC 10~30
测量范围/MPa	0~60
测量精度/%	0.5
输出信号/mA	4~20

6. 矿用隔爆兼本安型交流变频器

矿用隔爆兼本安型交流变频器（图 4-36）适用于煤矿井下乳化液泵站，通过直接转矩控制及稳定供液专用算法，实现稳定供液，节约电能，降低对液压管道的冲击，同时降低噪音改善现场工作环境。其主要技术参数见表 4-16。

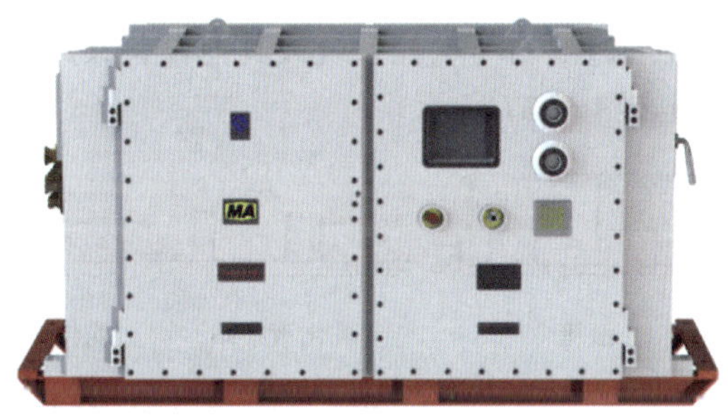

图 4-36　矿用隔爆兼本安型交流变频器

表 4-16　矿用隔爆兼本安型交流变频器技术参数

参数名称	参数值
工作电压/V	1140
额定功率/kW	500
额定电流/A	310
外壳防护等级	IP54

4.3 集成供液系统设计

4.3.1 系统设计

集成供液系统设计时，考虑到当工作面用液需求增加需要提高系统供液能力的情况，拓展出“四泵两箱”“五泵三箱”“七泵四箱”甚至“八泵四箱”（不包括喷雾系统）等不同结构。

供液系统匹配性方面，充分考虑了系统流量与液箱的匹配、系统流量与过滤系统的匹配、管路接口的匹配等。按照系统的流量不同，将液箱划分出不同的容积，能够根据流量大小来选择液箱，而且液箱容积最大可达 10 m³，能够满足不同工作面条件的需要。

供液设备电力电缆连接方面，采用快速插接方式实现控制中心与各设备之间的连接。用户可以在不打开接线盒的情况下完成线缆的连接、拆卸。这种连接方式减少了电缆连接的劳动强度，降低了连接出错的概率，增加了电缆连接的可靠性。

供液系统管路设置方面，采用模块化设计，各列车内部管路在提供给用户之前已连接好，用户只需将供液管路和回液管路连接到对应接口即可。各列车在管路布置方面，是在乳化液液箱底座上布置 4 根用于输送高压乳化液的无缝不锈钢管，不锈钢管一端通过高压胶管与泵高压出口连接，另一端连接到高压多通块上，所有连接均采用 U 形销式快速接头，方便移动列车时快速拆卸、连接管路；多级复合过滤设备接口形式统一，摆放位置相对固定，既减少了用户连接管路的工作量，又避免了因使用多个供应商设备出现的接口形式不统一、管路连接复杂、相互干涉等问题。

集成供液系统布置在巷道设备列车上，属于相同模块的设备尽量集中布置，方便管路、电缆连接。以典型的“两泵一箱”式集成供液系统布置为例，每台泵站单独占用一节列车，每台液箱单独占用一节列车，高压过滤站、回液过滤站及蓄能装置共用一节列车，电控系统占用一节列车，进水过滤站与电控系统或其他设备共用一节列车，因此一共拥有 5 节列车，设备列车布置图如图 4-37 所示。

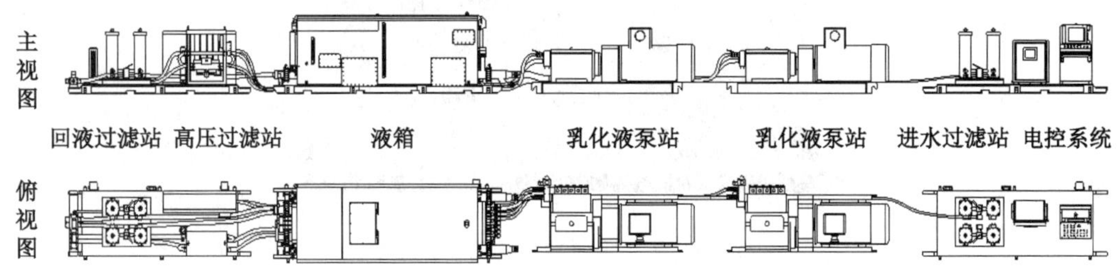

图 4-37 “两泵一箱”集成供液系统设备列车布置图

4.3.2 系统选型

集成供液系统的选型原则主要有：

（1）乳化液泵流量、压力等参数与工作面用液相适应。

（2）系统整体结构尺寸与巷道大小相适应。

（3）过滤系统与对水质的需求相适应。

系统的选型依据包括以下几点：

（1）根据工作面用液需求，确定泵型和数量配置。

（2）根据泵型及巷道断面尺寸，确定液箱整体容积及尺寸。

（3）根据井下水质情况及对水质的要求，确定水处理系统及过滤系统。

（4）根据自动化控制要求，确定电控系统及自动控制技术。

4.3.3 泵站参数计算

乳化液泵站电机经一级齿轮减速驱动曲柄连杆机构带动柱塞在缸孔中做往复运动来实

现吸、排液，其行程是偏心距 e 的 2 倍。

$$q_{p} = \frac{\pi}{4}d^{2}(2e)z = \frac{\pi}{2}d^{2}ez \tag{4-1}$$

式中 q_{p}——乳化液泵的排量，L/min；

d——柱塞直径，cm；

e——曲轴偏心距，cm；

z——柱塞数。

乳化液泵的实际流量 Q_{p}（L/min）计算如下：

$$Q_{p} = qn\rho_{v} \times 10^{-3} = \frac{\pi}{2}d^{2}ezn\rho_{v} \times 10^{-3} \tag{4-2}$$

式中 n——曲轴的转速，r/min；

ρ_{v}——乳化液泵的容积效率。

集成供液系统压力必须满足立柱初撑力和千斤顶最大推力所要求的乳化液工作压力。若此工作压力不能兼顾时，可采用双压力供液系统。

大推力所要求的乳化液工作压力所需的集成供液系统工作压力 p_{s} 为

$$p_{s} \geqslant k_{1}p_{0} \tag{4-3}$$

式中 p_{0}——根据立柱或千斤顶推算出的初撑工作压力，MPa；

k_{1}——集成供液系统到液压支架的管路压力损失系数，一般取 1.1~1.2（支架管路长且弯曲多，应取大值）。

液压支架的移架速度应大于采煤机的截煤牵引速度，而移架速度取决于集成供液系统流量。对于集成供液系统流量，一般根据按一台支架全部立柱和千斤顶同时动作来估算。

$$Q_{s} \geqslant k_{2}\left(\sum V_{i}\right)\frac{v}{D} \times 10^{-3} \tag{4-4}$$

式中 Q_{s}——集成供液系统流量，L/min；

$\sum V_{i}$——一台支架所有立柱和千斤顶完成全部动作所需的乳化液体积，cm^{3}；

v——采煤机工作牵引速度，m/min；

D——支架中心距，m；

k_{2}——集成供液系统到支架管路泄露损失系数，一般取 1.1~1.3。

从乳化液泵站产品系列中，选用规格参数稍大于上述计算所得 p_{s}、Q_{s} 值的乳化液泵。

4.3.4 设备列表

根据以上选型原则，结合具体工程实际需求，进行集成供液系统设备选型。按乳化液泵 3 泵 2 箱、喷雾泵 2 泵 1 箱配置，系统搭配控制器，兼顾变频、反渗透功能，设备清单见表 4-17。

表 4-17 集成供液系统设备

序号	名称	规格型号	数量	备注
一	乳化液泵站	BRW630/37.5	1	
1	乳化液泵（变频）	BRW（630/37.5）RA	1	配变频电机

表 4-17（续）

序号	名称	规格型号	数量	备注
2	乳化液泵	BRW（630/37.5）R	2	配工频电机
3	乳化液供液箱	XRG（630/70）	1	可选配增压泵
4	乳化液回液箱	XRF（630/70）	1	
5	乳化液泵供液站	GYZR（2000/37.5/126）	1	供液站可集成蓄能器
二	喷雾泵站	BPW500/16	1	
1	喷雾泵	BPW（500/16）R	2	配工频电机
2	清水箱	XQ（400/70）	1	可选配增压泵
3	电控截止阀	FJDC	2	清水箱自动补水用
4	喷雾泵供液站	GYZP（1000/16/20）	1	供液站集成蓄能器
三	乳化液自动配比装置	RHYPB	1	集成在乳化液混合箱上
1	乳化液混合器	CODE4818（GC）	1	机械式混合器
2	加水过滤器	GLQ（250/2.5/25）	1	配比过滤用
3	轻型立式多级离心泵	CDLF8-10	1	配比泵
4	浓度传感器	GND7	1	密度法
5	矿用本安型电动球阀	DFH-20/7	1	配比用
6	电动齿轮泵	CB-B40-1-B35	1	抽油用
四	泵站附件	BZFJ	1	
1	电磁卸载阀	BJDXX	4	
2	乳化液混合箱	XRG（400/40）	1	可选配预增压泵
3	乳化液回液箱	XRF（400/40）	1	
4	清水箱	XQ（400/40）	1	可选配预增压泵
5	蓄能装置	BZCNQ（126/37）	1	
6	球形截止阀	FJQ（31.5D）[FJQ800/31.5]	9	
7	电控截止阀	FJDC	2	
8	高压胶管		3	乳化液泵和喷雾泵用
9	回液胶管（卸载管）		3	乳化液泵和喷雾泵用
10	吸液胶管		3	乳化液泵和喷雾泵用
11	管路附件		3	乳化液泵和喷雾泵用
五	电控系统	SAP2.0	1	
1	矿用隔爆兼本安型监控主机	DFBZ（ZDYZ-127Z（A）/YH）	1	主机
2	矿用本安型显示器	DXSQ（XH12（A））	1	显示器
3	矿用本安型键盘	DSR（SAC-P/K（0.06/5）/A）	1	键盘
4	泵站主机软件	LM-SAP	1	主机软件
5	中央控制器	DPMC（KXH12）B	1	替代操作台
6	矿用本安型泵站用控制器	DPMC（KXH12）B	6	分站控制器

表 4-17（续）

序号	名称	规格型号	数量	备注
7	隔离耦合器	DPPG（SAC-I/B1.0/S1.0）	3	耦合器
8	矿用隔爆兼本安型稳压电源	DFBD（KDW127/12/2.0）	2	双路电源
9	矿用温度传感器	DYWC（GWP100）［GWP100］	6	油温、液温
10	矿用压力传感器	DYLC（GPD20K）	3	液位、油位、水位
11	压力传感器	DYLC（GPD 60）M［GPD60］	3	系统压力、变频器用
12	压力传感器	GPD2.5（25bar）	5	油压
13	压力传感器	GPD2.5（16bar）	2	水压
14	矿用本安型信号转换器	DSRSC（KZC12/B1.1/S2.0）A	1	中央控制器转换协议用
15	控制系统安装附件		1	
六	多级过滤	GLQ	1	
1	自动反冲洗清水过滤站	GLZ（2000/6.3/50）	1	2000L、6.3 MPa、50 Mm
2	高压过滤站	GLZ（2500/37.5/25）D	1	2500L、37.5 MPa、25 Mm
3	回液过滤站	GLZ（2000/2.5/60）A	1	2000L、2.5 MPa、60 Mm
七	工作面巷道远程监控系统		1	含光电转换器、交换机、电源等
1	矿用隔爆兼本安型稳压电源	DFBD［KDW127/12（A）］［KDW127/12（A）］	1	
3	矿用本安型光电转换器	DGDZH（KZG12）［KZG12］	1	
4	矿用本安型网络交换机	DJHJ（KJJ12）［KJJ12］	1	
5	矿用隔爆兼本安型稳压电源	DFBD（KDW127/12/2.0［KDW127/12/2.0］	1	
八	乳化液自动配液站	PYZ（130/25）	1	
九	反渗透装置	ROJ（I-4）	1	4 t/h
十	矿用隔爆兼本安型多回路真空电磁启动器	QJZ1-240/1140（660）-8	2	8 回路组合开关，用于小电机供电
十一	矿用隔爆兼本安型组合变频器	BPQJ-(2×500、800)/1140	1	满足乳化液泵变频、喷雾泵工频供电控制
十二	矿用隔爆兼本安型组合变频器	BPQJ-(2×500、800)/1140	1	满足乳化液泵变频、喷雾泵工频供电控制

4.4 集成供液系统实用操作

4.4.1 泵站系统操作

4.4.1.1 泵站使用操作

（1）泵站必须通过有油压、油温、油位等保护的控制系统启动，严禁使用组合开关直接启动泵站。

（2）泵站检测信号值要符合下列条件，泵站才能正常启动：泵的油温要小于设定油温最高值；泵油位（低限）处于正常水平；液箱液位不能过低；泵的开关反馈正常；假如增压泵投入使用，增压泵可以正常启动。

（3）用户必须指定专门培训的泵站司机操作管理，操作人员必须认真负责。

（4）在使用泵前，首先应仔细检查润滑油腔的油位是否符合规定，油位不应低于油标玻璃的下刻线。

（5）检查各部位机件有无损坏，各连接管路是否有渗漏现象，吸排液管是否有折叠。

（6）在确认无故障后，将泵体吸液腔的放气螺堵拧松把吸液腔空气放尽（吸液管拆卸后也需放气）后拧紧；拧松溢流阀调节螺套，点动电源开关，核对电机转向与所示旋向标牌是否相符（如不符则应纠正正电极连线），方可启动。

（7）泵启动后，空载运行 5～10 min，这时不得有异常的噪音、振动、管路泄漏等现象。投入工作初期，油位不得低于油标下刻线，油温低于 80 ℃。清水箱的水位不得过低，以免空吸，水温应低于 40 ℃。

（8）在运转中要注意柱塞密封是否正常，柱塞上有少量水珠属正常情况，如从打开的中间箱防护罩观测到柱塞上带有成股乳化液，需要查看盘根组件是否正常并及时处理。

4.4.1.2　泵站控制操作

以 KXH12B 型控制器为例进行泵站控制操作简要说明，主要包括泵控制和液箱控制。对应控制主站和控制分站，控制器可以分为中央控制器和泵站控制器，中央控制器面板如图 4-38 所示，泵站控制器面板如图 4-39 所示。

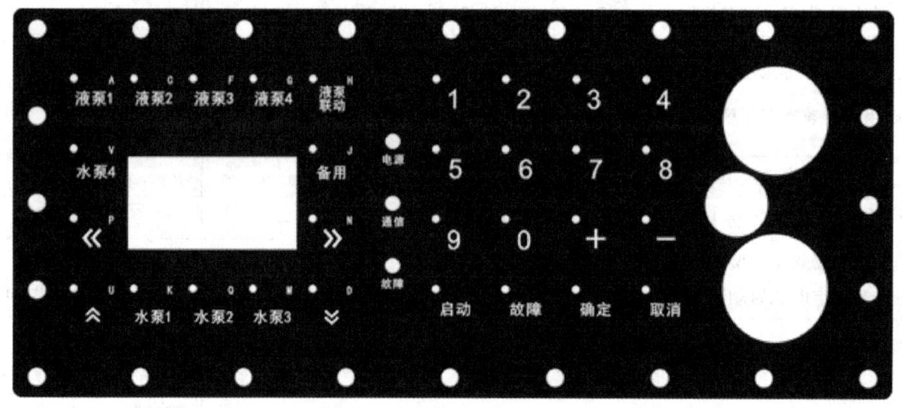

图 4-38　中央控制器面板

1. 泵控制

对于乳化液泵与喷雾泵的控制，主要包括远程单动控制、就地自动控制、闭锁、自动增压与卸载和工况显示等功能。

（1）远程单动控制：当中央控制器选择“联控”或者“单控”模式时，泵站控制器屏幕右上方显示当前状态为“远程”，此时控制器就地“启动”和“停止”功能无效，泵站控制器受远程控制，执行中央控制器发出的自动启泵或者自动停泵指令。

（2）当中央控制器选择“手动”模式时，泵站控制器显示屏右上方显示当前状态为

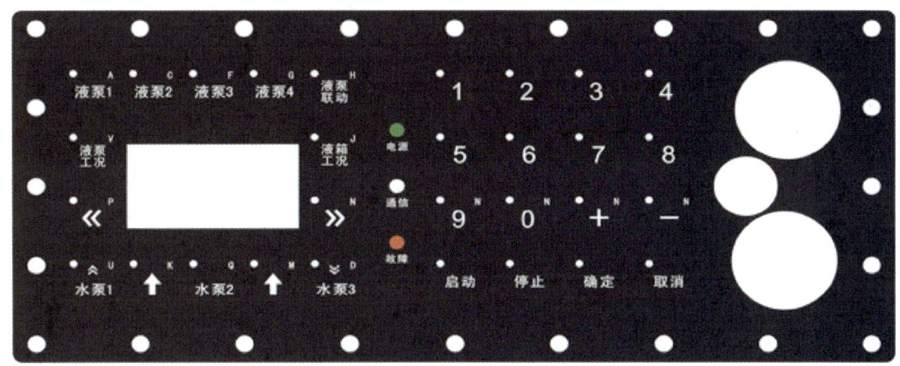

图 4-39　泵站控制器面板

“就地”。

启泵方法：按下“启动”按键后，在主控时间内按下“确定”键，控制器执行本泵自动启动功能。

停泵方法：直接按下“停止”键，执行本泵自动停止功能。

(3) 闭锁：按下控制器右侧红色按键，该泵站急停，并处于闭锁状态，同时控制器界面显示“本地闭锁!”。而当中央控制器红色闭锁按钮拍下时，所有泵站控制器紧急急停，同时界面显示“远程急停!”。

(4) 自动增压与卸载：泵站自动启动成功之后，根据系统设定的卸载和卸停压力值，自动执行卸载或者增压功能，同时在控制器屏幕默认显示界面状态栏显示“增压”或者“卸载”。

(5) 工况显示：正常工作情况下的泵站控制器，其界面显示泵站信息包括控制器类型(如“液泵”)、泵站编号（如“1”)、控制器的控制方式（显示“远程”/“就地”控制)、泵站状态（不仅显示泵站运转状态“启泵中/运行/停泵中/停止”，还显示电磁阀状态“卸载/增压”)、油温值（感器未接入或者失效时，显示“ * * ”，传感器禁用时，显示“##”)、油位值（“√”为正常，“ * ”为超限或故障，传感器禁用时，显示“#”)、油压值（单位为 bar，传感器禁用时不显示）和出液压力（系统的总出口压力值，单位为 MPa)。

2. 液箱控制

对于液箱，主要有自动配液、手动配液、自动加油、手动加油和清洗泵等功能。

(1) 自动配液：控制器实时监测液箱液位值，当低于液位低位时，自动打开进液球阀进行配液，同时控制器屏幕状态栏显示“加液中”，当液位升到液位高位时，关闭球阀，停止配液。当油位低于最低油位，或清水箱水位低于“低低”位时，禁止配液。当液位低于“低低”位时，禁止启乳化液泵操作。

(2) 手动配液：当液位传感器设置为无效不能自动配液时，或者液位传感器有效且液位在高位和低位之间时，默认界面下按“启动”键，在主控时间内再按下“1”键，开启配比泵，打开进液电磁阀，同时控制器屏幕状态栏显示“加液中”。进液时在默认界面下直接按下“5”键，停止配液，或当液位升到液位高位时，关闭球阀，停止配液。

（3）自动加油：控制器实时监测油箱油位值，当低于油位低位时，自动开启加油泵进行加油，同时控制器屏幕状态栏显示“加油中”，当油位升到油位高位时，关闭加油泵，停止加油。当油位低于最低油位时，禁止配液操作。

（4）手动加油：当油位传感器有效且油位在高位和低位之间时，默认界面下按“启动”键，在主控时间内再按下“2”键，开启加油泵，同时控制器屏幕状态栏显示“加油中”。加油时在默认界面下直接按下“6”键，停止配液，或当油位升到油位高位时，停止加油。当加油和进液同时进行时，屏幕状态显示“加油液”。

（5）清洗泵：当油位传感器设为无效且清洗泵设为有效时，默认界面下按“启动”键，在主控时间内再按下“2”键，开启清洗泵，同时控制器屏幕状态栏闪烁显示“清洗”。清洗时在默认界面下直接按下“6”键，停止清洗。加油泵和清洗泵复用一个控制接口，因此还有无加油泵配置的系统中才可配清洗泵，加油泵和清洗泵不能同时配备。

3. 清水箱控制

对于清水箱，主要有自动进水、手动进水、预增压泵自动控制、冷却泵自动控制、预增压泵手动启停和冷却泵手动启停等功能。

（1）自动进水：控制器实时监测水箱水位值，当低于水位低位时，自动打开进水阀进行补水，同时控制器屏幕状态栏显示“进水中”，当水位升到水位高位时，关闭进水阀，停止进水。当水位低于“低低”位时，禁止启喷雾泵和冷却泵操作！

（2）手动进水：当水位传感器设置为无效不能自动进水时，或者水位传感器有效且水位在高位和低位之间时，默认界面下按“启动”键，在主控时间内再按下“1”键，打开进水阀，同时控制器屏幕状态栏显示“进水中”。进水时在默认界面下直接按下“5”键，停止进水，或当水位升到水位高位时，停止进水。

（3）预增压泵自动控制：控制器检测到系统有乳化液泵站启动时，自动启动预增压泵；当检测到系统中没有任何泵站在运行时，等待 20 s 后自动关闭预增压泵。

（4）冷却泵自动控制：控制器检测到系统有变频乳化液泵站启动时，自动启动冷却泵；当检测到系统中没有任何变频泵站在运行时，等待 20 s 后自动关闭冷却泵。

（5）预增压泵手动启停方法如下：

启泵方法：“有效性设置”列“预增压泵”设置为“无效”，按下“启动”键，在主控时间内再按“0”键，手动启动预增压泵进行测试。

停泵方法：直接按下“0”键，执行预增压泵停止功能。

（6）冷却泵手动启停的方法如下：

启泵方法：“有效性设置”列“预增压泵”设置为“无效”，按下“启动”键，在主控时间内再按“9”键，手动启动预增压泵进行测试。

停泵方法：直接按下“9”键，执行预增压泵停止功能。

4.4.2 中央控制操作

中央控制器具有单动控制、联动控制、急停控制、参数修改、工况显示和故障报警与查看等功能。

1. 单动控制

模式选择：拍下黑色按钮→按下“取消”和“1”按键（具有 LED 灯提示，同时按下

或间隔 1 s 以内)→切换至单动模式;

启动:单动模式下→按下“启动”键→按下需要动作的泵对应的按键;

停止:单动模式下→按下需要停止的泵对应的按键。

注意:黑色按钮拍下时,泵站仅能在中央控制器远程启动,控制器就地控制功能失效。按“启动”键和需要动作的泵对应的按键的时间间隔应在“主控时间”内,“主控时间”参数可设!

2. 联动控制

使用控制面板上的液泵联动按键实现对液泵联动的控制。对于联动控制模式,假设主泵号选择为“1”,1、2、3 号泵分别为主泵、次泵、辅泵,当联动启动后,1 号乳化液泵就会启动,当系统压力无法达到设定值时,再视具体情况自动启动 2、3 号乳化液泵,启动顺序为 1→2→3。

当主泵号为 1 时,自动启动顺序为 1→2→3,自动停机顺序为 3→2;当主泵号为 2 时,自动启动顺序为 2→3→1,自动停机顺序为 1→3;当主泵号为 3 时,自动启动顺序为 3→1→2,自动停机顺序为 2→1。

在 1 台以上泵在运行时,如果压力超过设定值,则系统会根据具体情况,逐次自动停止除主泵以外的乳化液泵。按下“液泵联动”键时,所有乳化液泵停机。

联动控制的相关操作流程如下:

模式选择:拍下黑色按钮→按下“取消”和“1”按键(具有 LED 灯提示,同时按下或间隔 1 s 以内)→切换至联动模式;

启动:联动模式下→按下“启动”键→按下“液泵联动”键;

停止:联动模式下→按下“液泵联动”键。

注意:液泵处于联动状态时,系统根据负载情况智能控制泵站的启停,此时改变控制模式或者手动控制泵站都将无效。必须停止联动功能后,才能执行单动操作。按“启动”键和“液泵联动”键的时间间隔应在“主控时间”内,“主控时间”参数可设。

3. 急停控制

在系统出现紧急情况时,可迅速按下中央控制器上的急停(红色)按钮,控制台向工作面的控制器发出急停命令,运行中的乳化液泵站即可停止运行,在下次启动时,务必使急停按钮复位。

4. 参数修改

控制台有参数修改功能,可以在控制台上对工作面的控制器参数进行修改,修改流程为:按左右和上下翻页键选择参数;输入密码并按“确认”键;直接按数字键输入参数;按“+”或者“-”选择选项;按“确认”键完成修改。

5. 工况显示

中央控制器主界面能够显示当前工况信息,主要包括:运行液泵号(显示当前正在运行的泵站号)、运行水泵号(显示当前正在运行的水泵号)、闭锁状态(Y 表示当前闭锁的液泵号,S 表示当前闭锁的水泵号)、液位状态(表示当前液箱液位)、系统压力(表示当前系统总出液压力)和当前控制模式(单动/联动/就地)。

6. 故障报警与查看

系统发生故障时，操作台屏幕最下方将会高亮闪烁提示故障信息，提示用户进行故障处理。故障列表可以通过快捷键来查看，按下该“故障”键能够切换到最新产生的故障条目上。

4.4.3 水处理系统操作

主要的水处理系统操作主要包括反渗透膜元件的安装、拆卸和系统控制等内容。

1. 反渗透膜元件的安装

（1）拆下系统压力容器内的端板和止推环。

（2）用干净水冲洗已打开的压力容器，除去灰尘和沉积物，并用纱布吸满50%甘油水溶液，在压力容器内来回拖拉，直到压力容器内壁干净润滑为止。

（3）安装压力容器浓水端端板和止推环。

（4）将膜元件不带盐水密封圈的一端从压力容器进水端装入，将元件推入大约一半左右。

（5）确认元件抗应力器上的盐水密封圈方向是否正确，即密封圈开口方向需面向进水方向，再将元件间的连接接头插入元件产水中心管内，在安装接头前，在接头O形圈上涂抹少量的甘油。

（6）依次安装第二个元件和连接接头，小心托住元件，不要让连接接头承受元件的重量，在盐水密封圈上涂抹甘油后，将元件推入压力容器内，露一半在压力容器外。

（7）重复步骤（4）至（6），直到所有元件都装入容器内。

（8）安装进水端端板。

（9）连接所有外部管道。

2. 反渗透膜元件的拆卸

（1）首先拆掉压力容器两端的外接硬管。

（2）从压力容器两端拆下容器端板组合件。

（3）从元件进水端将膜元件从压力容器内推出，每次推出一支元件，当元件被推出压力容器时应及时接住该元件，防止损坏元件或造成人员受伤。

3. 系统控制

水处理系统控制分为集控/就地模式（自动/手动模式）两种类型，当采用就地模式（手动模式）时，可通过控制柜按钮及触摸屏上的按钮控制设备启停及电动球阀开关。当采用集控模式（自动模式）时，控制系统可根据除盐水箱模块的液位高度及供液压力自动运行，实现无人值守，自动启停、加药、清洗、供水、流量及水质监测、自动报警等功能。

对于反渗透设备自动操作，系统在首次开机或维护手动操作完成后，应切换到自动运行模式，自动运行时，按预先设置的程序启停各设备，系统自动控制流程主要包括以下方面：

（1）反渗透系统的自动开机、停机：反渗透系统根据除盐水箱液位的高低设定值自动开机、停机，液位高时停机，液位低时开机。

（2）开机时，先启动原水泵，同时启动所有加药泵，延时5 s后开启反渗透系统进水电动阀、除盐水排放电动阀及浓水排放电动阀，进行低压冲洗。冲洗5 min后，关闭除盐水排放电动阀及浓水排放电动阀，延时 5 s 后关闭反渗透系统进水电动阀，再延时 5 s 后启动高压泵并连锁开启反渗透系统进水电动阀，系统进入正常运行状态。

（3）停机时，先停止高压泵，延时 5 s 后打开除盐水排放电动阀及浓水排放电动阀，用预处理水对膜组件进行低压冲洗。冲洗 10 min 后，关闭除盐水排放电动阀及浓水排放电动阀，再延时 5 s 后关闭反渗透系统进水电动阀，同时关闭原水泵及所有加药泵，进入待机状态。

4.4.4 自动配比系统操作

1. 自动配比系统控制装置上电

（1）将“供液泵”开关置“0”位置，“浓度级”开关置“0”位置，“复位”开关置“0”位置，“加压泵”开关置“分”位置，“移动油泵”开关置“分”位置。

（2）操作控制装置箱身的电源隔离开关手柄，使控制装置接通电源。

控制系统首先进入自检测状态，自检结束后，在箱门显示屏画面中显示系统状态信息。系统得电延时 5 s 后自动配比系统开始工作（油箱有乳化油且油位必须>300 mm）。如果设备存在不能正常运行的条件则会在显示屏上显示故障部位且语音和指示灯同时报警。

2. 自动配比系统设备运行

（1）转动“浓度级”开关，将“浓度级”开关打向所要设置的浓度挡位。

（2）将箱盖上“移动油泵”操作开关打向“合”位置，移动油泵向油箱内注油至最低油位，油位需高于 300 mm（观察油标线）。油位升至设定位置后，自动进行配液和校正，当乳化液的浓度达到设置的浓度值或液位达到上限值时自动停止配液。

（3）自动配比系统接到供液信号后，供液电磁阀打开，供液泵启动进行供液。

（4）当系统出现故障或系统元件需要维护更换时，可用箱盖上的“供液泵”操作开关来控制供液泵的运转和停止。

（5）将“加压泵”开关接通，可对出液过滤器进行反冲洗。

（6）当供液泵在运行中出现过载、断相、过流等故障时，综合保护器会迅速动作，停止前级真空接触器。故障恢复后，将箱体门盖上的“复位”开关旋向“复位”位置，可将保护器复位。

（7）将电源隔离开关手柄拨至分闸位置，断开总电源，自动配比系统停止运行。

4.4.5 过滤系统操作

对于过滤站，井下要做到定期维护，检查各接口是否连接紧固可靠，是否存在漏液现象；压力表是否工作正常；观察过滤站进出液压力表的压差，可以判断滤芯的污染状态。进出液压力表正常压差接近于零，如果压差过大，应及时操作换向球阀手柄，使用备用滤芯，同时更换堵塞滤芯上井清洗；如果发现出液口出水量过小，应马上操作换向球阀手柄，使用备用滤芯，同时更换堵塞滤芯。换下滤芯经清洗、检验合格后，方可继续作为备件使用。

更换滤芯时，先切换大通道换向球阀，使要更换滤芯的滤筒处于备用状态，打开滤筒底部排污口球形截止阀来卸去滤筒中的残余压力。确认滤筒内无压后取下滤筒端盖螺栓，依次取端盖和半环等限位装置，利用吊环将滤芯取出；更换滤芯后依次将限位装置装入并拧紧螺栓，关闭排污阀、转动大通道换向球阀，检查滤筒端盖处密封状况；如密封良好则滤芯更换工作完成，若出现漏液则按照前面的程序将滤芯取出，检查、更换密封后重新装入，并进行密封检查。

定期将滤筒底部的污染物排出，也有利于提高滤芯的使用寿命，可以定期使用排污口将滤筒底部污染物排出，具体操作步骤为：先切换大通道换向球阀，使被排污滤筒处于备用状态，打开排污口球形截止阀，将下端污染物排出。

注意：更换滤芯时必须保证对应的滤筒处于备用状态，且滤筒内压力完全释放。严禁带压拆卸滤筒端盖螺栓！

4.5 系统常见故障及处理方法

依据电控系统显示屏中的显示数据和报警信息，同时观察设备的故障现象来进行检查分析，并依据表 4-18 所列的智能型集成供液系统故障及排除方法找到最接近的故障进行故障排除。进行故障排查和处理时，须对设备进行停机。如果无法找到相接近的故障及解决方法，或如果所建议的排除方法无法解决相关故障，可以联系相关产品的技术支持与服务部寻求帮助。

表 4-18　智能型集成供液系统故障及排除方法

故障现象	故 障 原 因	处 理 方 法
泵启动后或运行中停止运行	油压低	检查油量，并注意泵站倾斜角度；检查油滤芯；检查油质；检查齿轮泵，如有需要即更换
	油温高	检查轴密封有无损坏；检查油滤芯检查齿轮泵；检查油量；检查传感器所设定保护值是否偏低
	吸液管吸空	检查吸液管处截止阀是否打开；检查设备列车吸液管路是否破损；检查水箱处增压泵是否开启；检查水箱是否有水；在确定问题并处理后，需要进行排气处理
	进液过滤器堵塞	检查滤芯，如需要立即更换
	水箱水位低	水箱加水
	吸液管渗液（空气进入）	需要更换吸液管
	隔爆电机不启动	打开动力电缆连接处盖板，检查是否线路虚接，将虚接线路重新接好。嗅周围是否有煳味，更换电机，原有电机升井检修
	联轴器弹性体损坏	取下损坏弹性体，更换新件
	泵头有裂缝	更换泵头
泵不加压	卸载阀阀块密封损坏	更换卸载阀阀块密封
	新阀密封太紧	打开新阀活动数次，阀芯可自由运动即可
	吸排液阀弹簧损坏	打开吸排液阀检查如弹簧有损坏，更换即可

表4-18（续）

故障现象	故 障 原 因	处 理 方 法
泵不加压	安全阀打开	调紧阀体下方防松螺；更换安全阀连接板密封圈；如均无效果，及时更换安全阀
	吸液管截止阀关闭	打开截止阀即可
	吸液管渗液（空气进入）	需要更换吸液管
泵不卸载	卸载阀故障	检查卸载阀阀芯组件运动是否卡滞
泵声音异常	吸排液阀芯或阀座磨损	检查更换阀芯阀座
	轴承损坏	更换轴承
	曲轴箱进水	如需要，换油即可
	输入轴密封损坏	更换密封
	泵头损坏	更换泵头
	曲轴箱进水	放油，重新换油
	连杆大端轴瓦螺钉松动	按照力矩要求拧紧螺钉
	轴瓦间隙加大	更换轴瓦
	泵内有杂物	放油清除杂物，在擦干净箱体和油滤器后倒入新油
	联轴器、电机、泵轴线不同线	检查联轴器，调整电机与泵轴线
泵过热	传动齿轮面啮合不准	重新调整
	曲轴侧向面间隙不对	按规定重新调整
	连杆大端轴瓦或曲轴损坏	修理轴颈，更换轴瓦
	油位太高	放多余的油到合适位置
	润滑油选取不当	请使用220号工业齿轮油
	油过滤器堵塞	检查油滤芯，如需要更换即可
	油路进空气	拆开油管排气
	齿轮泵损坏	更换齿轮泵
	泵头进入空气	打开上盖，吸液侧用专业工具排空气
压力表显示异常波动	调节器损坏	更换调节器
	调节器活塞堵塞	去除异物、脏物，清洗清理
	泵头阀损坏	更换新阀
	异质物堵塞泵阀	去除异物、脏物，清洗清理
	弹簧损坏	更换弹簧
	回液阀堵塞	去除异物、脏物，清洗清理
	泵站位置高于液箱	降低泵站相对高度
	润滑油齿轮泵联轴器损坏	更换联轴器
柱塞渗水较多	盘根损坏	更换盘根
	柱塞密封损坏	更换密封
	柱塞损坏	更换柱塞

表 4-18（续）

故障现象	故 障 原 因	处 理 方 法
上电后电源保护，控制器频繁重启	传感器接线短路	逐个拔下传感器，排查引起故障的传感器，检查接线和传感器有无短路
	电源箱负载过重	单个电源箱连接的控制器过多，均衡双路电源箱两边连接的控制器数
泵站在运行状态下自动停机	乳化液箱液位过低	将液箱乳化液加至 30%（液位低位）以上
	乳化液箱液温过高	排查液温升高的原因，故障解除后重新启泵
	系统液路爆管	修复好系统管路，然后重新启泵
	泵站润滑油位过低	补充润滑油至正常高位，然后重新启泵
	泵站润滑油压过低	排查油压过低的原因，故障解除后重新启泵
	泵站润滑油温过高	排查油温升高的原因，故障解除后重新启泵
	吸液口水压过低	排查水压过低的原因，故障解除后重新启泵
	电机温度过高	排查电机温度过高的原因，故障解除后重新启泵
	压力超限	排查系统压力过高的原因，故障解除后重新启泵
	水箱水位低	水箱补水至正常高位，然后重新启泵
	蝶阀开关未打开	检查蝶阀开关，故障解除后重新启泵
	增压泵异常	增压泵停止运行或增压泵无反馈信号，故障解除后重新启泵
	冷却泵异常	冷却泵停止运行或冷却泵无反馈信号，故障解除后重新启泵
泵站不能就地控制	中央控制器控制模式为远程	经安全确认后，将中央控制器控制模式切换至就地控制模式
泵站不能远程控制	中央控制器控制模式为就地	经安全确认后，将中央控制器控制模式切换至远程控制模式
乳化液泵不能联动控制	中央控制器控制模式未在联动	经安全确认后，将中央控制器控制模式切换至联动控制模式
乳化液泵站启动后系统压力不增加	启泵卸载时间设置过长	在乳化液泵控制器菜单中设置启泵卸载时间为 5 s 左右
	电磁卸载阀故障	排查电磁卸载阀接线是否正确，电磁阀是否损坏
	压力传感器故障	排查压力传感器是否损坏
	管路爆管	排查时候管路爆管导致压力不增加
传感器数值显示“**”	传感器接口松动	将传感器重新插入控制器接口，并打上 U 型卡
	值为零	确定传感器无故障仍显示 **，则表示值为零，启动后正常。
传感器数值显示“##”	传感器被设置为无效	设置对应传感器为有效

表4-18（续）

故障现象	故 障 原 因	处 理 方 法
控制器上电黑屏无反应	电源线松动	重新插入电源线并打上U型卡
	控制器损坏	更换控制器
	隔离耦合器损坏	重新插拔隔离耦合器供电插口、更换隔离耦合器
控制器故障指示灯闪烁	传感器损坏或者系统报警	查看菜单中故障内容，逐一排查后重新上电
液箱不能自动配液	油箱油位过低	油箱油位低于最低油位，待加油至正常高位后，自动配液
	水箱水位过低	水箱水位低于低位，待水位恢复正常高位后，自动配液
	蝶阀开关未打开	检查蝶阀开关，故障解除后自动配液
液箱显示在进液状态但不能自动加液	进液球阀接线松动或者球阀损坏	检查连接线路，更换进液球阀
	配比泵参数为无效	液箱控制器有效性设置列“配比泵”置为有效
控制器显示液位、水位值过高/过低，与实际高度不符	液箱、水箱高度值设置不正确	在控制器菜单中按照实际高度重新设置液箱、水箱高度值
变频泵启动时显示MODBUS通信故障	控制器与变频器MODBUS连接线通信故障	检查控制器与变频器之间的MODBUS连线
变频泵运行时MODBUS通信时断时续	MODBUS通信线与动力电缆太近	将MODBUS通信线缆与动力电缆尽量分开布线
	MODBUS通信线未使用屏蔽电缆	使用屏蔽电缆连接，且中间不要使用接线盒
主机监控界面显示与中央控制器通信中断	中央控制器与监控主机通信线连接中断	检查接口对应是否正确，检查主机软件串口配置是否正确，见安装说明
反渗透装置产水量下降，盐透过量正常	微生物污染：预处理不合理	改进预处理；对整个系统消毒处理，用pH为11的碱水浸泡
	无效的保护：保护液时间太长，环境温度高，或氧化	用碱液清洗或用硝酸浸泡（1%）；如果长期保存膜，更新保护液；保存在阴冷、干燥的环境里
反渗透装置产水量下降，盐透过量高	胶体污染，很容易使膜失效	根据污染物清洗膜元件；调整、改进预处理
	金属氧化物污染，主要发生在第一段	清洗膜元件；调整、改进预处理；用适当的金属管道代替易腐蚀的金属管道
	结垢，一般发生在末段	用酸或EDTA碱液清洗并分析清洗液
反渗透装置盐透过量低	膜被压实，给水水温太低或给水压力高；水锤生成（启泵时系统内有空气）	更换损坏的膜元件；在系统的最后一根增加新膜
	有机污染，高能量有机物；憎水性或带正电的有机物和油性物质	清洗有机物（一些有机物可被有效清洗，另一些则不能，加热油就是其中之一）；改进预处理；尽量减少絮凝剂的用量，检测给水流量的变化，避免过量投加絮凝剂

表 4-18（续）

故障现象	故 障 原 因	处 理 方 法
反渗透装置盐透过量高，产品水流量正常	O 形圈泄漏，可用控头检查哪支 O 形圈有问题	更换 O 形圈；正确安装 O 形圈并润滑产品水管
	膜卷伸出造成，推力环没有安装或安装位置不正确、压差太高、水锤	正确安装推力环；更换已损坏膜；改进操作条件
	产品水背压大，产品水压力超过给水压力	释放背压；更换膜元件
	膜表面划伤，碳粒或其他异物堆积，保安过滤器旁路	适当冲洗碳滤器；改进保安过滤器密封；改进预处理；更换损坏的膜元件
反渗透装置压差增加	保安过滤器旁路：滤芯安装不正确；滤芯更换程序不正确	当更换滤芯时，利用适当的排污阀；正确的安装滤芯；更换结束后冲洗过滤器；清洗膜元件
	石英砂过滤器穿透	用清洁剂单独清洗第一个膜元件，采用反方向流方法；反洗过滤介质；更换过滤介质
	泵叶片的损坏：叶片的碎屑在第一个膜元件的给水侧积累	反方向单独冲洗第一个膜；更换新泵
	阻垢剂的沉积：胶粘物产生，原因是有机聚合阻垢剂和多价金属离子发生反应或阻垢剂和残留的絮凝剂发生反应	更换或减少阻垢剂的用量，或加酸或采用软化；清洗膜元件比较难；反复用碱性 EDTA 清洗可能有效

5 智能化采煤控制系统

建立智能化采煤控制技术体系后，通过感知、决策、执行和运维等数字技术改造工作面机、电、液开采装备，使之具备自动化和智能化功能，接入统一开放的工作面自动化网络，按照设备层、集中控制层和远程控制层分级形成覆盖工作面生产过程的智能化采煤控制系统。

5.1 采煤控制系统概述

5.1.1 系统组成

综采自动化控制系统在综采装备单机自动化基础上，建立了一套以监控中心为核心，以工作面视频、以太网、音频、远程控制为支持的集中自动化控制系统，实现了工作面“有人巡视、无人操作”远程可视化干预控制。该系统融合了工作面各类数据实现工作面的智能化控制，包括支架跟机自动化、采煤机自动割煤、工作面直线度控制、伪斜控制、仰俯采控制、“三机”协同控制等，使用了三维虚拟现实、视频监控、控制系统软件、手持终端软件、设备故障诊断、流媒体等各类技术，是一套较为复杂的综合自动化控制系统。整体架构如图 5-1 所示。

SAM 型综采自动化控制系统，在采煤工作面原有采煤机、液压支架、刮板输送机等单机子系统的层级之上，构建了统一开放的工业以太网控制网络，辅以工作面无线局域网、无线多跳自组网技术搭建综采工作面信息高速公路，实现了有线、无线网络终端的即时快速接入，单机设备信息汇集到工作面巷道监控中心的隔爆服务器上，供其分析决策与控制。系统以组态软件为基础平台，将各种自动化控制系统和管理系统连接起来，从而打破工作面信息孤岛，解决企业信息化建设中的信息集成存在的难题。系统支持常见的 CAN、RS422/RS485、以太网接口，以及常用的 ModbusRTU/TCP、Ethernet/IP、OPC DA/UA 等通信协议，将输送机、转载机、破碎机、泵站等各自独立的控制主机全部就近接入网络，接受监控中心的统一调度，所有设备只使用一个网络平台，提高了设备通信效率。

SAM 型综采自动化控制系统在工作面搭建以太环网、工作面视频系统、语音通信系统与“三机”集控系统，采用拟人手法，把人的视觉、听觉延伸到工作面，将工人从危险的工作面采场解放到相对安全的工作面巷道监控中心，实现在工作面巷道监控中心对工作面综采设备的远程操控，达到工作面“少人化”甚至“无人化”开采的目的。

综采自动化控制系统软件架构主要包括井下监控计算机和地面服务器两个部分。软件融合了设备状态数据、GIS 数据、三维地质数据，实现各类数据的统一储存和处理，支持各类现场总线、OPC、Ethernet/IP 等接口标准，实现各类设备的接入；通过通信消息队列、软件网关，数据传输负载均衡技术，主从冗余，实现控制数据的实时可靠传输；基于 Unity3D 等实现了各类数据处理和可视化。

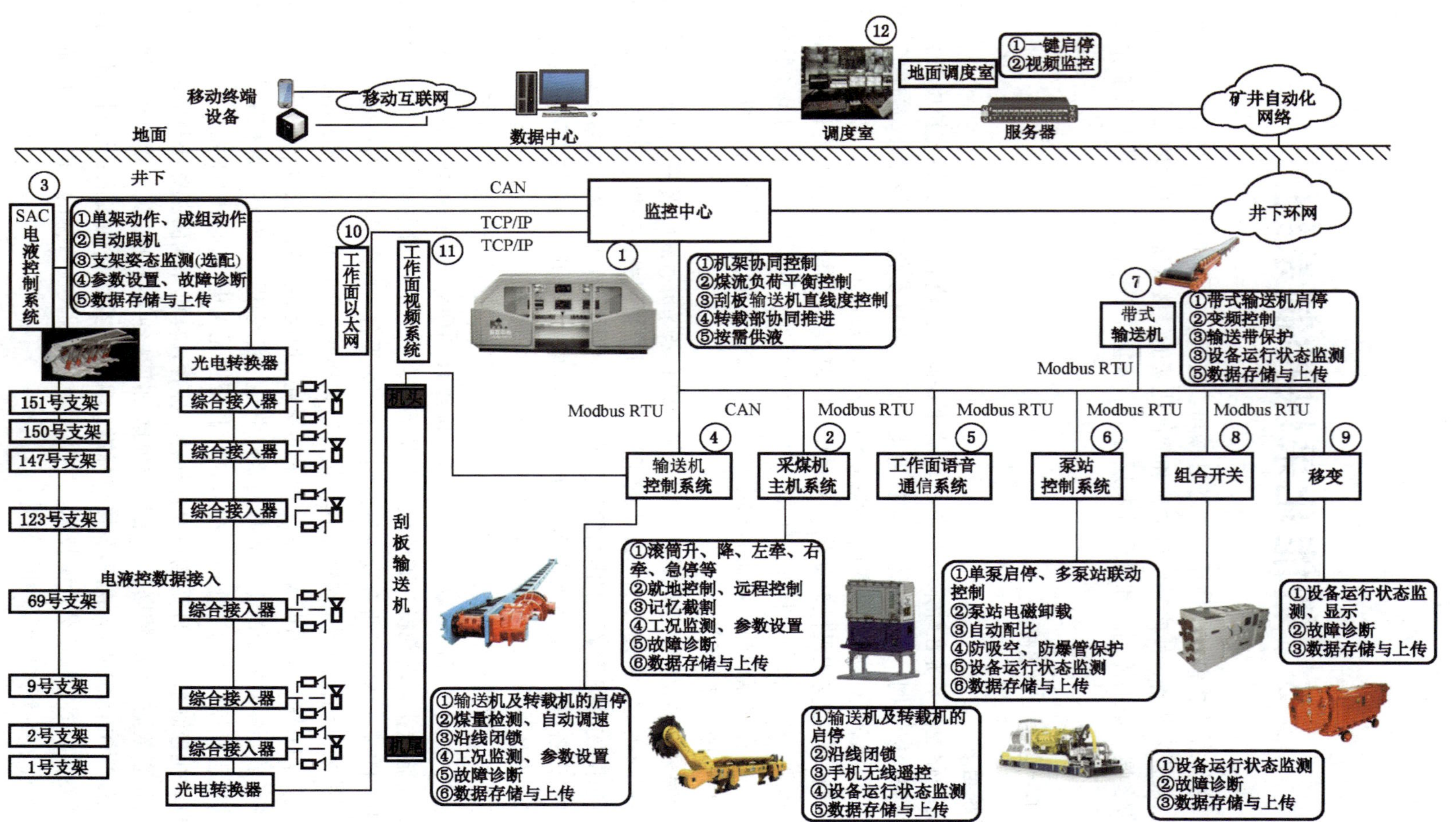

图5-1　SAM型综采自动化控制系统组成

5.1.2 功能及特点

综采自动化控制系统以各子系统为基础，通过工作面巷道监控中心与地面调度中心为控制中枢，实现对工作面各设备的综合调度与指挥，保证工作面安全、连续生产。

系统主要功能如下：

(1) 在工作面巷道监控中心和地面调度中心对工作面设备的集中监控。

(2) 对采煤机工况监测与远程控制功能。

(3) 对液压支架工况监测与远程控制功能。

(4) 对工作面运输设备工况监测与远程自动化控制功能。

(5) 对泵站系统设备工况监测与集中自动化控制功能。

(6) 对输送机系统设备工况监控功能。

(7) 对综采设备数据集成、处理功能。

(8) 故障自诊断（包括对采煤机、液压支架、“三机”、泵站的故障诊断)、故障类型显示、语音提示、管理等功能。

(9) 工作面工业以太网，在工作面实现数据的高速传输。

(10) 综采工作面所有设备按程序运行，协调动作。

(11) 系统须具有工作面视频系统，对主要综采设备进行实时监控。

(12) 综采工作面自动化控制系统出现故障时，子系统不受综采自动化系统控制，以保证在检修和自动化控制系统出现故障时，各子系统能单独开车，确保生产不受影响。

(13) 地面调度中心与工作面巷道监控中心“一键启停”工作过程：当工作面设备处于就绪状态时（将远程控制权限向综采自动化控制系统授权），监控中心操作人员通过操作台上的一键启动按钮，综采自动化控制系统会按照如下启动顺序向各子系统发出启动设备指令，首先将泵站启动，接着将带式输送机启动，接着是破碎机、转载机、刮板运输机，接着是开启采煤机的记忆割煤，最后是开启工作面电液控制系统的自动跟机功能。当发出一键启动信号后，在这些设备的启动过程中，不再需要人工干预。

(14) 地面调度中心设置与工作面巷道监控中心功能相同的操作台，在进行必要的授权及确保井下设备与人员的安全后，方可在地面对综采工作面设备一键启停。

综采自动化控制系统的主要特点如下：

(1) 具备各子系统的智能特性。

(2) 工作面自动化模块可对井下工作面采集的各相关数据进行分析计算，将工作面采煤机、液压支架、刮板机等单一设备的工作进行集成，实现采煤机、刮板输送机和液压支架的协同控制。

(3) 综采工作面智能化系统要实现具备故障自诊断功能：系统以振动监测为主，温度，电流监测为辅，可以实现对刮板输送机的振动在线监测。通过对设备状态的监测分析，制作相应的状态报告，尽早发现潜伏性故障，提出预警，避免发生严重事故，保证设备的安全、经济运行。通过对历史数据的分析处理，实现状态监测趋势的图形化分析，生成相关分析报告和报表，为煤矿的预防性维护提供可靠的依据，为设备从计划检修过渡到状态检修提供辅助决策。

(4) 根据液压支架动作顺序，预先进行对泵站的控制和调节。

（5）综采工作面智能化系统智能自调节功能：①实现工作面智能找直功能、具备完善的直线度控制功能。②实现自动调高功能，在监测支架绝对高度的同时，兼顾支架相对高度的控制。③实现智能工作面煤流与负荷之间协调功能。④实现工作面环境与生产能力协调功能。

（6）采煤机三维定位系统。采用先进惯性导航装置，进行采煤机位姿检测，实现对采煤机的三维定位，从而对刮板输送机的曲线实现检测，并由找直系统实现找直偏差值的计算。惯性导航装置能将检测到的刮板运输机实际曲线通过数据传输通道传输给综采工作面集中控制中心，并由综采工作面集中控制中心进行协调控制，将需调整数据发送给液压支架电液控制系统，由电液控制系统对刮板输送机进行调整，实现对工作面直线度的调整。

（7）采煤机智能自适应割煤模式。通过高精度动态地质三维模型获取截割模板，通过综采智能化控制系统将数据下发给采煤机，实时调整采煤机截割滚筒高度，使工作面采高控制作业更加理想，实现智能自适应割煤。

（8）工控平台显示功能。工况平台采用界面分层显示控制技术，监控画面和视频画面在同一终端上显示，可以按照要求任意布局。

（9）提供无限制的网页/客户端访问，实现远程监控画面。

5.2 采煤控制设备及工作原理

采煤控制系统所涉及的设备主要包括工作面巷道监控中心、视频设备、通信设备以及自动控制系统软件等。

5.2.1 工作面巷道监控中心

远程集中控制技术是在巷道（工作面回采巷道）列车上打造一个井下中控室，而操作员只需在监控中心即可通过显示器观察到工作面的实际生产情况，并可通过语音通信进行调度、联络以及远程操控工作面上的相应设备。通过一键启停功能，工作面的设备依次顺序自动启动。生产过程中，工作面内无人操作，监控中心 2 人远程监控。通过高速网络和高清视频的支持，在现有的工作面以太环网基础上建立统一通信协议平台，实现设备数据高速上传和控制信号实时下达。当发现影响综采工作面连续推进的生产情况时，才进行远程人工干预。

工作面集中控制中心是整个工作面控制系统的大脑，负责采煤机、运输“三机”、支架、泵站和供电设备等的集中控制，各个子系统之间的协同控制，以及与矿井其他系统的联动控制。

工作面集中控制中心主要由矿用隔爆兼本安型监控主机 3 台，矿用本安型显示器 6 台，矿用本安型操作台 2 台（液压支架远程操作台 1 台、主控操作台 1 台），矿用本安型网络交换机 2 台、矿用路由器 1 台等设备组成，如图 5-2 所示。

1. 矿用隔爆兼本安型监控主机和矿用本安型显示器

矿用隔爆兼本安型监控主机与矿用本安型显示器分体安装，两者之间采用光纤进行通信，每台监控主机可以接两台矿用本安型显示器，分别显示采煤机监控画面、自动化监控画面、电液控制监控画面、泵站及供电等监控画面。

监控主机 CPU 配置有 RS422、RS485、CAN 总线及以太网等接口；显示器液晶屏采用

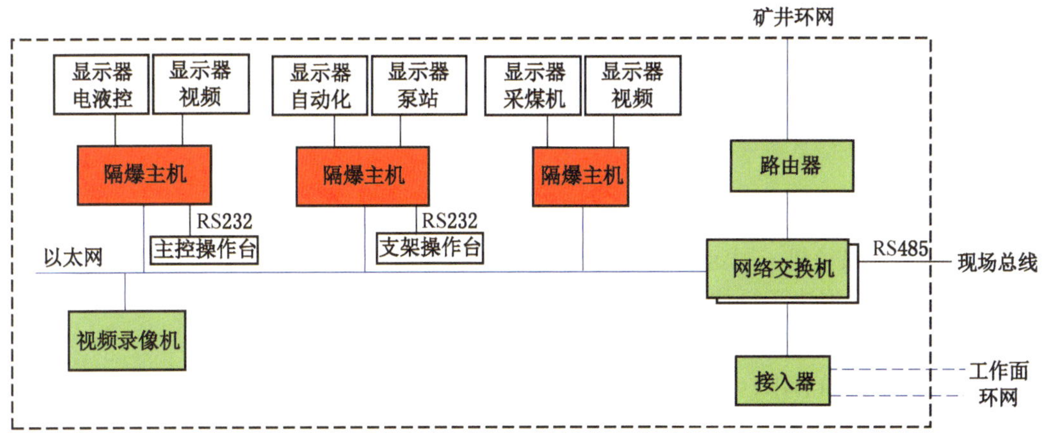

图 5-2 监控中心内部主要设备连接图

21 英寸宽屏，并实现了采煤机、运输“三机”、电液控制、泵站等设备的集中监测和协同控制。

2. 操作台

采用操作台两台，其中一台为支架操作台，负责进行液压支架远程操作，一台为主机操作台，负责对泵站、“三机”集中控制，以及采煤机远程控制。

5.2.2 视频设备

工作面视频采集主要设备有单目、多目、固定式、云台式、自清洁、红外等摄像机，可以使用高清摄像机进行工作面视频信息采集，固定场景的视频监视可采用固定式摄像机，一定范围的视频监视可采用云台摄像机。

摄像机采用以太网进行视频传输，摄像机传输接口采用以太网电口传输，通过有线的方式接到综合接入器，电源由综合接入器提供，如图 5-3 所示。

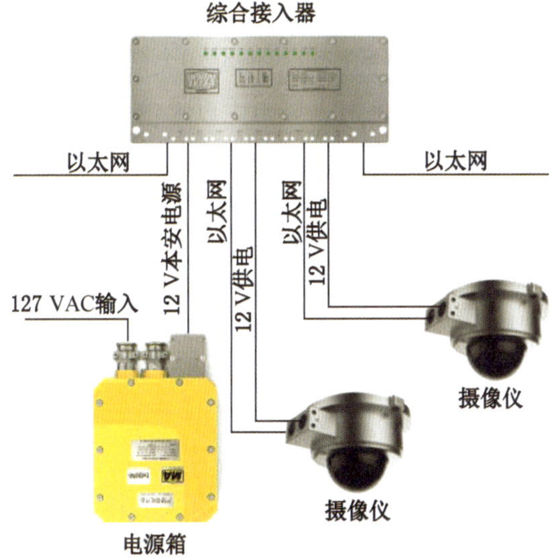

图 5-3 采煤工作面摄像机网络接入方式

采煤工作面视频采集系统主要由摄像机、照明灯、本安电源三部分组成：照明灯为工作面提供光源，使摄像机成像清楚；本安电源为摄像机提供工作电压；摄像机将工作面采集到的视频信息转换为数字信息，并转换为可传输的网络信号与工作面以太网设备对接。

1. 摄像机

目前采煤工作面常用的摄像机主要分为固定式摄像机和云台式摄像机。

（1）固定式摄像机。固定式摄像机的监控角度恒定，观察到的区域也固定不变，视频采集覆盖范围完全取决于摄像机本身的视角范围。

优点：功耗低、抗振动、体积小、自清洁易于实现。

缺点：由于视角有限，在配套数量有限的条件下，监控存在盲区，但如果扩大监控范围，需要配套的摄像机数量增大，系统配套成本和复杂度增加。

关键技术参数：供电电压，12 V DC；工作电流 < 500 mA；分辨率 ≥ 2 M；带宽 < 4 Mbps；低照度，0.005 Lux。

（2）云台式摄像机。将恒定角度的摄像机固定在云台电机旋转机构上，通过单轴或者双轴云台电机的转动来调节摄像头的监控方向，从而达到动态监视大范围内的目标。

优点：动态视频监控范围大（最大 360°无死角），可贴顶梁安装，配套数量少，安装维护便利。

缺点：摄像头非固定、有转动机构，抗振动性能差、功耗大。

关键技术参数：供电电压，12 V DC；工作电流 < 1000 mA；分辨率 ≥ 2 M；带宽：< 4 Mbps；水平旋转角度 ≥ 180°；垂直旋转角度 ≥ 90°；低照度，彩色 0.05 Lux、黑白 0.005 Lux。

2. 照明灯

虽然有些摄像机具备红外补光功能，但采煤工作面离开照明灯，摄像机的成像效果会大打折扣，严重影响视频的采集和显示。照明灯对摄像机的成像效果影响主要有以下两个方面：

（1）照明灯对摄像机成像分辨率的影响。根据相关研究，摄像机图像质量可随光源波长得以改善，研究证明 470 nm 波长的照明是用于可见范围成像光线的最短波长之一，较短波长可实现摄像机获得较高的实际分辨率，成像画面会更清晰，从而提高画面观看的舒适度。综采工作面所使用的照明灯为白光照明，多种波长混合，因此在选用照明灯时可以参考波长分布图来评估对摄像机分辨率的影响。

（2）摄像机过度曝光。在采煤工作面使用云台摄像机时，过度曝光的现象指是照明灯直射引起的现摄像头转到某个方向时，视频画面突然会眩光刺眼而看不清楚。因此，工作面在布置摄像机时，务必考虑照明灯的布置间距和照射角，避免灯光直射摄像头。

5.2.3 通信设备

综采自动化控制系统的井下通信网络采用两级结构。一级是通信主网络，采用高速工业以太网作为信息传输主干线，应具有传输信息容量大、传播速度快等特性；与工作面单机设备的总线式的网络结构相互补充，实现远端监控中心集中监控。

综采自动化控制系统需要与采煤机、液压支架、刮板输送机、转载机、破碎机、泵站、开关等多种子系统进行通信，数据流量大，种类多。通信平台采用工业以太网作为骨干网，其他现场总线、无线通信作为子系统或设备的接入方式。

千兆以太网作为工作面骨干网络，贯穿整个工作面，作为数据传输的主要通道，网络吞吐量为1000Mb/s。从工作面延伸到监控中心，以此作为数据的汇聚中心。整个千兆以太网通信链路主要由综合接入器、网络交换机、路由交换机等设备组成，设备间通过铠装护套连接电缆和光缆进行连接，如图5-4所示。

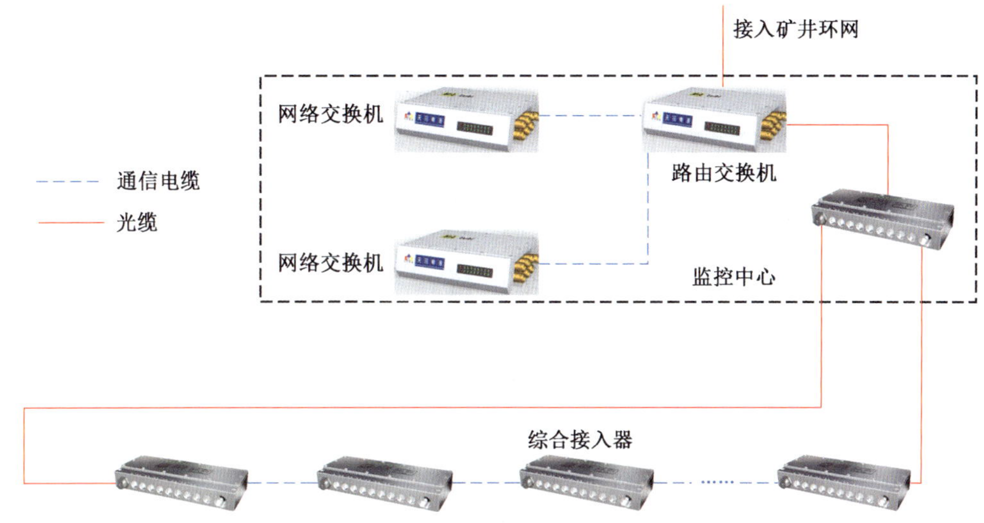

图5-4 采煤工作面千兆网络通信系统

路由交换机作为整个通信平台的汇聚交换点，从路由交换机接入到矿井环网。路由交换机除具备正常二层交换功能外，还支持三层路由功能，保证子系统或设备多个网段之间可以互相通信。

网络交换机和综合接入器均为二层交换设备，支持IEEE802.1Q VLAN设置，可以有效控制广播域；支持端口带宽限制功能，优化带宽利用；支持广播风暴抑制、端口流量限制；支持IGMP静态组播、端口聚合、端口镜像等功能。

为提升以太网通信系统可靠性，尤其是综采工作面通信的稳定性，整体网络拓扑为环

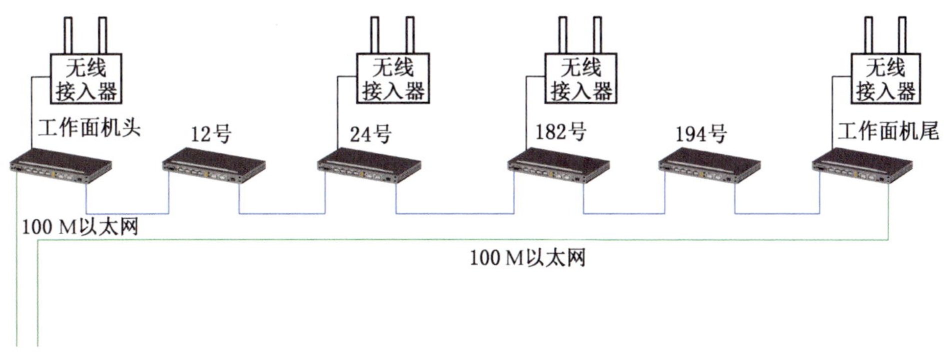

图5-5 工作面无线基站接入

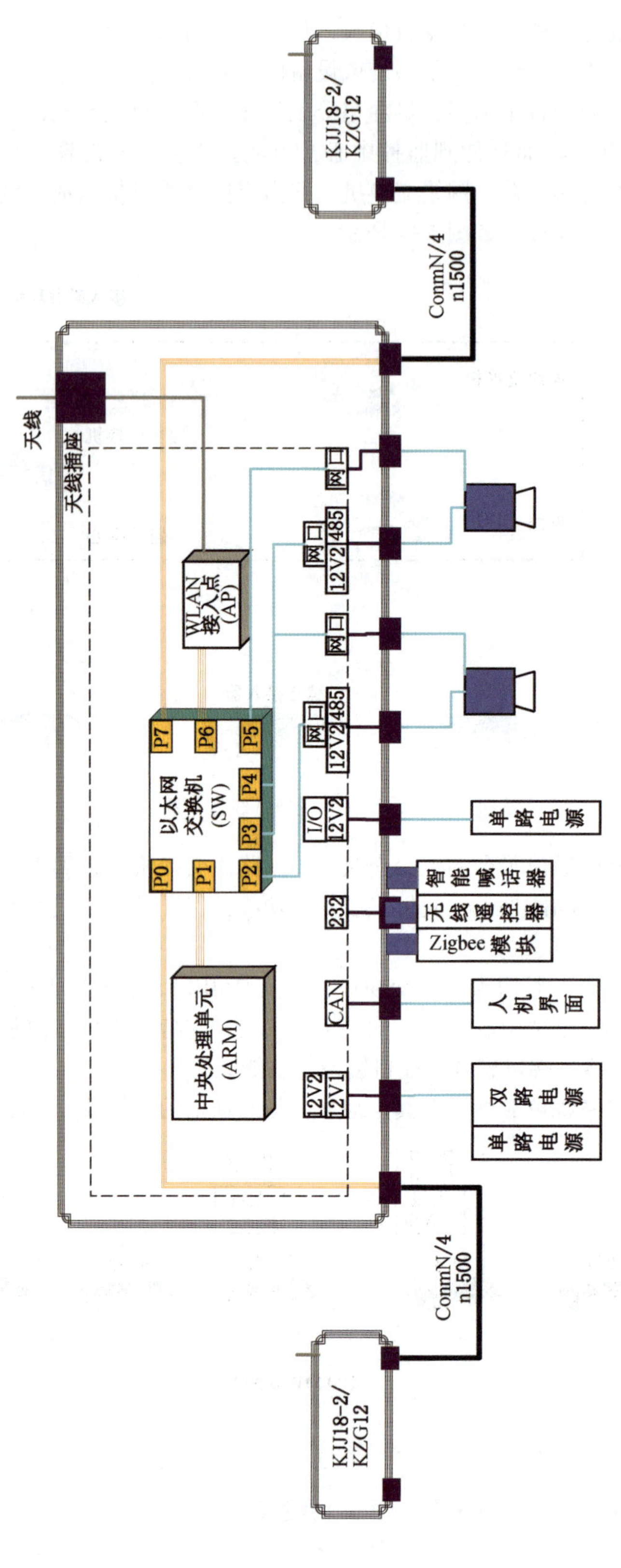

图5-6 综合接入器接口定义

形结构，为综采工作面网络提供冗余备份链路，环网中断时恢复时间小于 20 ms。综合接入器，综合接入器与交换机，以及交换机之间通过千兆以太网电缆或光线通信。

综合接入器接入工作面无线装置，可实现工作面无线覆盖，移动终端可在工作面任何区域查看工作面设备运行状态及进行监控。无线装置的布置如图 5-5 所示。

1. 矿用本安型综合接入器（KJJ18（C））

综合接入器作为工作面的主要接入设备，对外可提供百兆以太网接口，RS485、RS485 和 CAN 通信接口，可接入视频摄像机、液压支架控制器及其他符合接口类型的设备，如图 5-6 所示。

矿用本安型综合接入器主要参数如下：

（1）供电电源：1 路 12 V、2 A 本安电源供电。

（2）支持 1 路千兆以太网光口，2 路千兆以太网光/电复用接口。

（3）支持百兆以太网电口 3 路。

（4）支持 RS485 接口 2 路。

（5）支持 RS232 接口 1 路。

（6）支持单线 CAN 接口 2 路。

综合接入器一共有 11 个接口，依次是：

（1）壳体标记 Loop1，环网接口，简称：L1。

（2）壳体标记 P1&P2，第一路电源引入口，简称：P1。

（3）壳体标记 CAN/AO，CAN 总线接口，简称：CAN。

（4）壳体标记 232/A&Fin，串口，简称：S1。

（5）壳体标记 232/DO3，第二路电源引入口，简称：P2。

（6）壳体标记 P2&485/N1，第二路电源的第一个输出口，简称：P21。

（7）壳体标记 N2/DO2，普通网口，简称：N2。

（8）壳体标记 P2&485/N3，第二路电源的第二个输出口，简称：P22。

（9）壳体标记 N4/DO2，普通网口，简称：N4。

（10）壳体标记 Loop2，环网接口，简称：L2。

（11）右上角有一个天线接口，无壳体标记，简称：W1。

2. 矿用本安型网络交换机（KJJ12）

网络交换机对外提供千兆以太网口，接入主机等设备，同时提供 RS485、CAN 通信接口，可以接入标准 Modbus RTU 设备和 CAN 设备。交换机结构图如图 5-7 所示，具有 1 路常备千兆以太网光信号通信端口，6 路常备百兆以太网电信号通信端口，1 路常备百兆以太网光电端口，3 路 485 通信端口，2 路 4~20 mA 电流环通信端口。

矿用本安型网络交换机主要参数如下：

（1）供电电源：2 路 12 V、2 A 本安电源供电。

（2）支持千兆以太网光口 3 路，千兆以太网电口 2 路。

（3）支持百兆以太网光口 2 路，百兆以太网电口 5 路。

（4）支持 RS485 接口 4 路。

（5）支持 CAN 接口 2 路。

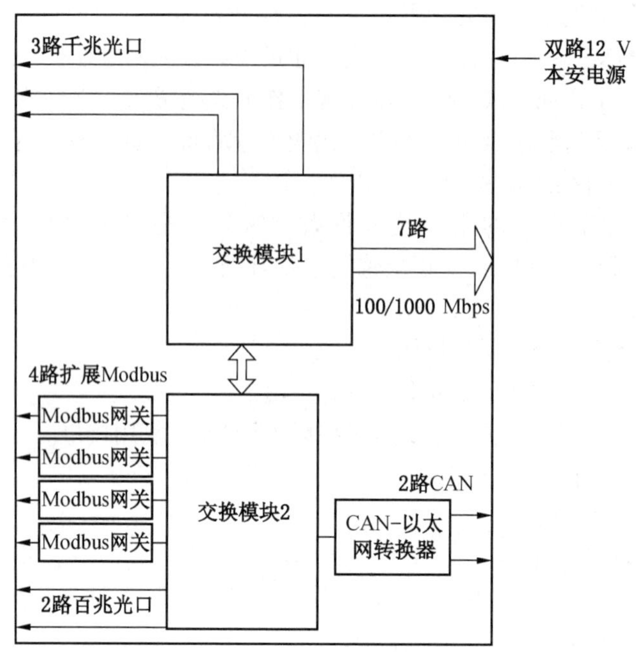

图 5-7 交换机结构

5.2.4 自动控制系统软件

综采自动化控制系统软件架构如图 5-8 所示。

自动控制软件平台（图 5-9）是综采工作面自动化控制系统的基础平台，它是各个控制系统子系统的公共部分，它提供了一系列的工具、模块、组件和三层驱动。

驱动层：通过驱动将模型和外设连接，从外设中获得数据。

数据层：把外设的数据存储到模型中，同时完成历史数据的存储、报警计算、脚本计算等功能。

界面层：对数据层数据进行呈现，开发大量的动态特性和交互特性，形成界面动态库。

开发环境：实现模型和驱动的关联，画面组织管理，形成工程文件。

运行环境：加载界面动态库和工程文件，完成监控系统任务。

1. 软件平台通信技术

平台层采用通信技术实现数据交换。主要包括实时库服务接口、时序库服务接口、报警服务接口、事件服务接口。

2. 时序数据库技术

工作面监测的大部分为基于时间序列的传感器数据，系统采用主流的时序数据库 InfluxDB。它是一个时间序列数据库，用于处理海量写入与负载查询。InfluxDB 旨在用作涉及大量时间戳数据的任何用例（包括实时监控、应用程序指标、物联网传感器数据和实时分析）的后端存储。

3. 组态工具设计

开发了组态工具，具有组态配置功能，可以减少综采自动化控制系统项目的定制开

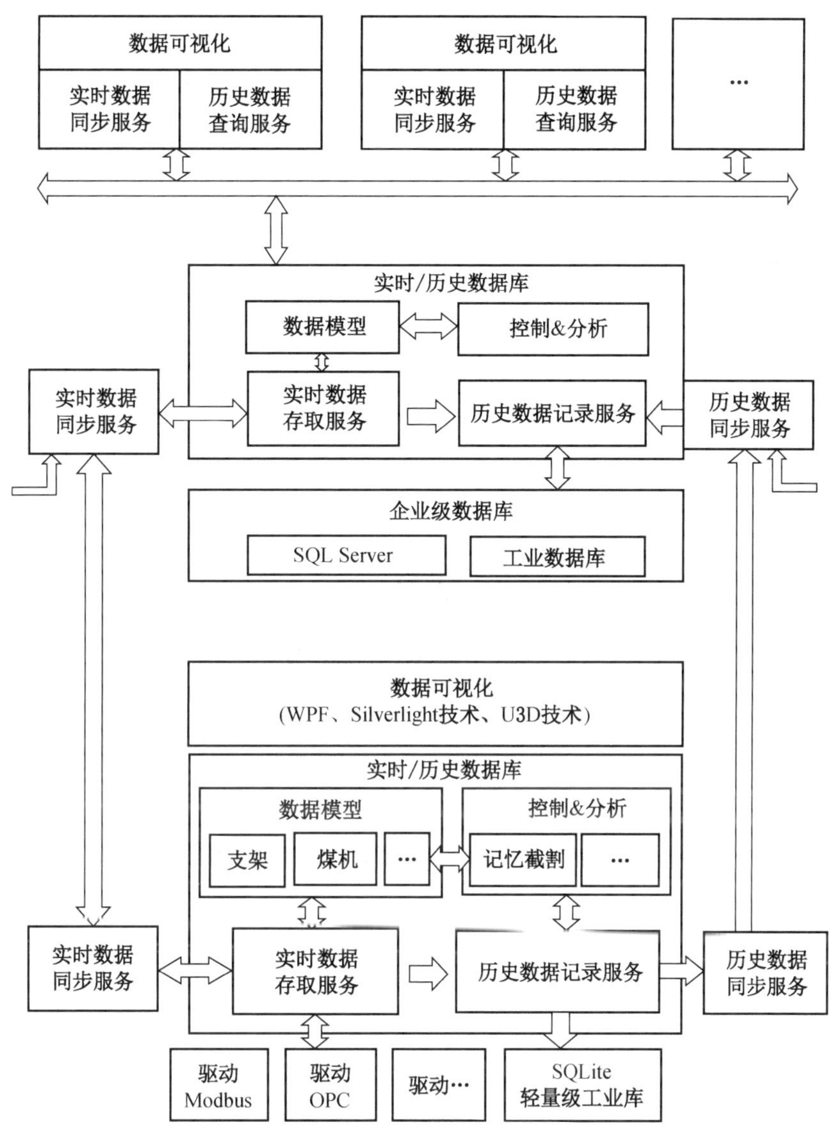

图 5-8 综采自动化控制系统软件数据处理框架

发，尽可能地使用成熟的软件模块，提高软件的可靠性和可复制性。该组态平台下，程序员可以开发特定功能的模块，提供统一的外部接口；工程师可以依据综采工作面现场的具体条件，优化配置参数，快速完成自动化控制系统软件的二次开发。

5.3 采煤控制系统设计

5.3.1 自动化控制系统设计

5.3.1.1 工作面巷道监控中心

工作面巷道监控中心（图 5-10）将综采设备连接到作面自动化网络上，使其具有监测、控制、设备管理的功能。

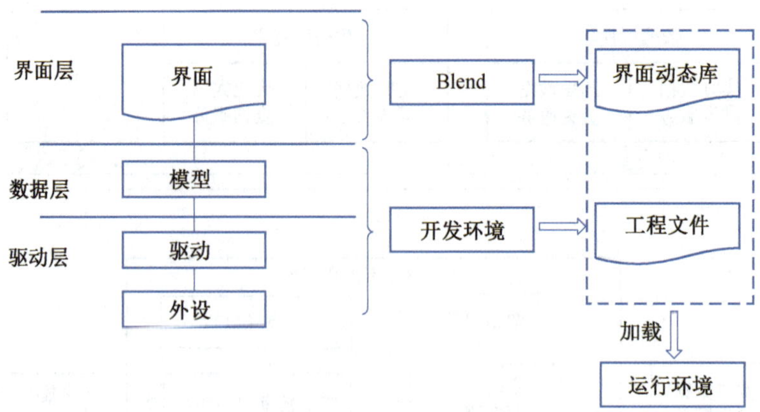

图 5-9　软件平台设计

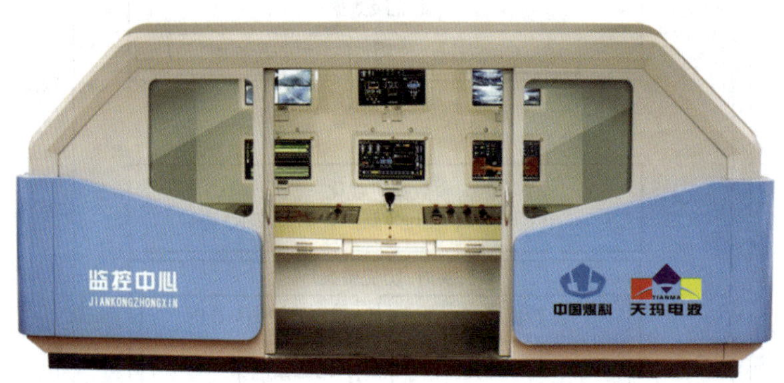

图 5-10　巷道监控中心

1. 监测功能

（1）采煤机工况显示：左右摇臂、左右牵引轴承的温度，牵引方向、速度，液压系统备压压力及泵箱内液压油的高度，冷却水流量、压力，油箱温度，左右滚筒高度，机身仰俯角度，采煤机在工作面位置等。

（2）输送机的工况显示：输送机的启停状态、工作电流、工作电压等工况。自动化控制系统监控输送机电机的实时电流，依据预警和报警机制，通过联动等功能来保护输送机。

（3）液压支架工况显示：各支架压力值，各支架推移行程，各电磁阀动作状态，主机与工作面控制系统的通信状态，故障状态。

（4）泵站系统工况显示：泵站出口压力，泵站油温、油压、油位状态，乳化液浓度，液箱液位、水箱水位，乳化油油箱油位。

（5）工作面设备与监控中心各主控计算机的通信状态显示。

（6）工作面供电设备保护信息显示，包括漏电、断相、过载、各种故障状态、数字信号的反馈等。

（7）工作面语音系统状态显示：包括电话闭锁状态显示和断路位置显示（断路的具

体架号）。

（8）工作面带式输送机状态显示：包括保护状态、电压、电流、速度等工况监测。

（9）具有历史故障查询功能，所有可能出现故障的地方进行记录。

（10）可在监控中心进行工作面视频显示：可对视频进行管理、查询、存储。

（11）具备显示设备运行功能，具备工作面跟机视频显示功能。

2. 控制功能

（1）液压支架控制：以电液控制计算机主画面和工作面视频画面为辅助手段，通过操作支架远程操作台实现对液压支架的远程控制。

（2）采煤机控制：依据采煤机主机系统及工作面视频，通过操作采煤机远程操作台实现对采煤机的远程控制，远程控制功能包括采煤机滚筒升、降、左牵、右牵、加速、减速、停机等动作。

（3）工作面“三机”及带式输送机工况集中自动化控制，可实现刮板输送机、转载机、破碎机的远程启停和工况监测，实现对带式输送机的启停控制。

（4）工作面泵站集中自动化控制，可实现泵站的单设备启停控制，根据泵站出口压力变化实现多台泵站的自动控制。

3. 设备管理功能

（1）可生成采煤机、刮板输送机等割煤情况的生产报表，采煤机循环作业图。

（2）采煤机故障显示：采煤机的通信故障、开机率、位置错误；在刮板运输机过载时，采煤机未暂停采煤过程控制。

（3）液压支架故障显示：程序丢失、参数错误、输出错误、通信错误、人机交互错误和安全操作装置故障等。

（4）具有采煤机、刮板输送机、转载机、破碎机、带式输送机、泵站开关状态显示，包括各个回路运行状态、电流大小、电压大小以及漏电、断相、过载等故障状态显示。

（5）输送机故障显示：实现设备运行数据的实时显示、报警和传输。对设备的每台减速器及电动机进行温度、压力、流量、位移、转速等参数的检测，并对这些参数进行分析处理，实现设备运行数据的实时显示、报警、传输，同时对刮板输送机、转载机、破碎机、相关泵站进行集中顺序启停控制，实现工作面沿线的语音预警和对讲功能。

5.3.1.2 视频系统设计

巷道监控中心主要设备有隔爆计算机、本安显示器、网络交换机等。网络交换机的主要功能是与矿井环网相连，并管理矿井环网中的设备，且与监控中心中的设备通过交换机进行通信。隔爆计算机和本安显示器构成整个系统的大脑，主要功能有解析并显示从网络中获取的视频信号，将其有效地显示出来，并可在计算机端输入相关控制指令控制接入网络的设备。

视频监控系统不但要完成在井下巷道监控中心显示，同时还需要将视频信息上传到地面调度中心进行显示，以及多目视频信号的处理与再现，使监控中心能够以单屏分屏显示和多频集成显示等多种方式展示视频信息，以方便用户全面了解采煤工作面生产的实时动态。视频监控系统结构体系如图 5-11 所示。

在系统总体框架的基础上，以采煤机为视频监控对象，融合多个视频画面，利用图像

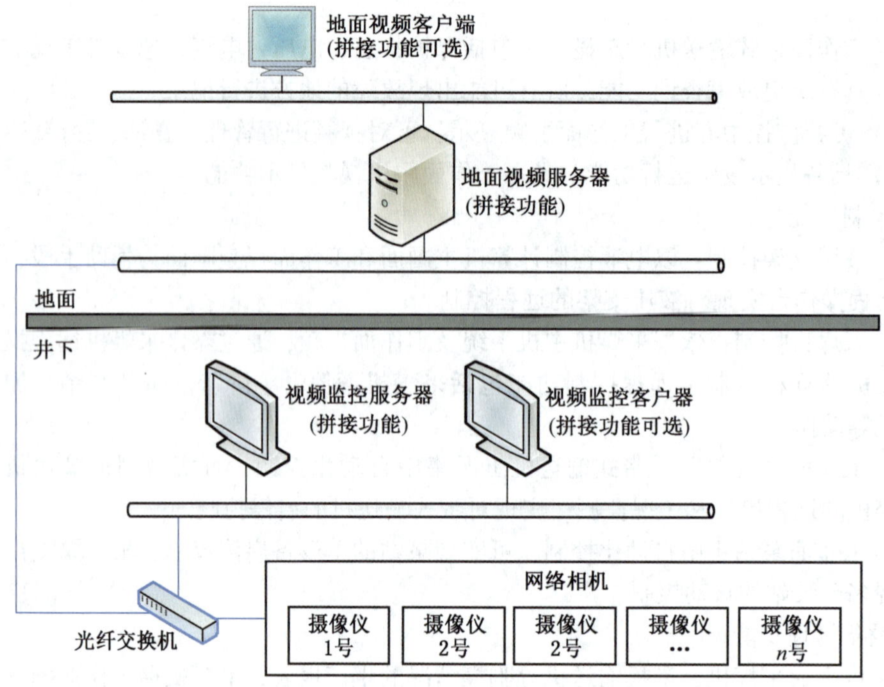

图 5-11　视频监控系统结构体系

拼接技术得到实时的、动态的、无盲区的全景视频，以达到采煤机在运动过程中连续观察其运行过程，提高采煤机远程操作的安全性能，保障矿井正常安全生产。摄像机依工作面监控范围选型配套数量和安装位置，视频信号通过工作面千兆以太网环传输至部署在井下监控中心的视频计算机上进行视频画面显示。如图 5-12 所示为工作面视频监控系统总体架构。

1. 采煤工作面监控视场角分析

采煤工作面监控系统中作为图像采集设备的摄像机通常安装在液压支架的顶梁下方，负责对煤壁区和支架侧进行视频监测。但目前摄像机的视角范围都有限，做不到全方位无死角覆盖，如何有效分析和了解工作面视频监控范围，对于摄像机选型和系统配套有着重要的意义。

（1）垂直方向视场角分析。煤矿井下综采工作面的摄像机安装在液压支架上，主要用于监视采煤机割煤和液压支架动作，也可用于煤壁防片帮视频监视。现将摄像机的视场角分析如下：假设摄像机的视角足够大，在垂直方向上能观察到整个煤壁以及中部槽的横向全貌（图 5-13）。

则在工作面液压支架和摄像机安装位置已知的情况下，摄像机垂直视角与各项参数之间的关系如下：

$$\tan\alpha = \frac{mh - LH}{Hh - Lh - L^2 + Lm} \tag{5-1}$$

式中　h——摄像机距液压支架顶部的距离，m；

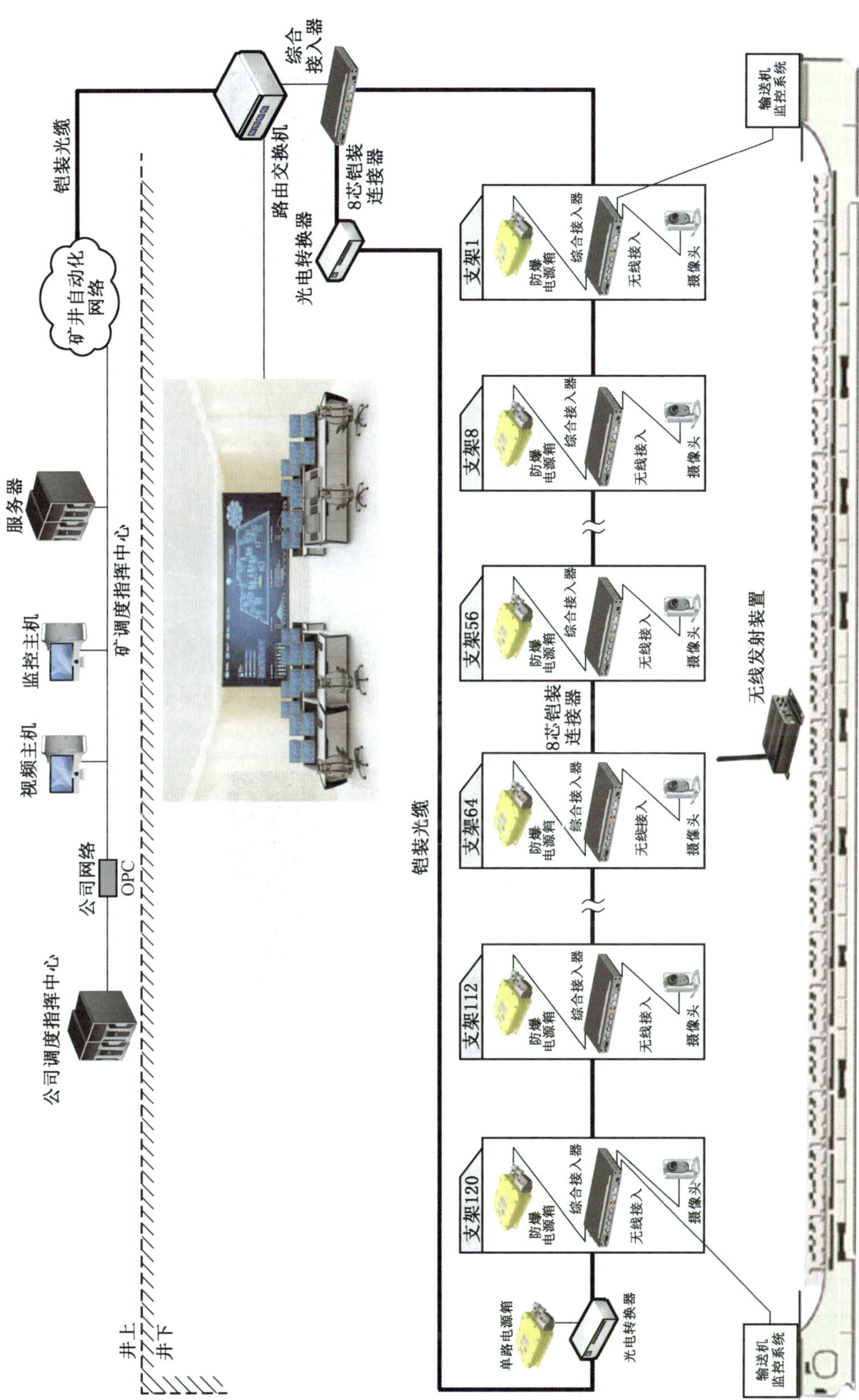

图5-2 工作面视频监控系统总体架

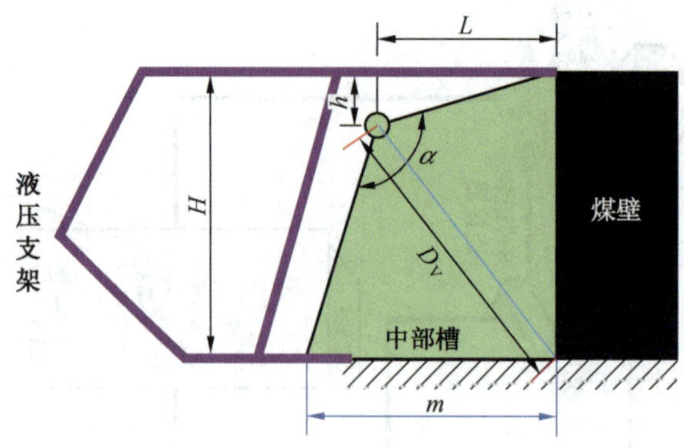

图 5-13 采煤工作面摄像机安装示意图（大视角）

L——摄像机距煤壁的水平距离，m；

α——摄像机垂直方向视场角，(°)；

H——液压支架高度，m；

m——中部槽宽度，m。

垂直方向最大监视距离为

$$D_v = \sqrt{(H - h)^2 + L^2} \tag{5-2}$$

假设摄像机的视角较小，在垂直方向上只能观察到部分煤壁（图 5-14）。

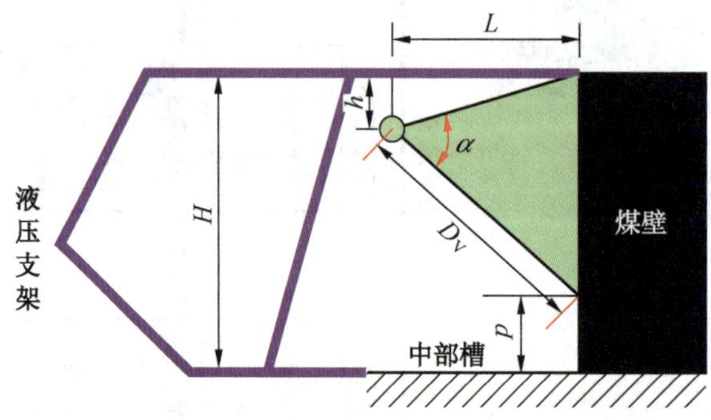

图 5-14 采煤工作面摄像机安装示意图（小视角）

则在工作面液压支架和摄像机安装位置已知的情况下，摄像机垂直视角 α 与煤壁视觉盲区高度 p 之间的关系如下：

$$\tan\alpha = \frac{Lh - Lp}{L^2 - Hh + h^2 + hp} \tag{5-3}$$

式中 h——摄像机距液压支架顶部的距离，m；

L——摄像机距煤壁的水平距离，m；

α——摄像机垂直方向视场角，(°)；

H——液压支架高度，m；

p——煤壁视觉盲区高度，m。

垂直方向最大监视距离为

$$D_v = \sqrt{(H - h - p)^2 + L^2} \tag{5-4}$$

(2) 水平方向视场角分析。在支架参数、摄像机安装位置确定的情况下，如图 5-15 所示，摄像机水平方向的视角与最大监视距离的关系为

$$\tan\beta = \frac{n}{L} \tag{5-5}$$

式中 β——摄像机水平视角的 1/2，(°)；

n——摄像机水平监视覆盖水平宽度的 1/2，m；

L——摄像机与煤壁间距离，m。

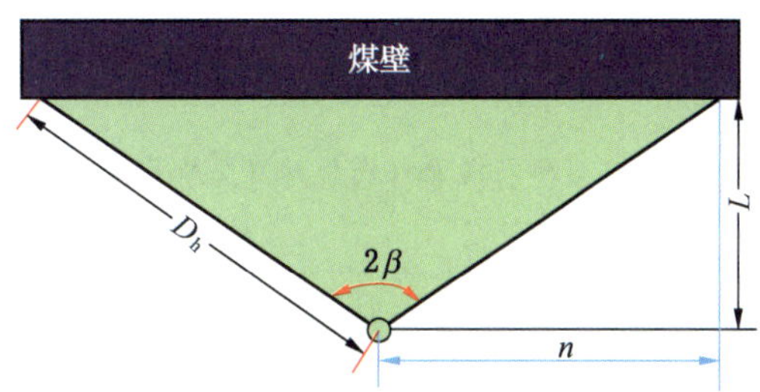

图 5-15 摄像机井下安装水平视角图

水平方向最大监视距离为

$$D_v = \sqrt{n^2 + L^2} \tag{5-6}$$

2. 工作面视频监控系统配套安装

工作面视频选型的最终效果就是要实现工作面关注区域“看得清”“看得全”。实际选配配套需要结合现场的设备——液压支架、采煤机、刮板输送机等的规格尺寸和关注点进行摄像机数量、布置、供电，数据入网与传输和视频交互等方面的分析与规划。

1) 摄像机配套

为了选型分析方便，利用前文推导的视场角分析公式，举例说明工作面摄像机配套的参数分析。

(1) 已知工作面情况选型配套摄像机。某薄煤层工作面液压支架高 1.5 m、宽 1.75 m，摄像机距顶梁 0.3 m、距煤壁 3.027 m，每 3 架安装一台摄像机，则视场角覆盖范围分析结果如图 5-16 所示。

经过分析得出：为了满足现场看全煤壁和中部槽的区域（图中中部槽可见宽度为 2.9 m），摄像机需要垂直视角 90°、最大视距 3.27 m；水平视角 81.86°、最大视距 4.01 m，以此可以选型配套的摄像机。

(2) 已知摄像机参数评估实际视角覆盖范围。某摄像机水平视角≤80°，垂直视角≤44°，有效视距≤5 m；以薄煤层工作面配套，分析数据如图 5-17 所示。

经过分析得出：该款摄像机配套该薄煤层，除中部槽只能看到 1.5 m 宽区域外，其他视角覆盖与配套比较吻合，适用于该薄煤层。

若该款摄像机配套某中厚煤层，液压支架高 4.5 m、宽 2.05 m，摄像机距顶梁 0.5 m、

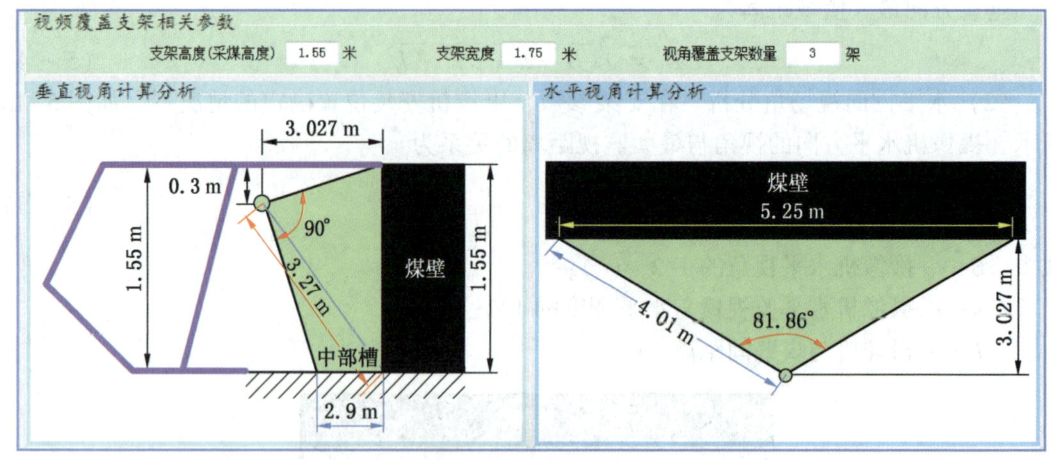

图 5-16　配套摄像机选型测算分析示意图

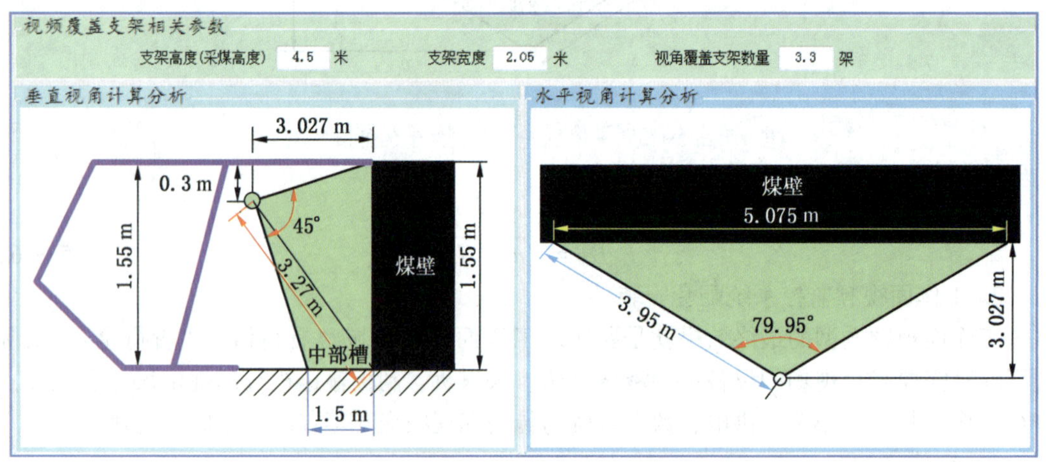

图 5-17　薄煤层视角覆盖范围测算分析示意图

距煤壁 4 m，则视场角覆盖范围分析结果如图 5-18 所示。

经过分析得出：该款摄像机配套该中厚煤层，中部槽区域全部、煤壁 20% 区域处于盲区，实际现场不能同时观看全采煤机和护帮板，不能使操作人员有效观察自动采煤的过程。为了满足视角全覆盖，就只能选用更大视角的摄像机或云台摄像机。

综上所述，摄像机选型应该根据实际工作面的空间和液压支架的参数，结合摄像机本身的视场角进行配套，一般固定式摄像机每 3～4 架安装 1 台，云台摄像机每 4～6 架安装 1 台。

2）电源系统配套

为了充分利用综采工作面有限的安装空间，采煤工作面视频监控系统电源配套安装须与电液控制系统电源、照明灯电源和交换机安装位置相结合，统一规划和部署，原则是：利用连接器分散各个设备的安装位置，避免冲突，同时安装位置便于维护。在 1～12 号液

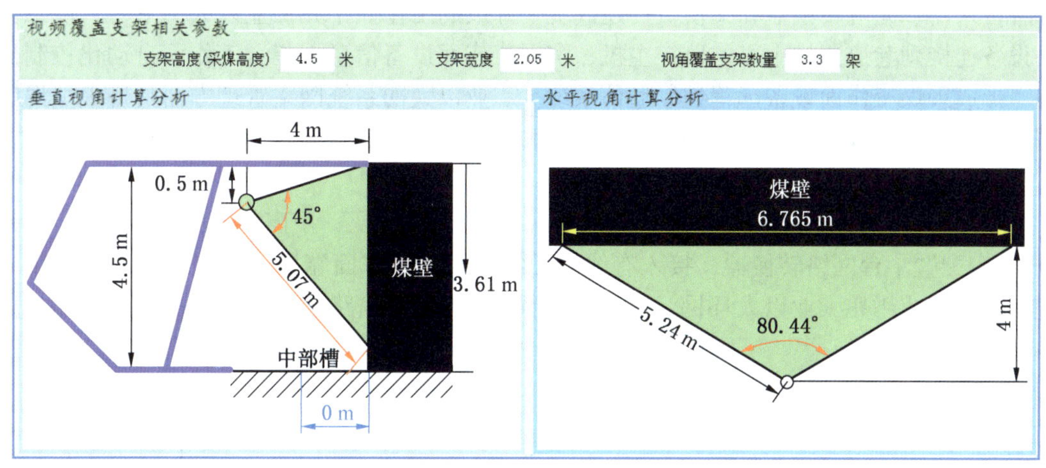

图 5-18　中厚煤层视角覆盖范围测算分析示意图

压支架上均匀布置着各个设备：1、5、11 号液压支架上安装视频监控系统供电电源，避开了液压支架控制系统电源的安装液压支架（3 号、9 号液压支架）；同时一台综合接入器连接 3 台固定式摄像机，不同视频观察区域进行分组分散安装。

3）以太网设备配套

多台摄像机的网口通过连接器（网线）集中汇集在对应分组的以太网设备，通过千兆网口将视频信号转成 TCP/IP 协议接入工作面以太网环网。

4）监控中心配套

监控中心主要分为巷道监控中心和地面调度中心两个层次。在监控中心远程操作监测系统，对综采面设备进行状态监测、自动化控制，确保各设备稳定、连续、协调、高效、安全地运行。

5.3.1.3　通信系统设计

采煤工作面通信网络是指煤矿通过传输媒质（导线、电缆、光缆、电子波、脉冲波等）在煤矿生产运营的各个环节进行模拟数字信息、网络数据信息等各种信息的传递。

井上监控中心数据通过工业以太网上传信息进行监控，工作面生产环境十分特殊，井下作业对生产管理有非常高的要求。因此，煤矿井下所采用的通信网络应该具有以下特点：

(1) 电气防爆。由于煤矿井下含有易燃易爆的气体瓦斯，为了保证通信设备的正常使用及井下与地面的良好通信，因此通信网络的设备要有电气防爆措施。

(2) 传输衰耗大。煤矿井下可活动空间十分狭小，且距离长远，严重影响了传输媒质的传输能力，使得信号传输衰耗大。

(3) 抗干扰能力强。煤矿井下用电设备多，在巷道内存在大量的电磁信号，为了保证通信的可靠性，现有的通信网络在设计中要特别提高整个网络的抗干扰能力。

(4) 网络结构不固定。随着生产的进行、工作面的推进和转移，通信距离和网络结构都会发生变化，因此煤矿井下所采用的通信网络结构应该不固定。

采煤工作面通信系统由综合接入器、光电转换器和交换机等设备组成，利用工作面的综合接入器、光电转换器和交换机构建成统一开放的工作面千兆工业以太网平台，使工作面设备连接到巷道监控中心的监控主机，实现工作面设备信息汇集，工作面自动化控制网络，形成采煤工作面设备远程控制通信系统。工业以太网系统网络管理方面具备虚拟局域网（VLAN）、流量优先级等网络带宽管理功能，保证数据流能动态地获得最优先的带宽支持，同时具有网络状况自诊断功能。

如图 5-19 所示，工作面每隔 6 架配置一台综合接入器，用于工作面视频传输，且每隔 12 台配置 1 台网络转换器，接入有线及无线网络，工作面端尾至监控中心通过矿用光缆连接，形成千兆工业以太环网，基于工作面 1000 M 传输路径可实现数据分流传输，减少总线数据压力。

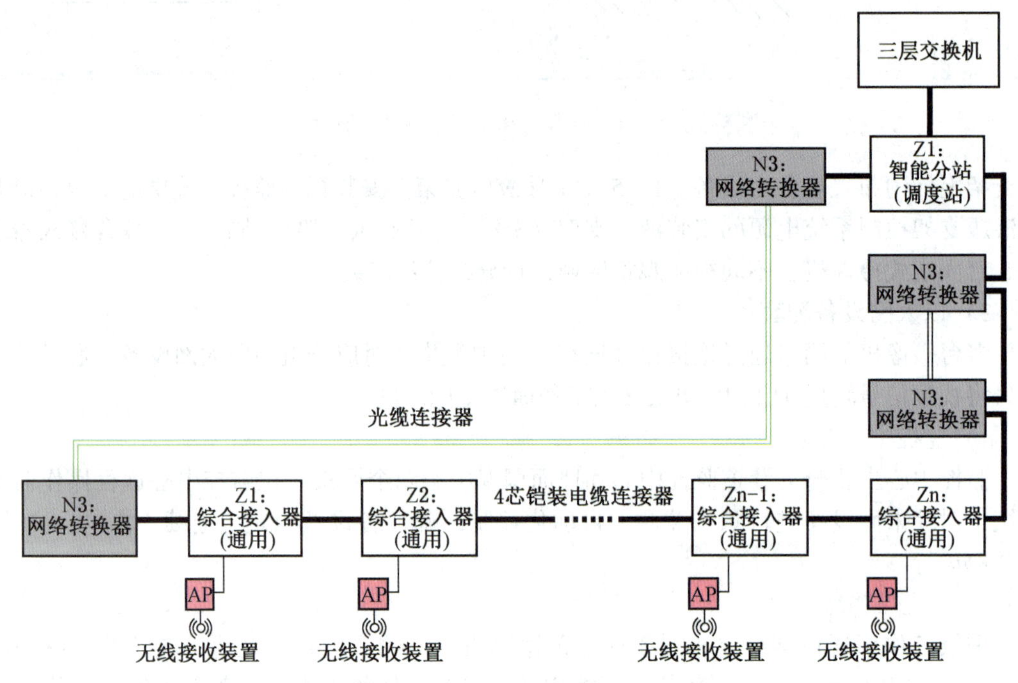

图 5-19　采煤工作面通信系统总体结构

通过综合接入器集成无线收发模型，可以使综合接入器具备无线信号接入功能，无线遥控器的无线信号可通过综合接入器接入到网络，实现设备的远程遥控，移动终端通过 WiFi 基站接入到网络，实现设备运行状态的查看和修改。同时，无线网络也可以作为各类设备的通信冗余通道，实现冗余通信。

5.3.1.4　控制系统软件

综采自动化控制系统软件由一系列软件包组成，具有数据采集、存储、控制、显示、通信等功能。实现了对工作面设备，包括液压支架、刮板机、破碎机、转载机、移变、组合开关、泵站变频器等设备工作状态的实时监测与数据上传，能够远程控制、自动化割煤等功能。同时提供了整个井下自动化控制系统的故障报警与记录，便于工作人员及时发现与解除故障，提高井下生产效率。

综采工作面自动化控制系统软件部署于井下和地面计算机上，根据各计算机监测和控制功能的不同分为：井下支架/煤壁/固定视频主机、井下采煤机主机、井下自动化主机、井下电液控制主机、井下泵站集控主机；地面包括一台数据中心服务器（部署在调度室），此外地面系统也可包含若干台数据客户端主机，如图 5-20 所示。

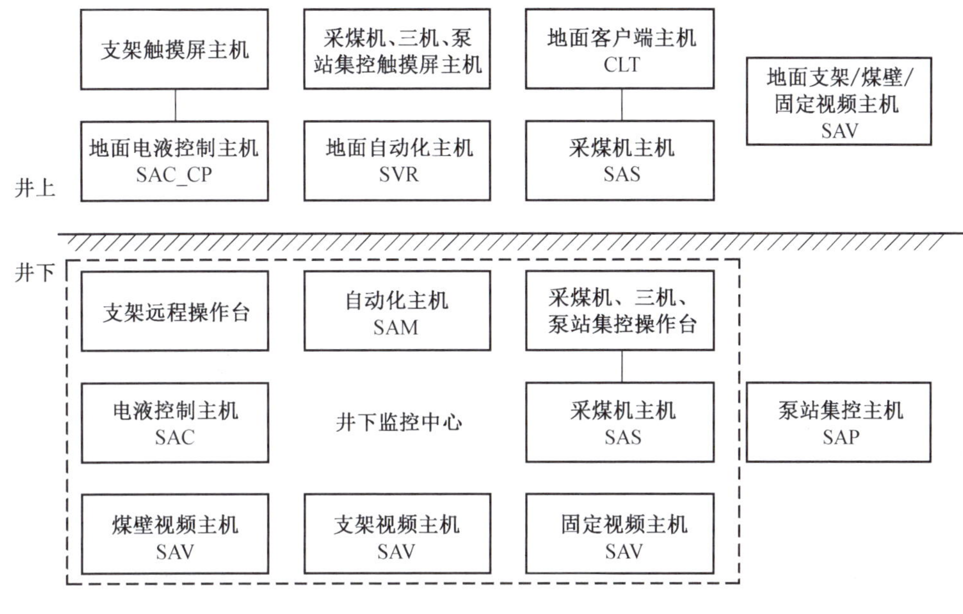

图 5-20　软件工程部署

（1）SAC 电液控制主机软件：安装在井下监控中心，用于液压支架数据的采集与显示，同时向集控主机报送电液控制数据。

（2）SAM 自动化主机软件：安装在井下监控中心，用于在控制中心对“三机”、泵站和液压支架进行集中监测和控制，汇总“三机”、泵站、开关、电液控制主机和采煤机主机的监控数据，再将这些数据分发给各个主机，同时显示视频状态。

（3）SAS 采煤机主机软件：主要用于对安装在井下监控中心，用于在控制中心对采煤机进行集中监测和控制，同时向集控主机报送采煤机监控数据。

（4）SAP 泵站主机软件：安装在工作面巷道的设备列车，用于泵站的采集与显示，同时向集控主机报送电液控制数据。

（5）SAV 视频主机软件：主要用于查看摄像机的连接状态、查看摄像机所采集的视频、操控云台摄像机转动等。适用范围：固定视频、采煤机视频、支架视频、机载视频、巡检视频等。

（6）数据中心服务器（地面）：一般安装在信息中心机房，用于采集井下各个主机上的数据，同时，进行历史数据的备份，汇总井下所有主机的历史数据，再将这些数据分发给地面数据客户端主机。此外数据中心服务器也装有视频流媒体服务器，将视频流转发给其他地面数据客户端主机；

（7）数据客户端主机（地面）：一般为矿办、区队等办公室的计算机，用于以客户端方式接收显示地面数据中心服务器发来的数据。

5.3.2　智能化采煤工艺设计

5.3.2.1　正常割煤及三角煤工艺

按照割煤、装煤、移架支护、推移刮板输送机的采支运生产流程，在工作面往返一次进两刀，进刀方式为端部斜切方式，采煤机自开缺口，完成三角煤割煤工艺。以一个架宽 1.5 m 的中厚煤层工作面为例，介绍采煤机割煤工序（图 5-21）。

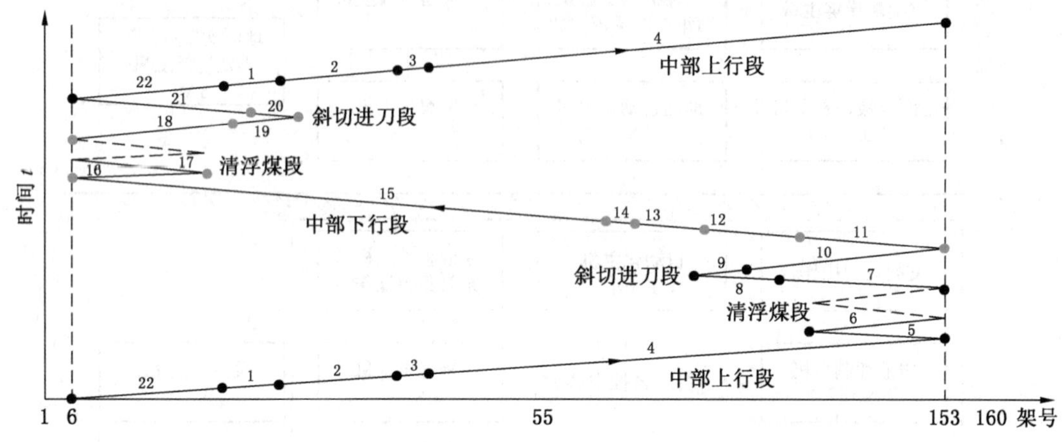

图 5-21　采煤机割煤工序

（1）采煤机机尾正常割煤工序。①采煤机动作：采煤机左滚筒升起割顶煤，右滚筒割底煤，机头向机尾方向正刀割煤。②液压支架动作：采煤机向机尾运转时，液压支架从第 25 架开始向机尾推移刮板输送机，推移至第 15 号支架使刮板输送机形成蛇形段，距离为 11 架长度，角度不大于 5°。为确保采煤机正常割煤，在第 15 架后到机尾方向支架停止拉架、推移刮板输送机。第 25 架向机头方向刮板输送机全部推出。

（2）采煤机机尾清浮煤工序。①采煤机动作：当采煤机在机尾割通煤壁后，左滚筒降下割底煤，右滚筒升平，机尾向机头方向行走割完机身下的底煤。液压支架动作：从第 16 架向机尾方向停止动作，采煤机将机尾煤割透后，端头支架只需伸出前探梁支护顶板。为确保过渡槽平稳推移，采煤机在机尾进行清煤，液压支架不动作。②采煤机动作：当采煤机右滚筒行至第 15 架时，左滚筒继续卧底割底煤，右滚筒继续升平，采煤机调头至机尾方向牵引，继续清理浮煤。液压支架动作：为清理浮煤，采煤机在机尾 1~5 架左右行走进行扫煤，液压支架不动作。③再往返一次重复①和②，完成清浮煤工序。

（3）采煤机机尾斜切进刀割煤工序。①采煤机动作：当机尾浮煤清理完后，采煤机向机头行走，右滚筒升平从煤壁中间起割顶煤，防止滚筒割到支架前梁，左滚筒割底煤，机尾向机头方向从第 15 架向机头斜切进刀，进刀距离为 18 m。当右滚筒行走到第 25 架时，右滚筒完全升起割顶煤。当左滚筒行走到第 25 架时，采煤机停止行走，准备调头向机尾方向牵引，进入机尾割三角煤工序。②液压支架动作：液压支架从第 15 架开始依次按照顺序拉架，从第 25 架开始依次按照顺序推移刮板输送机（每次推移 10 架），将刮板输送机推平推直到机尾。

（4）采煤机机尾割三角煤工序。①采煤机动作：左滚筒升起割顶煤，右滚筒降下割底煤，机头向机尾方向割三角煤，当割透机尾煤壁后停止。②液压支架动作：采煤机向机尾方向割三角煤，液压支架不动作。

根据采煤工作面地质条件和“三机”配置情况，可以形成14道和22道工序自动割煤工艺，如下所述。

1. 14道工序

参照一般综采工作面割煤方式，在采煤机初始自动化控制程序中设置前滚筒割顶煤、后滚筒割底煤，采用14道工序自动化割煤工艺，如图5-22所示。

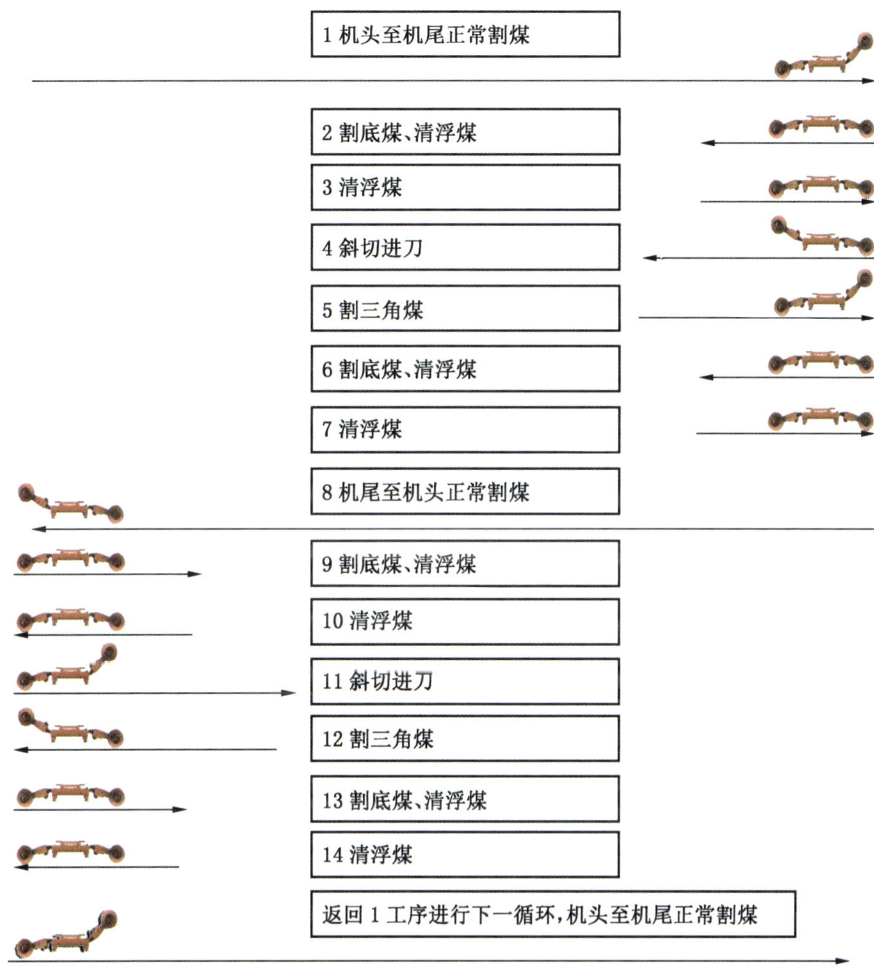

图5-22 14道工序自动化割煤工艺图

在单循环（机头至机尾一刀或机尾至机头一刀）端头割三角煤过程中，仅设置了1道割底煤和1道清浮煤的工序，再加上采煤机采用内旋方式，装煤效果较差，通过1~2道工序采煤机无法完成端头清浮煤任务，影响三角煤的截割效果，同时也进一步加大了推移刮板输送机的难度。

2. 前顶后底22道工序

在14道工序基础上，单循环两端头割三角煤过程中分别增加了2道清浮煤的生产工序，合计增加8道工序，形成了22道工序的割煤模式，如图5-23所示。不仅解决了两端头采煤机回刀清煤不彻底的问题，大大提高了三角煤截割的效果，保障了端头支架的正常跟机，也为“机架协同控制”割三角煤工艺创造了条件。

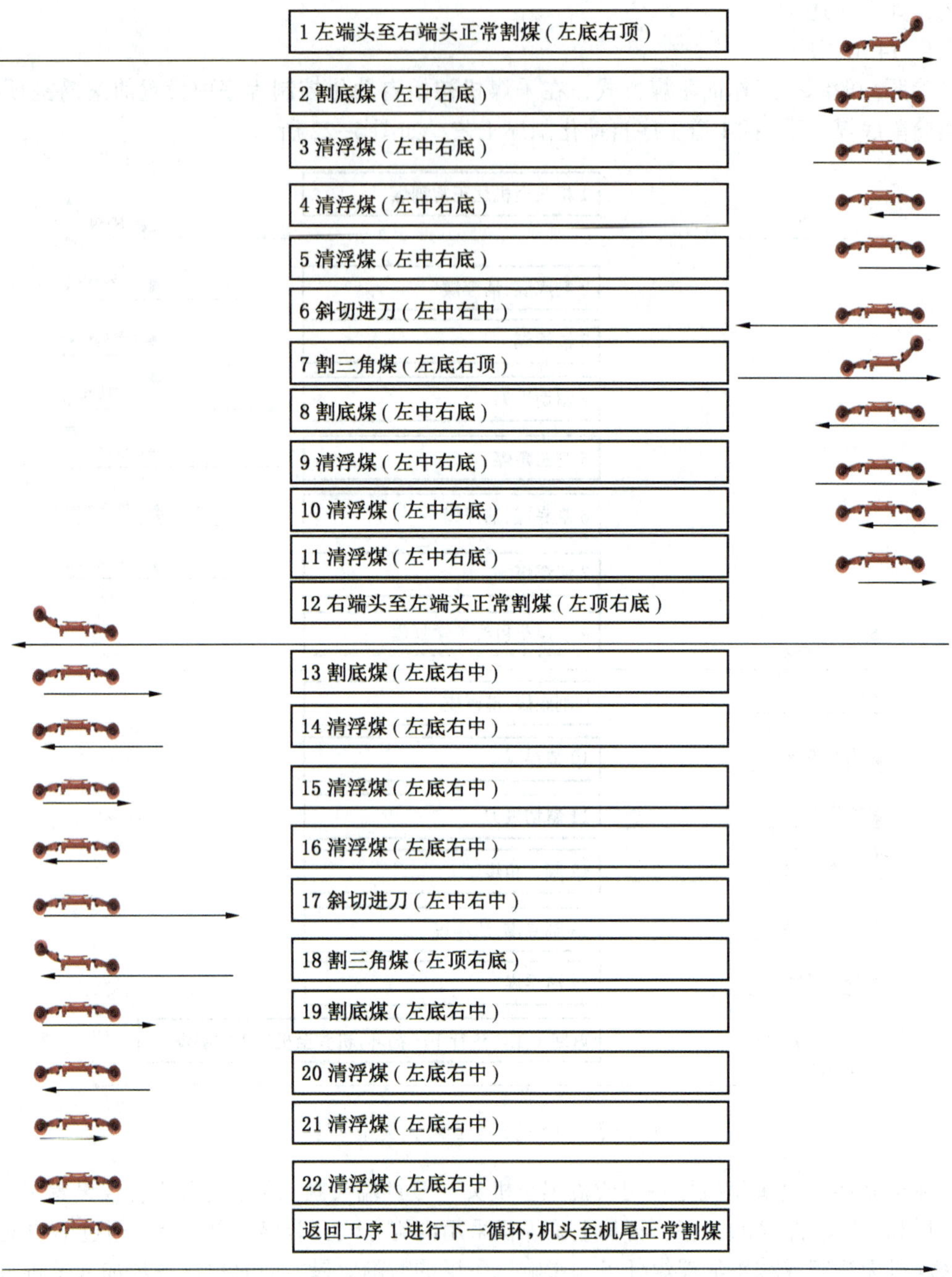

图 5-23　22 道工序自动化割煤工艺图

采煤工艺由原来的 14 道工序改为 22 道工序后，采煤机割煤工艺过程更易于自动化控制，采煤机与液压支架自动化推移配合更为协调。

3. 前底后顶 22 道工序

滚筒采煤机的两个滚筒，正常生产时，一个割顶部，另一个割底部。上滚筒割煤时，要防止割顶梁、顶板；下滚筒基本上是埋在煤里运转，且有刮板输送机遮挡。采煤机司机在操作时主要通过观察上滚筒来控制采煤机状态。按照之前的采煤工艺，当采煤机往上风口（也就是进风侧）运行时，上滚筒的观察条件较好；但当采煤机往下风口运行时，采煤机司机观察上滚筒就要站在下风口。采煤机运行时会产生大量的粉尘，司机在能见度极低的环境中观察滚筒不方便，远了看不清，近了又有被煤块击伤的危险。随着采煤自动化程度的提升，工作面视频远程监控已成为工作面不可缺少的设备。但当采煤机往下风口运行时，通过视频观察下风侧的滚筒，仍由于能见度差，很难实现对采煤机的远程视频监控。

为解决上述问题，将采煤机前滚筒（采煤机前进方向的前部滚筒）始终割底煤，后滚筒（采煤机前进方向的后部滚筒）始终割顶煤。当采煤机向进风侧割煤时，采煤机司机可以站在上风侧观察上滚筒；当采煤机向回风侧割煤时，由于前滚筒始终割底煤，所以采煤机司机同样可以站在上风侧观察滚筒，这样采煤机司机可以始终在进风侧控制采煤机，改善了工人的工作环境，减少了粉尘对职工身体健康的危害。改为前滚筒始终割底煤，后滚筒始终割顶煤的方式，有效地解决了回刀扫煤不彻底的问题，提高了三角煤割煤效果，实现了端头支架自动跟机的目的，且减少了顶部割煤扬尘，提高了视频质量，确保了可视化远程监控的应用效果。最终形成了智能化无人综采 22 道工序的采煤工艺（前底后顶），如图 5-24 所示。

（1）第 1 道工序：采煤机由机头向机尾割煤，左滚筒在上割顶煤，右滚筒在下割底煤，直至割透煤壁。如果支架带有喷雾除尘装置，则同时打开自动跟机喷雾。滞后采煤机后滚筒至少 5 m 开始移架，移架后跟机喷雾关闭。滞后采煤机后滚筒至少 25 m 推移刮板输送机。

（2）第 2 道工序：采煤机向机头方向运行，右滚筒在上，反刀割顶煤，左滚筒位于中间位置，运行距离略大于一个采煤机长度为宜。

（3）第 3 道工序：采煤机向机尾方向运行，左滚筒位于中间位置，右滚筒在下，清理浮煤，运行至前滚筒中心出煤壁 0.3~0.5 m。

（4）第 4 道工序：采煤机向机头方向运行，左滚筒位于中间位置，右滚筒在下，清理浮煤，运行距离以略大于一个机身长度为宜。

（5）第 5 道工序：采煤机向机尾方向运行，左滚筒中间位置，右滚筒在下，清理浮煤，运行至前滚筒中心出煤壁 0.3~0.5 m。

（6）第 6 道工序：采煤机向机头方向运行，左滚筒在下，右滚筒位于中间，斜切进刀。①采煤机向机头方向运行，卧底清底煤，同时左滚筒升起，斜切进刀（斜切进刀运行距离可以设定，以大于 3 个半机身距离为宜，约为 50 m）。②采煤机完全进入直线段，完成斜切进刀。③完成移架、推移刮板输送机。

（7）第 7 道工序：采煤机向机尾运行割三角煤。此时左滚筒在上，右滚筒在下，直至割透煤壁。

（8）第 8 道工序：采煤机向机头方向运行，右滚筒在上，反刀割顶煤，左滚筒位于中间位置。反刀运行距离可以人为设定，略大于一个采煤机长度为宜。

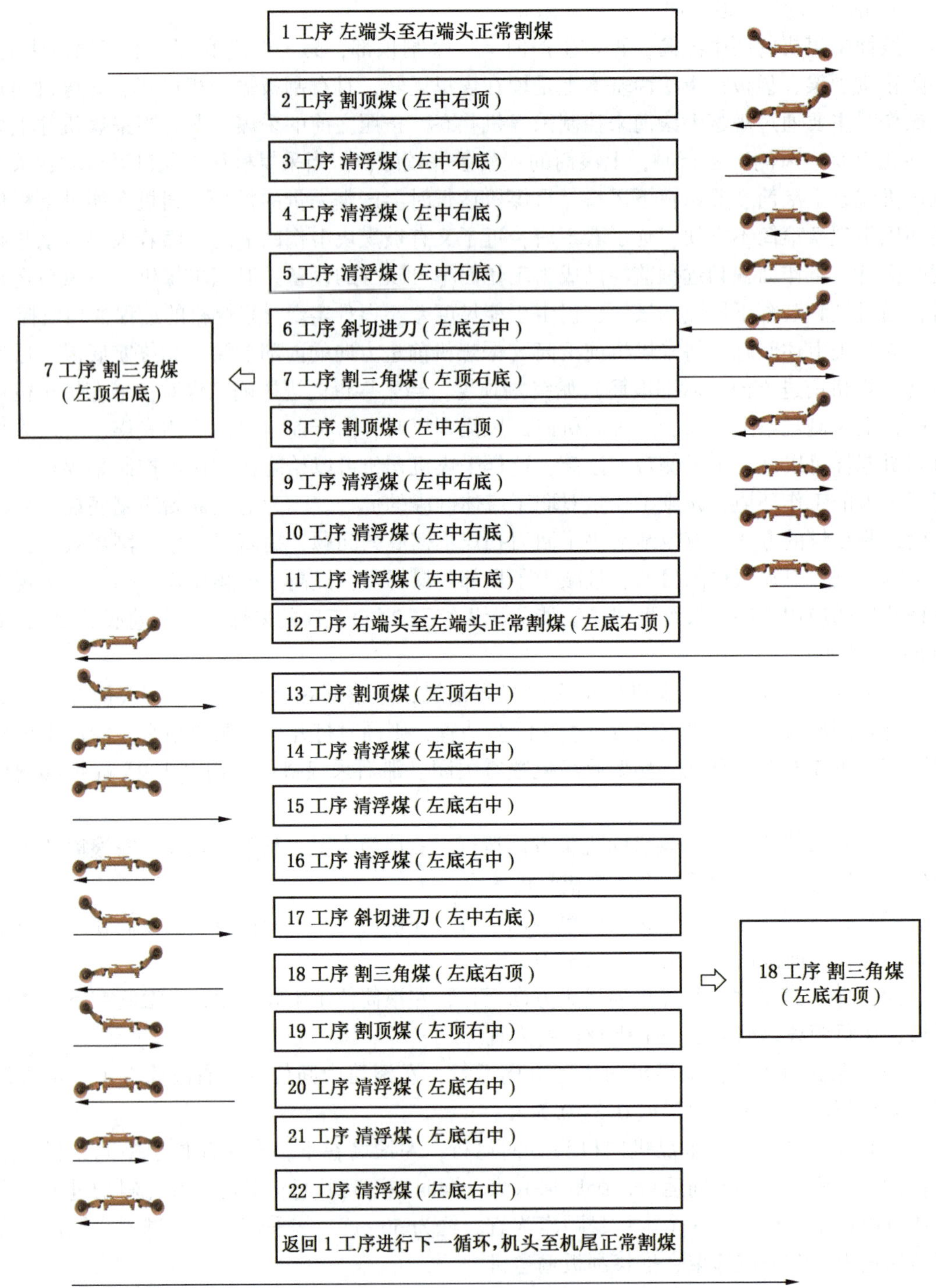

图 5-24　22 道工序自动化割煤工艺图（前底后顶）

（9）第 9 道工序：采煤机向机尾方向运行，左滚筒位于中间位置，右滚筒在下，清理浮煤，运行至前滚筒中心出煤壁 0.3~0.5 m。

（10）第10道工序：采煤机向机头方向运行，左滚筒位于中间位置，右滚筒在下，清理浮煤，运行距离以略大于一个机身长度为宜。

（11）第11道工序：采煤机向机尾方向运行，左滚筒位于中间位置，右滚筒在下，清理浮煤，运行至前滚筒中心出煤壁0.3~0.5 m。

（12）第12道工序：采煤机由机尾向机头割煤，左滚筒在下割底煤，右滚筒在上割顶煤，直至割透煤壁。如果支架带有护帮板和伸缩梁，前滚筒至少保持3台支架（9 m）收护帮板、伸缩梁；如果支架带有喷雾除尘装置，同时打开支架自动跟机喷雾。滞后采煤机后滚筒至少5 m开始移架，移架后跟机喷雾关闭。滞后采煤机后滚筒至少25 m推移刮板输送机。

（13）第13、14、15、16、17、18、19、20、21、22道工序同第2、3、4、5、6、7、8、9、10、11道工序，方向相反。

5.3.2.2　记忆割煤工艺

在智能化采煤工作面，首先进行记忆“示范刀”，然后按示范记忆实现自动化割煤。记忆截割过程如图5-25所示。

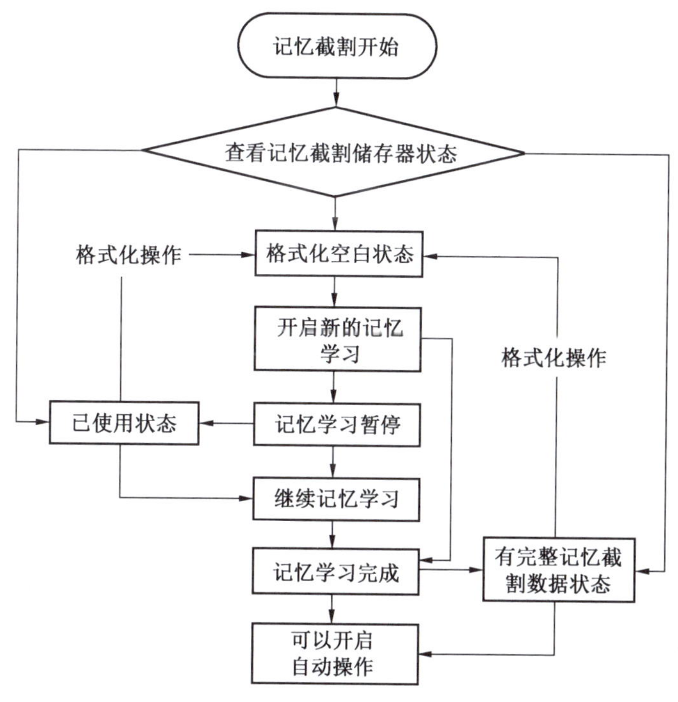

图5-25　记忆学习操作流程示意图

5.3.2.3　远程干预工艺

针对记忆割煤和跟机自动化过程中出现的变化和设备动作不到位的情况，以记忆截割为基础，在巷道或地面集控中心，综合过程数据监控、视频监控、三维虚拟现实、人机交互输入和视频通话等多源数据，利用远程操作台，实现远程准确干预液压支架和采煤机运行。

开采过程中，监控中心利用数字孪生技术实现采煤机、液压支架、“三机”及带式输送机系统的虚拟现实还原，实现工作面设备的数据驱动，实现工作面虚拟场景中设备和地质模型的耦合联动。需要远程干预时，地面集控操作人员可切换至远程干预模式。

结束采煤作业时，地面集控员点击“停止规划截割”，管控平台依次停止采煤机规划截割、液压电控系统自动跟机和放煤、输送机、转载机、破碎机、带式输送机，工作面规划截割结束。

5.3.2.4 自适应截割工艺

工作面设备依次开启运行后，采煤机通过规划截割模块向透明化工作面智能开采管控平台请求当前刀号的地质模型数据，动态修正后的地质模型数据（包含左、右滚筒的采高及卧底调整量等数据）通过通信网络发至采煤机，指导采煤机沿采煤截割线自适应运行割煤。采煤机开始下一刀截割前，规划截割模块重新请求修正后的地质模型数据，以适应煤层的起伏变化，实现复杂地质条件的自适应规划截割。

采煤机规划截割过程中，地质雷达不断探测距顶板空间间距及顶煤厚度，数据通过通信网络实时传输至地面调度中心，地面调度中心利用顶板煤层厚度数据结合自身绝对坐标，动态修正地质模型并生成下一刀或 N 刀的规划截割数据。惯导系统连续提供煤机绝对位置坐标，坐标和运行信息通过通信网络回传至地面调度中心，实时展示采煤机位置和姿态，实时展示左右滚筒位置以及预测截割线、实际截割线、上一刀截割线、采高及卧底调整量等关键信息，实现采煤机沿截割线的自适应坐标割煤。采煤机运行到测量机器人可视范围内后，测量机器人自动搜索采煤机机身棱镜，计算出采煤机的实时坐标，实时发送给采煤机惯导系统，实现对采煤机坐标的自动修正。

采煤机规划截割过程中，液压支架电液控制系统控制支架的自动跟机，监控中心利用惯导提供的刮板输送机形态和矫直算法，得出工作面各液压支架调直过程中的推移缸调整数据，通过通信网络发至液压支架电液控制系统控制器，实现工作面刮板找直功能。

5.4 采煤控制系统实用操作

5.4.1 集中控制

5.4.1.1 控制软件

SAM 型综采自动化控制系统软件名称为 LM-SAM，通过软件可实现对带式输送机、转载机、破碎机、刮板输送机以及乳化泵站、清水泵站的启停控制功能，在实现单机设备控制的基础上，可以按照系统自身逻辑实现对工作面生产设备的一键启停控制。

LM-SAM 运行软件后，首先进入的是主页面，如图 5-26 所示。主页面展示了各主要生产设备信息，用于辅助操作人员远程监测工作面设备运行状态。

（1）主要设备的通信状态，显示井下自动化主机程序与井下电液控制主机程序、采煤机主机程序、地面服务器程序的实时通信状态。

（2）生产设备的控制模式，显示包括总控操作台、“三机”、泵站、采煤机，以及电液控制系统控制设备当前的处在就地控制模式或者远程控制模式。

自动跟机模式与采煤机的记忆截割模式，未启用该模式时，页面中显示灰色，如果一

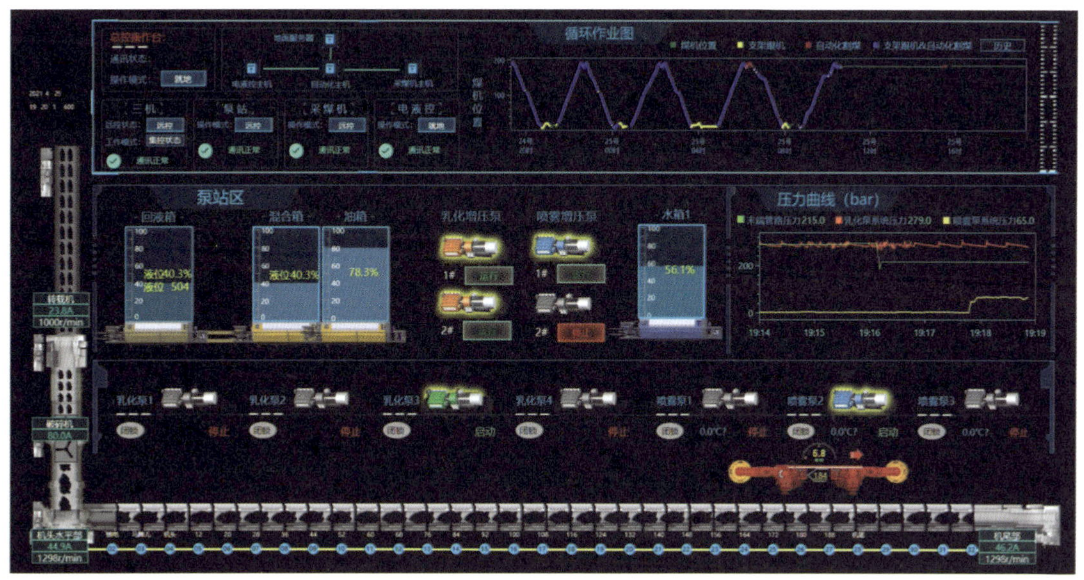

图 5-26 LM-SAM 运行主页面

旦启用，对应的指示处将进行高亮闪烁。

（3）工作面生产循环作业图，循环作业图中横坐标是时间，纵坐标是工作面支架号排列，根据该曲线图便可观察采煤机位置的历史数据。用不同颜色对支架跟机、记忆截割生产模式的应用情况进行标识。可以直观了解工作面历史生产情况。

（4）供液系统的运行情况，液箱、水箱、油箱液位，乳化泵和清水泵的启停状态、故障报警提示，供液系统实时压力数据与历史曲线。

（5）采煤机的工作状态，包括采煤机速度、位置架、牵引方向、采煤机左右滚筒高度示意，左右滚筒启停状态。

（6）运输系统工作状态，包括带式输送机、转载机、破碎机、刮板输送机的启停状态，各电机实时工作电流、温度，其中启停状态会有直观的动画效果。

（7）工作面沿线闭锁状态，如果工作面某处出现闭锁，则界面上对应点会由绿变红，直至闭锁解除，重新恢复绿色。

5.4.1.2 一键启停操作

1. 操作台一键启停

综采自动化控制系统一键启停时，控制命令主要来自井下监控中心集控操作台或地面分控中心集控操作台。两者的操作方式与按键相同。以下说明使用井下监控中心集控操作台远程控制一键启停。

当集控操作台总控区域挡位在“自动”挡位（注意：在不通过操作台远程操作或无人值守时，操作台该挡位必须置于“手动”挡，防止误触），检查需要一键启停的设备控制器是否在允许第三方远程控制状态，即对应的采煤机、“三机”、带式输送机、泵站是否允许远控。通信、挡位都正确时即可使用集控操作台对设备进行远程控制。集控操作台总控区域键位与功能对应关系见表 5-1。

表 5-1 总控操作区键位功能

图例	操作	控制功能
	按下或拔起	紧急停止或解除急停
	左侧按钮按下	一键启动所选设备
	按钮按下	停止选中的泵站设备
	旋转	切换集控操作台总控区功能挡位
	右侧按钮按下	一键停止所选设备

2. 自动化软件一键启停

将集控操作台总控区挡位置为“自动”后，自动化主机 LM-SAM 运行主页面会自动弹出用于选择需要一键启动设备的弹窗（图 5-27），用鼠标点击勾选需要启动的设备。应注意观察液泵组、水泵组、“三机”组、跟机组等设备通信是否正常，并已处于远控状态下。

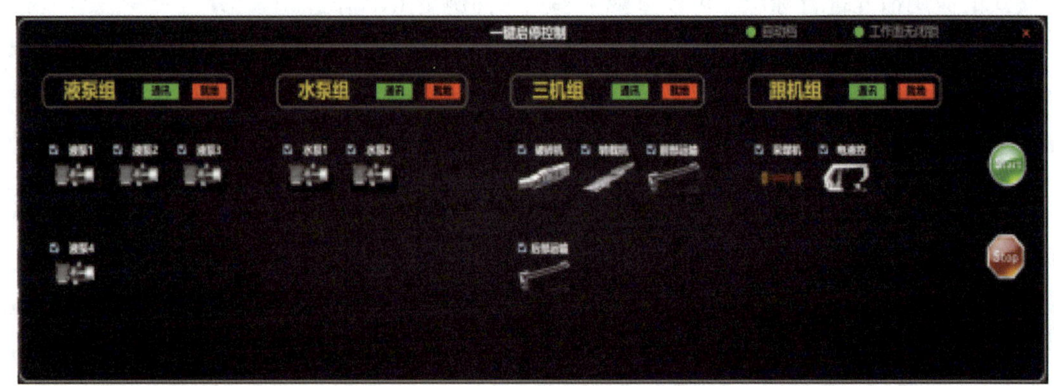

图 5-27　一键启停设备选择界面

一键启动：按下集控操作台总控区一键启按钮，按照程序逻辑依次启动选中的设备。

一键停止：按下集控操作台总控区一键停按钮，按照程序逻辑依次停止选中的设备。

5.4.1.3 “三机”控制操作

1. 操作台“三机”控制

综采自动化控制系统对“三机”的控制命令主要来自井下监控中心集控操作台或地面分控中心集控操作台。两者的操作方式与按键相同。以下说明使用井下监控中心集控操作台远程控制“三机”设备启停的方法。

当集控操作台“三机”区域挡位在“手动”挡位（注意：在不通过操作台远程操作三机或无人值守时，操作台该挡位必须置于“闭锁”挡，防止误触），检查“三机”控制器是否在允许第三方远程控制状态，即“三机”、带式输送机是否允许远控。通信、挡位都正确时即可使用集控操作台对“三机”进行远程控制。集控操作台“三机”区域键位与功能对应关系见表5-2。

表5-2 “三机”操作区键位功能

图例	操作	控制功能
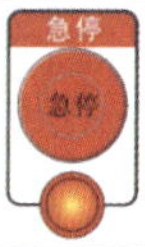	按下或拔起	紧急停止“三机”或解除急停
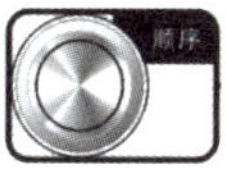	按钮按下	选择“三机”顺序启动模式
	按钮按下	选中2号带式输送机
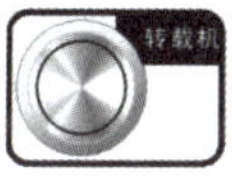	按钮按下	选中转载机
	按钮按下	选中后部刮板输送机
	按钮按下	停止选中的“三机”设备
	旋转	切换集控操作台“三机”功能挡位
	按钮按下	选中1号带式输送机
	按钮按下	选中破碎机
	按钮按下	选中前部刮板输送机
	按钮按下	启动选中的“三机”设备

带式输送机启停：先按下 1 号带式输送机或 2 号带式输送机按钮，再按下“三机”启动按键，可启动选中的带式输送机；先按下 1 号带式输送机或 2 号带式输送机按钮，再按下“三机”停止按键，可停止选中的带式输送机。

破碎机启停：先按下破碎机按钮，再按下“三机”启动按键，可启动选破碎机；先按下破碎机按钮，再按下“三机”停止按键，可停止破碎机。

转载机启停：先按下转载机按钮，再按下“三机”启动按键，可启动选转载机；先按下转载机按钮，再按下“三机”停止按键，可停止转载机。

刮板输送机启停：先按下前部或后部按钮，再按下“三机”启动按键，可启动选中的前部刮板输送机或后部刮板输送机；先按下前部或后部按钮，再按下“三机”停止按键，可停止选中的前部刮板输送机或后部刮板输送机。

顺序启停：先按下“三机”顺序按钮，再按下“三机”启动按键，可按照程序中设定的顺序自动启动“三机”设备；先按下“三机”顺序按钮，再按下“三机”停止按键，可按照程序中设定的顺序自动停止“三机”设备。

2. 自动化软件“三机”控制

各操作台相关挡位：手动挡位下相关设备可以进行单机启停控制，联动挡位下相关设备可以进行一键启停，“三机”泵站可以联启联停，闭锁挡位下操作台无法下发操控指令。

远控状态指示：远控状态显示绿色，允许操作台进行远控操作。设备工作模式：三机操作台有集控、就地、检修、单点四种工作模式状态。

5.4.1.4 泵站控制操作

1. 操作台泵站控制

综采自动化控制系统对泵站的控制命令主要来自井下监控中心集控操作台或地面分控中心集控操作台。两者的操作方式与按键相同。以下说明使用井下监控中心集控操作台远程控制泵站设备启停的方法。

当集控操作台泵站区域挡位在“手动”挡位（注意：在不通过操作台远程操作泵站或无人值守时，操作台该挡位必须置于“闭锁”挡，防止误触），检查泵站控制器是否在允许第三方远程控制状态，即泵站是否允许远控。通信、挡位都正确时即可使用集控操作台对泵站进行远程控制。集控操作台泵站区域键位与功能对应关系见表 5-3。

表 5-3 泵站操作区键位功能

图例	操作	控制功能
急停	按下或拔起	紧急停止泵站或解除急停
液泵	按钮按下	选择乳化泵顺序启动模式
2#液泵	按钮按下	选中 2 号乳化泵

表 5-3（续）

图例	操作	控制功能
4#液泵	按钮按下	选中 4 号乳化泵
1#水泵	按钮按下	选中 1 号清水泵
3#水泵	按钮按下	选中 3 号清水泵
停止	按钮按下	停止选中的泵站设备
手动 闭锁 自动	旋转	切换集控操作台泵站功能挡位
1#液泵	按钮按下	选中 1 号乳化泵
3#液泵	按钮按下	选中 3 号乳化泵
水泵	按钮按下	选择清水泵顺序启动模式
2#水泵	按钮按下	选中 2 号清水泵
停止	按钮按下	启动选中的泵站设备

乳化泵启停：先按下 1 号液泵、2 号液泵、3 号液泵、4 号液泵按钮，再按下泵站启动按键，可启动选中的泵站；先按下 1 号液泵、2 号液泵、3 号液泵、4 号液泵按钮，再按下泵站停止按键，可停止选中的泵站。

清水泵启停：先按下 1 号水泵、2 号水泵、3 号水泵按钮，再按下泵站启动按键，可启动选中的泵站；先按下 1 号水泵、2 号水泵、3 号水泵按钮，再按下泵站停止按键，可停止选中的泵站。

顺序启停：先按下泵站液泵或水泵按钮，再按下泵站启动按键，可按照程序中设定的顺序自动启动乳化泵或清水泵；先按下泵站液泵或水泵按钮，再按下泵站停止按键，可按照程序中设定的顺序自动停止乳化泵或清水泵。

2. 自动化软件泵站控制

工作模式有“就地”、“单控”和“联控”。就地模式不能远程控制泵站启停；单控、联控模式可以实现远程控制泵站启停。

5.4.2 远程干预

5.4.2.1 视频监控配置

安装好视频软件后，须进行以下配置：①用户权限：为了保证井下生产的安全性，本软件设定了三个用户账户：admin、管理员、操作员，用户自行设置登录密码，登录后可打开右上角设置页面；②跟机配置：配置是否开启跟机模式。

采煤工作面视频同一时刻在视频主机上显示的画面数量很有限，对于运动中的采煤机要实现实时跟踪，使操作人员始终能在画面上观察到采煤机运行状态，是视频自动跟机的基本要求。目前根据摄像机的种类主要分为固定式摄像机跟机和云台式摄像机跟机。

（1）固定式摄像机跟机。固定式摄像机由于镜头固定，监控区域恒定，为了实时捕捉采集机动态画面，视频主机软件中会根据采煤机的位置对应的支架号，在主机显示屏上自动激活有采煤机的画面，同时剔除看不见采煤机的画面。

（2）云台式摄像机跟机。云台式摄像机是云台电机机构带着固定摄像头转动，云台摄像机会按照一定的控制逻辑程序根据采煤机的位置进行“注目礼”式的转动跟踪，如图5-28所示。

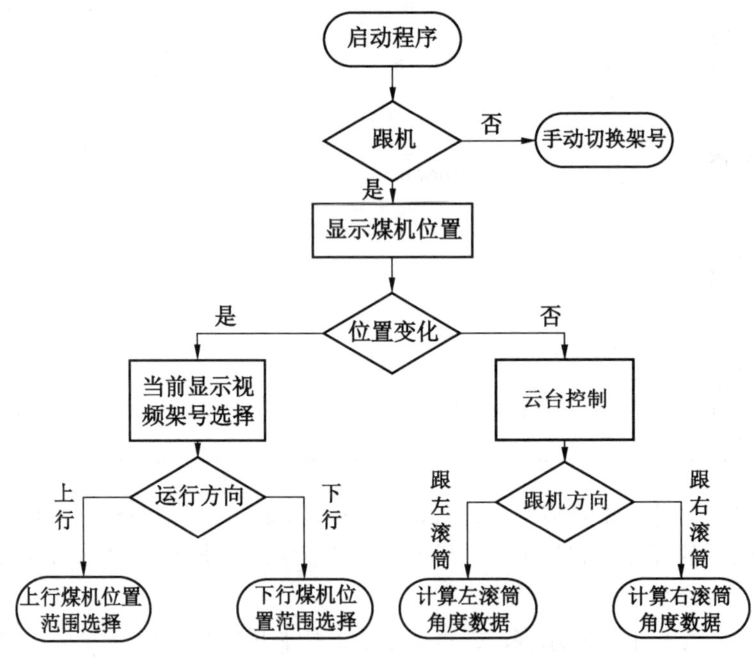

图 5-28　摄像机跟机视频监视控制流程

5.4.2.2 摄像机设置与调试

配套摄像机对应的名称、初始 IP 地址见表 5-4。

在视频主机上安装“iVMS4200”客户端软件。首次运行需要注册软件的管理员用户

表 5-4 摄像机信息表

图例	摄像机	初始 IP 地址
	8C/8B/2.8B 黑白摄像机 4C 型彩色摄像机	192.168.1.64
	微型摄像机	192.168.1.64
	双轴云台摄像机	192.168.1.64

名与登录密码。客户端软件登录界面如图 5-29 所示。

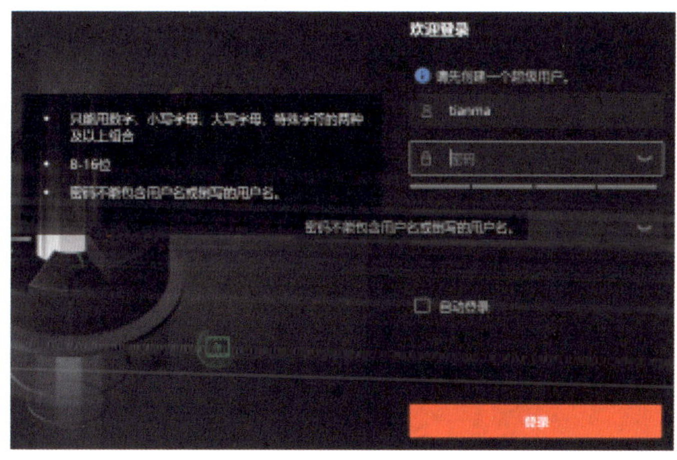

图 5-29 摄像机配置软件登录界面

登录“iVMS4200”客户端软件后，点击右侧维护与管理选项中“设备管理”按钮，如图 5-30 所示。点击“在线设备”按钮，客户端会自行搜索连接的所有摄像机。在搜索页面中找到要配置的摄像机后。点击摄像机 IP 地址行附近的笔形修改按钮即可打开摄像机配置页面修改各项配置。

没有客户端软件时，也可以在浏览器地址栏中输入要配置的摄像机 IP 地址。打开摄像机配置页面后，进入“配置—网络—基本配置”项，如图 5-31 所示。按照 IP 地址表修改设备 IPv4 地址、IPv4 子网掩码、IPv4 默认网关。修改后须点击“保存”按钮保存设置。

修改 IP 地址后，摄像机会自动重启。在浏览器中输入新的 IP 地址，再次进入配置页面，进入“配置—系统—系统设置”项。修改设备名称与设备编号后须点击“保存”按钮保存设置。

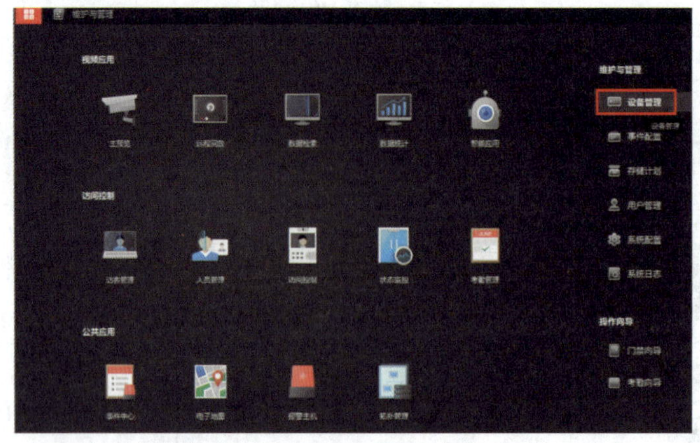

图 5-30　摄像机配置软件设备管理按钮

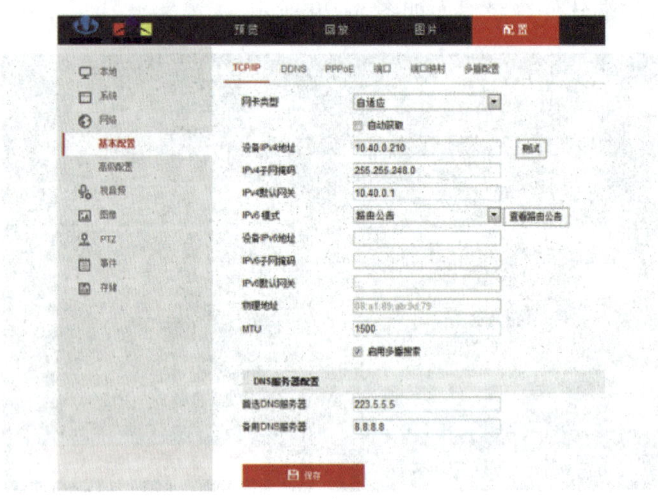

图 5-31　摄像机配置—网络界面

进入“配置—视音频—视频”项，可以修改设备码流类型—主码流、视频类型—视频流、分辨率—可选、码率类型—固定码率、图像质量—可选、视频帧率—可选、码率上线、视频编码等参数，修改后须点击“保存”按钮保存设置。

最后进入“配置—图像”项，勾选显示名称、显示日期、显示星期选项，并按实际输入通道名称、选择时间格式与日期格式，修改后须点击“保存”按钮保存设置，并预览画面查看是否正常显示。

5.4.2.3　视频系统操作

大多数煤矿摄像机视频数据，除了在监控中心的隔爆计算机上显示，还要传输到地面视频服务器显示，并完成视频管理、查询、存储等操作。视频监控系统一般采用集中式存储架构，在巷道监控中心对关键区域的图像进行统一集中存储，全天 24 小时实时录像，录像保存具备不低于 15 天的录像存储功能，并可以通过网页访问。

在监控中心视频主机上安装视频软件，加载视频图像才能观看实时视频，采煤工作面采用 LongWallMind 软件进行的工作面视频监视，如图 5-32 所示。

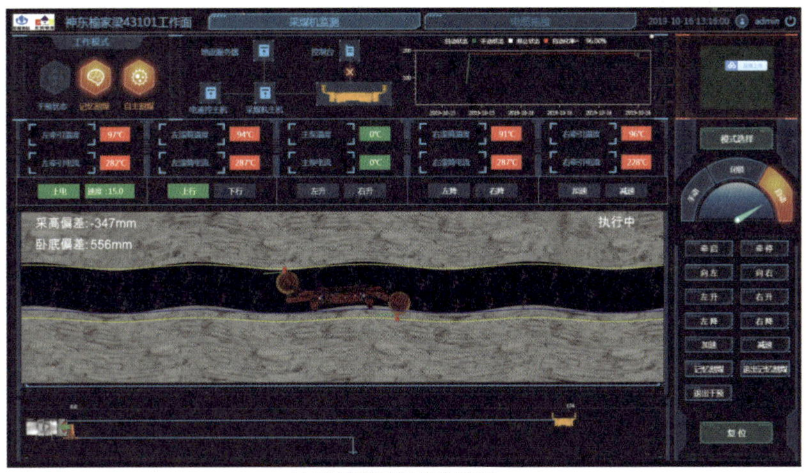

(a) 采煤机运行状态监测

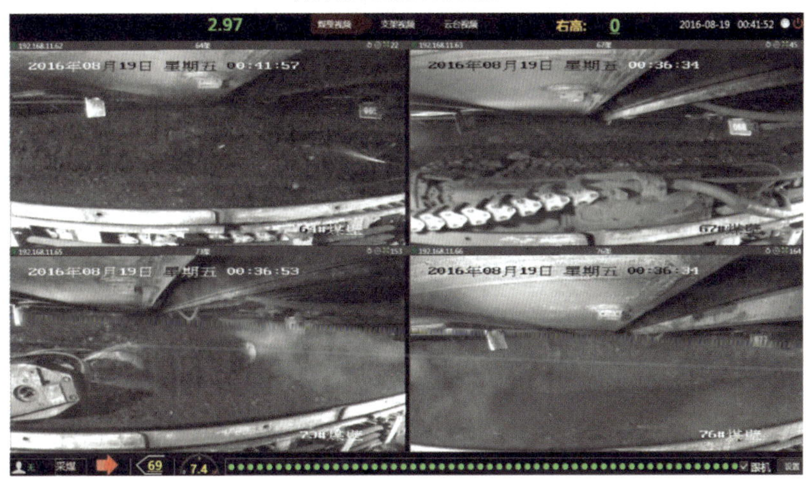

(b) 采煤机运行视频图像

图 5-32 LongWallMind 系统软件平台监控画面

视频监控系统软件功能如下：

(1) 支架视频主机：以四分屏画面集中显示工作面支架视频。

(2) 煤壁视频主机：显示采煤机运动时滚筒状态视频图像。

(3) 巷道视频主机：用于显示巷道固定监控点的视频图像，显示泵站系统设备运行状态视频图像、显示带式输送机机头设备运行状态图像、显示远程配液站系统设备运行状态视频图像、显示转载机系统设备运行状态图像。

(4) 数据中心服务器（地面）：一般安装在信息中心机房，用于采集井下各个主机上的数据，同时，进行历史数据的备份，汇总井下所有主机的历史数据，再将这些数据分发给地面数据客户端主机。此外数据中心服务器也装有视频流媒体服务器，将视频流转发给其他地面数据客户端主机。

(5) 数据客户端主机（地面）：一般为矿办、区队等办公室的计算机，用于以客户端方式接收显示地面数据中心服务器发来的数据。

采煤机图像全景拼接通过系统智能跟踪采煤机位置信息，实时获取采煤机附近5路摄像机的视频流数据，对获取的数据进行归一化采样，将多路视频数据拼接融合成一幅整体画面，并将画面实时显示。

工作面煤壁视画面频拼接通过手动切换工作面架号位置信息，系统自动获取所切换架号附近的5路摄像机视频数据，对视频数据进行矫正、归一化，拼接融合成一幅完整画面，并将画面实时显示。

全工作面视频拼接通过在工作面检修状态时，系统实时获取全工作面的摄像机视频流数据，通过图像拼接算法，将获取到的多路视频流数据拼接成一张完整工作面现阶段运行的状态画面，并将画面实时显示。

5.4.2.4 远程控制网络

1. 综合接入器配置

综合接入器配置方法有两种：①系统确认连接正确情况下整体配置，配置之前需保证系统连接正确。②单个配置：配置工作量大，使用人员可根据具体情况选择配置方法或者两种方法结合使用。

1）整体配置

综合接入器系统确认连接正确情况下整体配置步骤（图5-33）如下：

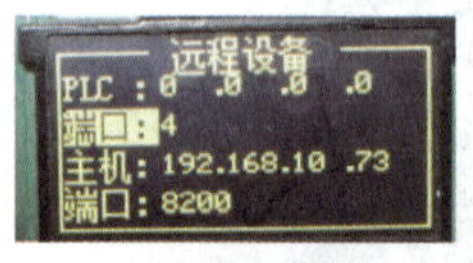

(a) 端口设置

(b) 站号设置

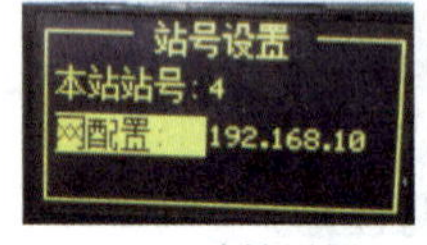

(c) IP地址设置

(d) 主机IP设置

图5-33 综合接入器配置界面

(1) 将工作面及监控中心的综合接入器连接好，上电。注意：监控中心的综合接入器与工作面的综合接入器仅一侧互联，断开环网。

(2) 在监控中心主机上查看网络拓扑结构，正常情况下为全都可以搜到，若无法搜到，请排查工作面连线及产品。

(3) 使用综合接入器人机界面对综合接入器进行配置，输入人机界面密码。

(4) 人机界面上电后，先配置“参数配置—远程设备—PLC：端口”为系统中综合接入器个数；复位人机界面，等待设备重启。

(5) 配置“站号设置—网段配置”参数；复位人机界面，等待设备重启。

(6) 配置“站号设置—本站站号”参数（监控中心的接入器站号一般为1，网络中向左L1口递增）；复位人机界面，等待设备重启。

(7) 配置“参数配置—远程设备—主机IP及其端口”即可完成工作面参数配置。

(8) 搜索全网设备，观察参数设置正确与否。

2）单个配置

综合接入器单个配置步骤如下：用人机界面直接接入综合接入器CAN口，配置单个接入器。

综合接入器的软件升级步骤（图5-34）如下：

（1）安装并打开 TCP&UDPDebug 软件，创建 TCP 连接。IP：目标综合接入器 ARM 模块的 IP 地址。端口号：2020。

（2）点击“连接”按钮，会返回当前软件的版本信息。

（3）单击“发送文件”选项，选择需要更新的程序文件；点击“发送按钮”，进入数据包发送状态。

（4）发送完成后，出现提示：Upgrade End，Please Close Connect！按照要求“断开连接”即可，目标综合接入器会自动更新程序并重启。

(a) 创建TCP连接设置　　　　(b) 当前软件版本信息

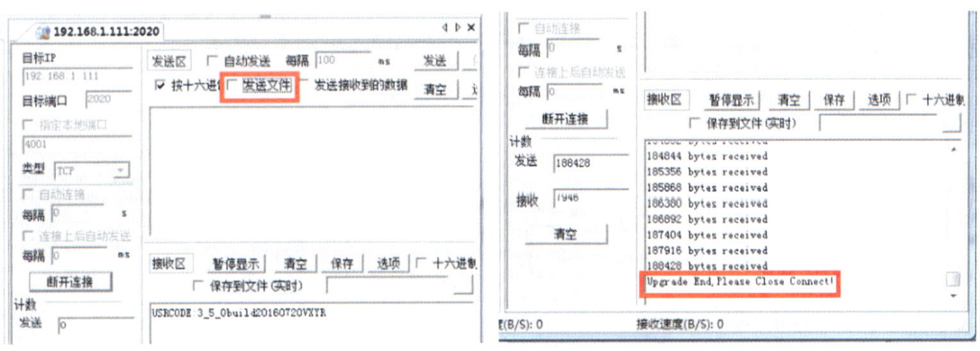

(c) 发送文件操作界面　　　　(d) 程序更新完成界面

图 5-34　综合接入器程序升级界面

2. 交换机配置

按照网络交换机的接线说明连接好设备以后，可以直接通过 PC 机与对应的软件进行设备调试，PC 机上可通过 Blueeyes 软件对交换机模块进行管理，包括修改 IP 地址、查看端口状态、端口管理、VLAN 设置、密码修改、设备名称修改等操作。

PC 机安装 DSU（Device Search Utility）软件，可对交换机上的 5210 串口服务器、3180 网关进行管理。在操作界面可以搜索到局域网中的 5210 和 3180 模块，并对其进行 IP 设置管理。5210 模块的其余设置可直接访问网页界面，3180 模块的配置可通过 MGate Manager 软件进行，如图 5-35 所示。

矿用本安型网络交换机正常使用具备二层交换功能，连接好对应设备后，即可正常使

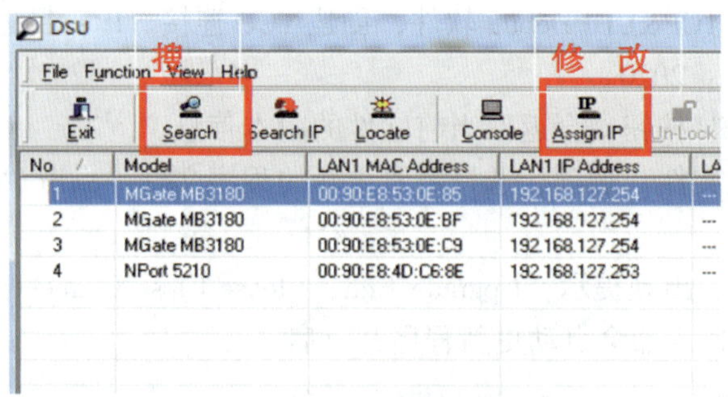

(a) DSU软件搜索界面

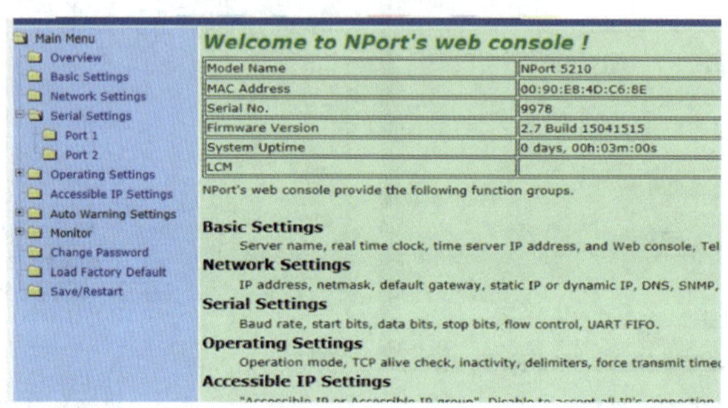

(b) 5210模块访问Web界面

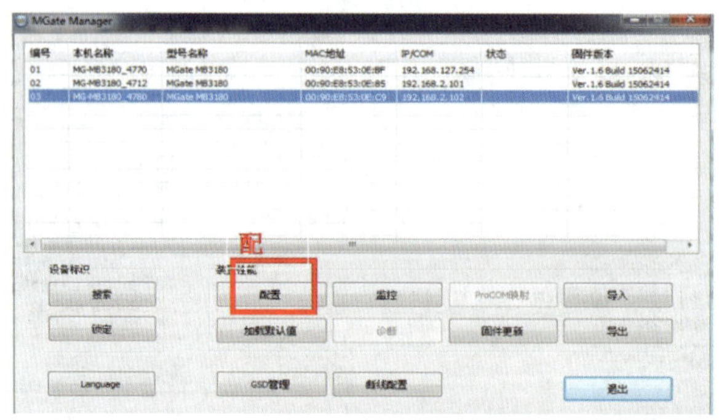

(c) 3180模块配置管理

图 5-35　矿用本安型网络交换机调试界面

用基本功能。为方便管理，通常使用 Blueeyes 软件将模块 IP 地址修改。

3. 网络端口状态查看与管理

矿用本安型网络交换机操作界面如图 5-36 所示。

（1）进入需要查看的交换机模块 Web 管理界面，登录后即可在“系统状态—状态信息”菜单查看端口状态。

（2）LINK 为端口连接，LOS 为断开；FULL 为全双工，HALF 为半双工；速率正常为 100M。

（3）“端口统计—帧统计”菜单查看交换机本次上电以来的数据通信情况。

（4）“端口配置—端口设置”菜单进行端口管理，主要是速率模式，端口开启、关闭。

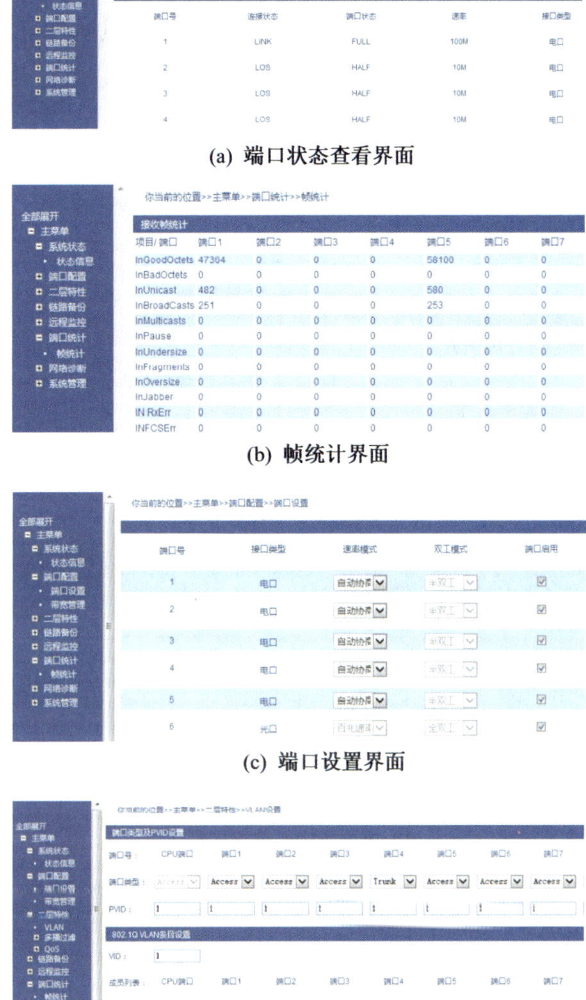

(a) 端口状态查看界面

(b) 帧统计界面

(c) 端口设置界面

(d) VLAN设置界面

图5-36 矿用本安型网络交换机操作界面

4. VLAN 设置

进入“二层特性”菜单，选择“VLAN 设置”，按照规划的网络设置对应端口的 PVID，划分端口属于的 VLAN 组（VID），通常级联端口的端口类型设置为 Trunk，成员类型为 Tagged，终端端口的端口类型设置为 Access，成员类型为 UnTagged。

5. Modbus RTU 通信接入

首先通过 DSU 或者 MGate 软件修改 5180 模块 IP 地址，不要出现 IP 冲突。选择适用的端子按照线序定义接线后，通常需要设置对应的 3180 模块，“串口”菜单根据所连接设备参数设置传输速率、校验位，停止位。由于接有波士卡，接口界面默认为 RS232。“协定”菜单根据设备连接方式进行设置，通常为 RTU 从站模式。

6. 电流环接入

首先通过 DSU 软件修改 5210 模块 IP 地址，不要出现 IP 冲突。进入网页配置界面，选择 Serial Setting—Port1 和 Port2 分别进行设置。Port1 对应凤凰端子 1，Port2 对应凤凰端子 2。设置界面如图 5-37 所示。

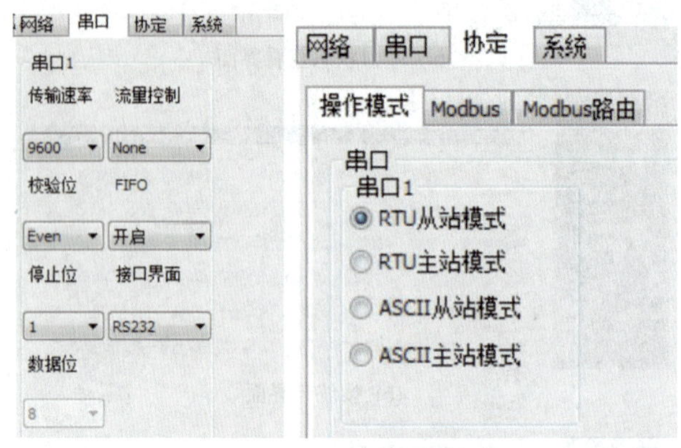

(a) Modbus RTU设置界面

Port 01	
Port alias 端口号	
Serial Parameters	
Baud rate 波特率	115200
Data bits 数据位	8
Stop bits 停止位	1
Parity 校验位	None
Flow control 流控	RTS/CTS
FIFO	● Enable ○ Disable
Interface	RS-232 Only
□ Apply the above settings to all serial ports	
	Submit

(b) 电流环接入设置界面

图 5-37　矿用本安型网络交换机通信设置界面

5.4.3　智能截割

5.4.3.1　采煤机监测

综采自动化采煤机控制软件名称为 LM-SAS，通过软件可实现对采煤机的远程功能。LM-SAS 运行软件如图 5-38 所示，主页面展示了采煤机当前工作信息，用于辅助操作人员远程监控采煤机。

（1）状态指示区。包括采煤机运行状态和系统周期计时管理，井上下采煤机主机通信状态，采煤机是否开启记忆截割模式。如果状态为正常，则绿色显示；否则以灰色表示。

（2）记忆采高与记忆卧底曲线表。分别用黄色和蓝色曲线展示，其中横坐标为工作面支架编号，纵坐标为截割高度（m），通过对采煤机在上一刀割煤时滚筒的采高和卧底高度值曲线分析，可对远控割煤起到生产指导作用。

（3）采煤机循环作业曲线表。横坐标为时间，纵坐标为工作面支架编号，如果为手动采煤，曲线显示为绿色；如果为自动记忆割煤，则曲线为黄色加粗。通过采煤机循环作业曲线实现每一刀割煤过程中支架自动跟机作业、采煤机远控记忆割煤、自动化作业使用率等数据统计。鼠标移动到自动化割煤曲线左下方时，会自动弹出查询图标，进行查询周期选择，并通过左右按键切换之前生产班的循环作业图情况。

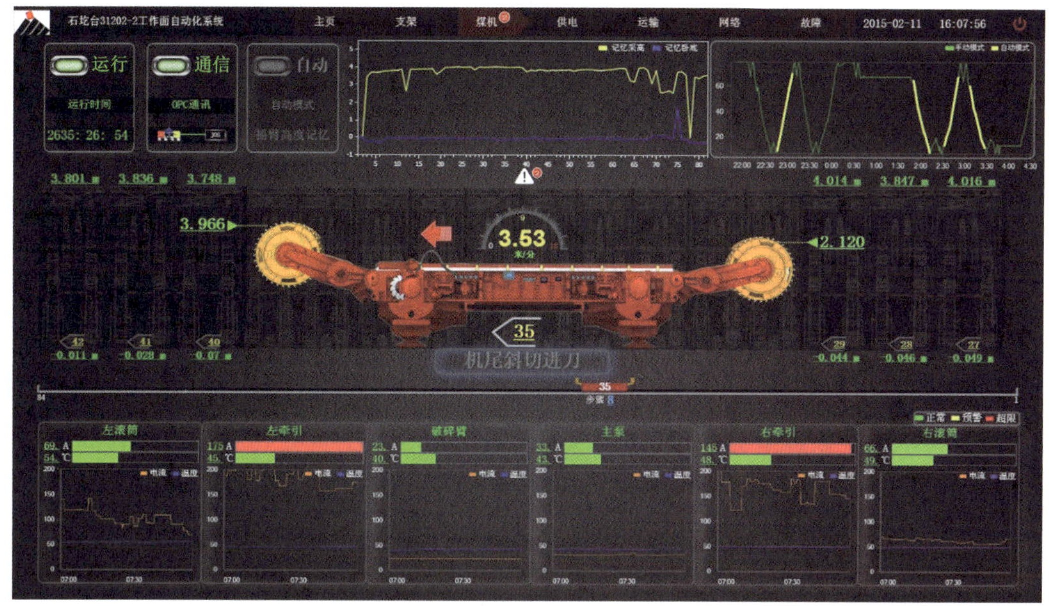

图 5-38 LM-SAS 软件主页面

(4) 采煤机当前工作状态显示区，包括采煤机实时的移动方向、速度、位置、左右滚筒的启停与截割采高和卧底高度等信息的动态展示。

(5) 跟随采煤机架号切换的超前和后部支架位置智能检测，可实现支架护帮与煤机滚筒的干涉情况，具有防碰撞检测预警功能。

(6) 显示煤机当前记忆模式段的自动割煤状态，包括采煤机位置、采煤工艺阶段等。

(7) 煤机在工作面位置的直观监测，与当前采煤工艺步骤阶段和机头机尾的三角煤区域实时说明。

(8) 采煤机主要电机（左滚筒、左牵引、破碎臂、主泵、右牵引、右滚筒）的电流和状态监测，正常状态为绿色、预警状态为黄色、超限状态为红色。

5.4.3.2 采煤机控制

综采自动化控制系统对采煤机的控制命令，主要来自井下监控中心集控操作台或地面调度中心集控操作台，两者操作方式与面板相同。

当集控操作台采煤机区域挡位在“手动”时（注意：在不通过操作台远程操作采煤机或无人值守时，操作台该挡位必须置于“闭锁”，防止误触），检查采煤机控制器是否允许第三方远程控制模式，即煤机是否允许远控。通信、挡位都正确时，即可使用集控操作台对煤机进行远程控制。集控操作台采煤机区面板如图 5-39 所示。集控操作台采煤机区域键位与功能对应关系见表 5-5。

不同厂家的采煤机在具体操作时存在一定差异，但都应按照以下流程操作采煤机的启动及运行。

(1) 采煤机上电：对于支持远程上电功能的采煤机，应先进行远程上电操作，对不支持远程上电的采煤机应由井下操作人员对煤机进行上电操作，为液压泵、左右滚筒、左右

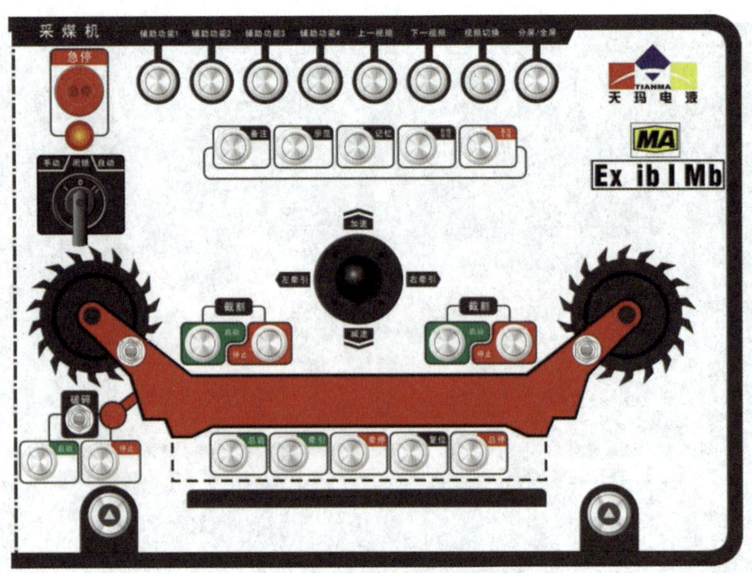

图 5-39 集控操作台采煤机区面板

表 5-5 采煤机操作区键位功能

图例	操作	控制功能
	按下或拔起	紧急停止采煤机或解除急停
	拨钮向上	升左摇臂
	拨钮向下	降左摇臂
	摇杆向左	请求向左牵引
	摇杆向上	请求牵引加速
	左侧启动按下	请求启动左滚筒截割
	左侧停止按下	请求停止左滚筒截割

表 5-5（续）

图例	操作	控制功能
牵引	按钮按下	请求牵启电机送电
总启	按钮按下	请求总启
复位	按钮按下	请求复位
手动 闭锁 自动	旋转	切换集控操作台采煤机区功能挡位
	拨钮向上	升右摇臂
	拨钮向下	降右摇臂
	摇杆向右	请求向右牵引
	摇杆向下	请求牵引减速
截割 启动 停止	右侧启动按下	请求启动右滚筒截割
截割 启动 停止	右侧停止按下	请求停止右滚筒截割
牵停	按钮按下	请求牵停电机停电
总停	按钮按下	请求总停

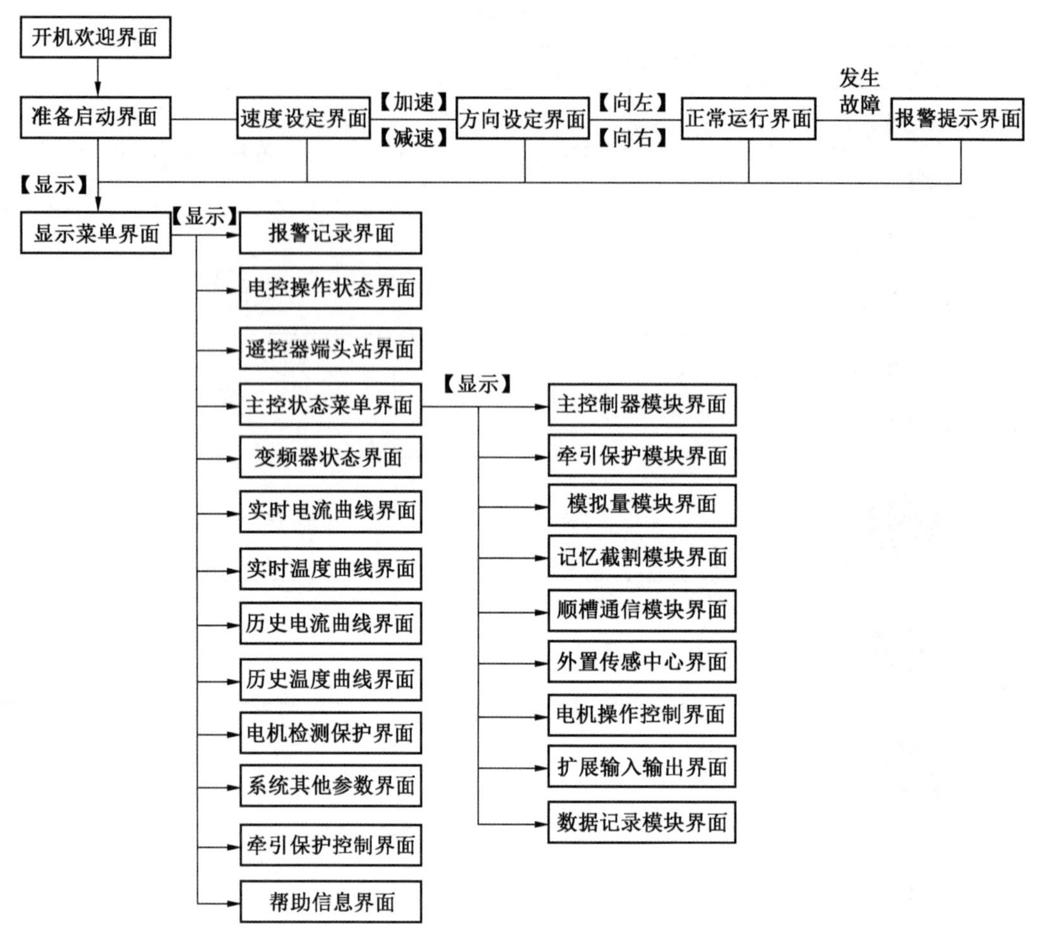

图 5-40　采煤机系统显示界面总览

牵引等电机供电。

（2）采煤机启动液压泵：对于支持远程启泵功能的采煤机，应先进行远程启泵操作，为左右截割升降提供压力。

（3）左右截割启停：左右牵引前需要先启动左右截割，使用远控启动左右滚筒，注意在进行左右牵引动作前务必使左右截割处于启动状态。

（4）牵引上电：对于支持远程牵引上电功能的采煤机，应先进行远程上电操作；对不支持远程牵引上电的采煤机，应由井下操作人员进行牵引上电操作。

（5）左右截割升降与向左向右牵引：在以上步骤完成后即可进行左右牵引与左右截割升降操作，牵引与升降顺序按照实际开采需要进行，无强制顺序。

（6）加速减速：在进行左右牵引时，按照实际开采需要进行加速与减速操作。

5.4.3.3　记忆截割操作

在进入新的学习模式之前，需要清除以前记录的学习数据，对存储器进行格式化清除操作。通过显示控制键盘进入自动操作功能显示界面，确认当前存储器的状态，一般存储器有 3 种状态：未初始化、格式化后空白状态和记录有效（有学习记录，同时显示初始学习记录的日期，学习记录的起始和结束位置）状态。采煤启动进入通常的人工操作状态后，通过显示按键钮进入到自动操纵状态画面，按屏幕上的提示通过无线电遥控发射机上的特殊功能组合键选择菜单，进行存储器的格式化清除操作。

学习模式：可以通过遥控器选择菜单或巷道监控主机发出相应命令进入学习模式。只有在系统行走位置传感系统、采高传感系统和牵引系统均无故障的前提下才能进入到学习模式，否则记忆截割控制系统会锁定到报错警告状态。进入学习过程前，要求相应的记忆存储器为格式化后的空白状态。如果选择进入学习模式，只有牵引系统启动并且有方向指令后学习记忆过程才会真正开始。如果记忆存储器处于格式化后的空白状态，可以在人工操作模式下的正常牵引行走过程中，随时通过遥控发射机上的特殊功能组合键选择菜单，直接进入学习模式，开始一个学习过程。学习记忆的内容包括采煤机在工作面的位置、牵引速度、方向、截割顶板和底板的高度、机身两维倾斜以及部分隐含状态关系。

采煤机显示系统包括系统主界面和各种系统信息界面，可以通过显示菜单界面（图5-40）分级进入，按提示可进入记忆截割模块界面。

采煤机系统的记忆截割会涉及工作操作模式、学习模式、自动重复操作模式、人工终端状态、在线学习状态等，相关信息见表5-6。

表5-6　采煤机记忆截割相关模式与状态

序号	模式	状 态 说 明
1	人工操作模式	在该模式下，采煤机司机手动控制截割高度（挖底）、行走速度方向
2	学习模式	在该模式下，司机人工操作采煤机进行煤壁截割和牵引行走，记忆截割系统软件记录并存储工作过程中的机器所有相关运行数据和状态变量，为系统进行自动重复操作模式做准备
3	自动重复操作模式	分为自由曲线重复模式、固定工序重复模式以及人工设定曲线重复模式。 （1）自由曲线重复模式。机器按顺序自动重复在学习模式下存储的所有运行动作序列进行截割和牵引，牵引换向点以及某一段是否倒退割煤，均按学习阶段所获取信息进行。 （2）固定工序重复模式。系统在学习阶段，主要是存储工作面顶部和底部高度变化曲线，以及行走的最大和最小位置。系统提供一个参数可配置的工序指令表，该指令表定义进行一个完整的循环，包括所需要的工序步骤，每一步的区段位置，摇臂与牵引方向的对应关系，采高的修正量以及进入每步操作前是否需要用户确认等信息。系统成功进入该自动模式后，将按该工序指令表的定义顺序进行所有操作，并在完成当前循环后重复进行。 （3）人工设定曲线重复模式。首先可以通过人工设定一定的曲线，系统会存储设定的曲线相关数据，然后采煤机会按照事先设定的曲线自动运行
4	人工中断状态	在自动操作模式运行过程中，采煤机司机发现特殊情况临时中断（禁止）机器某些动作的自动运行，人工干预或修正采煤机的运行数据（采高、速度等），通过特殊区域或退出中断状态后可恢复到自动重复运行状态
5	在线学习状态	与中断状态类似，在自动运行中司机人工干预或修正机器的运行。改变后的机器运行数据将被存储到相应的学习记录存储器，在下次自动操作模式中，采用最近修改过的学习记录

表5-6（续）

序号	模式	状 态 说 明
6	截割高度外延控制状态	在自动控制模式下，如果某一截割滚筒从有记忆（数字设置）的区域进入了无有效数据的区域，则该滚筒的截割高度控制进入自动外延状态，其采高将保持最后一个有效记录所设置高度，直到该滚筒进入有效控制区取得新的有效数据，期间司机可以自由手动调节其高度。采煤机在端头换向时，如果某侧摇臂当前位置内没有可用采高记录，系统将试图使用另侧滚筒位置处对应底部或顶部采高记录
7	错误模式	系统自动运行中出现不可自动恢复的故障或数据错误，系统进入该模式进行报警输出，并根据错误性质停止牵引，等待司机进行确认复位（系统复位）。可导致进入该模式的常见故障和错误有：从人工操作模式进入学习或自动控制模式后，检测到采煤机位置传感器异常，在学习或自动控制模式中发现有采高传感器异常；历史数据或编程参数异常。 注：用户可以通过遥控发射机特殊组合键“F2+加速”直接复位故障
8	存储器清除模式	在牵引停止、人工操作模式下可以选择进入该模式，在该模式下可以选择将以前的学习记忆的数据全部清除，格式化存储器为开始全新的数据记录做准备
9	截割与牵引方向的基本配合关系	系统要求采煤机工作过程中，牵引前进方向的摇臂滚筒（前滚筒）用于割顶，而牵引方向后部滚筒用于割底。需要注意的是进行记忆学习时，每次需要行走换向时必须先停止牵引，然后根据下一步将要运行的方向，将前后滚筒高度调整到位，再按所需方向启动牵引。如果不按此要求操作，会导致采高数据记忆错误，在后续自动截割过程中出现采高控制异常。系统允许在某些特殊的工序环节进行倒退割煤，也就是前滚筒割底后滚筒割顶。如果在学习过程中，某一段要求倒退割煤（比如扫底），之后的自动过程中也会出现相同的现象（如果自动截割采用固定工序模式，则倒退割煤的情况只会出现在配置参数时的指定工序段）

本记忆截割系统中引入了一个循环深度（层数）的概念。简单来讲，循环深度（层数）指完成一个完整的工作面截割循环记录轨迹中牵引方向给定改变的次数。开始新的循环学习记忆后，每次司机改变牵引方向，记忆循环深度（层数）会加 1。一个正常的学习记忆过程，记忆循环深度（层数）不允许超过 15，也就是开始学习记忆后，司机改变牵引方向指令的次数不能超过 15 次；否则，学习记忆过程会被强制结束。

牵引过程的暂停：在学习过程中如果司机停止采煤机牵引，单独进行摇臂调高（比如在端头支架处），则程序暂停采高学习，等待牵引的重新启动后，记录两摇臂的高低状态关系。

截割高度的记忆与重复：在行走过程中学习记录截割高度为顶板（前滚筒）高度和底板（后滚筒）截割高度，对于牵引的同个位置，如果两次或多次截割高度不一致，则记录最后一次司机给定的高度。

学习过程的结束：司机可以通过发特殊牵引停止命令“F2+减速”人工结束当前学习过程，也可由内部软件自动判断何时结束当前学习过程。一个正常学习过程的结束，应当在采煤机以与学习过程开始时相同牵引方向通过学习的起始位置点之后。如果学习结束点位置不能满足该要求，则后续的自动截割过程不能正常启动和结束。

如图 5-41 所示，画出了一个完整的学习/自动重复循环线，示例循环线上的字母表示牵引事件，循环线上的数字表示循环深度（层数）（该学习记录的循环深度为 11）。*A* 为学习过程的起点，一个正常的学习过程应该是采煤机在司机控制下在两个方向牵引走完整个牵引布置长度。建议学习起点从工作面接近中部的位置（位置清零磁铁附近）开始，学习开始的牵引方向可以是任意的。图中 M 为正常学习过程的终点，在该学习过程中结束点 M 的位置必须在 L 点的右侧，如果学习结束点 M 出现在 L 点的左侧，在后续的自动重复割煤过程中会出现，中途自动停止牵引的现象，不能持续重复的现象。

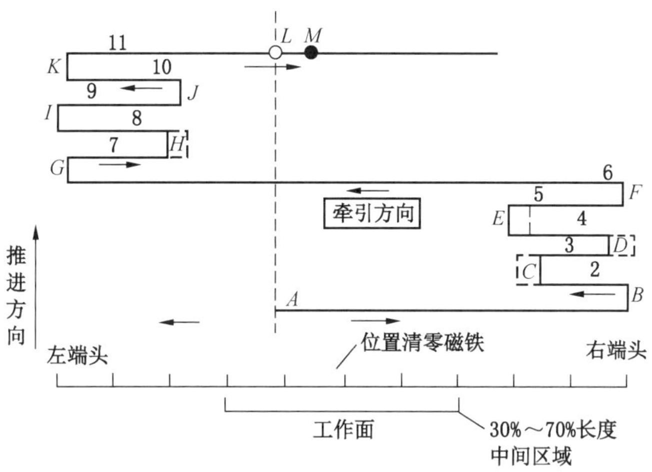

图 5-41 采煤机记忆截割控制流程

注意：如果学习过程中出现重载反牵，反牵过程不会被记录，但是如果学习记忆过程中出现过载、过热等保护停止或主控系统进入故障锁定状态，学习过程会被强制结束。

自动操纵（记忆过程重复）：在内部程序的控制下，机器按照之前学习的参数过程，自动重复牵引与截割，称为自动操纵（或自动驾驶）。进入自动操作的前提条件：①系统检测到存储器中有相应的学习记录数据；②采煤机进入到有学习记录对应的工作面位置；③系统中采高与位置传感器正常，不存在影响牵引的故障。

注意：在自动操纵状态以及端头位置限制区域，为了防止出现异常牵引采煤机重载反牵保护功能被自动禁用。

进入自动操纵模式：每次采煤机上电后，只会直接进入手动操作模式。在手动操作模式下，司机可以通过遥控器按键组合选择菜单或通过巷道监控主机发命令，使其进入自动操纵状态。只有在采煤机进入或停止在之前开始学习的区域内时，才能进入自动操作模式，否则系统将进入一种等待进入状态。在检测到采煤机已经位于之前开始学习的区域后，采煤机牵引将先自动停止。自动操纵软件将搜索记忆截割存储器，寻找其中可应用到当前牵引位置状态的运行关键参数。如果找到相应的记忆数据，则读出相应的记录数据，按记录执行相应的牵引和截割操作（进入自动操纵状态后，还需要司机用“牵启”命令启动牵引，但不需给方向和速度）。在自动操纵状态，如果前后滚筒位置关系与牵引方向不对应或者摇臂当前截割高度与要求目标高度之差大于 ASC 模块中参数的设定值，则自动暂停牵引，并输出高度调节指令，等待摇臂的对应关系与截割高度达到相应目标值后重新开始牵引。

溜车情况的处理：如果机器由于惯性等原因，在自动操作模式启动后或运行中发现其位置漂移到了无有效操作记录的位置，系统软件将首先按原来牵引的方向横向搜索最近的有效记录位置，如果在附近 0.5 m 位置范围内未发现有效记录，则进入下一个循环层进行搜索，如果仍然没有发现有效记忆数据，则报故障代码，退出自动操作模式。如果发现了有效记录，则按该有效记录进行操作。

退出自动操作模式：采煤机司机可以通过遥控发射机上的“F2+减速”这一特殊的按键组合或通过巷道监控主机发命令，使其退出自动操作模式，这时机器将停止自动牵引和调高，进入手动操作模式。

自动操作过程的中断：在采煤机进入自动操作状态后，司机随时可以通过遥控发射机或远方指令人工干预机器的运行。但主停操作后，下次开机时需要人工操作才能再进入自动模式。如司机进行了牵停操作，将导致机器退出自动运行模式，回到人工操作模式。不会改变运行模式的干预操作有：左右摇臂的高度调节控制和牵引方向与速度。在检测到司机的中断操作命令后，自动操作软件立即进入中断状态，并输出相应的状态标志（可在本机和远方监视器上输出）。机器自动操纵被中断后将保持在中断模式，直到司机用遥控器“F2+减速”或远方命令退出中断状态。中断结束时采煤机位置，位于被中断循环层中没有对应的有效学习记录区域时，机器牵引将停止，除非继续手动操作行走到被中断前的位置，否则不能回到自动操作状态。当机器在本循环层有记录的区域结束中断时，机器将按中断前的方向和速度继续牵引（监视屏幕上将输出中断点的起点位置，方向信息）。摇臂高度控制的人工中断干预，如果司机对某摇臂高度进行了人工修正，修正操作结束时的摇臂高度将保持，直到司机用遥控发射机“F2+减速”命令结束中断，之后自动操作程序重新按照记忆数据控制调高。

在线学习（修改）模式：该模式为中断模式的扩展（中断后的人工操作状态及结果可被记录），当机器进入自动操纵的记忆模式工作时，司机可以通过遥控发射机选择菜单或远方指令，启用在线学习功能。

在自由曲线重复模式下，在线学习记忆的内容，包括司机对两侧摇臂采高的调整以及满足条件的牵引过程的记录。牵引过程的在线学习记录，该功能只针对自动操作过程中牵引速度改变和人工操作牵引进入当前循环层中，未曾进入过的区域时的速度方向，比如图中第 2 个循环层，司机手动控制采煤机进入 C 点左侧或 D 点右侧的虚线区域，但是不能通过在线学习将自动换向点推到 E 点右侧虚线位置。需要特别注意的是，在线学习修改模式不能改变记忆的循环深度（尤其是端头斜切或反向割三角煤的次数）。如果需要改变记忆循环深度，只能清除存储器后，开始一个全新的记忆过程。司机可用遥控发射机选择菜单结束在线学习修改模式。

在固定工序重复模式下，在线学习内容限于摇臂调高中断操作产生的截割高度变化，以及牵引速度中断产生的速度变化。工序的变化只能通过生产厂家人员，使用专门工具，重新配置工序参数实现。

在允许启动自动操作模式的区域内，支架和推刮板输送机关系不一致时，应当要求司机或监控主机必须提示先按正常循环结束，达到学习启动开始的初始条件。

记忆截割状态指示灯：采煤机电控箱观察窗内有个高亮度发光二极管指示灯。平时在人工操作状态下该灯不亮。当系统进入学习状态时，该指示灯点亮，直到退出学习模式。当系统进入自动操作（记忆截割）状态运行时，该灯会每 2 s 闪烁 1 次。

5.5 系统常见故障及处理方法

5.5.1 视频系统维护及故障处理

5.5.1.1 通信设备

1. 综合接入器

常见故障包括环网口与非环网口连接导致的网络不通；百兆固定接口与自适应接口连接导致通信速率下降；可连接成功，但网络流量增大后出现冲突、错包；线缆过长或误用可能造成通信丢包等。

工作面级联网络中间断开故障的解决方法：通过网管软件或者摄像机状态定位网络故障点，查看与前一个接入器之间 4N 线是否断开；检查综合接入器供电电源是否正常；使用接续器将该接入器环网口上两根线接通，查看网络是否正常。

网络卡顿的解决方法：①通过网管软件的“帧统计”功能，定位网络故障点，输入校验错误帧、不完整数据帧、碎片帧（小于 64 字节）、输出校验错误帧四项数据不断增长。②排查接线：是否百兆固定接口与自适应网络接口连接。③通过接续器将该综合接入器环网口两根线连接，跳过问题站点，查看错误帧是否在下一个接入器出现，若出现，则更换该段连接器；若不出现，则更换该位置综合接入器。

2. 网络交换机

每个班检查矿用本安型网络交换机与其余设备间线缆要完好无损，以防止电缆线等被磨损、拉断；每个班需保持网络交换机清洁；每个班检查网络交换机安装架及 U 型卡，如发现缺失或损坏，要及时更换和补缺。

光口网络不通。原因：光缆折断或者光口污染。处理方法：找到断点重新熔接光缆、用酒精棉擦拭光口接口。

所有网络指示灯闪烁。原因：网络广播风暴。处理方法：检查形成环网的接线，排除后重启交换机。

485 通信故障。原因：模块损坏或线缆断。处理方法：更换模块、排查线缆。

5.5.1.2 视频监控

采煤工作面视频监控系统常见故障分析：

（1）摄像机常见故障与处理方法，见表 5-7。

（2）以太网常见故障与处理方法，见表 5-8。

（3）视频常见故障与处理方法，见表 5-9。

表 5-7 摄像机常见故障与处理方法

序号	故障现象	处 理 方 法
1	摄像机无法上电	主要原因是线缆损坏、综合接入器供电故障。摄像机未上电情况，首先排查电源口是否松动，电源箱有无输出，查看线缆故障、摄像机故障，尝试更换线缆、综合接入器与摄像机排除故障

表 5-7（续）

序号	故障现象	处 理 方 法
2	可以搜索到 IP，但是没有图像	主机可以搜索到摄像机 IP，Ping 命令通信成功，但无图像输出，多数情况是浏览器不兼容与设备自身的问题，建议更换浏览器，输入 IP，进入到登录页面输入用户名与密码查看图像情况
3	云台摄像机无法旋转	仅支持水平旋转的云台摄像机出现无法旋转的时候，大部分情况是由于云台协议在应用过程中更改导致，可通过浏览器输入 IP，输入用户名与密码，通过设置中的云台协议，将协议修改为 Pelco-P 协议，保存退出即可。支持双轴云台旋转的摄像机出现无法旋转的问题时，由于双轴云台摄像机的云台协议固化，大部分情况是由于设备内部的线缆在应用过程中震动导致的线缆将电机缠住，可通过上下旋转查看能否旋转，如果可以旋转，但是左右旋转不了，可拆开壳体将缠绕电机的线缆固定好即可

表 5-8　以太网常见故障与处理方法

序号	故障现象	处 理 方 法
1	摄像机上电正常，但是搜索不到 IP	大多数原因是线缆、连接的网络接口有问题，也有可能是综合接入器网络中出现环网，或者摄像机自身出现故障。电源正常但是仍然搜索不到 IP，可查看网络连接的综合接入器接口是否正常、网络连接器接口是否正常，可通过更换网络线缆、综合接入器与正常摄像机解决
2	视频图像显示明显卡顿	大多数是由于固件版本未更新、视频网络连接线网络存在问题。首先网页输入摄像机 IP 地址、入用户名与密码，在设置中查看摄像机固件版本号，与厂家服务人员联系确认该版本是否为最新版本。若是最新版本，再次排查视频连接网线，可能是由于线的老化损坏导致屏蔽性能差，可通过更换线缆解决图像传输问题。如果是多个设备存在该情况，可与厂家服务人员确定工作面环网接入设备，排查是不是由于网络中流量大，已经超出交换机负荷或异常操作导致出现网络容量变小，必要时可通过适当降低画面质量，如分辨率与视频码率来实现流畅运行

表 5-9　视频显示常见故障与处理方法

序号	故障现象	处 理 方 法
1	摄像机图像模糊	首先根据图像查看是遮挡模糊还是图像出现马赛克模糊，出现遮挡模糊时，排除外观上的灰尘影响，再次排查是否是壳体破裂或壳体没紧固好进水所致，可拆解外壳，使用干净抹布清理摄像机透明视窗；若出现图像马赛克模糊情况，多数情况判断为摄像机内部的感光器件损坏，需要返厂维修
2	视频图像无法镜像调整	由于摄像机的场景需默认为室外模式方可出现视频调整画面，可通过浏览器输入 IP，进入到登录页面输入用户名与密码，在设置中进入到“图像”设置，将“场景”调整为室外，即可出现视频调整选项，根据安装的方式自由调试视频画面即可
3	摄像机通过录像机无法解码数据，无法完成录像功能	因硬盘录像机未选择对摄像机的存储协议，主流硬盘录像机都支持 ONVIF（Open Network Video Interface Forum）协议，这一接口标准将确保不同厂商生产的网络视频产品具有互通性，在硬盘录像机中添加摄像机时，选择 ONVIF 协议

5.5.2 控制系统维护及故障处理

5.5.2.1 通信状态检测

启动自动化控制软件后，如果通信正常则状态栏为绿色，且通信状态为1。通信故障则状态栏为红色，且通信状态为0。

单击左侧各个子系统图标，观察右侧画面中“发送字节”“接收字节”两栏的数值，若数值为0，则通信出现故障，需排查出现故障设备的通信线路是否正常，如图5-42所示。

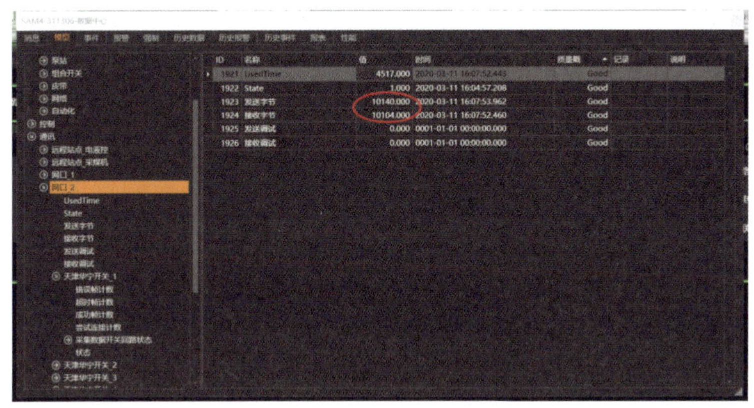

图5-42 子系统通信状态检测

选择通信端口下的设备，若设备通信正常，则状态为1，且成功帧数递增，质量戳为Good。若设备通信故障，则状态为0，且超时帧数递增，如图5-43所示。

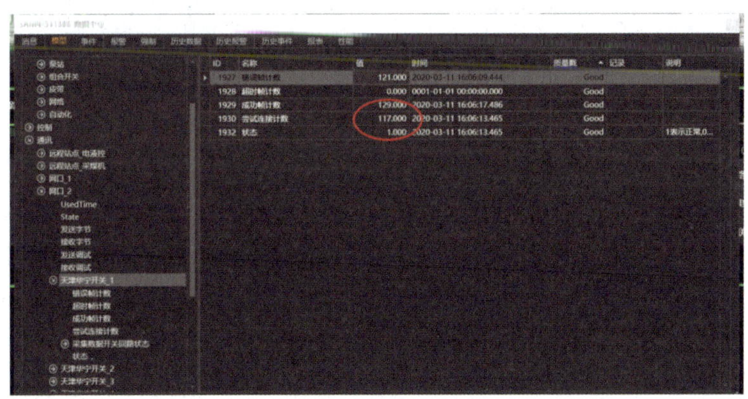

图5-43 设备通信状态检测

5.5.2.2 数据检测

通信接通后，按F12按键进入数据中心点击模型，查看数据采集值。选择各个数据块，然后在右侧窗口查看各变量的值，核对与实际“三机”、泵站、变频等集控控制器显示是否一致，如图5-44所示。

5.5.2.3 故障信息记录

选择想要查看的设备　　　　对比显示数值，查看与实际数值是否一致

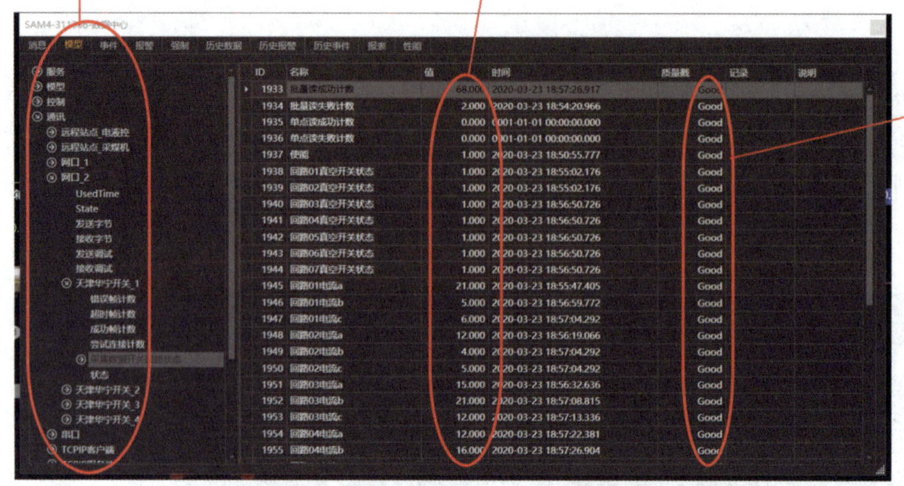

通讯正常时质量戳为Good，反之则为Bab

图 5-44　数据检测

LongWallMind 系统软件中，为了协助维护人员工作，提高系统运行效率，对于无法识别的错误与故障，设计了故障记录模块，形式为故障子页面。

点击页面最上方的标题栏中的“故障”，则会跳转至故障子页面，该页面主要展示当前系统故障信息，记录故障发生时间、设备、故障信息等，为了便于故障查找与管理，还对故障进行了分类处理，如图 5-45 所示。

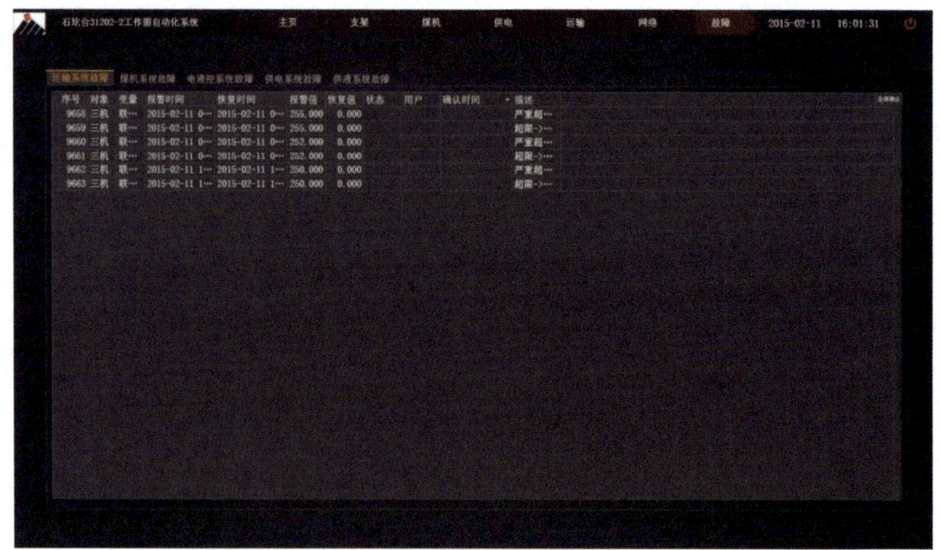

图 5-45　综采工作面自动化控制系统软件故障

5.5.3　智能截割维护及故障处理

采煤机系统实时故障报警列表，可以通过将鼠标移动至采煤机子页面中间最下方处，则会自弹出；鼠标离开该列表，则自动弹回消失。

采煤机故障详细信息指示区，点击采煤机子页面中的叹号图标，则会跳转至采煤机故障页面，主要分为三部分：第一部分列举出了采煤机常见主要的故障，直观地给出故障点大概关键位置；第二部分则是在表框中罗列了其他关键采煤机故障指示；第三部分是以列表形式列举了实时的采煤机故障信息，包含故障的发生时间、故障详细内容、是否已经确认解除等内容。

6 智能化采煤技术应用及典型案例

近年来，随着煤矿智能化装备的不断升级，适应不同煤层条件的智能化采煤技术装备不断涌现，有效地支撑了我国高产高效煤矿建设和煤炭产业升级。智能化采煤控制系统根据工作面煤层赋存条件、矿井产量、采煤工艺及运输能力等参数，结合矿井相关智能化的要求，对工作面的采煤机、液压支架、刮板输送机等设备进行智能化控制。通过合理选择综采智能化装备，不仅能够保证工作面的生产能力，而且能大大降低人员的劳动强度，提高人员的安全性。

6.1 智能控制系统选型配套

6.1.1 配套原则

实用性——在满足综采工作面安全生产使用要求的情况下，充分考虑系统的实用性，使整个智能化系统的功能尽可能地完善并得到充分利用，并使系统易于维护。

可靠性——系统能够对工作面设备进行安全、可靠的远程控制，能对设备问题做出故障检测、诊断及处理，保证系统的稳定性和可靠性。

整体性——系统设计时充分考虑各个设备及系统之间的相互关联及整合，尽可能提高系统的整体利用效率。

可操作性——系统布置合理，充分考虑操作人员的特点，使系统操作简单、方便、快捷，程序流程清晰，符合常规业务处理习惯。

可扩展性——系统结构易于扩充，以适应今后可能出现的较大任务负载，系统设备及软件向下兼容，以保护用户的原始投资，系统方便更新和升级。

6.1.2 自动化控制系统配套设计

综采自动化控制系统在综采装备单机自动化基础上，建立了一套以监控中心为核心，以工作面视频、以太网、音频、远程控制为辅助的集中自动化控制系统，实现了工作面“有人巡视、无人操作”远程可视化干预模式。该系统融合了工作面各类设备数据，实现了对综采工作面的智能化控制，如设备单机、联锁启动等功能，是一套较为复杂的综合自动化控制系统，系统配套如图 6-1 所示。

根据前面对自动化控制系统的设计，结合煤矿综采工作面地质条件和“三机”配套情况，需要配套的设备、系统、软件等见表 6-1。

6.1.3 电液控制系统配套设计

液压支架电液控制系统由工作面电控系统、电液控换向阀和数据传输系统构成，能够实现单架/邻架控制、成组控制、跟机自动化控制、闭锁及紧急停止、故障显示及报警、自动补压、带压移架、矿压监测、工作面数据上传、工作面巷道及地面监测、数据分析及信息发布等功能。根据工作面的不同情况，选择适合的配套方案，其基本配套如图 6-2 所示。

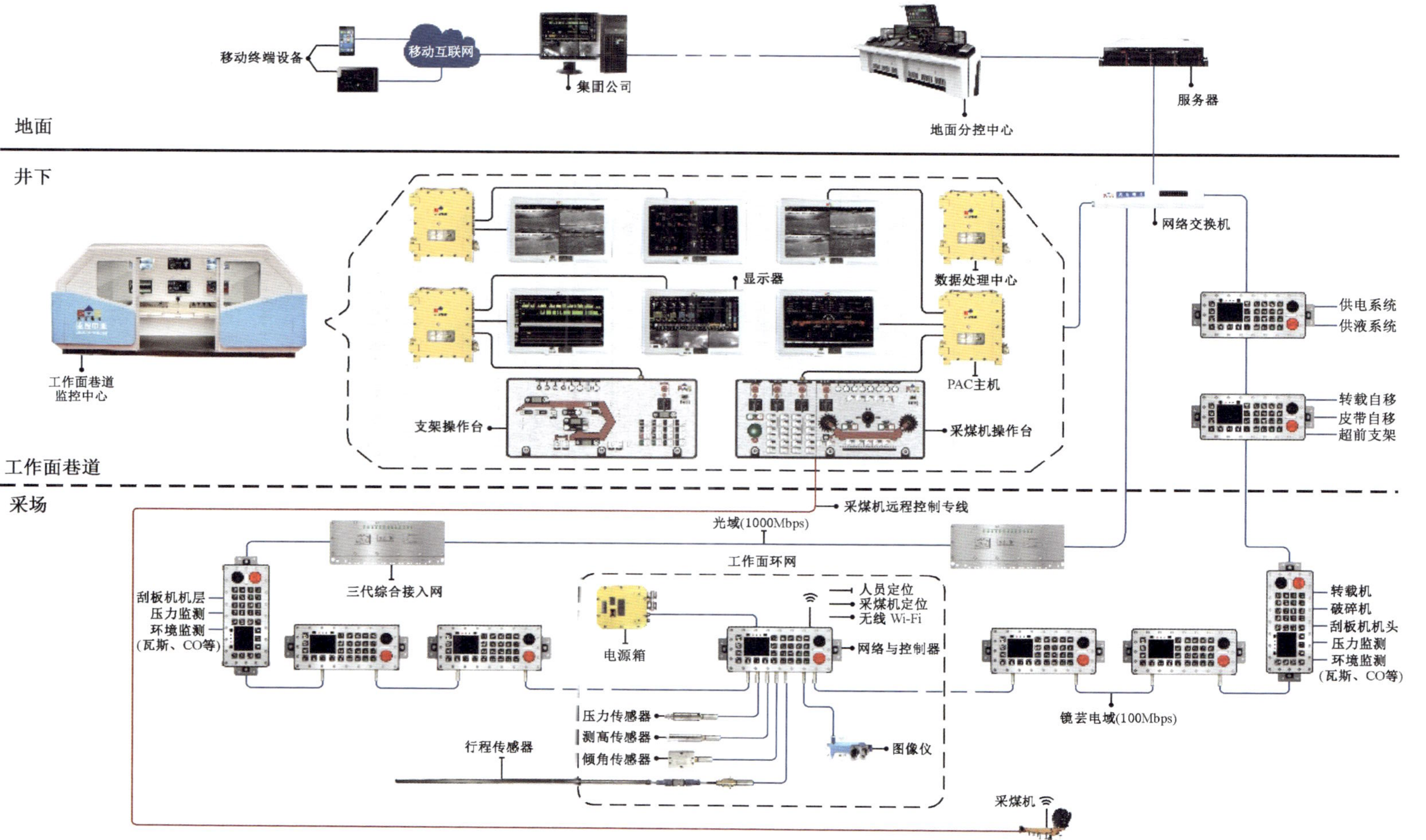

图6-1 综采自动化控制系统结构图

表 6-1 综采自动化控制系统（SAM）总体配置表

序号	名　称	型　号
工作面主要设备		
1	矿用本安型综合接入器	KJJ18（C）/2T/FT/3F
2	矿用隔爆兼本安型稳压电源	KDW127/12/JRQ
3	矿用本安型无线接入器	KJJ12W/B
4	矿用本安型云台摄像机	KBA12（Y）/400W
5	工作面照明系统	DGC40/127L（A）
工作面巷道监控中心主要设备		
1	工作面监控中心	TMDJKZX（HNFM）
2	矿用本安型网络交换机	KJJ12/KJJ12（A）
3	矿用隔爆兼本安型监控主机	ZDYZ-127Z（A）/YH/B1.2
4	矿用本安型显示器	XH12（A）
5	矿用本安型键盘	SAC-P/K（0.06/5）/A
6	井下监控中心控制软件	LongWallMind 4.0
7	矿用本安型操作台	TH12（B）/（C）
地面调度中心主要设备		
1	地面服务器	T140
2	地面工作站	P330TWR-E-2144G
3	液晶显示器	X24
4	地面分控中心控制软件	LongWallMind 4.0
5	以太网交换机	H3C LS-3600V2-28TP-EI
6	硬盘录像机	DS-8664N-I8
7	地面操作台	TMDCZT（CMJ）/（CMJ）

6.1.3.1 薄煤层工作面

薄煤层工作面特点是空间狭小、通风断面小、安全保障难度大，针对此特点要求电控自动化系统与液压支架进行嵌入式配套设计，要求控制器集成红外线接收功能。电液控换向阀利用侧面螺纹孔固定于主阀安装架，嵌入式安装在支架顶梁前方；驱动器集成于电液控换向阀，节省安装空间且便于管理维护。

薄煤层电液控制系统采用 26 功能控制器+驱动器+400 L/min 电液控换向阀的配套方式，既满足薄煤层两柱掩护式液压支架功能需求，也满足多传感器接入，可扩展为智能化综采工作面。

6.1.3.2 中厚煤层工作面

中厚煤层是我国达到高产高效目标的主要煤层，随着综采装备的不断发展，增强系统规模和配置的可扩展性成为发展方向，监控功能具有较强的适应性和可延伸性，可以根据需要选用各种控制功能。

中厚煤层电液控制系统采用 8 路模拟信号输入，4 路串口通信，适用于控制功能相对

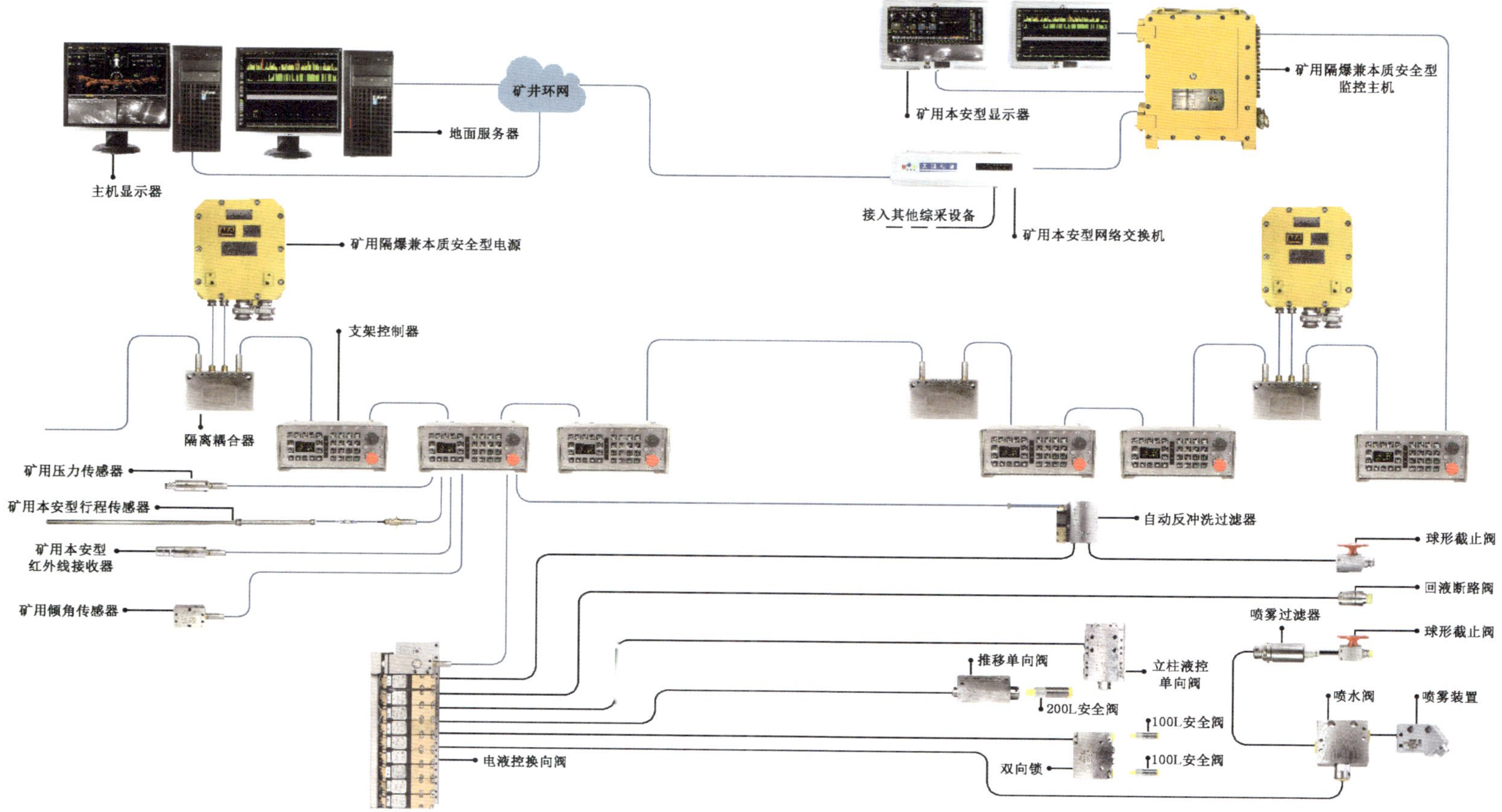

图6-2 电液控制系统配套图

复杂、传感器较多的支架。驱动器安装在电液控换向阀上，实现高度整合。如遇顶板较软时，不断地补压可能会导致支架错茬等情况发生，为避免此种情况发生，可通过程序选择性的打开或关闭自动补压功能。

电液控制系统配置倾角传感器，检测支架姿态，并通过控制系统对支架在运动过程中的姿态进行控制。针对三软煤层的情况，具备支架顶梁姿态检测与控制功能，防止顶空。

在护帮千斤顶双向锁下腔配置一个压力传感器，工作面液压支架护帮板处于支护煤壁状态时，检测其压力，确保有效护帮。在护帮千斤顶配置行程传感器或倾角传感器，当采煤机在运行过程中向前进行割煤动作时，如未检测到护帮有效收回时，给采煤机发出停止信号，并提醒工作面巡视人员及监控中心内操作人员，尽快对出现的故障情况进行确认与排除。

6.1.3.3 大采高工作面

大采高工作面的电液控制系统配套原则和功能与中厚煤层基本相同。针对大采高工作面需要加强煤壁支护的特点，在一级护帮千斤顶双向锁下腔配置压力传感器或倾角传感器，用来感知液压支架护帮板对煤壁的支护效果，保证护帮板对煤壁的支护完好，有效防止大块煤垮落对生产设备和人员产生危害；能够实时检测护帮收回状态，通过工作面自动化控制系统，实现采煤机与支架的防碰撞功能，当检测到护帮没有收回时，给采煤机发出停止信号。在顶梁配置集成倾角功能的测高传感器、在底座配置倾角传感器，可进行支架姿态的检测，并通过控制系统对支架在运动过程中的姿态进行控制，当支架的相关部件角度大于限定值时，实施对支架动作的闭锁控制，防止出现咬架和倾倒等事故。

大采高液压支架姿态控制策略：通过对液压支架姿态与受力状态监测信息分析，实现对支架可能出现的姿态进行感知，防止液压支架出现“低头”“高射炮”状态，避免支架支护失效。同时依据液压支架与顶煤围岩耦合控制模型，指导支架电液控制系统在支架降柱—移架—升柱的推进过程中进行姿态自适应调整，保证支架始终处于良好的支护状态。

6.1.3.4 放顶煤工作面

放顶煤液压支架主要为四柱支撑掩护式和两柱掩护式，除放煤机构外，与中厚煤层电液控制系统的配置基本相同，配备手动放煤键盘或遥控器，能够实现单动作放煤和成组自动放煤。

放顶煤液压支架尾梁和插板控制策略：尾梁千斤顶及插板千斤顶配置行程传感器，用于监测尾梁放煤口变化情况，实现放煤口大小控制；电控程序可根据实际放煤工艺编制不同尾梁插板联动控制策略。同时通过配置尾梁和插板传感器联合监控放煤机构姿态，增加降尾梁与收插板联动功能，实现放煤支架后部刮板输送机防碰撞功能。

后部煤矸识别策略：多传感融合的煤矸放落识别，配置煤矸放落过程声音拾取装置、煤矸放落过程掩护梁与煤矸碰撞振动辨识装置、在线灰分测定装置，同时配合后部放煤口视频煤矸识别，实现支架电液控系统根据采煤机位置变化，实现顺序调度支架自动放煤控制功能。

电液控制系统总体配置见表6-2。

表6-2 电液控制系统总体配置表

序号	名　称	型　号
常规配置		
1	支架控制器	ZDYZ-Z（W）
2	电磁驱动器	ZDYZ26-Q（B）
3	电液控换向阀	FHDA500/40
4	自动反冲洗过滤器	TMGLQ（1000/31.5/25）ZB
5	推移行程传感器	GUC1200/960/D/L
6	立柱压力传感器	GPD60
7	红外线接收器	GUH5-S/D
8	红外线发射器	GUH5-F
9	矿用隔爆兼本安型稳压电源	KDW127/12（D）
10	矿用本安型信号转换器	KZC12（W）
11	连接器	8c/4c/4d
12	安装附件	若干
智能化功能配置		
1	遥控无线接收器	
2	遥控无线发射器	FYF5（A）
3	测高传感器	GUC8
4	倾角传感器	
5	一级护帮压力传感器	GPD60
6	护帮、伸缩梁行程传感器	GUC1200/960/D/L
7	尾梁、插板行程传感器	GUC1200/960/D/L
8	近感探测器	
9	人员标识卡	ZJB-3K
10	精确拉架液控节流阀	TMFYJL（400/36.5）

6.1.4 集中供液系统配套设计

SAP型智能集成供液系统不仅具备乳化液泵站、喷雾泵站的基本供液功能，还将电磁卸荷控制、智能联动控制、自动补水、多级过滤、系统运行信息检测与上传等功能集成于一体，为用户提供专业化的综采工作面供液系统整体解决方案。不仅方便用户对供液系统进行集中采购、集中管理，也避免了分散采购造成的接口不统一、参数不匹配、相互冲突等问题。通过统一规划、合理布局，可以最大限度地降低液压管路的复杂程度，实现液压管路布置的集约化、标准化。通过系统集成技术将系统内各组成设备结合成一个有机的整体，充分发挥各个设备的功能。

SAP型智能集成供液系统根据用户需求，合理选择泵站及液箱的配置。乳化液泵站采用电磁卸荷与智能联动控制的供液模式，降低了系统压力波动，有效提升供液效率，满足工作面支架快速移架对泵站流量及压力的要求。

矿用本安型泵站用控制器是SAP型智能集成供液系统控制的核心设备，分别安装在乳化液泵、喷雾泵、液箱等位置，通过架间电缆连接。控制器的主要功能为采集、显示、传输各种传感器的数据，实现泵站的启动、停止以及电磁卸荷控制等功能。控制器内采用一体化设计，集成了相关数字量和模拟量的采集模块、输出模块、通信模块等，实现对泵站数据的采集、启停控制、泵站卸载阀控制等。集成供液系统组成配置如图6-3所示。集成供液系统总体配置见表6-3。

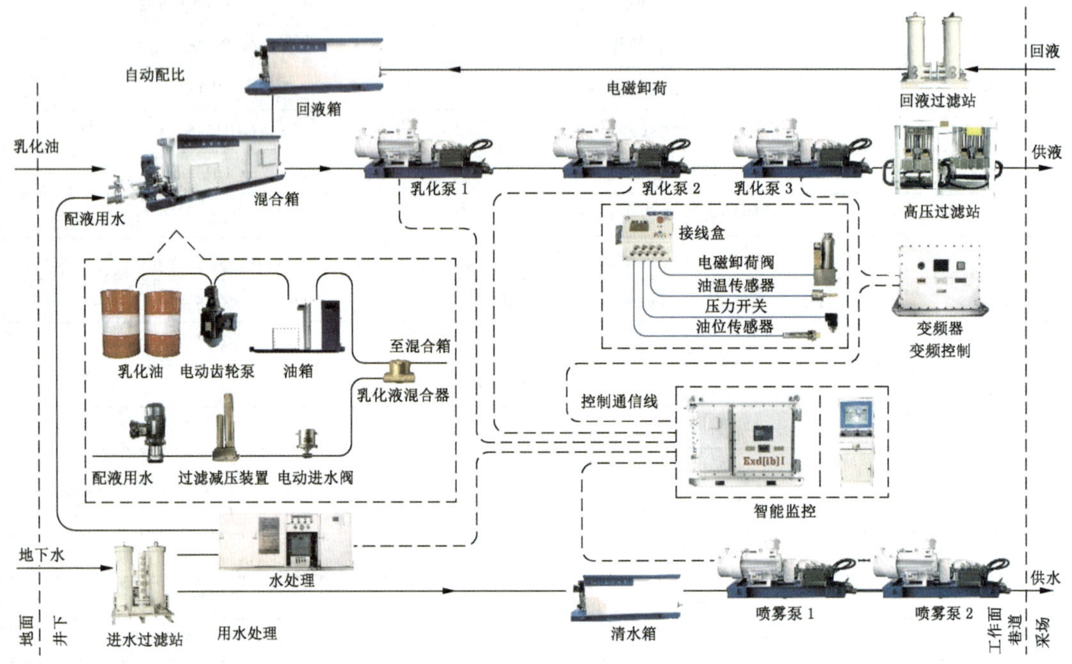

图6-3 集成供液系统配套图

表6-3 集成供液系统总体配置表

序号	名　称	规格型号
1	乳化液泵站	BRW630/37.5
2	喷雾泵站	BPW500/16
3	乳化液自动配比装置	TMRHYPB
4	泵站附件	TMBZFJ
5	泵站控制系统	SAP2.0
6	多级过滤	TMGLQ
7	工作面巷道远程监控系统	
8	乳化液自动配液站	TMPYZ（130/25）
9	反渗透装置	TMROJ（I-4）
10	矿用隔爆兼本安型多回路真空电磁启动器	QJZ1-240/1140（660）-8
11	矿用隔爆兼本安型组合变频器	BPQJ-(2×500、800)/1140
12	矿用隔爆兼本安型组合变频器	BPQJ-(2×500、800)/1140

6.1.5 智能作业设计

综采工作面智能化生产系统能够对设备进行精准控制，实现对采煤机的空间定位，能够根据地质条件分析规划采煤机截割曲线，通过大数据平台进行自主决策。

6.1.5.1 设备集中控制

（1）具备增强感知系统，包含采煤机控制系统、液压支架控制系统、“三机”控制系统、泵站控制系统、动力控制系统、可视化视频监控系统、故障诊断系统、井下大数据精准控制中心和地面大数据精准控制中心。

（2）工作面具有工业以太网，在工作面实现数据的高速传输，具有井上、下数据传输功能，满足接入矿井 1000 Mpbs 环网要求。

（3）对工作面设备集中监控，具有对采煤机、液压支架、工作面运输设备和泵站系统的工况监测与远程控制功能。

（4）综采工作面设备可按照逆煤流顺序“一键”启停，具备单设备远程启停功能。在任何可控设备远程启停前，必须在综采工作面进行语音预警。

（5）具有工作面视频系统，实现对主要综采设备进行实时监控。

（6）大数据精准控制系统具备参数化编程设定等功能，可调整采煤机滚筒高度，数据分析生成规划截割模型。

（7）大数据精准控制系统具备自调节功能，通过惯导和雷达系统实现工作面自动找直。

（8）当控制系统出现故障或检修时，各子系统不受综采大数据精准控制系统影响，能单独运行，确保生产正常进行。

6.1.5.2 透明地质规划截割

工作面自适应规划截割系统利用可视化脚本编程技术，实现对工作面设备的数字孪生可视化管控，建立工作面智能运行的中心软件控制系统。该系统能够根据现场的实际条件，规划采煤机的截割路径，设计自主规划截割开采工艺，确保精准控制系统常态化稳定运行。技术路线如图 6-4 所示。

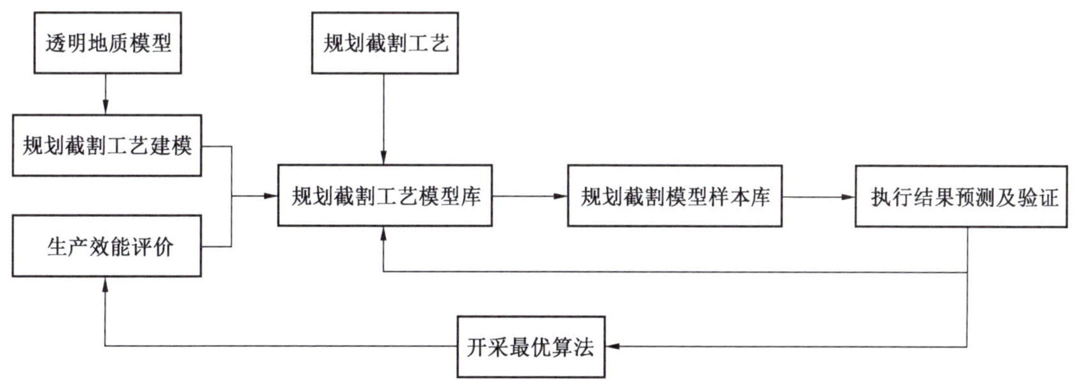

图 6-4 基于地质模型的开采工艺大数据决策研究路线图

根据透明地质模型融合大数据智能分析决策系统，规划得到的截割模型，结合采煤机的采煤工序，预先设定采煤机在不同工艺段的运行速度及折返点位置，并通过程序设定提前减速机制，控制采煤机在折返位置减速换向，采煤机程序可通过速度比较，自动调速至该工艺段设定速度，从而实现采煤机规划截割速度的自动调整。

1. 割煤

（1）割煤方式：工作面采用采煤机双向规划截割（通信确认、规划截割曲线下发、规划截割启动、规划截割执行），采煤机前滚筒割顶煤，后滚筒割底煤。

（2）进刀方式：采用端部自动斜切进刀方式，进刀距离不得小于 35 m，采用机头、机尾双向进刀。

（3）装煤方式：使用煤机滚筒及刮板输送机靠煤壁侧铲煤板，借助煤机牵引力和支架为刮板输送机提供的推力自动装煤。

（4）质量控制标准：工作面达到“三平两直一净”；机头、机尾的顶底板必须与巷道顶底板过渡平稳。

（5）割煤工序（左右滚筒均以面向煤壁为区分标准）回采工艺一个循环共分为 22 个工序。

2. 移架

移架方式和方法：移架在煤机后滚筒过后 2 架（沿采煤机行驶方向距发射器后 7 架）进行，顶板破碎时移架在采煤机后滚筒过后 1 架进行，顺序移架，追机作业。因移架工作跟不上导致超过规定移架距离或者发生冒顶时，必须停止采煤机，待移架跟上或冒顶处理完毕后方可继续割煤。

移架遵循收回侧护板—降柱—提架—拉架—升柱—伸出侧护板的步骤。

移架采用自动跟机顺序移架，每次移一架，如有丢架时，在精准控制中心进行手动远程补架。操作程序为选架—降架—移架—升架。

3. 推移刮板输送机

（1）推移刮板输送机在采煤机后滚筒过后 12 架（沿采煤机行驶方向距发射器后 17 架）进行，自动跟机推移刮板输送机，一次推 3 架，刮板输送机停止运转时，禁止推移（机头、机尾除外）。

（2）推移后的刮板输送机机头、机尾必须平缓且直，呈直线，其偏差不超过±100 mm。

（3）在推移过程中，必须单向顺序推移。

（4）在推移过程中，刮板输送机与液压支架之间的人行通道严禁任何人员在此行走或逗留。

6.1.5.3 智能分析决策系统

大数据智能分析决策系统包括大数据智能分析决策平台、采煤机规划截割系统和电液控规划系统，通过对多源数据的的分析，形成对工作面顶底板情况的三维模型，规划采煤机的截割路径，并根据实时数据进行修正。

1. 大数据智能分析决策平台

（1）采煤工艺决策结果：决策选用的开采工艺信息，包括采出率、耗时等信息。

（2）决策结果：规划截割模型、“三机”协同策略、采煤工艺的结果展示。

（3）执行率统计分析：规划截割模型的执行效果统计。

（4）采煤机截割规划：采煤机规划截割执行率的统计分析。

2. 采煤机规划截割系统

（1）倾角曲线：多维度地质模型切片采样点倾角值、采煤机倾角测量值、惯性导航系统测量值比对结果。

（2）俯仰角曲线：采煤机推进方向的两组多维度地质模型切片间俯仰角、采煤机俯仰角测量值、惯性导航系统测量值比对结果。

（3）测量曲线：多维度地质模型切片的高度值、采煤机采高卧底测量值、惯性导航系统底板高度测量曲线比对结果。

（4）推进曲线：惯性导航系统测量的底板高度曲线和推进倾斜度测量展示。

（5）采煤机规划截割曲线：加成角度调整、规划补偿、传感器定差补偿前后，采煤机规划截割曲线的结果比对。

3. 电液控规划系统

（1）支架自动找直：展示液压支架推移行程传感器与惯性导航系统测量值的比对结果，并在刮板输送机推移过程中进行自动找直。

（2）电液控跟机参数：预测液压支架中部跟机参数模型的液压损耗与开采效能指标。

（3）规划刀：展示规划的液压支架推移曲线。

（4）上窜下滑：展示工作面上窜下滑的测量结果及修正策略。

6.2 薄煤层智能化典型案例

我国薄煤层资源分布十分广泛，储量丰富，约占煤炭总可采储量的 20%。薄煤层开采中存在开采空间小、效率低、工人劳动强度大、安全事故多、经济效益低下等问题，一直是困扰煤炭行业的难题，特别是极薄煤层的开采更为困难。煤炭行业经过多年的技术沉淀，针对薄煤层项目开采形成了成套标准化的解决方案，先后在新疆、宁夏、内蒙古、山西、陕西、山东、河南、安徽等多地项目上进行了薄煤层智能化采煤技术的推广和应用，均取得了良好的应用效果，为薄煤层开采奠定了良好的应用基础，如国能榆家梁 43101 工作面、国能石圪台 22 上 303—1 工作面、陕煤张家峁 14301 工作面、山能滨湖矿 12216 工作面、伊泰宝山矿 4104 工作面、川煤龙滩矿 3124S 工作面等项目。下面分别以榆家梁 43101 工作面、张家峁 14301 工作面，作为智能化技术在薄煤层的典型应用案例进行介绍。

6.2.1 应用案例一：榆家梁煤矿

1. 工作面基本情况

国能榆家梁煤矿位于陕西省神木市东北部，陕北侏罗纪煤田神府矿区新民开采区南部，地处神木、府谷两县交界处黄羊城沟南侧的神木市境内，行政区划分隶属神木市店塔镇管辖，核定年生产能力 13 Mt。43101 智能化工作面位于 43 煤一盘区，属盘区首采面，工作面倾斜长度为 351.42 m，推进长度为 1809.4 m，煤层厚度为 1.0~1.7 m，平均厚度为 1.47 m，工作面采高为 1.4 m，倾角为 1°~3°，采掘中实测瓦斯浓度为 0.003%，可采储量为 1.141 Mt。基本顶为细粒砂岩，厚 13.7~18.2 m，灰白色细砂岩，以长石、石英为主，水平层理；直接顶为泥岩，厚 0.2~2.21 m，灰色，泥质结构，具水平层理，质软，易垮落；直接底为泥岩，厚度 1.1~1.7 m，深灰色，含岩屑及植物化石，遇水泥化严重。

2. 设备配套情况

针对榆家梁 43101 工作面低采高的特殊性，为提高薄煤层开采效率，节约劳动力，决定将该面打造成薄煤层智能化综采工作面，选配出一套国内一流的高端集中控制、高效自动化水平、高级别安全运行的综采成套设备。智能化配套明细见表 6-4。

表 6-4　榆家梁 43101 工作面智能化总体配置表

序号	主要设备	主要设备规格型号	单位	数量
一	液压支架电液控制系统	SAC	套	1
1	电控系统	ZDYZ-Z/K4.0	套	215
2	矿用本安型电液换向阀	FHD400/37.5Z	组	215
3	电磁阀驱动器	ZDYZ26-Q（A）/10	件	215
4	电源箱	KDW127/12	台	36
5	红外采煤机位置监测装置	GUH5-F	套	1
6	立柱压力传感器	GPD60/DN/DBT	套	430
7	无线遥控接收器	KTW12	台	215
8	测高传感器	GUC8/270/M	套	215
二	综采自动化控制系统	SAM	套	1
1	工作面巷道监控中心	YJL1	台	1
2	工业以太网系统	KJJ18（B）/2T	台	50
3	工作面视频摄像机	KBA12B	台	110
4	工作面关键点视频系统	KBA12B	台	38
5	无线通信系统	KTW58	台	6
6	巡检平板系统	RTC-1200SK3-TASD-WBGHR-1100	台	2
7	皮带自移控制系统	ZDYZ-Z/K2.0	套	1
8	自动化控制软件	LongWallMind3.0	套	2
三	智能集成供液系统	SAP	套	1
1	乳化液泵站	BRW630/37.5	台	3
2	喷雾泵站	BPW500/16	台	2
3	乳化液自动配比装置	TMRHYPB	套	1

3. 应用基本情况

工作面于 2018 年 10 月具备生产条件投入正常生产，截至 2020 年 5 月该工作回采完毕，连续安全生产 19 个月。在常规综采自动化控制系统、电液控制系统配套基础上，重点实践了自主规划割煤、智能巡检机器人、电缆拖拽等关键技术，实现了常态化无人操作连续生产应用，成功打造“无人操作、有人巡视”开采的典范。

1）关键技术

（1）透明工作面：基于地质构造、环境安全和装备安全、人员安全等多源数据，融合综采自动化、大数据、物联网等相关信息，实现了对煤层的超前勘探感知，形成精细化的三维地理模型。依托不断修正的数字化开采模型，能够对采煤机进行路径规划，达到指导实际生产的目的。

（2）巡检机器人：将激光扫描和惯性导航技术应用于轨道式巡检机器人，通过搭载双视（红外及可见光）摄像机、拾音器等传感器，完成对工作面三维模型构建等功能。最大巡检速度为 60 m/min，10 min 内可完成全工作面扫描。结合导入的绝对坐标，构建出了工作面实际模型。43101 工作面激光扫描三维模型图，如图 6-5 所示。

图 6-5　工作面激光扫描三维模型图

（3）智能自主割煤工艺：系统以三维地理模型为基础，通过主动地质勘探方法实现待开采煤层精确化建模，实现了煤层的超前勘探感知；在获取到精细化的三维地理模型后，根据当前循环的相关数据兼顾实际开采需求，形成开采模型，规划采煤机下一开采循环的运行轨迹。当工作面完成当前循环开采后，利用采煤机停留在机头、机尾的空挡时间，数字化割煤系统自动将下一循环的开采决策下发给采煤机、液压支架控制系统，指导下一刀的实际生产。

（4）设备小型化集成技术应用：针对薄煤层空间狭窄的特点，将红外接收传感器与控制器相融合，深度集成隔离耦合器与电源箱、综合接入器，小型化摄像机尺寸不到常规本安型摄像机产品的 1/4。精简的系统更适合薄煤层安装。

2）应用效果

（1）实现减人少人：43101 工作面实现了“无人跟机、有人巡视，自主割煤为主，远程干预为辅”的生产模式。仅 1 名工人进入工作面巡视即可组织生产。

（2）提高生产效率：单班生产能力从 2.5 刀上升到 3 刀，月生产能力达到 10.5×10^4 t，工作面年生产能力达到 126×10^4 t。

（3）提升矿井安全：应用太空舱式地面分控中心，实现在矿调度室远程实时监测并控制工作面主要生产设备。通过应用信息化的技术，融入了“人、机、环、管”的矿井安全监控体系，助力矿井安全提升。榆家梁矿在国际煤展会上展示的太空舱远程控制实景如图 6-6 所示。

4. 项目特点

1）巡检机器人的应用

图 6-6　国际煤展会榆家梁矿展示远程控制

43101 工作面倾斜长度 350 m，人员的巡检难度相对较大。为了解决这一问题，采用了搭载有双视（可见光、红外）融合摄像头、拾音器、惯性导航和激光扫描装置等设备的巡检机器人代替了繁重的人工巡检任务，提高了巡检效率。

2）自动拖缆系统井下验证

自动拖缆系统应用可以有效减少了电缆因多层叠加导致掉落的情况，自动拖缆系统根据采煤机行走速度、运行方向、实时位置等信息实现自动控制收放拖拽链条，使电缆牵引小车随采煤机同步运行，实现采煤机电缆自动张紧的目的，避免电缆的多层叠加。

3）数字化割煤的探索

综采工作面机头、机尾割三角煤时，巡检机器人快速扫描工作面，构建实际扫描模型；控制系统比对工作面三维地质模型和实际扫描模型，综合分析煤层变化趋势、工作面平直度和当前割顶底情况等，通过算法制定未来 10 刀的割煤策略，并给出采煤机下一刀滚筒调整曲线，实现自主智能割煤。

6.2.2　应用案例二：张家峁煤矿

1. 工作面基本情况

陕煤张家峁煤矿地处陕西省神木市店塔镇，矿井井田面积 51.98 km^2，地质储量 8.65×10^8 t，可采煤层 7 层，可采储量 5.43×10^8 t，核定生产能力 10 Mt/a。14301 工作面为张家峁煤矿一盘区 4-3 煤的第一个薄煤层综采工作面，设计推采走向长度 1043 m，倾斜长度 235.5 m，煤层厚度仅有 1.1 m。基本顶为含粗粒、中粒细粒粉砂岩，厚 15 m，顶板岩层饱和抗压强度平均为 22.0 MPa，属于较稳定型；直接顶细粒砂岩，厚 3.1 m，灰白色，钙质胶结，具水平层理，含炭屑，夹泥砾；直接底为泥岩，厚 1.1～7.7 m，深灰色，水平层理，含植物化石碎片和根部化石，层面炭化，断面光滑；直接底岩石饱和抗压强度平均 18.56 MPa，属较软底板。

2. 设备配置情况

针对张家峁煤矿煤层薄、煤质硬、人员劳动强度大的特点，从智能化采煤角度设计了一套适合该工作面的智能化系统，配套明细见表 6-5。

表 6-5 张家峁 14301 工作面智能化总体配置表

序号	主要设备	主要设备规格型号	单位	数量
一	液压支架电液控制系统	SAC	套	1
1	电控系统	ZDYZ-Z/K4.0	套	140
2	电液换向阀	TMFHZY（11）Z［FHDA500/40］	组	140
3	电磁阀驱动器	ZDYZ26-Q/10	件	140
4	电源箱	KDW127/12	台	24
5	红外线采煤机位置检测装置	GUH5-F	套	1
6	推移行程传感器	GUC1200/900/D/L	套	140
7	立柱压力传感器	GPD60/DN/DBT	套	140
8	无线遥控系统	KTW12	台	140
9	测高传感器	GUC8/550	套	140
二	综采自动化控制系统	SAM	套	1
1	工作面巷道监控中心	TMDJKZX（ZJM）	套	1
2	工业以太网系统	KJJ18（B）/2T	台	23
3	工作面人员定位系统	ZJB-12T	套	140
4	工作面视频系统	KBA12（B）	台	74
5	工作面固定点视频系统	KBA12（A）	台	6
6	工作面找直系统	LASC 找直系统	套	1
7	工作面照明系统	DGC40/127L（A）	台	70
8	工作面智能喷雾降尘系统	GCG1000	套	15
9	智能刮板输送机控制系统	智能刮板机控制优化软件	套	1
10	工作面电缆拖拽系统	电缆拖拽系统	套	1
11	故障诊断及精准维护系统	故障诊断及精准维护系统	套	1
12	自动化控制软件	LongWallMind4.0	套	2
三	智能集成供液系统	SAP	套	1
1	乳化液泵站	BRW630/37.5	台	3
2	喷雾泵站	BPW500/16	台	2
3	乳化液自动配比装置	TMRHYPB	套	1

3. 应用基本情况

该工作面于 2020 年 10 月底完成全部功能调试，正式投入使用，至 2021 年 11 月仍然在安全生产。在常规液压支架电液控制系统、综采自动化控制系统配套的基础上，着重实践了薄煤层精小化装置、自动精准找直、电缆自动张紧、人员精准定位等关键技术，保障了狭小工作面的人员安全与智能化应用，成功解决了薄煤层智能化采煤的难题，实现了薄煤层智能化设备常态化的应用。

1）关键技术

（1）智能电缆拖拽技术：采煤机自动拖缆系统采用动滑轮、链牵引传动技术，利用PLC控制变频电机驱动，实现对电缆的拖拽控制。采煤机在割煤过程中，自动拖缆系统能够根据采煤机运行行走速度、运行方向、实时位置自动收放链条，控制电缆牵引小车随采煤机同步运行，实现采煤机电缆自动张紧的作用。同时，在异常情况下电缆拖拽系统也可实现紧急闭锁，以保护采煤机和电缆安全。

（2）高精度人员位置感知：通过高精度UWB定位方案，可实现分米级定位，能够准确地定位人员在工作面内的位置，支架控制器可在人员进入本架范围内后自动识别，及时闭锁当前支架，保证工作面巡查人员的安全，为无人化开采提供了安全支撑。

（3）实时视频监控：在巷道监控中心和地面调度中心，能够跟随采煤机位置变化自动切换工作面沿线摄像机监控画面，实现对采煤机割煤、液压支架动作、煤壁状态的实时监控；也能够在线调整云台摄像机视角、焦距，实现重点位置的视频监控。

（4）智能化决策系统：以大数据分析技术、数据挖掘技术为依托，为“无人化”工作面提供智能决策支持，着力于解决智能化生产过程中设备自适应调整、故障预判等问题，能够分析操作人员行为并进行自适应学习。同时数据平台具备资源按需分配、快速部署、动态调整迁移、故障自动恢复、数据集中管理等特性，系统具有高可用性、高安全可靠性和易维护性。

2）应用效果

（1）实现减人提效：14301工作面仅需5人就能完成以前9人的工作量，通过地面分控中心可以操控采煤机和液压支架进行生产作业；实现了薄煤层的安全高效开采；通过采煤机记忆割煤、支架自动跟机找直、地面远程集中控制、智能电缆拖拽、地质系统构建等功能，减少作业人员，提高生产效率，人员数量及岗位分工明细见表6-6。

表6-6　14301工作面人员数量及岗位分配明细表

岗位名称	采煤机司机	支架巡检	“三机”巡检	监控中心司机	总人数
常规	2	3	3	1	9
智能化	2	1	1	1	5

（2）保障生产安全：提高了工作面生产设备的感知决策能力，将工人从操作变成巡检，从工作面解放到巷道和地面，极大改善了作业环境，促进了生产模式改变，实现了少人化智能化安全高效生产。

4. 项目特点

1）采煤机自动拖缆系统常态化应用

通过控制电缆牵引小车随采煤机同步运行自动收放链条，使采煤机在自动割煤过程中，实现采煤机电缆自动张紧，避免电缆多层叠加。在异常情况下自动拖缆系统可实现紧急闭锁，保护采煤机和电缆，为实现薄煤层工作面连续推进奠定了基础。

2）首创薄煤层智能化常态化应用

通过地面调度中心就可以实现采煤机记忆割煤、支架自动跟机找直、地面远程集中控制、采煤机自动拖缆、地质系统构建等功能，有效保障人员安全，提高生产效率，降低工作强度。

3）首创坚硬薄煤层开采机器人群配套新模式

首创坚硬薄煤层开采机器人群配套新模式，实现了薄煤层开采装备多机、全工艺流程的自主协同运行；全工作面跟机移架及基于煤流平衡的“三机”协同联动功能，实现了工作面内无人操作的智能化常态化应用。

6.3 中厚煤层智能化典型案例

我国中厚煤层资源约占煤炭资源总体的45%，储量丰富，由于受到地质条件特别是采动条件的影响，想要实现完整意义上的智能化采煤，不但要从煤矿开采的机械化、自动化方面入手，还需要对信息化和安全隐患的防御与控制方面展开深入研究。各企业通过攻克工作面视频技术、网络技术、远程控制技术等难题，逐步实现了远程自动化割煤和可视化远程干预生产，将煤炭行业带入了智能化时代。经过不断努力，建成了一批以陕煤黄陵一矿1001工作面、阳煤新元矿31004工作面、兖矿转龙湾煤矿23303工作面、铁法小青矿N2407工作面、平煤六矿戊8-32010工作面等为代表的智能化采煤工作面示范项目。

6.3.1 应用案例一：黄陵一矿

1. 工作面基本情况

黄陵一矿地处陕西省黄陵县店头镇，隶属陕煤黄集团。黄陵一矿可采储量达3.47×10^{8} t，1001智能化工作面位于十盘区，工作面倾斜长度为235 m，推进长度为2280 m，煤层厚度为1.1~2.3 m，平均厚度为2.22 m，倾角为角3°~5°。直接顶板为泥岩及细粒砂岩，厚度6.7 m左右；基本顶为泥岩、砂岩和泥岩与细粒砂岩互层，厚度12 m左右；底板为泥岩及炭质泥岩，厚度1.86 m左右，遇水膨胀，易底鼓。

2. 智能化设备配套

黄陵一矿1001工作面配置全国产成套智能装备，进行中厚煤层无人开采技术研究和应用，智能化配套明细见表6-7。

表6-7 黄陵一矿1001工作面智能化总体配置表

序号	主要设备	主要设备规格型号	单位	数量
一	液压支架电液控制系统	SAC	套	1
1	电控系统	ZDYZ-Z	套	161
2	矿用本安型电液换向阀	FHD500/31.5Z	组	161
3	电磁阀驱动器	ZDYZ26-Q/10	件	161
4	电源箱	KDW127/12/2.0	台	21
5	红外采煤机位置监测装置	GUH5-F	套	1
6	推移行程传感器	GUC（900）-X/L	套	161
7	立柱压力传感器	GPD 60	套	161
8	过滤系统	2000/31.5/25/D/F	台	1
二	综采自动化控制系统	SAM	套	1

表 6-7（续）

序号	主要设备	主要设备规格型号	单位	数量
1	井上下数据传输系统	KJC127/12	套	1
2	工业以太网系统	KJJ18（A）	套	32
3	工作面视频系统	KBA12-2/2.8B	台	32
4	工作面固定点视频系统	KBA12-2/8B	台	32
5	工作面照明系统	DHC10/12L（A）/10A	台	2
6	地面监控系统	3440/4GB/2＊500G/2U	台	2
7	自动化控制软件	LongWallMind2.0	套	2
三	智能集成供液系统	SAP	套	1
1	乳化液泵站	BRW630/37.5	台	3
2	喷雾泵站	BPW500/16	台	2
3	乳化液自动配比装置	TMRHYPB	套	1

3. 应用基本情况

黄陵一矿智能化工作面重点实践了液压支架全工作面自动跟机与远程人工干预、采煤机全工作面记忆截割与远程人工干预、工作面视频监控、智能化集中控制、智能集成供液控制、超前支护自动控制等关键技术，建成我国首个“可视化远程干预型无人化采煤”工作面。该项目自 2014 年 5 月开始，先后在 1001、1002、1003、1004、620 工作面常态化应用，实现工作面巡视工 1 人、监控中心操作工 2 人操作的智能化生产新模式。

1）关键技术

（1）全工作面自动跟机技术：通过应用智能化生产模式下的全工作面自动跟机工艺，结合开采工艺，依据工作面顶板压力、倾角、液压支架姿态、采煤机运行状态等信息，将支架自动跟机生产过程划分为不同的跟机阶段，自动决策实现液压支架中部跟机、斜切进刀、端头清浮煤、转载机自动推进等动作，达到工作面自动连续生产。

（2）采煤机记忆截割技术：采煤机按照示范刀所记录的采煤机速度、姿态参数、滚筒高度轨迹进行智能化运算，形成记忆截割模板，在自动截割过程中按照示范刀的开采方式，实现采煤机自动调高、挖底、加速和减速等功能。

（3）智能集成供液控制技术：SAP 智能型集成供液系统配备主机和集中操作台，实现了在操作台或泵站本地操作供液系统设备和修改参数，能够直观地监测到泵站运行情况和故障信息，降低了操作泵站和巡查设备的劳动强度。

（4）远程集中控制技术：建成了工作面全自动控制模式、分机自动控制模式和分机集中控制模式相互独立、相互兼容的控制体系，应用了以巷道监控中心为控制核心的多种远程控制模式，远程控制延时小于 200 ms，实现了以单机设备自动化为主、远程干预控制为辅的生产模式。

2）应用效果

（1）实现远程遥控割煤。黄陵一矿 1001 工作面实现了采场“无人化”，通过设备自动化、远程遥控等技术手段，将工作面支架工、采煤机司机从工作面解放到巷道监控中心与地面调度中心，在监控中心远程指导生产，提高了工人安全系数。地面调度室远程遥控生产实景如图6-7所示。

图6-7 1001综采工作面地面调度室远程遥控生产

（2）减少作业人员数量。该智能化控制系统调试开始以后，在地质条件允许的情况下实现了智能化采煤，工作面生产期间，工作区域每班由原来的10人联合操作减至1人巡视，两巷道超前单体支护方式改为自动超前支架支护方式，每班由8人操作减至4人遥控操作，单班生产作业人数由以往的19人减至7人，人员及岗位分配明细见表6-8。

表6-8 1101工作面人员数量及岗位分配明细表

岗位名称	煤机司机	支架巡检	刮板输送机司机	泵站工	监控中心司机	超前支架操作工	工作面巡检	总人数
常规	3	5	1	1	1	8	—	19
智能化	—	—	—	—	2	4	1	7

（3）提高生产效率。智能化采煤工作面所有设备运行都自动协调进行，采煤过程严格按照自动化生产工艺执行，减少了人为因素的影响，提高了开机率，实现了工作面的高产高效。

（4）延长设备寿命。智能化控制系统能够实时监测设备运行情况，在设备超负荷运行或传感器数值超警戒值后，能够及时进行预警，通知操作人员对故障进行处理，延长了设备使用寿命。

4. 项目特点

1）实现“无人跟机作业、有人安全巡视”生产

黄陵一矿1001工作面智能化综采工作面集成了国内一流的高端装备和高可靠性自动化控制系统，在采煤生产过程中实现了“以工作面自动控制为主，以监控中心远程干预为辅”的工作面自动化生产模式，实现了“无人跟机作业，有人安全巡视”的采场无人作业目标。

2）实现地面远程采煤

在工作面设备高可靠性、人员对设备熟悉的支撑下，实现在地面调度中心进行远程指导割煤。

3）推动煤炭行业综采工作面智能化技术应用

2015 年 5 月 19 日，全国煤矿自动化开采技术现场会在黄陵一矿成功召开，总结交流、学习推广了黄陵一号矿智能化无人开采技术等先进经验，发挥了典型示范带动作用。该项目成功研制的国产综采智能化无人开采技术与装备有利于推动我国煤炭开采的升级换挡，大大提升我国煤机装备制造业国际竞争水平，对加快推进煤炭工业安全健康可持续发展具有重要指导意义和示范引领作用。

6.3.2 应用案例二：新元煤矿

1. 工作面基本情况

新元煤矿地处山西省寿阳县朝阳镇，隶属潞安化工集团。31004 智能化工作面倾斜长度为 240 m，推进长度为 3308 m，煤层平均厚度为 2.72 m，工作面采高为 1.1~1.6 m，倾角为 2°~4°。工作面内存在多条断层构造，顶板较为破碎。

2. 智能化设备配套

新元煤矿 31004 工作面，配套网络型控制器与相关设备，配套井下 5G 无线通信网络，智能化配套明细见表 6-9。

表 6-9 新元矿 31004 工作面智能化总体配置表

序号	主要设备	主要设备规格型号	单位	数量
一	液压支架电液控制系统	SAC	套	1
1	电控系统	ZDYZ-Z（W）	套	166
2	矿用本安型电液换向阀	TMFHZY（17）ZE	组	166
3	电磁阀驱动器	ZDYZ26-Q/16	件	166
4	电源箱	KDW127/12（D）	台	28
5	红外采煤机位置监测装置	GUH5-F	套	1
6	推移行程传感器	GUC1200/900/L	套	166
7	立柱压力传感器	GPD 60	套	166
8	无线以太网	KJJ12W	台	5
9	精确推移	TMFYSLY	套	166
二	综采自动化控制系统	SAM	套	1
1	工作面巷道监控中心	TMDJKZX	套	1
2	工业以太网系统	KJJ18（A）/3C	套	15
3	地面监控系统	P320-E3-1225V5	台	3
4	工作面视频系统	KBA12（A）/B	台	32
5	工作面自动找直系统	工作面找直系统技术软件开发	套	1
6	工作面照明系统	DGC41/127L（A）	台	60
7	巡检机器人	巡检机器人系统	套	1

表 6-9（续）

序号	主要设备	主要设备规格型号	单位	数量
8	自动化控制软件	LongWallMind4.0	套	2
三	智能集成供液系统	SAP	套	1
1	乳化液泵站	BRW630/37.5	台	3
2	喷雾泵站	BPW500/16	台	2
3	乳化液自动配比装置	TMRHYPB	套	1

3. 应用基本情况

新元煤矿 31004 工作面应用了国内首套国产可编程网络型控制系统和国内首例井下 5G 无线通信网。可编程网络型控制系统和 5G 技术的应用，对煤炭开采技术与装备发展起到了引领作用。该项目自 2019 年 9 月开始井下安装调试，截至 2021 年 3 月完成回采，运行 19 个月。

1）关键技术

（1）网络型控制系统。可编程网络型控制系统是建立在网络型控制器基础上的新一代智能型控制系统。网络型控制器采用工业以太网通信，在工作面建立了一条高速链路，为下一代智能化控制系统搭建了良好的应用平台。

（2）综采工作面 5G 技术。在井下综采工作面建设 5G 无线通信网络，利用 5G 技术的高带宽、低延时、广连接等特性，让井上、井下的无缝对接，实现视频、音频、数据、信号的高速传输，建成了井下 5G 自动化应用示范工程，为 5G+智能化矿山提出了解决方案。

（3）顶板破碎区域液压支架超前自动跟机。在自动跟机中实现超前支护采煤工艺，采煤机前滚筒经过后，在采煤机机身跟机自动伸出伸缩梁及时支护顶板，在机身后方跟机自动移架。实现破碎顶板工作面支架自动跟机常态化应用。

2）应用效果

（1）系统稳定可靠。新元煤矿 31004 工作面 2019 年 12 月完成智能化控制系统调试工作，实现了智能化控制系统要求的功能，截至 2020 年 12 月 31 日，各项设备运行正常。

（2）提升系统性能。提高了智能化控制系统支架远程控制、视频跟机等关键功能的实时性。视频系统延时缩短至 300 ms 内，同时显示画面数量提升到 16 路。

（3）降低劳动强度。可编程网络型控制器能够通过网络更新程序或进行配置，可实现在地面远程进行维护升级。工作面设备系统架构有所简化，提高了可靠性，降低了工作人员的劳动强度，人员数量及岗位分配见表 6-10。

表 6-10　新元煤矿 31004 工作面人员数量及岗位分配明细表

岗位名称	煤机司机	支架巡检	管理人员	端头维护工	刮板输送机司机	转载机司机	带式输送机司机	泵站工	总人数
常规	2	3	3	6	1	1	1	1	18
智能化	2	1	3	3	1	1	1	1	13

4. 项目特点

1）网络型控制系统成功应用

可编程网络型控制器系统的成功应用，对原有设备性能进行升级，采用工业以太网通信，在工作面建立了一条高速链路，为下一代智能化控制系统搭建提供了良好的应用平台。

2）瓦斯联动协同控制

综采自动化控制系统实现瓦斯联动闭锁，该面最高月产量达 25.23×10^{4} t，标志着综采自动化技术在高瓦斯矿井取得了实质性突破。

3）5G 技术井下应用

积极探索新技术，将 5G 引入到煤矿井下，通过 5G 网络实现工作面高清视频的实时上传。

6.3.3 应用案例三：转龙湾煤矿

1. 工作面基本情况

转龙湾煤矿地处鄂尔多斯市东胜区，是兖矿集团全资子公司。23303 智能化工作面倾斜长度为 295.35 m，推进长度为 3039.7 m，煤层厚度为 2.4~4.3 m，平均煤厚为 3.35 m，倾角为 0°~3°。

2. 设备配套情况

转龙湾煤矿 23303 工作面配套时引进惯性导航系统，与采煤机和液压支架电液控制系统配套应用。智能化配套明细见表 6-11。

表 6-11 转龙湾 23303 工作面智能化总体配置表

序号	主要设备	主要设备规格型号	单位	数量
一	液压支架电液控制系统	SAC	套	1
1	电控系统	ZDYZ-Z/K2.0	套	153
2	矿用本安型电液换向阀	FHD500/31.5Z	组	153
3	电磁阀驱动器	ZDYZ26-Q/14	件	153
4	电源箱	KDW127/12/2.0	台	26
5	红外采煤机位置监测装置	GUH5-F	套	1
6	推移行程传感器	GUC1200/1040/L	套	153
7	立柱压力传感器	GPD 60	套	153
8	无线遥控系统	KTW12	套	1
9	测高传感器	TMDCGC	件	5
10	自动反冲洗过滤系统	TMGLQ（1600/31.5/25）C	套	153
二	综采自动化控制系统	SAM	套	1
1	工作面巷道监控中心	TMDJKZX	台	1
2	工业以太网系统	KJJ18（A）/3C	套	29
3	工作面视频系统	TMDSXY（KBA12（A））	台	58
4	工作面固定点视频系统	KBA12-2/8B	台	29
5	工作面照明系统	DGS50/127L（A）	台	56

表 6-11（续）

序号	主要设备	主要设备规格型号	单位	数量
6	地面监控系统	TH12（B）	套	1
7	自动化控制软件	LongWallMind3.0	套	2
三	智能集成供液系统	SAP	套	1
1	控制系统部分	KXH12	台	8
2	乳化液自动配比系统	TMCODE4818	台	1
3	乳化液泵站	BRW630/37.5	台	3
4	喷雾泵站	BPW500/16	台	2
5	乳化液自动配比装置	TMRHYPB	套	1

3. 应用基本情况

转龙湾煤矿 23303 工作面在 2017 年 2 月 25 日—3 月 6 日智能化生产试验期间，连续十天实现了原煤产量平均达到 3×10^4 t 以上，工作面具备了年产 1000×10^4 t 的生产能力，建立了 3~4 m 中厚煤层年产千万吨的配套模式。

1）关键技术

（1）惯性导航找直技术。该技术通过在采煤机上安装专门设计的基于惯性陀螺仪的采煤机位置测量系统（SPMS），协同相应的液压支架电液控制系统，可以实现闭环的工作面直线度控制，提高工作面生产效率和安全性。

（2）精确推移技术。研制逻辑推移阀，在电液控制系统收到矫直曲线时，根据规划的曲线，推算出每架液压支架的推移量，并下发到每个控制器，实现对液压支架推移距离的精准控制，保证工作面直线度达到精度要求，从而保证工作面在连续生产过程中不需要人工调架找直，保障跟机自动化生产的连续推进。

2）应用效果

（1）实现工作面自动矫直。采用惯性导航技术，实现采煤机运行轨迹监测与工作面自动矫直，每两刀完成一次修正（一刀测量，一刀修正），亦可连续进行，解决了长期困扰煤炭行业的工作面直线度问题，在复杂条件下实现工作面智能化生产模式常态化运行。

（2）在 3~4 m 煤层条件下达到年产千万吨级的能力。项目在工业性试验期间，系统运行可靠，每班可减少操作工人 5 人，最高日产达到 3.78×10^4 t，最高月产 90.13×10^4 t。

4. 项目特点

1）引进惯性导航技术

引进惯性导航系统，实现工作面液压支架与刮板输送机直线度自动矫直，可在复杂条件下实现工作面自动化生产模式常态化运行。

2）采用国产成套装备

通过自主创新和关键技术引进，应用一套集检测、控制、通信、视频一体的智能化国产综采成套装备。

6.4 大采高智能化典型案例

针对厚煤层进行开采，目前最有效的开采技术就是大采高综采技术 ，具有生产高效、工序简单等优点。但大采高煤层开采中，支架姿态复杂、设备容易碰撞、煤壁容易片帮、供液流量不足等问题，一直困扰着智能化生产模式的推广。近年来，随着工作面工业以太网系统、视频监控系统、支架自动跟机技术、工作面自动找直技术、设备姿态定位技术、人员安全感知技术、三维虚拟现实技术不断发展应用，在陕煤神木红柳林煤矿、山能淄矿巴彦高勒煤矿等一批工作面生产能力强、安全设施好、自动化程度高的现代化矿井实现了可视化远程干预生产，推进了大采高工作面的安全、高效、集约化生产。

6.4.1 应用案例一：红柳林煤矿

1. 工面基本情况

红柳林煤矿地处陕西省神木市西部，隶属陕煤集团。15205 智能化工作面倾斜长度为 305 m，走向长度为 3000 m，煤层厚度为 1. 15~9. 30 m，工作面倾角小于 6°。基本顶为细粒砂岩，厚 10. 6~27. 7 m，灰色，浅灰色，成分以石英、长石为主，分选性中等，次圆次棱角状，泥质胶结，夹粉砂岩包体；直接顶为中砂岩，厚 9~30 m，灰白色，块状，中厚层状，成分以石英为主，长石次之，分选性、磨圆度差，次棱角状，泥钙质胶结；直接底为粉砂岩，厚 1. 76~3. 92 m，灰、深灰色，泥质胶结，具小型交错层理，含植物化石碎片，夹砂岩条带。基本底为细粉砂岩，厚 2. 12~11. 2 m，灰、深灰色，泥质胶结，具水平及波状层理，含植物灰、深灰色，泥质胶结，具水平及波状层理，含植物化石碎片，夹砂岩条带，岩芯短柱状，化石碎片，夹砂岩条带。

2. 设备配置情况

针对红柳林煤矿 15205 工作面大采高的特殊性，同时兼顾采区煤层的地质条件，选用进口采煤机 SL1000，国产刮板输送机 SGZ1400/4500、转载机 SZZ1600/700、液压支架 ZY18800/32. 5/72D 的综采配套方式，工作面设备配置情况见表 6-12。

表 6-12 红柳林 15205 工作面智能化总体配置表

设备名称	设备型号	主要技术参数
采煤机	艾可夫 SL1000	功率 2800 kW、采高 7. 1 m、电压 3300 V/50 Hz
刮板输送机	SGZ1400/4500	功率 4500 kW、电压 3300 V
转载机	SZZ1600/700	功率 700 kW、电压 3300 V
破碎机	PLM6000	电压 3300 V
液压支架	ZY18800/32. 5/72D（中部）	工作阻力 18800 kN、中心距 2 m、采高 7. 2 m
乳化液泵	S500 型乳化液泵站	功率、流量、压力
控制系统	SAC 电液控制系统	支架邻架操作、隔架操作、成组操作、全工作面跟机自动化、支架远程操作
	SAM 综采自动化控制系统	一键启停、采煤机视频、支架视频、1000M 以太网
	自动化控制系统软件	LongWallMind2. 0

3. 应用基本情况

红柳林矿 15205 工作面于 2012 年 11 月正式投入使用，2012 年 11 月—2013 年 2 月进行了系统完善及研发项目的实施落地，2013 年 3 月正式进行示范应用。红柳林项目是我国煤炭行业首批智能制造专项示范工程，在国内实现了大采高综采智能控制技术与装备的成功应用。

1）关键技术

（1）液压支架姿态检测与防片帮技术。根据安装在底座、顶梁、掩护梁、前连杆的倾角传感器元件，能够检测支架的工作姿态，在发生支架倾斜或咬架的情况下，及时停止或闭锁；根据支架立柱压力传感器、一级护帮板的压力、行程传感器和三级护帮板的接近开关等感知元件，对工作面顶板和煤壁支护状态进行实时的监测，防止护帮板与采煤机的碰撞以及防止煤壁片帮等情况发生，实现跟机自动控制，提高了生产效率。

（2）三维虚拟现实软件与防碰撞技术。三维虚拟现实软件的关键是通过对设备的三维建模，并通过采集到的数据驱动三维模型能够执行相应动作，真实再现工作面设备工作状态，如图 6-8 所示。

图 6-8　三维虚拟现实割煤场景

2）应用效果

红柳林矿 15205 大采高示范工作面使用近 2000 个智能传感器，实现了多项智能化功能的应用。巷道监控中心远程操作实景如图 6-9 所示。

（1）提升国产智能化装备水平。利用隔爆计算机、人员感知传感器、高精度磁致伸缩传感器等设备，解决了煤壁片帮、液压支架姿态自适应、采煤机滚筒与顶梁、护帮防干涉等功能，实现了工作面人员和设备的智能安全感知。

（2）实现了减人增效。实现了大采高厚煤层综合机械化采煤工作面的设备协调管理与集中控制，实现了采煤机以记忆割煤为主，人工远程干预为辅的工作模式；液压支架以跟机自动动作为主，人工远程干预为辅的工作模式；实现了运输设备的集中自动控制；工作面采煤机、刮板输送机和液压支架等设备的联动控制和关联闭锁。工作面生产最高月产达到 1.346 Mt，具备年产 12 Mt 生产能力。人员数量及岗位分配明细见表 6-13。

图 6-9　15205 综采工作面巷道监控中心远程遥控生产

表 6-13　红柳林 15205 工作面员数量及岗位分配明细表

岗位名称	煤机司机	支架巡检	三机巡检	监控中心司机	总人数
常规	2	3	3	1	9
智能化	2	1	2	1	6

4. 项目特点

1）首个 7 m 大采高智能化工作面

2012 年，完成了综采成套装备智能系统，初步实现远程控制自动化割煤，建成了全国第一个 7 m 大采高智能化综采工作面，是我国煤炭行业首批智能制造专项示范工程，在国内实现了综采智能控制技术与装备的成功应用。

2）示范效果显著

项目的成功应用，对陕北地区实现大采高工作面的高效智能化生产，起到了较好的示范效果。

6.4.2　应用案例二：巴彦高勒煤矿

1. 工作面基本情况

巴彦高勒煤矿位于内蒙古自治区鄂尔多斯市乌审旗境内，是山能淄矿下属特大型煤矿。311102 智能化工作面位于 11 盘区，工作面倾斜长度为 260 m，走向长度为 3688 m，煤层厚度为 5.0~5.8 m，平均厚 5.42 m，煤层倾角为 0°~3°，平均 1.5°。顶板为砂质泥岩，厚度为 4.49 m，底板为砂质泥岩，厚度为 6.65 m；水文地质条件简单，顶板砂岩含水层属于补给条件差、弱富水性的裂隙承压含水层，水量以静储量为主，易于疏干。

2. 设备配套情况

针对巴彦高勒煤矿 311102 工作面大采高的特殊性，并兼顾采区煤层地质条件，在设备选型之初就依托国家 863 项目优势，确立了研制国内首套综采工作面成套装备智能化系统的目标，全部选用国产装备，智能化配套明细见表 6-14。

表 6-14 巴彦高勒 311102 工作面智能化总体配置表

序号	主要设备	主要设备规格型号	单位	数量
一	液压支架电液控制系统	SAC	套	1
1	电控系统	ZDYZ-Z/K2.0	套	175
2	矿用本安型电液换向阀	FHDA500/31.5	组	175
3	电磁阀驱动器	ZDYZ26-Q/18	件	175
4	电源箱	KDW127/12	台	175
5	红外采煤机位置监测装置	GUH5-F	套	1
6	推移行程传感器	GUC1200/960/L	套	175
7	立柱压力传感器	GPD 60	套	175
8	测高传感器	GUC8/900	套	175
9	护帮压力传感器	GPD 60	件	175
10	倾角传感器	GUD90B	件	17
11	过滤系统系统	1000/31.5/25	套	175
二	综采自动化控制系统	SAM	套	1
1	工作面巷道监控中心	TMDJKZX	套	1
2	工业以太网系统	KJJ18（B）/2T	套	30
3	工作面人员定位系统	TMDXC（ZJB-12T）	套	20
4	工作面视频系统	KBA12（A）	套	32
5	自动化控制软件	LongWallMind2.0	套	2
三	智能集成供液系统	SAP	套	1
1	乳化液泵站	BRW630/37.5	台	3
2	喷雾泵站	BPW500/16	台	2
3	乳化液自动配比装置	TMRHYPB	套	1

3. 应用基本情况

311102 工作面自 2015 年 3 月开始正式生产，截至 2016 年 4 月完成回采，安全生产 13 个月，工作面完成了多项“863”项目关键技术井下验证，并实现工程示范。

1）关键技术

（1）护帮姿态检测与防碰撞技术。在全工作面所有支架布置了接近传感器，应用接近传感器判断工作面液压支架的护帮状态，并与支架的电液控制系统实现了闭环控制，避免了在生产过程中因护帮板未收回造成与采煤机滚筒碰撞的问题。

（2）千兆有线与无线接入技术。在工作面引入了同时支持铜缆和光缆的千兆以太网视频通信网络，实现了工作面的 Mesh 自组网和多跳传输无线网络，环网的平均自愈时间为 5 ms，为工作面的移动设备提供了实时可靠的高速通道。实现设备无缝就地接入，满足了工作面智能控制对于高速通信平台的需求。

（3）高压大流量泵站技术。乳化液泵站和喷雾泵站采用人字齿轮传动、曲轴采用高强度合金钢锻造加工、柱塞采用高耐磨型陶瓷柱塞，通过电磁卸荷阀和安全阀相结合的方式控制输出压力，输出压力平稳可靠。

2）应用效果

（1）减少工作面人工成本。该套智能化生产设备运行稳定，采场由原来的 12 人减至 5 人进行巡检监护，将工人的工作从操作变成巡检，从危险的工作面解放到相对安全的巷道监控中心。在进一步提高生产作业安全性的同时，节约了人工的投入，每个生产班节省 7 人，全矿井可减少约 40 人，每年可节约人力成本近 500 万元。

（2）提高生产效率。克服了工作面地质条件差、煤层局部应力显现的困难，单班生产最多可开采 8 刀以上，月生产能力突破 85×10^4 t，三个月工业试验生产原煤 2.507 Mt，达到了预期目标。

（3）国产高端大流量泵站成功应用。BRW630/37.5 型与 BRW400/37.5 型泵站运行稳定、可靠，乳化液泵连续运行 10000 h，停机率小于 5%；电磁先导阀年故障率为 0.59%，使用过程中各项设备正常稳定运行，除正常的易损件更换外，未出现任何其他质量问题，保障了工作面支架液压系统的可靠稳定运行，满足了高速生产中支架自动跟机对工作面供液系统大流量、高稳定性的要求。

（4）减少装备配套投入。国产煤炭综采智能控制技术与成套装备的成功应用，符合我国煤矿的实际情况，大大节约生产投入的成本，国产综采智能控制成套装备的售价约为国外产品的 2/3，具有广阔的应用前景。

4. 项目特点

1）国家 863 项目示范工程

依托国家 863 项目，确立了研制国内首套综采工作面成套装备智能化系统的目标。在实现工作面支架姿态检测与防片帮、三维虚拟现实、采煤机智能控制、远程集中控制基础上，配套液压支架智能控制系统，应用三维虚拟现实技术，针对大采高开采进行了多项重大技术攻关。

2）在工作面应用千兆以太网

建立了基于 Ethernet/IP 的工作面千兆以太网系统，利用工作面的智能分站和交换机，将工作面的数据通过以太网发送到工作面巷道监控中心，实现工作面设备和综采工作面智能控制系统的信息传输，从而实现“一网到底”，提升了数据传输效率。

3）应用三维虚拟现实技术

工作面三维虚拟现实软件，与现有的电液控、集成供液、视频监控、工作面网络、语音、数据等系统进行数据对接、数据交互，将采集到的所有工作面设备信息通过计算机分析处理后，将采煤机、液压支架等设备的位置、姿态、动作和工况等信息用三维模型的方式直观展现。

6.5 放顶煤智能化典型案例

厚煤层主要开采方式除大采高开采模式外，还有放顶煤开采模式。各煤炭装备企业积极研究探索放顶煤工作面智能化采煤煤矸识别、后部运输机直线度控制等新技术，不断取得新的突破，在同煤塔山矿 8222 工作面、中煤王家岭矿 12309 工作面、国能乌东矿南采区+475 m 水平 B3+6 工作面等多个不同类型的放顶煤工作面进行了实践，打造了一批集远程可视化放煤、跟机自动放煤、记忆放煤等多种智能化功能为一体的智能化放煤工作面，将放顶煤工作面的智能化水平提升到一个新的高度。

6.5.1 应用案例一：王家岭煤矿

1. 工作面基本情况

王家岭煤矿位于山西省乡宁县，隶属于中煤华晋集团。12309 智能化工作面为两柱式综采放顶煤工作面，倾斜长度为 265 m，走向长度为 1320 m，煤层厚度为 3.09~8.50 m，平均煤厚为 6.2 m，采高为 3.1 m，煤层倾角为-5°~+2°。煤层结构复杂，一般含 1~2 层炭质泥岩、泥岩夹矸，受构造影响地段煤层厚度变化较大；矿井为高瓦斯矿井，采煤工作面最大绝对瓦斯涌出量为 5.09 m^3。

2. 设备配置情况

针对王家岭煤矿煤层的地质条件，配套设计了 ZFY12000/23/34D 型液压支架，MG620/1540-WD 型电牵引采煤机，SGZ1000/2×1000 型刮板输送机、SZZ1200/700 型转载机、PCM400 型破碎机等。智能化配套明细见表 6-15。

表 6-15 王家岭 12309 工作面智能化总体配置表

序号	主要设备	主要设备规格型号	单位	数量
一	液压支架电液控制系统	SAC	套	1
1	电控系统	ZDYZ-Z/K2.0	套	177
2	矿用本安型电液换向阀	FHD500/31.5Z	组	177
3	电磁阀驱动器	ZDYZ26-Q/22	件	177
4	电源箱	KDW127/12	台	30
5	红外采煤机位置监测装置	GUH5-F	套	1
6	推移行程传感器	GUC1200/900/L	套	177
7	立柱压力传感器	GPD 60	套	372
8	无线遥控系统	KTW12	套	1
9	测高传感器	GUC8/800	套	177
10	尾梁行程传感器	GUC1200/515/L	套	177
11	插板行程传感器	GUC1200/650/L	套	177
12	倾角传感器	GUD90B	套	177
13	一级护帮压力传感器	GPD 60	套	177
14	自动反冲洗过滤器	1000/31.5/25	套	177
15	精确推移阀	TMFYSLY	套	177
二	综采自动化控制系统	SAM	套	1
1	工作面巷道监控中心	TMDJKZX	套	1
2	工业以太网系统	KJJ18 (B)/2T	套	60
3	工作面视频系统	KBA12-2/2.8B	台	60
4	地面监控系统	P320-E3-1225V5	台	1
5	皮带控制系统	BPJ1-500/1140K	套	1

表 6-15（续）

序号	主要设备	主要设备规格型号	单位	数量
6	移动 APP	移动 APP 软件	套	1
7	自动化控制软件	LongWallMind4.0	套	2
三	智能集成供液系统	SAP	套	1
1	乳化液泵站	BRW630/37.5	台	3
2	喷雾泵站	BPW500/16	台	2
3	乳化液自动配比装置	TMRHYPB	套	1

3. 应用基本情况

该项目于 2019 年 5 月开始设备下井安装调试，2019 年 7 月具备生产条件投入正常生产，2019 年 8 月至 2020 年 4 月完成了井下工业性试验。项目实现采煤机以记忆割煤、液压支架跟机自动控制、液压支架放煤自动控制为主，远程干预为辅，采用多方位、多层次感知、多种控制模型和记忆控制方法进行智能化决策控制，实现了综采放顶煤工作面破煤、落煤、放煤、运煤过程的智能、协调、序列化控制。

1）关键技术

（1）放煤机构防碰撞控制技术。在液压支架顶梁与底座之间安装高精度的测高传感器，在尾梁安装倾角传感器，实现了放顶煤液压支架整体姿态和放煤机构局部姿态检测，液压支架姿态的精准控制和支护高度监测。能够在放顶煤工作面生产作业中指导支架做出调整，防止液压支架过低碰撞放煤机构。

（2）煤矸识别与放煤监测技术。通过在放顶煤工作面支架上安装的振动传感器、声波传感器、放煤视频摄像机，实现基于振动、声波、视频图像的多种煤矸识别，达到智能放煤的控制功能。经测试验证，煤矸界面识别率可以达到 85% 以上。安装在放顶煤工作面支架上的顶煤探测传感器使用顶煤精准预探测空间扫描技术，实现按照顶煤厚度进行放煤的功能。通过放煤视频监测及煤矸灰分识别装置，对后部刮板输送机的煤流表面矸石信息进行捕捉及反馈，实现了对放顶煤工作面智能化放煤全环节监测及放煤质量控制。

（3）自动跟机放煤技术。王家岭煤矿跟机过程中，增加支架依据采煤机位置自动放煤功能，同一时间放煤口开关数量不大于 2 个，采煤机从机头向机尾作业，液压支架依次按照跟机移架区域、跟机伸缩梁护帮板联动区域、跟机放煤区域、跟机推移刮板输送机区域进行自动动作。实现工作面全自动跟机放煤。王家岭矿 12309 工作面跟机放煤工艺如图 6-10 所示。

（4）记忆放煤技术。以放煤工艺为基础，以放煤口开闭时间长度为变量，通过放煤过程中记录工作面支架动作、时间，并进行计算处理及综合分析，端头支架存储、回放记忆支架动作实现智能放煤。

（5）远程智能化放煤集中控制技术。在监控中心实现对工作面单台液压支架或成组液压支架的自动放煤控制功能，自动放煤时可按照后部刮板输送机负荷情况开启或停止放煤；实现在监控中心远程开关跟机放煤，并可查询修改放煤参数，实现在监控中心远程修改记忆放煤动作流程和控制的功能。

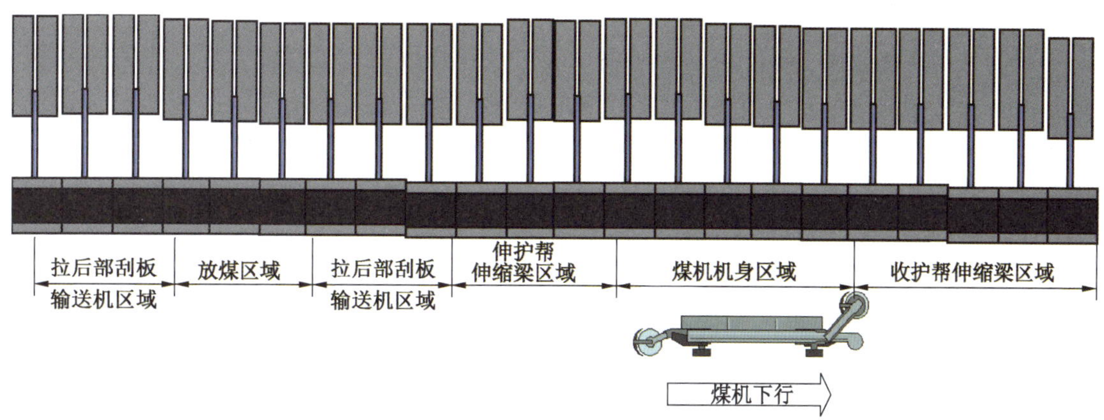

图 6-10 12309 工作面跟机放煤工艺

（6）瓦斯浓度智能联控技术。在工作面安装瓦斯浓度传感器，将工作面瓦斯浓度与采煤机割煤速度及放煤速度进行关联，实现综采放顶煤工作面瓦斯安全联动控制。

2）应用效果

（1）实现减员提效。该套智能化生产设备在放顶煤工作面的成功应用，实现了全工作面自动跟机作业的常态化、采放工艺协同、智能化放煤。系统常态化运行以来，工作面生产人员由原来的 100 人减至 75 人，其中井下 65 人，地面 10 人，人均工效由 145 t/工提升到 181 t/工，提高 24.8%，达到了减员提效的目的，每个生产班减少 7 人，每日减少下井人员 14 人，每年可节约人工总费用 259 万元。人员数量及岗位分配明细见表 6-16。

表 6-16 王家岭 12309 工作面人员数量及岗位分配明细表

岗位名称	煤机司机	支架巡检	管理人员	端头维护工/巡检	运输机司机	转载机司机	皮带司机	泵站工	总人数
常规	2	3	3	4	1	1	1	1	16
智能化	2	1	1	1	1	1	1	1	9

（2）提升经济效益。采用智能化综放技术后，生产能力较之前有明显的提升，年生产能力提高了 96×10^4 t，年产值增加 69600 万元，年增加利润 55104 万元。

（3）促进安全生产。放顶煤工作面智能化采煤技术的成功应用，减少了放顶煤工作面作业人员的数量，提高了放顶煤工作面的安全性，降低了操作工人的劳动强度，减少了生产过程中的环境和意外伤害，为矿井的安全生产提供了保障，体现了以人为本的安全发展理念。

4. 项目特点

1）首创智能记忆放煤控制技术

创新性开发设计了基于生产工艺的全工作面记忆放煤，形成多种记忆放煤控制方法，首创跟机自动化放煤控制、远程放煤控制、智能记忆放煤控制等多源控制功能模块，形成了采放协同控制的智能化放煤工艺，增强了放煤自动化控制系统灵活性，提升了放顶煤工作面智能化采煤技术应用水平。

2）形成完备的放顶煤自动化技术体系

研制并常态化使用了煤矸识别传感器，通过放顶煤厚度雷达探测、煤矸识别振动探测、支架姿态和放煤口大小精确监测和放煤量视频监测等四大感知技术，形成了“放前探测—放中识别—放后监测”的放顶煤自动化技术体系，解决了多项智能化放顶煤工作面技术难题，打造了自动化综放工作面示范项目。

3）厚煤层综放工作面的示范标杆项目

王家岭煤矿智能化综放技术的成功应用，实现了厚煤层综放工作面全方位应用，完善了智能化采煤完备的示范工程体系，为国家和煤炭行业推广智能化无人开采技术提供借鉴。

6.5.2 应用案例二：塔山煤矿

1. 工作面基本情况

塔山煤矿位于大同市区西南 30 km，隶属于晋能控股煤业集团。8222 智能化工作面为 4 柱式综采放顶煤工作面，位于矿井二盘区西南部，该工作面倾斜长度为 230.5 m，走向长度为 2506 m，煤层总厚为 14.47~29.21 m，平均全煤厚 19.93 m，工作面采放比小于1∶3，煤层倾角为 1°~3°，平均为 2°。

2. 设备配置情况

工作面配置采煤机 1 台，中部支架 136 架，过渡支架 8 架，端头支架 1 架，采用电液控制系统，“三机”（前部刮板输送机、后部刮板输送机、转载机、破碎机）1 套，乳化液泵 3 台，喷雾泵 3 台。智能化配套明细见表 6-17。

3. 应用基本情况

8222 工作面自 2018 年 12 月正式投产，截至 2021 年 2 月，共安全生产 27 个月，建成了年产 15 Mt 特厚煤层智能化综放工作面建设示范工程。人员数量及岗位分配明细见表6-17。

表 6-17　塔山 8222 工作面智能化总体配置表

序号	主要设备	主要设备规格型号	单位	数量
一	液压支架电液控制系统	SAC	套	1
1	电控系统	ZDYZ-Z/K2.0	套	144
2	矿用本安型电液换向阀	FHD500/31.5Z	组	144
3	电磁阀驱动器	ZDYZ26-Q/16	件	144
4	电源箱	KDW127/12/2.0	台	24
5	红外采煤机位置监测装置	GUH5-F	套	1
6	推移行程传感器	GUC（960）-X/L	套	144
7	立柱压力传感器	GPD 60	套	288
8	接近传感器	KHJ12	套	144
9	倾角传感器	GUD 90B	套	447

表 6-17（续）

序号	主要设备	主要设备规格型号	单位	数量
10	测高传感器	TMDCGC	套	144
二	综采自动化控制系统	SAM	套	1
1	工作面巷道监控中心	TMDJKZX	套	1
2	工业以太网系统	KJJ18（A）/3C	套	27
3	工作面视频系统	KBA12-2/2.8B	台	54
4	工作面固定点视频系统	KBA12-2/8B	台	27
5	工作面照明系统	DGS50/127L（A）	台	54
6	地面监控系统	P310-S1225-V5	套	1
7	工作面语音通信控制系统	KJ50	套	1
8	自动化控制软件	LongWallMind3.0	套	2
三	智能集成供液系统	SAP	套	1
1	乳化液泵站	BRW630/37.5	台	3
2	喷雾泵站	BPW500/16	台	2
3	乳化液自动配比装置	TMRHYPB	套	1

1）关键技术

（1）放顶煤工作面顶煤探测技术探索。在放顶煤工作面支架上安装的顶煤探测传感器采用探地雷达技术。顶煤探测传感器通过接收的煤岩识别信号，能有效分辨煤块和岩石、计算煤层厚度。煤层厚度探测范围达 6 m，探测精度达到 50 mm。

（2）精准放煤技术。在液压支架电液控制系统增设测高传感器、高精度倾角传感器、双速逻辑阀等关键装备，实现对支架放煤机构的精确控制，液压支架控制系统按照预先设定参数实现放煤机构位姿控制，控制误差不大于 3°。

（3）后部刮板输送机直线度检测技术。采用具有透尘、高清、高速传输的防爆工业视觉相机，监视后部刮板输送机，通过图像边缘检测和链位中继全局算法实现对后部刮板输送机的直线度检测。

2）应用效果

（1）实现智能化放煤和远程干预。基于电液控制系统、高精度传感器，实现放煤机构的精准控制。结合工作面直线度控制、煤流控制、煤矸识别、煤量探测等技术，实现放顶煤工作面设备智能协同、采放协同。通过对放顶煤工作面视频监视、放煤机构姿态感知与控制，实现智能化放煤和远程干预。

（2）提升放煤工作面人员安全水平。智能化综放开采技术装备的应用，在放顶煤工作面实现了智能放煤和远程干预放煤，将我国综放开采工作面放煤模式发展为智能化放煤，实现了“有人值守、无人操作”，极大地提高了我国特厚煤层综放开采的智能化水平，大幅度降低了一线作业人员数量，提升了放煤工作面人员安全水平。人员数量及岗位分配明细见表 6-18。

表 6-18　塔山 8222 工作面人员数量及岗位分配明细表

岗位名称	煤机司机	支架巡检	放煤工	三机	端头支护	电工	皮带司机	泵站	综采	排水	瓦检	安检	总人数
常规	2	4	4	2	3	2	2	2	2	1	1	1	26
智能化	2	1	1	1	3	2	1	1	2	1	1	1	17

4. 项目特点

1）多模融合的智能化放煤技术

该工作面基于放煤过程的煤矸石别信息、刮板输送机负载信息、音视频监控信息，结合人工智能学习算法和智能群组放煤工艺控制逻辑，形成多模式融合的智能化放煤技术，可适用于我国 50% 以上特厚煤层赋存条件的开采作业。

2）基于后部刮板输送机煤流负荷信息控制放煤机构放煤

实现了放煤机构与后部刮板输送机的自动化智能协同作业，动态监测后部刮板输送机的煤流量负荷，控制工作面放煤支架数量、放煤机构的开合程度，放煤动作的执行时间，实现输送机与放煤作业的智能协同。

6.5.3　应用案例三：乌东煤矿

1. 工作面基本情况

乌东煤矿位于新疆乌鲁木齐市米东新区，隶属于国能集团。由于工作面煤层高、地质构造复杂，顶板压力大，底板易底鼓，严重影响工作人员在工作面正常作业。为探索智能化成套装备在急倾斜特厚煤层放顶煤工作面的应用，实现急倾斜特厚煤层条件下的高产高效生产，在乌东矿 475B3+6 工作面进行实践，工作面所处的 B3+6 煤层总厚度为 48.47 m，煤层倾角为 87°～89°，平均为 88°，走向 N58°～60°，属于急倾斜特厚煤层。475B3+6 综放工作面长度为 50 m（帮对帮），推进长度为 2520 m，综放工作面分层高度为 25 m，机采高度为 3.5 m，放顶煤厚度为 22 m，采放比为 1∶6。

2. 设备配置情况

工作面配置采煤机 1 台，中部支架 136 架，过渡支架 8 架，端头支架 1 架，采用电液控制系统，“三机”（前部刮板输送机、后部刮板输送机、转载机、破碎机）1 套，乳化液泵 3 台，喷雾泵 3 台。智能化配套明细见表 6-19。

表 6-19　乌东 475B3+6 工作面智能化总体配置表

序号	主要设备	主要设备规格型号	单位	数量
一	液压支架电液控制系统	SAC	套	1
1	电液控制系统电控系统	ZDYZ-Z/K2.0	套	33
2	矿用本安型电液换向阀	TMFHZY（17）ZF	组	30
3	电磁阀驱动器	ZDYZ26-Q/16	件	30
4	电源箱	KDW127/12/2.0	台	8
5	红外采煤机位置监测装置	GUH5-F	套	1
6	推移行程传感器	GUC（900）-X/L	套	33

表 6-19（续）

序号	主要设备	主要设备规格型号	单位	数量
7	立柱压力传感器	GPD 60	套	66
8	接近传感器	KHJ12	套	33
9	倾角传感器	GUD90B	件	113
10	激光测距仪	YHJ10J/0.2	套	7
二	综采自动化控制系统	SAM	套	1
1	工作面巷道数据显示	KJC127/12	套	1
2	地面数据显示	TS540 S1225	套	1
3	自动化控制软件	LongWallMind2.0	套	2
三	智能集成供液系统	SAP	套	1
1	乳化液泵站	BRW630/37.5	台	3
2	喷雾泵站	BPW500/16	台	2
3	乳化液自动配比装置	TMRHYPB	套	1

3. 应用基本情况

该项目于 2014 年 8 月 1 日开始地面调试，2014 年 9 月开始下井安装，2014 年 10 月开始井下调试，在乌东矿南采区+475 m 水平 B3+6 工作面投入使用。

1）关键技术

（1）智能集中控制技术。针对急倾斜特厚煤层放顶煤工作面的特点和工艺，应用了适用于急倾斜特厚煤层放顶煤工作面短壁电牵引自动化采煤机和配套的跟机自动化工艺和集中控制技术，实现在巷道监控中心对设备进行集中智能化控制，确保各设备协调、连续、高效、安全运行。

（2）特殊采煤工艺自动跟机技术。根据急倾斜特厚煤层短壁放顶煤工作面实际情况，结合特殊的采煤工艺，定制跟机自动化控制程序。实现在急倾斜特厚煤层的跟机自动化控制功能（含三角煤程序）。工作面视条件使用跟机自动移架功能，跟机护板帮伸缩梁联动、跟机推移刮板输送机持续使用。将操作人员转变成巡检工，监控中心操作人员根据视频和传感器数据判断支架各动作的跟机状态，对动作不到位的支架进行远程跟机干预。

2）应用效果

乌东煤矿南采区 475B3+6 急倾斜特厚煤层综放工作面实现了采煤机记忆截割、液压支架自动跟机作业为主，人工远程干预控制为辅的控制模式，促进了放顶煤工作面开采技术的进步，提高了人员的安全性，对提高生产效率、减少人员具有重大意义。

（1）降低工人劳动强度。在地质条件允许的情况下（除周期来压等影响外），实现了智能化采煤常态化应用。生产班人员由原来的 17 人减少至 8 人，工作面由原来的 9 人减少至 4 人，提高了生产作业的安全性，降低了职工劳动强度，改善了劳动环境。人员数量及岗位分配明细见表 6-20。

表 6-20　乌东 475B3+6 工作面人员数量及岗位分配明细表

岗位名称	煤机司机	支架巡检	放煤工	运输机司机	端头支护工	电工	管理人员	泵站工	转载机司机	总人数
常规	1	1	1	1	1	1	1	1	1	9
智能化	1	1	1	—	—	—	1	—	—	4

（2）产生显著的经济效益。每套国产设备的价格较同类进口设备价格约低 1/3，单一工作面生产能力达 3 Mt 以上，与以往开采 2 Mt 产量相比，增加 1 Mt 产量。

4. 项目特点

1）实现了智能化控制系统在急倾斜特厚煤层条件下的成功应用

在急倾斜特厚煤层实践以采煤机记忆截割、支架跟机自动化与人工远程干预相结合的开采模式。

2）视频放煤技术

在支架后部安装放煤摄像机，监控后部放煤情况，在监控中心通过视频辅助进行远程放煤技术。

3）急倾斜特厚煤层放顶煤工作面标杆示范项目

项目的成功实施，使煤炭行业在急倾斜特厚煤层放顶煤领域的技术水平上升到一个新的层次，引领了煤矿开采技术的发展。

6.6　复杂地质条件智能化典型案例

我国煤层赋存地质条件复杂多变，特别是在我国西南、西北、两淮地区，大倾角、“三软”等地质条件较为普遍。大倾角工作面在开采过程中，容易出现设备上窜下滑，而“三软”煤层在开采过程中围岩变化较大、极易出现片帮冒顶，工作面开采难度大。为在复杂地质条件下，实现智能化技术与装备的应用，需要根据工作面实际地质情况，配套完善的工况监测传感器并应用更有针对性的自动化生产工艺。近年来，随着智能化技术与装备的不断发展，智能化成套装备在淮南张集煤矿 1312（1）工作面、宁煤梅花井煤矿 111801 工作面、川煤大宝顶 2124-15 工作面、枣泉煤矿 220704 工作面等项目实现了落地应用。下面以张集煤矿 1312（1）工作面、梅花井煤矿 111801 工作面作为智能化技术在复杂地质条件工作面的典型应用案例进行介绍。

6.6.1　应用案例一：张集煤矿

1. 工作面基本情况

张集煤矿位于安徽凤台县境内，隶属于淮南矿业集团，1312（1）智能化工作面为东二采区 11-2 煤第 2 个块段，煤层较稳定，厚度为 1.2~3.3 m，平均厚度为 2.7 m，煤层倾角为 1°~5°，平均为 4°，局部受断层及层滑构造影响，煤层变薄、变软。工作面倾斜长度为 230 m，走向长度为 995 m，基本顶为中细粒砂岩，厚 12.3~12.8 m，平均为 12.6 m，中部夹有 11-3 煤及砂质泥岩；直接顶为泥岩、砂质泥岩，厚为 2.6~8.5 m，平均为 6.9 m；直接底为砂质泥岩，厚为 6.4~6.6 m，平均为 6.5 m，基本底为粉砂岩，厚为 1.6~6.0 m，平均为 4.2 m。该区段地温 36.8~38.1 ℃，局部地段超过 37℃，属于二级热害区；回采期间最大涌水量为 50 m^3/h，正常涌水量为 3~5 m^3/h。

2. 设备配套情况

工作面配置采煤机 1 台，中部支架 131 架，过渡支架 2 架，端头支架 2 架，采用电液控制系统，“三机”（刮板输送机、转载机、破碎机）1 套，乳化液泵 4 台，喷雾泵 2 台。智能化配套明细见表 6-21。

表 6-21 张集矿 1312（1）工作面智能化总体配套表

序号	主要设备	主要设备规格型号	单位	数量
一	液压支架电液控制系统	SAC	套	
1	电控系统	ZDYZ-Z/K2.0	套	165
2	矿用本安型电液换向阀	TMFHZY（18）Z	组	165
3	电磁阀驱动器	ZDYZ26-Q/18	件	165
4	电源箱	KDW127/12/2.0	台	17
5	立柱压力传感器	GPD 60	套	330
二	综采自动化控制系统	SAM	套	
1	工作面巷道监控中心	TMJCT（SCKZXT）A	套	1
2	自动化控制软件	LongWallMind2.0	套	2
三	智能集成供液系统	SAP	套	
1	乳化液泵站	BRW630/37.5	台	3
2	喷雾泵站	BPW500/16	台	2
3	乳化液自动配比装置	TMRHYPB	套	1

3. 应用基本情况

1312（1）工作面从 2015 年 12 月开始回采，截至 2016 年 6 月完成回采，共计安全生产 7 个月，产出原煤 1.8 Mt，平均月产 25.7×10^4 t，最高月产 35.5×10^4 t，采用工业以太网、视频、跟机自动化等关键技术，达到高效、安全生产的目的。

1）关键技术

（1）工业以太网技术。建立了以百兆网络技术为基础的工作面环网，为工作面视频、数据信息提供高速通道，保证工作面视频与数据信息快速传输到巷道监控中心。

（2）工作面视频技术。通过安装工作面摄像机，实现工作面割煤作业过程中视频无死角，为远程控制实现可视化依据，保证控制可靠性，视频传输延时小于 1 s。

（3）液压支架自动跟机适应性提升。通过分析“三软”工作面特性，解构支架跟机自动移架动作全过程，合理安排各动作次序，重点改善抬底效果、提升动作效率，实现在“三软”煤层工作面常态化应用支架自动跟机功能。

2）应用效果

张集煤矿 1312（1）工作面于 2015 年 9 月 14 日在地面联调，随后开始井下安装调试，2015 年 12 月正式生产，实现了监控中心对采煤机、液压支架、“三机”、泵站、视频系统的数据上传及集中控制功能。

（1）降低劳动强度。实现了支架跟机、记忆割煤等功能，减少人工操作，有效降低了工人劳动强度。

（2）促进生产安全。在巷道监控中心和地面调度中心对井下设备（采煤机、液压支架、泵站、运输机、转载机、破碎机、带式输送机）进行“一键启停”控制和远程干预操控，做到“无人跟机作业，有人巡视保障（一人巡视采煤机、一人巡视支架）”，达到工作面少人、安全、高效开采的目的。

（3）减少工作面人员数量。该工作面生产过程中减少带式输送机和泵站司机 2 名、端头工 4 名、液压支架工 3 名，每小班共减少 9 人，实现减人提效。

4. 项目特点

采用智能化成套装备，在淮南地区“三软”煤层、瓦斯高、构造多、温度高、湿度大的复杂下，突破“三软”煤层跟机自动化瓶颈，实现了工作面少人化生产。

6.6.2 应用案例二：梅花井煤矿

1. 工作面基本情况

梅花井煤矿位于宁夏灵武市宁东镇，隶属于国能宁煤集团。111801 智能化工作面倾斜长度为 233.6 m，走向长度为 1350 m，工作面回采范围内煤厚为 1.9~9.1 m，平均厚度为 3.54 m，局部范围内存在厚度大于 8 m 的特厚煤层。工作面沿回采方向倾角变化范围为 22.9°~34.1°，为大倾角煤层。直接顶主要为粉砂岩，基本顶主要为细砂岩；瓦斯相对涌出量为 0.066 m^3/t，绝对涌出量为 0.463 m^3/min。工作面回采范围内多处存在长距离滴水、淋水区域，局部范围存在涌水，自燃倾向性等级为Ⅰ类，属容易自燃煤层。

2. 设备配套情况

111801 工作面配置采煤机 1 台，中部支架 127 架，过渡支架 1 架，排头支架 3 架，端头支架 1 组 2 架，“三机”（刮板输送机、转载机、破碎机）1 套，乳化液泵 4 台，喷雾泵 3 台。智能化配套明细见表 6-22。

表 6-22 梅花井 111801 工作面智能化总体配套表

序号	主要设备	主要设备规格型号	单位	数量
一	液压支架电液控制系统	SAC	套	
1	电控系统	ZDYZ-Z/K2.0	套	176
2	矿用本安型电液换向阀	FHD500/31.5Z	组	176
3	电磁阀驱动器	ZDYZ26-Q/16	件	176
4	电源箱	KDW127/12	台	30
5	红外采煤机位置监测装置	GUH5-F	套	1
6	液压辅助阀及喷雾系统用阀		套	1
7	推移行程传感器	GUC1200/960/L	套	176
8	立柱压力传感器	GPD 60	套	176
9	测高传感器	TMDXC（GUC8）	套	176
10	过滤系统	TMGLQ（1000/31.5/25）ZB	套	176
二	综采自动化控制系统	SAM	套	1

表 6-22（续）

序号	主要设备	主要设备规格型号	单位	数量
1	工作面巷道监控中心	TMDJKZX	套	1
2	工业以太网和无线 WiFi 系统	KJJ18（B）/2T	套	34
3	工作面视频系统	KBA12（A）	台	38
4	工作面找直系统	LASC 找直系统	套	1
5	工作面照明系统	DJS28/127L（A）	台	62
6	自动化控制软件	LongWallMind4. 0	套	2
三	智能集成供液系统	SAP	套	1
1	乳化液泵站	BRW630/37. 5	台	3
2	喷雾泵站	BPW500/16	台	2
3	乳化液自动配比装置	TMRHYPB	套	1

3. 应用基本情况

111801 工作面自 2020 年 6 月完成井下安装调试，生产至 2020 年 11 月，共计生产 5 个月，在生产过程中，解决了支架倒架和刮板输送机“上窜下滑”等行业技术难题，实现了大倾角工作面智能化常态应用。

1）关键技术

（1）工作面智能监测技术。在两巷安装测距传感器，通过运、回两巷推进度差实时监测工作面倾斜度。在工作面支架安装高度、倾角、压力、行程等多类型智能传感器，实时监测支架姿态数据、围岩耦合状态。基于多传感融合的液压支架几何姿态建模，实现液压支架群组在工作面倾斜方向“上窜下滑”、倾倒、挤架等多状态趋势检测。

（2）工作面智能控制技术。倾斜工作面采取单向采煤工艺：采煤机下行时割煤、移架，但不推移刮板输送机；上行时采煤机不割煤、推移刮板输送机，使刮板输送机每循环都自下端头逐架向上端头推移。在实际应用中单向采煤工艺一定程度上有效控制了刮板输送机的下滑。

（3）液压支架群组自主决策协同控制：根据工作面三维数据模型，在工作面跟机自动控制过程中应用“防倒防滑”“上窜下滑”智能决策，液压支架控制器自主选择控制策略，对比自身和相邻支架、“三机”状态，实时调整，保持支架在移架过程中的姿态。

2）应用效果

（1）实现倾斜工作面自动跟机。应用两种移架模式，即常规移架、单向移架，针对不同的移架模式，灵活实现移架过程中的动作控制，可以有效针对不同工作面的特殊要求使用不同移架模式。每种移架模式匹配了顺序跟机移架、隔架跟机移架和分段跟机移架三种跟机移架方式，可以根据工作面生产条件由参数灵活设定。

通过灵活匹配三种跟机移架方式，实现上行与下行跟机移架均完好触发，且“常规移架”与“防下滑”自动移架可以完好地运行。

（2）提升复杂条件工作面生产安全水平。自动跟机移架在倾斜及急倾斜长壁放顶煤工作面的应用，将工作面需要的 6~7 人减少到 3~4 人，降低了工人劳动强度，提升了复杂条件工作面的安全水平。工作人员在巷道监控中心就可查看工作面液压支架自动跟机情况。人员数量及岗位分配明细表见表6-23。

表6-23 梅花井111801工作面人员数量及岗位分配明细表

岗位名称	采煤机司机	支架巡检	“三机”巡检	总人数
常规	3	3	1	7
智能化	1	2	1	4

4. 项目特点

1）厚煤层大倾角复杂条件智能化工作面常态化应用

提出了倾角大的复杂地质条件工作面智能化解决方案，实现了倾斜及急倾斜工作面智能化生产，提高了生产效率，同时提升了安全水平，对于我国西北及西南地区大倾角工作面智能化起到了示范作用。

2）实现大倾角工作面防下滑移架

根据工作面倾角情况，研究出现两种移架模式：常规模式与防下滑模式，每种模式下可采用三种跟机移架方式，根据工作面条件变化，选择不同的模式与方式，实现复杂条件下工作面智能化应用。

7 新一代智能化采煤控制技术

在“十三五”期间我国煤炭科技自主创新能力得到了大幅提升，智能化采煤技术已经进入国际先进水平，部分已处于国际领先水平，引领了全球煤炭产业高效、清洁、绿色和智能化发展。智能化采煤控制技术经过多年的研究探索和应用实践，取得了丰硕的成果，其中基于可视化远程干预开采的智能化采煤模式已经实现推广应用，取得了良好的技术经济效果，基于“透明工作面”自主割煤的智能自适应采煤技术，已经进入了下一代智能化工作面开发的快车道。

但面对复杂地质条件时，智能化采煤仍存在工作面生产及环境状态不透明、装备适应性差、巷道超前支护难度大等问题，同时，智能化采煤控制技术和装备还有许多难题未得到解决，如关键环节传感器精度不高、可靠性差，感知数据严重不足，还大量依靠人工干预，缺乏决策环节知识的积累与支撑；执行精度达不到工作面质量规范要求；信息传输难以满足采煤工作面实时可靠需求；新技术应用水平不高，大数据、物联网、人工智能未发挥作用；无线传输、无线接入难。这些基础性、关键性问题仍然是制约智能化采煤发展的瓶颈，相关研究工作亟待开展。

新一代综采自动控制系统以综采成套装备为执行系统，通过大量传感器感知综采装备的工作状态，将传感数据汇集存储到统一的数据仓库中，通过多源信息融合与三维物理仿真的手段在计算机空间内为工作面建立三维物理模型，使机器认知并理解工作面环境与装备的实际状态；应用机器视觉、三维物理计算等智能化方法，有针对性地对煤岩识别、工作面找直、上窜下滑量测量等关键问题进行智能化分析；通过人工智能机器学习的方法自主决策，制定采煤机截割模板与液压支架全程自适应跟机计划；通过系统集成控制技术，将控制指令下发给各综采装备控制系统，监控生产开采过程，形成“感知—分析—决策—控制—执行”智能化采煤闭环。新一代综采自动控制系统如图 7-1 所示。

7.1 透明开采平台

“透明工作面”建设是在常规地质勘探成果基础上，以地质雷达、电磁波、计算机扫描等新型精细工程物探传感器成果和巷道激光扫描数据构建初始地质模型，以煤岩识别等数据实时修正形成动态地质模型，融合设备位置姿态和环境状态等实时数据形成动态“透明工作面”。

针对“透明工作面”自适应智能化采煤控制模型的研究目标，通过构建全工作面开采控制理论模型，为工作面调高、俯仰采、伪斜以及直线度等智能化采煤控制提供理论依据。在建立控制理论模型的基础上，通过大量传感器感知工作面设备运行状况，研究工作面设备、开采条件对智能化采煤的实际影响，提出模拟工作面生产的仿真平台构建方案，并开展方案实施。

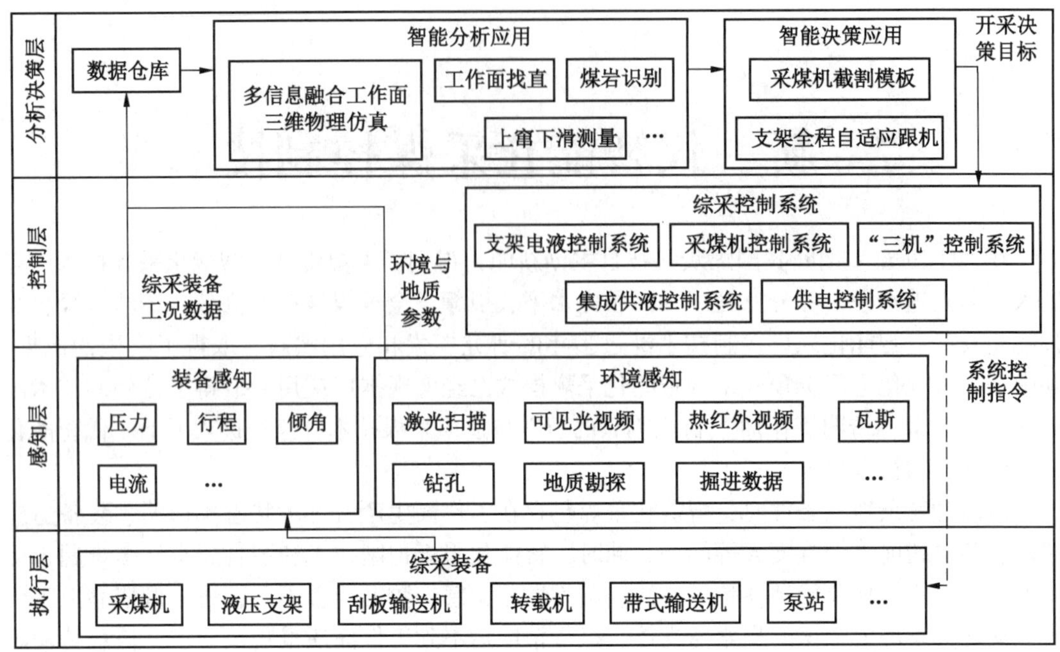

图 7-1 新一代综采自动控制系统

实现透明开采，需要研究和开发新一代自适应感知、算法和相应的装置，建立采煤工作面自适应关键技术平台。

7.1.1 复杂感知技术

随着智能化采煤技术的不断探索与实践，感知能力不足已经成为限制智能化控制技术发展的主要原因，如：采煤机滚筒调高依赖于煤层厚度、煤层走向，甚至护帮板联动状态等数据，液压支架在自动控制过程中需要自适应煤层顶底板条件，但工作面赋存、顶底板条件无法预先感知，导致采煤机滚筒调高缺少依据，液压支架无法提前决策自动控制方案等，这些都突出表现为综采装备对工作面条件的适应性差；运输系统负荷检测仅局限在电机的工作电流、温度等传感数据，未能有效实现多传感数据融合及支撑煤流负荷平衡控制。

因此，实现工作面智能化采煤，首先要研制新型传感器，不但要感知工作面煤层地质变化，也要测量开采装备的姿态、位置及复杂运行工况。通过研制机器视觉传感器，可以识别煤矸；采用超宽带雷达可以穿透煤岩层进行测量煤层厚度；研制激光测距传感器可以测量液压支架到刮板输送机的相对距离；通过融合多种传感器测量煤岩信息和液压支架位姿，综合运用煤岩界面识别模型算法，建立煤岩特征数据库与三维地理信息库；通过研究煤岩分界位置的标记算法、煤岩分界信息与顶底板岩层位置关系数学模型，测量出工作面煤层的顶底板高度和顶底煤厚度，建立采煤工作面煤岩识别三维模型，为采煤工作面智能调高和智能放煤提供感知基础数据。

实现自适应开采，需要研究感知模型、算法，研制相应的装置，采煤工作面自适应关键技术路线图如图 7-2 所示。

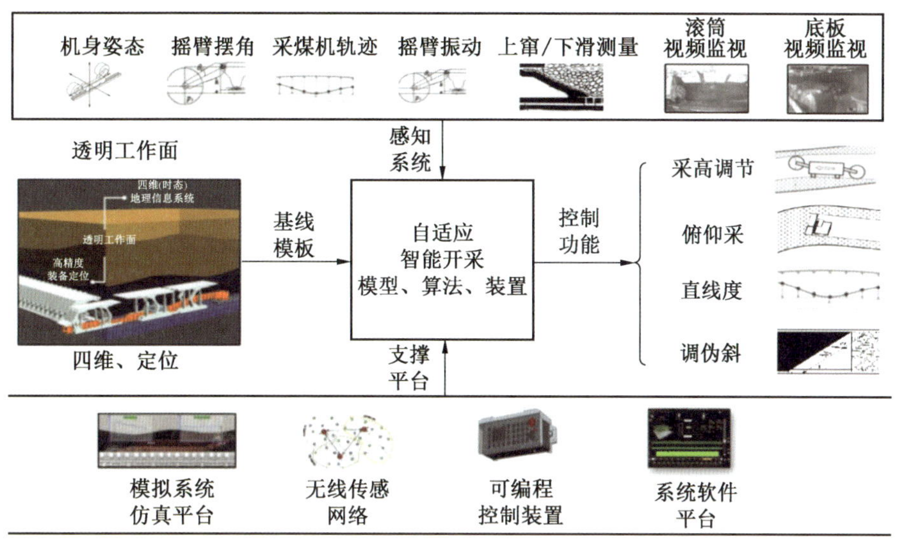

图 7-2 采煤工作面自适应关键技术

7.1.1.1 煤岩分界技术

煤岩界面识别技术是实现采煤工作面智能调高的必要感知条件，是制约采煤工作面智能化采煤的难题。一次采全高的采煤工作面大部分可以直接观察到煤岩分界线，有时为了保护破碎顶板支护而保留一定厚度的顶煤，这时需要有一定穿透力的探测手段才能确定煤岩分界线。对于放顶煤工作面，在割煤后剩余的顶煤厚度可能达到 3~10 m，为了精准放煤，提前测量顶煤厚度也是必要的。对煤层厚度的探测精度采用电磁法、地震波等深层穿透技术只能达到分米级的精度，而采用超声波法虽然达到了厘米级精度，但穿透煤层厚度浅。

因此，需要探索一种新型无线测量技术，能够在穿透煤层测量的同时得到较高的测量精度。超宽带探地雷达利用地下介质的不连续性探测地下目标，通过发射天线向地下发射电磁波，靠介质反射波飞行时间计算得出煤层厚度。将超宽带雷达技术用于采煤工作面，采用无线脉冲雷达穿透煤岩层的高精度深度探测，需要研究煤与岩石标志性特征识别机理，对煤层和顶底板岩层的介电常数、介电损耗、电容、损耗、电感、品质因数、阻抗等地球物理特征进行测试分析；研究基于煤岩特征差异和地球内部电场物理响应特征的煤岩识别机理。解决煤岩自动识别的基础问题，突破煤矿井下复杂强电磁干扰环境下煤岩界面反射波信号提取、煤岩分界特征的量化与识别、多源信息融合等技术瓶颈。研制自动识别成套装置，为“透明工作面”信息修正和采煤机智能调高提供依据，煤层厚度探测技术如图 7-3 所示。

应用超宽带电磁波、图像识别信息融合的煤岩界面识别技术，能够直观地分辨出煤岩分界位置。未来以超宽带雷达为核心的顶煤厚度传感器将越来越多地被用于采煤工作面，通过加大测量深度和提高测量精度为采煤机自适应调高和自适应放煤提供精准的自动化技术手段。

7.1.1.2 煤矸识别技术

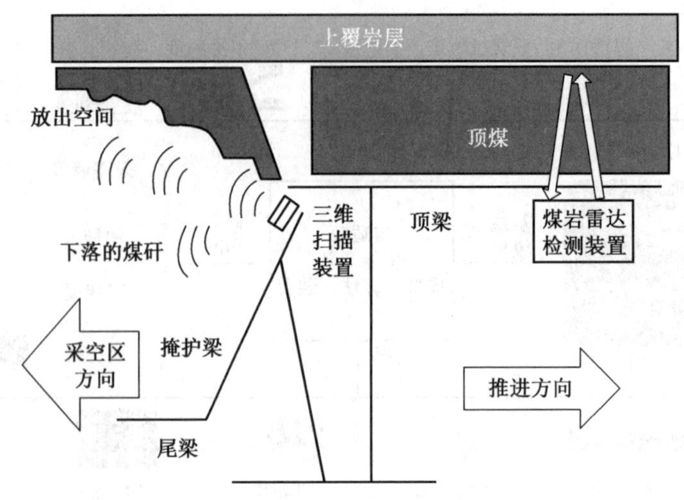

图 7-3 煤岩分界检测技术

对放顶煤工作面放煤过程的正确控制，能够提高煤炭资源采出率、煤质和生产效率，“见矸关门”是人工放煤通过视觉、听觉判断顶煤是否放完的简单、有效方法。在自动化放煤控制系统中，通过视频监视和图像识别技术来计算放煤量和煤质含矸率，构建液压支架姿态与放煤量的数学模型，控制放煤量。模拟人工方法，可采用高清摄像机和振动加速度传感器来识别放落下的煤矸，其难点在于：放煤过程中放煤口粉尘浓度大，普通高清摄像头无法清晰获取煤矸成像信息；拍摄空间对摄像头的安装、防砸、防尘以及维护也提出了很大的挑战；有些放顶煤工作面的矸石灰度与煤炭非常接近，图像识别难度大。

煤的主要成分为碳、氢和氧元素，岩石主要成分为二氧化硅等，根据煤层和顶底板岩层灰度、颜色、纹理等光学特征的煤岩识别机理，研究基于可见光图像与红外图像技术的煤岩特征提取方法，建立煤和顶底板岩的特征数据库和工作面顶煤煤岩识别指标体系。煤炭成分组成复杂，单一可见光检测会受到煤矸表面附着粉尘影响，采用穿透表面粉尘的光谱技术可以滤除这种影响，拉曼和太赫兹光谱具备根据物质成分识别的功能。光谱技术为煤岩分界提供了一种新的研究方法，适用于放顶煤工作面放煤时粉尘大的情况。

对于粗粒度区分放落煤矸来说，通过灰度就可以实现煤矸放落比例的判断。放煤时对采集的煤岩图像信号进行灰度分布、灰度均值等特征提取进行煤岩性状识别，采用灰度直方图是一种简单、计算量小的方法，可采用计算灰度卷积的方法。

放煤机构精准控制是放煤智能化的关键环节，是制约放顶煤工作面实现智能化和无人化的技术难题，研究放煤过程全方位监控技术和研制感知智能装备，实时监测放煤前、放煤中和放煤后的顶煤层变化情况，精确控制放煤过程，达到提高采出率和煤质的最优平衡。

经过现场验证，在液压支架掩护梁下安装防爆高清摄像机，能够以较宽的视角获得落于后部刮板上的煤矸灰度图像，如图 7-4 所示。为减少放煤粉尘对摄像机清晰度的影响，可以利用工作面上风口相邻支架的摄像机采集下风口支架正在放煤的视频图像。

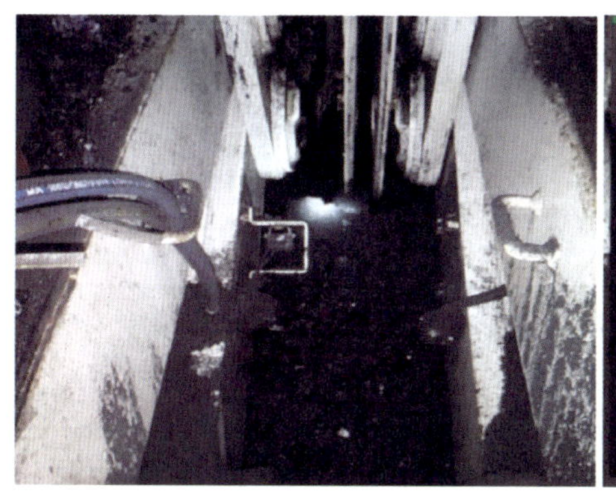
(a) 放煤摄像机安装位置

(b) 采集放落的煤矸图像

图 7-4 放顶煤矸垮落图像

采用单一技术手段不能准确判断煤矸放落程度，未来煤矸识别需要综合利用多种监测手段和技术，在放煤前、中、后三个阶段进行放煤过程全程监测。三个阶段的监测功能为：

（1）放煤前：采用在支架顶梁前部安装透地雷达，测量顶煤厚度作为放煤量的基准。

（2）放煤中：在液压支架顶梁和掩护梁结合处安装三维雷达，扫描未放顶煤空间，测量出剩余顶煤体量，与放煤前的放煤量基准进行比对，来确定放煤过程何时终止。

（3）放煤后：采用高清摄像机，识别后部刮板输送机上已放落的煤矸，测量出煤炭体量和煤矸比例。

监测数据通过工作面通信网络传输到监控中心进行实时融合处理，得出未放落煤量，以此为判据结合放煤工艺来决策当前放煤口的开放程度和是否关闭，并实时反馈给液压支架电液控制系统，实现精确控制自动化放煤。因此，研究如何准确、快速地检测顶煤放落程度，研制放煤全过程监测传感器，研究检测算法和开发计算识别软件，对于实现智能化放煤是必要的。

由于采煤工作面位于地下空间，传统的卫星定位技术不能应用，采煤工作面装备导航缺乏统一的位置服务。适合采煤工作面的定位导航技术包括激光定位、各类无线定位及惯性导航等，其中激光定位导航系统多用于掘进和超前部的定位导航，但是需要人工移动定位基准，且对振动和多粉尘的环境适应性差；无线超宽带定位导航技术适应性好，但精度稍差；惯导系统多用于采煤机定位和工作面直线度测量，成本高；路径规划管控软件系统在地面已属于相对成熟的技术，由于煤矿井下应用较少，还没有成熟的应用模式。鉴于地下空间导航技术的特殊性，将以上定位技术组合应用能够解决采煤工作面装备定位导航难题。

7.1.2 三维精确建模技术

综采工作面透明化的基础是三维地质数字模型。三维数字化模型基于矿井历史所有钻探、物探、补充勘探数据及矿井当前的生产数据等（钻孔信息、煤层、地层信息、巷道开拓信息）信息构建技术展开，以地理信息系统平台为基础，通过解决边界分类设置、煤层数据分层管理、平剖对应采集素描图煤层数据、不规则三级网模型自动构建、曲面样条空间数据插值、三维可视化等方面的业务逻辑和算法难题，开发了一系列高耦合模块功能，实现了工作面初始高精度三维地质模型的构建。

（1）构建“透明工作面”，为实现工作面生产系统的可视化与智能化采煤数据生成提供了基础平台，如图 7-5 所示。

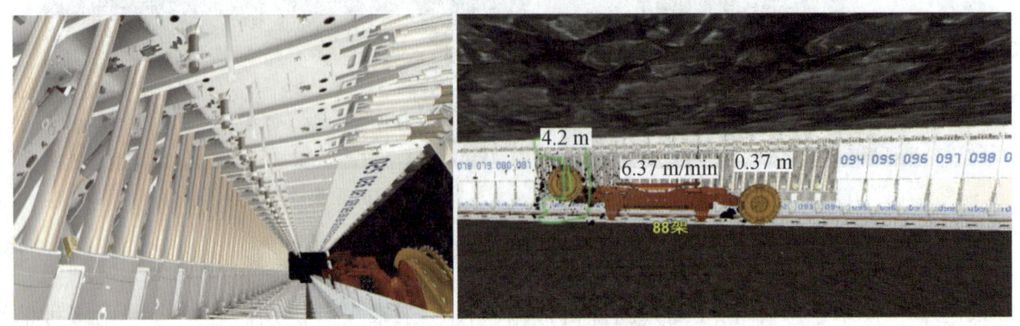

图 7-5 “透明工作面”三维建构场景

（2）综采设备实时定位为工作面智能化采煤控制提供了技术支持，实现了工作面生产系统的透明化。采煤工作面的智能开采模型如图 7-6 所示。

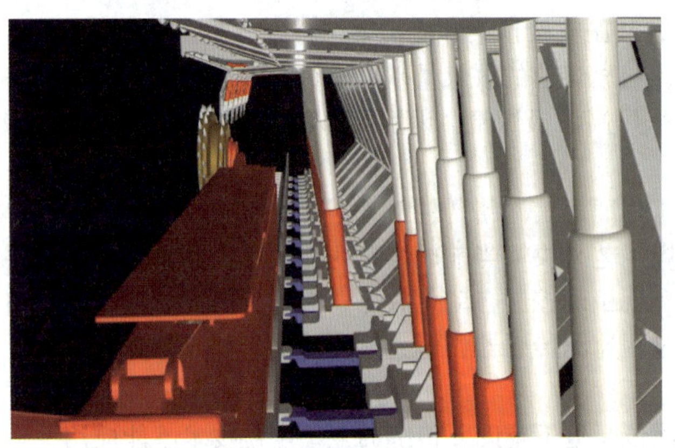

图 7-6 采煤工作面智能开采模型

（3）“透明工作面”三维模型验证。三维地质模型和工作面扫描流程已实现现场实时传输并正常指导采煤机进行智能数字化割煤，但精度还需更多试验验证和优化，建立的“透明工作面”煤岩分界模型如图 7-7 所示。基于矿井历史所有钻探、物探、补充勘探数据及矿井当前的生产数据等（钻孔信息、煤层、地层信息、巷道开拓）信息，实现采煤机滚筒自适应调高，液压支架直线度和“上窜下滑”控制。

7.2 智能开采中心

智能开采中心以智能化采煤工作面运输巷的集控中心为核心，建立多源异构数据的共享、互馈平台，在三维地质模型、采煤机监控系统、液压支架、刮板输送机、转载机、破

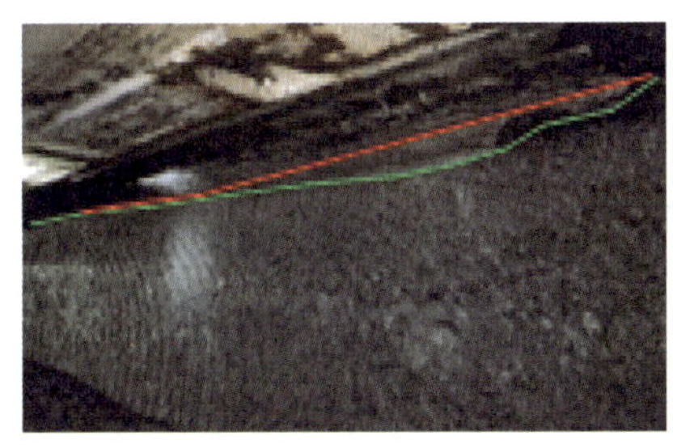
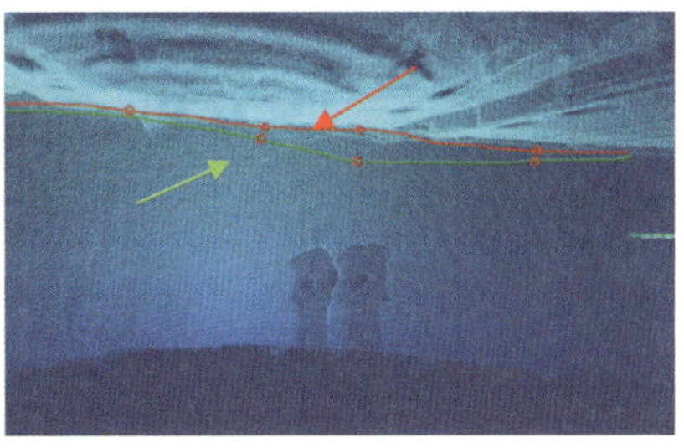

图7-7 建立的“透明工作面”煤岩分界模型

碎机、带式输送机、泵站等子系统或设备之间，相互开放数据通信协议，实现数据共享。智能开采太空舱如图7-8所示。利用光纤通信和信息控制技术，将智能化采煤工作面的初始地质模型，提交给智能化采煤的集控中心，预设智能化采煤的“三机”参数；利用采煤机实际揭露、控制的煤岩信息以及随采智能探测信息，动态优化三维地质模型；将优后的三维地质模型和预想截割地质剖面信息，实时提交给智能采掘系统进行超前规划，形成地质、采矿、机电等多源异构信息的实时共享和动态反馈。保障采煤机、液压支架和刮板输送机等设备智能运转，实现智能化采煤真正意义上的自感知、自学习、自适应、自调整，为煤炭资源智能精准开采提供智能探测和地质导航。

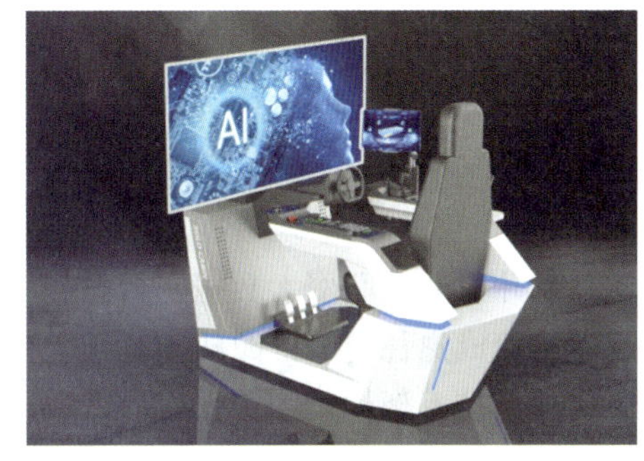

图7-8 智能开采太空舱

7.2.1 工作面大数据中心

1. 大数据平台功能架构

大数据平台整体设计借鉴互联网领域及其他行业建设数据平台的理念，采用分布式存储和计算技术，从功能上提供“数据+智能”的平台和能力，实现全矿井多源异构数据的一体化访问、处理和管理。整体功能架构如图7-9所示。

数据采集平台从数据时效性上，提供来自传感设备、自动化控制系统的实时数据获取，同时提供井下和地面各种业务系统非实时数据的接入。从数据类型上，提供结构化数据、半结构化数据和非结构化数据接入，数据接口上支持关系型数据库、NoSql数据库、文件系统、消息队列等多种接入方式。

数据存储和计算平台采用分布式存储和计算，融合数据湖和数据仓库技术，提供统一的海量数据存储和管理，并能够随着数据体量的增长，按需进行扩展。

数据治理平台负责数据整合和管理，通过系统化的方法体系和相应的工具进行数据加工处理，解决数据准确性、质量、共享、安全等问题，逐步为企业形成大数据资产。

数据分析与建模提供数据查询统计分析、算法模型服务，从简单的统计汇总到利用人工智能技术进行建模，可逐步形成AI开发管理能力。

2. 大数据平台技术架构

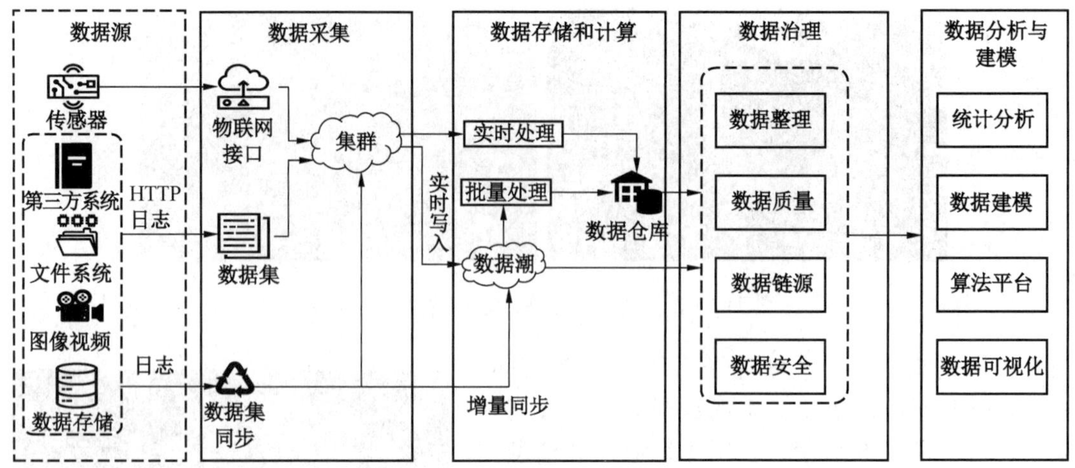

图 7-9 矿井工业互联网大数据平台功能架构

矿井工业互联网大数据平台，在技术架构设计和组件选型上满足煤炭业务需求，采用业界比较成熟稳定的开源技术框架，辅以必要的商用基础套件，兼顾技术的成熟度和前瞻性。整体技术架构如图 7-10 所示。

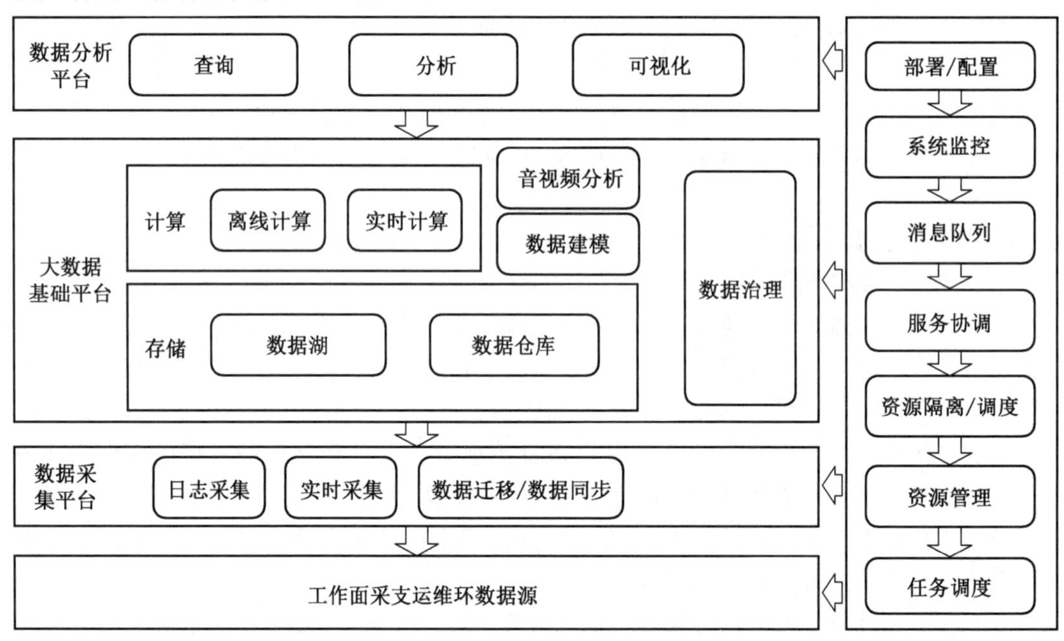

图 7-10 矿井工业互联网大数据平台技术架构

采集平台需要覆盖各种类型数据的接入方式，技术选型主要从组件架构的合理性、易于二次开发、应用广泛等方面进行考量。数据治理具有数据链源、集中策略引擎、安全和生命周期管理等核心治理能力，可以基于此进行扩展，增加数据资产管理的相关功能。数据分析平台的查询、分析、可视化，可以根据不同场景选择不同技术方案。

7.2.2　工作面数字孪生技术

数字孪生是充分利用实体模型、传感器感知、运行历史数据等数字化方式创建物理实体的虚拟模型，是集成多学科、多物理量、多尺度、多概率的仿真过程，在虚拟空间中完成映射，为物理实体提供实时、高效、智能的运行和操作服务。随着中国制造 2025 发展战略的提出，数字孪生作为解决智能制造信息物理融合难题和践行智能制造理念与目标的关键使能技术，被工业界引入到越来越多的领域进行落地应用。数字孪生技术在煤炭行业主要应用在开采地质环境、开采工艺装备和开采安全控制等领域，如图 7-11 所示。

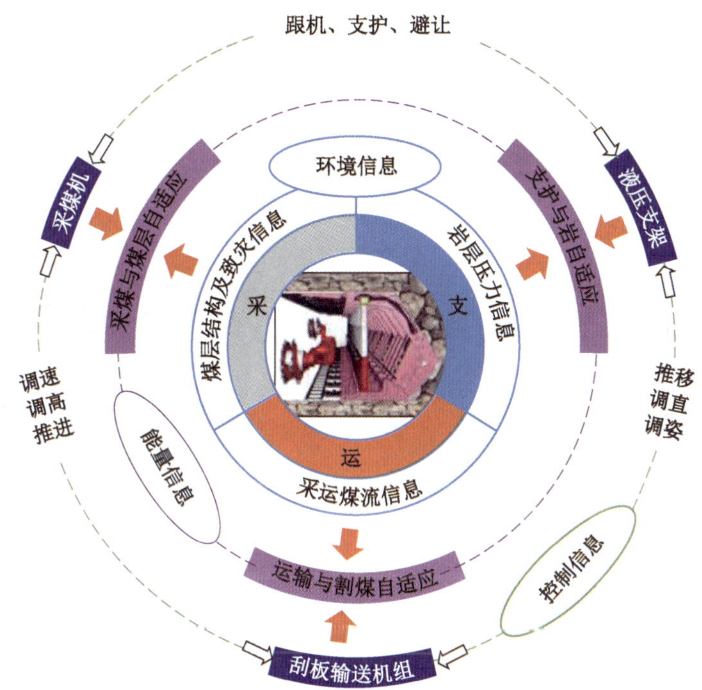

图 7-11　工作面数字孪生构想

1. 开采地质环境数字孪生

开采地质环境数字孪生是煤炭开采的基础。井下环境和条件恶劣，空间密闭狭小，地理环境变幻莫测，无时无刻都可能出现危险，装备运行随时可能发生故障。开采地质环境数字孪生的建立不仅能够给采煤工作面建模带来突破，还可以给各种矿山带来变革性影响，特别是数字孪生体开放架构，能有效接纳机器学习、数据科学等新一代数字技术的融入，能够为采煤工艺及采煤设备提供理论指导。开采地质环境数字孪生构想如图 7-12 所示。

2. 开采工艺装备数字孪生

模拟开采工艺在各种应用场景下的效果，包括薄煤层、中厚煤层、大采高综放及各种复杂地质条件，从而避免不成熟、有潜在风险的开采工艺，缩短开采流程适应时间。通过预先调设多个开采参数，能在投产之前对工艺有效性及安全性进行模拟测试和设计验证，开采工艺装备数字孪生构想如图 7-13 所示。

图 7-12　开采地质环境数字孪生构想

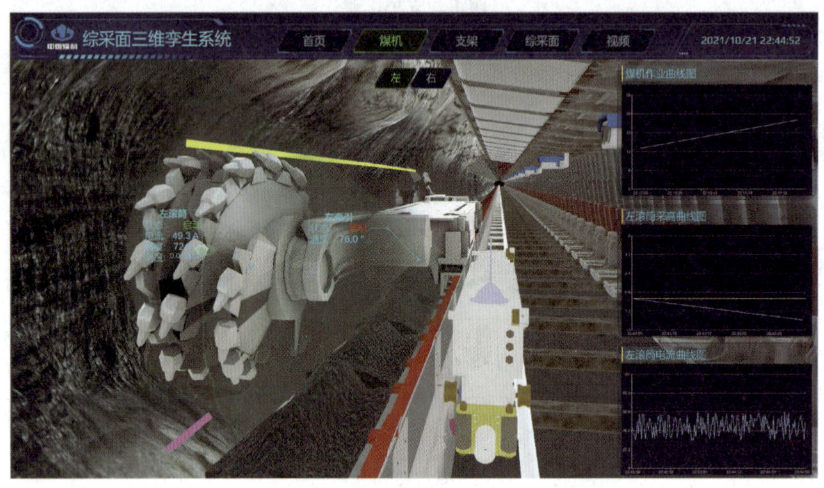

图 7-13　开采工艺装备数字孪生构想

开采工艺确定后，对开采设备进行选型测试，通过在线收集采煤设备和工作面系统的运行数据，对设备的性能状态、能耗峰值及停机风险进行分析和预测，从而实现采煤工作面设备的预测性维护，即通过监测数据来判别故障趋势，利用数字模型快速查证故障致因提前介入维护以减少停机时间。

3. 开采安全控制数字孪生

通过数字孪生场景对生产现场进行实时监控和反馈，提前发现瓦斯超限、突水前期、顶板来压、设备冲突、行为异常等事故征兆，自动执行预警和相关安全措施预案，从而提前避免事故发生，保证采煤工作面的生产安全性、连续性和稳定性。

7.2.3　人工智能决策技术

在解决了采煤工作面自适应开采感知技术后，采煤工作面的生产运行还需要人工巡视或人工远程分析、决策和控制，要实现采煤工作面真正的无人化生产，必须实现采煤工作面的人工智能决策。目前，采煤工作面的生产运行存在如下问题：

(1) 复杂条件下采煤工作面仅靠传感器还不能完全解决综采生产装备及环境状态不透明的问题，还存在煤岩层识别困难、煤岩层空间信息不精准，无实时高精度感知定位方法和手段，不能精准控制设备动作；综采装备控制与煤层信息不关联，装备适应性差；没有解决复杂地质条件下的采煤机滚筒调高、煤岩分界、顶底板自适应和大倾角液压支架的自适应监测和控制难题，无法实现采煤机自主调高。无论在地面调度中心或工作面巷道监控中心，都离不开人工监控，需要工作人员长时间值守，并且依赖人为感知与决策，存在较多主观性。

（2）系统级决策缺乏知识的积累与支撑。一方面，人在机械化开采中所起到的作用和经验并未有效转化为知识；另一方面，大量煤矿生产、管理等数据中隐藏的知识尚未得到有效梳理和挖掘。因此，目前的煤矿智能化采煤综合管控平台实际是信息展示远多于智能化控制，其改造升级之路还很长。

（3）煤矿智能化采煤伴随着大量的流程再造，包括生产流程的优化、管理流程的变更、安全管控的变革和云端架构的重塑等。目前的决策系统只是智能化采煤的系统集成阶段，还远未涉及架构调整的深水区。

（4）现有初级决策技术不能适应采煤工作面复杂条件变化。从最初的单一逻辑到模糊决策，再到人工智能，决策因素考虑越来越周全，决策模型越来越复杂，大数据中心、人工智能芯片、深度学习方法和云边端理念逐渐应用到决策环节，这也意味着煤矿智能化正由初级阶段逐渐向高级阶段进化。

因此，在采煤工作面智能化采煤过程中，引入人工智能技术，将专家系统、模式识别、图像处理和神经网络等人工智能技术，应用于采煤工作面设备监控、围岩感知、运动控制和协同作业等方面，通过模拟人类专家思维及知识水平，解决复杂多维的采煤工作面感知和控制非线性问题，提高控制效率及准确性，实现采煤工作面生产关键目标自动检测识别、场景实时动态的智能感知，达到智能化采煤的“无人化”生产本质安全目标。

人工智能是将人类专家的知识和经验进行建模，用于解决系统决策、工艺、故障等问题的技术。对于智能化采煤来说，就是为采煤工作面系统建立知识库，模拟人类解决采煤工作面作业过程中遇到的实际问题，根据当前采煤工作面系统的状态，例如采煤工作面设备振动、负荷等工况状态，对采煤工作面系统故障进行分析，判断故障点并生成故障排除方案，也包括采煤工作面工艺优化等。

人工智能应用于采煤工作面感知和控制的智能化分析决策过程，包括煤炭开采空间与开采装备群之间的相互耦合，以及开采装备群间的协同控制逻辑，其专家知识库要素分析分为以下六个部分，如图 7-14 所示。

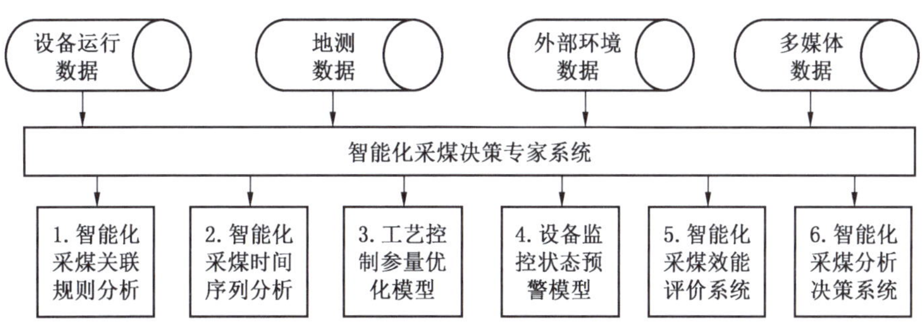

图 7-14　人工智能决策能力要素分析

（1）智能化采煤关联规则分析。智能化生产系统应当实现系统级数据融合、技术集成，解决目前开采过程中数据利用率低、装备群关联性差、控制决策缺乏智能的问题；研究采煤工作面不同类型数据分类、估计、预测、相关性分组、关联规则以及聚类等方法，剔除耦合变量，降低数据维度；设计智能化采煤工艺过程的数据挖掘算法，总结主要影响因子以及数据之间的潜在关联规则；通过分析智能化采煤各环节关联规则实现感知、分析、决策与执行能力的优化，进而追求更高智能化程度的采煤工作面开采系统。

（2）智能化采煤时间序列分析。建立基于大数据的智能化采煤时间序列采集分析处理平台，研发适用于人工智能分析决策的时间序列数据分析引擎，支持时序数据、空间数据、音视频数据、生产管理数据等多种类型；开发标准算法库，实现时间序列回归、聚类和分类等大数据分析。

（3）工艺控制参量优化模型。引入工作面智能化采煤效能提升的工艺控制参量优化模型，分析工作面设备、地质条件、外部环境的作用机理以及耦合关系，设计采煤工作面生产场景多目标优化的数学模型；研究开采工艺反馈控制算法，优化采煤机速度、工作面支架与两巷超前支护策略、刮板输送机速度和泵站供液压力等参数。

（4）设备监控状态预警模型。研究设备监控状态的故障预警技术主要分为三大类：基于机理模型的方法、基于知识的方法和基于数据驱动的方法。①基于机理模型的方法通过设备运行机理建立精确的数学模型来估计系统输出，并将之与实际测量值比较分析以确定过程是否发生故障，并进一步辨识故障类型。②基于知识的方法主要以相关专家和操作人员的启发性经验知识为基础，定性或定量描述过程中各单元之间的连接关系、故障传播模式等，在设备出现异常征兆后通过推理、演绎等方式模拟过程专家在监测上的推理能力，从而自动完成设备故障预警和设备监测。③基于数据驱动的方法通过挖掘过程数据中的内在信息建立数学模型和表达过程状态，根据模型来实施过程的有效监测。

（5）智能化采煤效能评价系统。研究采煤工作面工艺、设备、环境以及人员对智能化采煤效能和安全的影响因素，确定相应开采效能和安全指标，建立开采效能和安全的综合评价模型。研究不同时间尺度数据处理方法和影响采区效能的因素，建立不同时间尺度、多因素综合的效能，提升数据模型准确性。研究运输、通风、生产调度、人员、通信等对采煤工作面安全的影响，形成安全保障优化策略。

（6）智能化采煤分析决策系统。设计开发“井下—地面—云端”的多节点、多种数据存储缓存方式、多级数据冗余的数据存储架构，制定统一通信协议，便于不同数据系统的接入。建设开采效能自主学习和安全分析决策知识库系统，研究开采效能和安全分析地表示和推理技术。设计智能化采煤专家决策知识库，基于深度学习技术，建立开采过程数据潜在知识的数据挖掘引擎，开发具有自主学习、迭代优化的知识库系统。

人工智能应用于智能化采煤还处于起步阶段，需要进一步研究工作面设备、开采条件对智能化采煤的实际影响关系，利用自适应智能化采煤控制理论模型，设计智能化采煤的煤层适应性评价方法，研究顶板来压和煤壁片帮预测处置技术以及环境条件的智能协同感知技术，开发智能工作面开采条件实时预测与处置技术，构建包含采煤机、刮板输送机、液压支架、两巷支护与顶底板信息的生产过程数值模型，建立基于煤层地质条件的智能化采煤人工智能，提高智能化采煤技术水平。

7.3 数字截割系统

随着机器人、人工智能与新型能源等高新技术发展，在采煤工作面等危险岗位引入机器人技术是实现煤炭安全高效生产的必然趋势。智能化采煤对机器人的要求：在采煤工作面能跟随采煤机自主行走，移动监控采煤机滚筒，自主探测待采煤层厚度信息，机载机械臂处理异常情况等工作。由于煤矿地下狭长空间、危险恶劣环境、无卫星定位等，需要多种采煤工作面机器人形成机器人集群协同工作，可分为轨道巡检机器人、飞行机器人、轨道操作机器人三类。未来煤矿采煤工作面将以巡检三维空间定位扫描为基础，突破防爆材料、能源动力、无线通信、定位导航、智能传感等关键技术瓶颈，融合采煤工作面机器人技术与采煤工作面生产工艺、物联网、模式识别、预测维护和机器学习等新一代信息化技术结合，推动采煤工作面关键工艺过程控制数字化，综合运用机器人集群技术，人机远程协同保障采煤工作面智能精确感知和智能高效控制的无人化开采。

7.3.1 自主规划截割技术

智能化采煤是一个复杂的系统工程，针对智能化采煤过程中海量非结构化数据的有效利用问题，研究大数据全样本分析技术，借助大数据云计算和数据挖掘等多项技术，研发智能化采煤大数据采集分析处理平台，建立采煤工作面生产过程的效能和安全的大数据评价体系，构建开采效能优化模型，研发智能化采煤效能和安全分析决策系统，指导智能化工作面开采，为智能化采煤提供决策支持，以满足采煤工作面智能化采煤效能提升和安全生产的需求，实现采煤工作面一体化管理，提高采煤工作面智能化水平。目前，自主规划接截割技术由以下六个方面支撑。

（1）适用于煤矿开采的数据分布式计算平台。基于分布式计算技术，建立采煤工作面大数据计算框架；研发适用于专家分析决策的数据分析引擎，支持时序数据、空间数据、音视频数据、生产管理数据等多种类型；开发标准算法库，实现回归、聚类、分类等大数据分析；研究主流数据可视化工具，开发扩展接口，实现对外数据交互。

（2）基于采煤工作面生产数据挖掘技术获取新知识的方法。研究采煤工作面大维度数据降维方法，拟针对不同类型数据采用分类、估计、预测、相关性分组、关联规则以及聚类等方法，剔除耦合变量，降低数据维度；设计智能化采煤工艺过程的数据挖掘算法，发现主要影响因子以及数据之间的潜在关联规则。

（3）采煤工作面外部的效能和安全指标体系。研究采煤工作面区域外部涉及的工艺、设备、环境以及人员对智能化采煤效能和安全的影响因素，确定相应开采效能和安全指标；综合运用层次分析法、模糊综合评判法、未确知测度评估方法等技术，建立开采效能和安全的综合评价模型。

（4）多尺度效能提升和安全保障的优化控制策略。研究不同时间尺度数据处理方法和影响采区效能的因素，建立不同时间尺度（时/日/月/年等）、多因素综合的效能提升数据模型；研究主煤流运输、通风、生产调度、人员、通信等对采煤工作面安全的影响，形成安全保障优化策略。

（5）工作面智能化采煤效能提升的工艺控制参量优化模型。研究工作面关键设备、地质条件、外部环境的作用机理以及耦合关系，设计多目标优化的数学模型；研究开采工艺反馈控制算法，优化采煤机速度、工作面支架与两巷超前支护的移架策略、刮板输送机速度和泵站供液压力等参数。

（6）设备健康状况预警模型。基于采煤机、刮板输送机、带式输送机及乳化液泵的设备信息、运行状态数据、环境信息（瓦斯、温度、湿度等）以及历史故障记录等数据，研究利用深度学习技术挖掘数据间的关联关系和因素，揭示不同关联因素影响下的设备运行状态规律，对设备健康状况进行预警和故障率预测。

7.3.2 数字液压技术

数字液压系统包含了流体力学、机械、自动化、电子技术等，由于结构设计精妙，使得缸、阀、反馈和控制有机地结合在一起，形成了完全数字化的运动特性，不仅其构成由原本的伺服液压系统工程简化成为一个数字化元件，更让设计、调试、使用和维护大大简化，是提高综采智能化水平的发展方向。

7.3.2.1 数字液压缸

数字液压缸是一种内建闭环、使用开环的系统工程级单一元件，通过电脉冲调节步进电机行程，从而实现微米级的控制精度，可应用于综采工作面设备位置控制。数字液压缸通过内反馈方式，实现了液压对电机特性的随动。数字液压缸的运动特性与电脉冲一一对应，电脉冲的频率对应数字油缸的运动速度，电脉冲的数量对应数字油缸的运动行程，执行器件的精度几乎不受负载、压力甚至是泄漏等的影响。数字液压缸外形与现有普通液压缸外形相似，但功能却大不一样，几乎集中了现有液压技术的所有功能，能直接连接专用数字控制器、计算机及 PLC 可编程序控制器。数字液压缸只需接通液压油源，不需任何其他液压阀件和传感器，所有的功能都通过电子控制器直接设定，把传统液压控制中复杂的阀口控制技术改为了直接给定的电子控制技术，取消了复杂的液压系统设计和各种油路设计及加工。

1）数字液压缸工作原理

数字液压缸（图 7-15）属于增量式数字控制的电液伺服机构，其基本的工作原理（图 7-16）为：由步进电机和控制阀接收数字控制电路输出的脉冲序列信号，进行信号的转换和功率放大，然后驱动液压缸输出功率和位移。数字液压的核心原理是内建闭环的一体化伺服液压技术，通过机械反馈调节原理实现了液压对控制的特性随动，过程中实现了功率的放大。数字液压缸主要由液力放大器、减速齿轮和步进电机几大部分组成。数字液

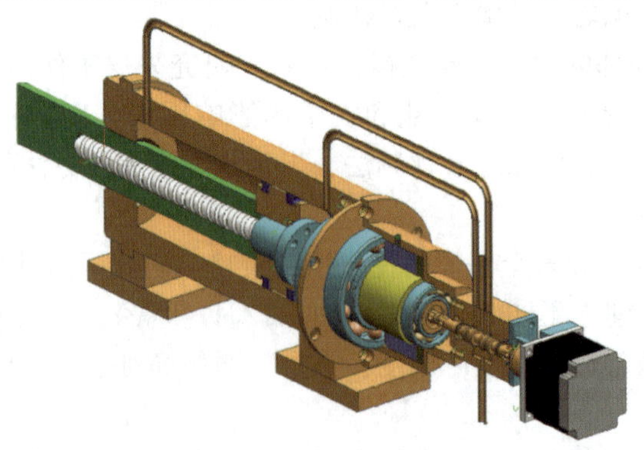

图 7-15　内驱内部间接反馈式数字液压缸三维结构

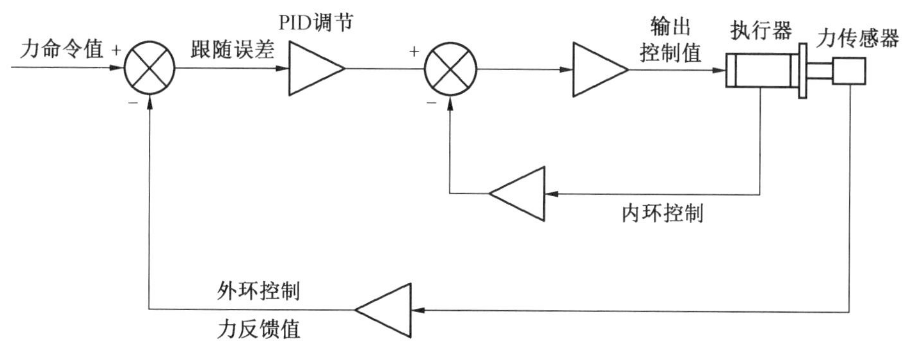

图7-16 数字液压缸控制框图

压缸所采用的液力放大器原理上和普通的液力转矩放大器工作原理类似，其作用是将步进电机的输出扭矩放大，以便使液压缸能够带动负载正常工作；螺纹式的阀芯主要是将旋转运动转变为直线运动以实现阀口的开关，其作用相当于一个三通的滑阀。

2）数字液压缸特点

把传统的低精度闭环控制改变为直接给定的数字控制，而且系统复杂度大大降低。这是由于数字液压缸本身具有位置闭环，因而将原先的传统单闭环系统变为了常数系统，省掉了一个调整环节，并且避免了传统伺服控制中存在的响应滞后问题。和传统的位移传感器反馈控制相比较，采用数字液压控制更容易实现液压支架跟机移架功能，只需要在上位计算机中计算出控制所需要的参数列表，再依次将转换后的脉冲信号送入相应的控制器，就可以达到精确控制液压缸行程，从而提高推移拉架效率。

数字液压控制方案的缺点：乳化液在滑阀开闭时不能形成有效密封，滑阀不适用于黏度低的乳化液环境，而单独做 套油压系统会大大增加系统的复杂度；系统对清洁度和控制均有特殊要求，煤矿工作介质和使用环境的特殊性，会增加其工程实现的经济成本。

3）综采数字液压缸发展方向

数字液压技术大幅度降低了高性能运动控制系统的应用门槛，推动了综采自动化的发展。将数字液压缸应用于工作面精准推移系统中，将控制交给电控，而数字化的功率放大留给液压。未来将通过对数字液压控制的深入研究，实现在乳化液或纯水工作环境下的应用，逐步降低数字液压技术的经济成本，实现煤炭行业智能化采煤可靠支护的飞跃。

7.3.2.2 数字液压阀

数字阀直接与计算机接口，无须 D/A 转换元件，机械加工相对容易，成本低、功耗小，且对油液不敏感，提高了控制的准确性及灵活性，是未来综采工作面支架液压系统阀控部件发展的方向。

1. 数字液压阀分类及原理

根据不同的工作原理，数字液压阀可分为三种不同的类型。

1）并联数字液压阀

并联数字液压阀也可称为数字流量控制单元。通过对并联的多个开关阀进行编码控制，实现精确的流量控制。数字流量控制单元的流量是所有开关阀在开启状态下流量的总和。数字流量控制单元的稳态特性受两个因素的影响：开关阀的数量和开关阀控制信号的编码方式。数字流量控制单元与高速切换数字液压阀的本质区别在于，前者不需要在开和关之间频繁切换单个阀即可获得连续的系统输出，阀门的状态切换仅用于调整数字流量控制单元的状态。

2）高速开关式数字液压阀

高速开关式数字液压阀又称脉冲调制开关数字液压阀。阀门的开关由高/低电平脉冲信号控制，阀门的平均流量由高频调制的数字信号控制。在信号调制方式中，脉宽调制（PWM）是最常用的一种。阀门的可控流量理论上可以设定为任意值，但由于阀门本身的动态特性，最大与最小流量的比值只能在有限的范围内变化。高速开关式数字液压阀的控制性能与开关频率直接相关。

3）增量式数字液压阀

增量式数字液压阀通过 PWM 编码控制输入脉冲信号的占空比，可以用步进电机的转角和转速来表示，实现阀芯的主动智能位置的精确控制。由于步进电机无累积误差，几乎无滞后现象，增量式数字液压阀具有较高的阀芯位置精度，其阀芯结构如图 7-17 所示。

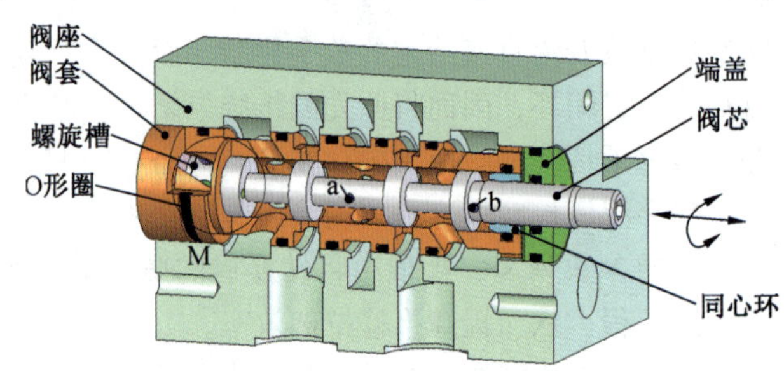

图 7-17　增量式数字液压阀阀芯结构

2. 数字液压阀的特点

数字阀与传感器、微处理器的紧密结合大大增加了系统的自由度，使阀控系统能够更灵活地结合多种控制方式。

数字阀的控制、反馈信号均为电信号，因此无须额外梭阀组或者压力补偿器等液压元件，系统的压力流量参数实时反馈控制器，应用电液流量匹配控制技术，根据阀的信号控制泵的排量。电液流量匹配控制系统由流量需求命令元件、流量消耗元件执行机构、流量分配元件数字阀、流量产生元件电控变量泵和流量计算元件控制器等组成。电液流量匹配控制技术采用泵阀同步并行控制的方式，可以基本消除传统负载敏感系统控制中泵滞后阀的现象。电液流量匹配控制系统致力于结合传统机液负载敏感系统、电液负载敏感系统和正流量控制系统的优点，充分发挥电液控制系统的柔性和灵活性，提高系统的阻尼特性、节能性和响应操控性。

数字阀的发展和应用可以使从事液压领域工作的技术人员和研究人员从复杂的机械结构和液压流道中解放出来，专注于液压功能和控制性能的实现。与传感器及控制器相结合，可以通过程序与数字阀的组合简化现有复杂的液压系统回路。模块化的数字阀需要其参数、规格与接口统一，使液压系统的设计与电路设计一样标准化。

3. 采煤工作面数字液压阀的发展方向

数字阀的重要应用就是利用其高频特性达到快速启闭的开关效果或者生成相对连续的压力和流量。目前，采用新形式、新材料的电—机械执行器，降低阀芯质量和合理的信号控制方式，使得数字阀的频响提高，应用范围越来越广。由于采煤工作面液压系统高压力、大流量的特点，数字液压阀普遍存在电—机械转换器推力不足、阀芯启闭时间存在滞环等问题。因此，在确保数字阀稳定性的情况下如何提高响应，尤其是在高压大流量的液压系统中的使用，一直是数字阀的研究重点。

7.4 采煤机器人技术

采煤工作面实现了采煤智能化和支护智能化，作为采支运的重要环节，工作面运输也需要智能装备和智能技术，才能形成工作面主要作业的全流程智能化。为了进一步提高工作面的智能化程度，引入了采煤机器人技术。

7.4.1 巡检机器人

采煤工作面巡检机器人将高清摄像机和高分辨率的红外热成像摄像机合为一体，采用多传感器融合技术，自主运行，可在矿井下替代巡检人员，有效解决了煤矿综采工作面在空间狭窄、条件复杂情况下监测控制精度不够及设备故障率高等技术难题，可有效提高煤矿综采自动化水平，提升远程控制采煤机滚筒摇臂温度、高度和记忆截割监测控制的精准性，为矿井地理信息构建、设备定位、数字化采煤以及智能化开采提供相关数据。

7.4.1.1 机器人组成及工作原理

工作面巡检机器人系统包括柔性轨道系统、巡检机器人本体、工作面无线通信系统等，如图 7-18 所示。

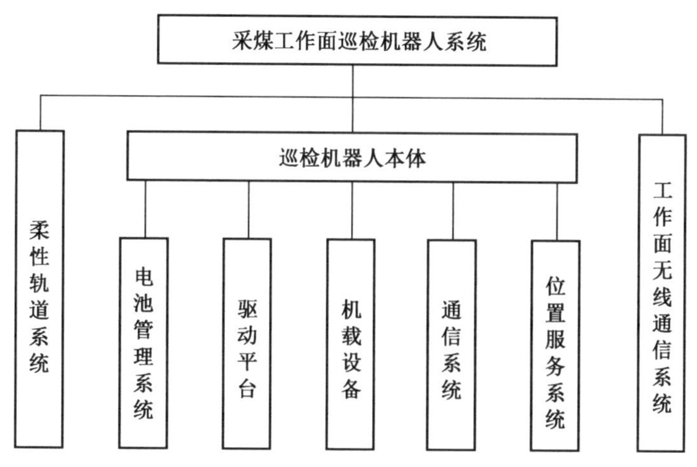

图 7-18 采煤工作面巡检机器人系统组成

工作面巡检机器人系统按功能可以划分为执行层、控制层、通信层及操作层，如图 7-19 所示。执行层包括驱动器、防爆电机、高清摄像机、编码器与定位系统等，用以执行相关动作、位置定位及采集工作面设备、煤层和围岩状况信息；控制层包括微处理器和微控制器，控制巡检机器人的操作动作；通信层包括现场总线网络、无线通信网络和工作面高速网络，负责监控中心监测站与巡检机器人之间的数据传输；操作层包括动作控制与视频监测站，用于发送对机器人动作的操作指令及对工作面的实时监测。

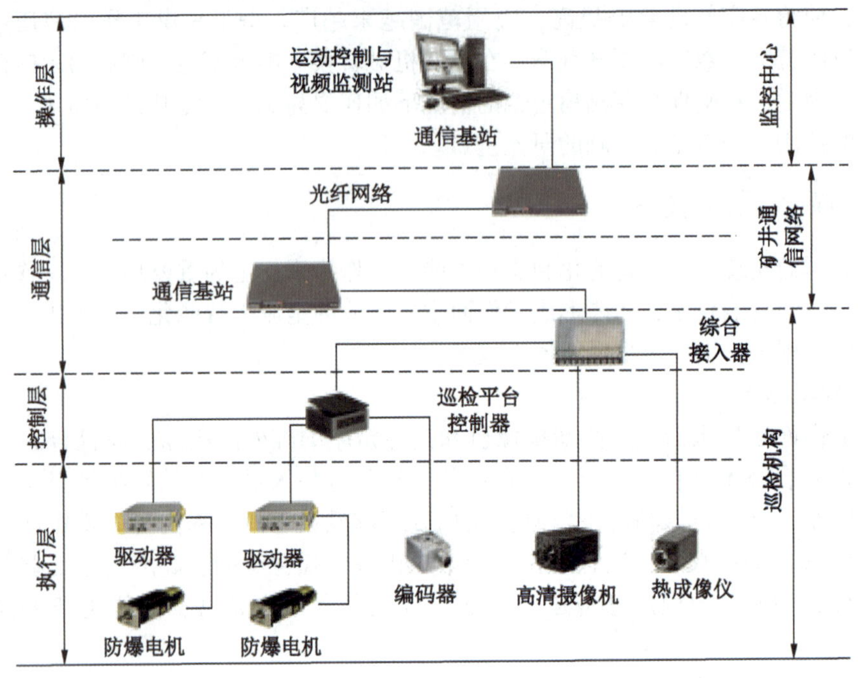

图 7-19　采煤工作面巡检机器人功能划分

巡检机器人本体由驱动平台、电池系统、通信系统与搭载的机载设备等组成，如图7-20所示。

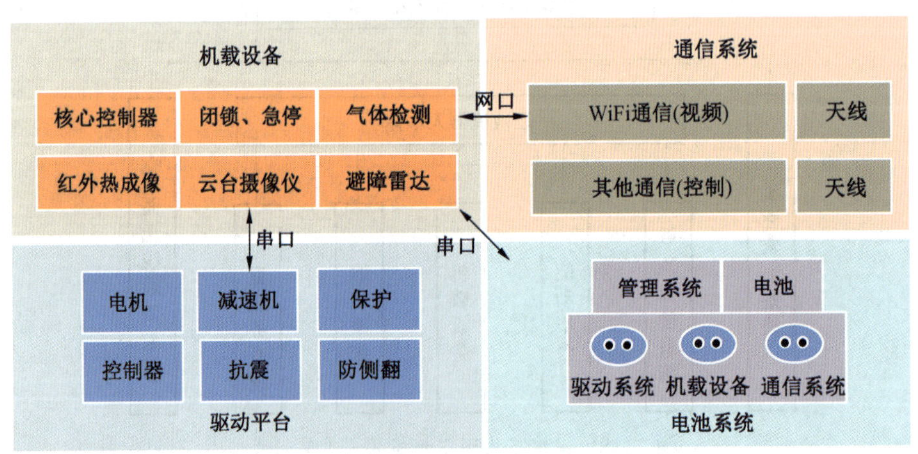

图 7-20　采煤工作面巡检机器人本体组成图

1. 柔性轨道系统

柔性轨道系统可保证巡检机器人的平稳运行，是巡检机器人能快速巡检与平稳跟机的保障。综采工作面巡检机器人的运行受制于综采工作面组合设备的不断向前运行以及由此带来的水平和上下方向的变化，因此柔性轨道系统需要满足综采工作面巡检机器人连续运行要求。柔性轨道系统每节轨道之间采用特殊设计的等直径弹簧进行柔性连接（图 7-21），可适应刮板输送机相邻两节中部槽之间水平和垂直方向的 10°夹角变化和 10 mm 错位变化，轨道移动弯曲时不会出现挤压现象，且弹簧内部设有防弹簧断裂装置，防止由于弹簧变形频繁且年久失修的原因导致弹簧断裂伤到工作面人员。

图 7-21　轨道柔性连接方式

2. 电池管理系统

电池管理系统为巡检机器人的核心单元，该模块内部包含采集单元、均衡单元、过流过压保护单元、充电装置和电池显示器等，如图 7-22 所示。电池显示器可显示巡检机器人电气参数和电池故障等信息，如图 7-23 所示。

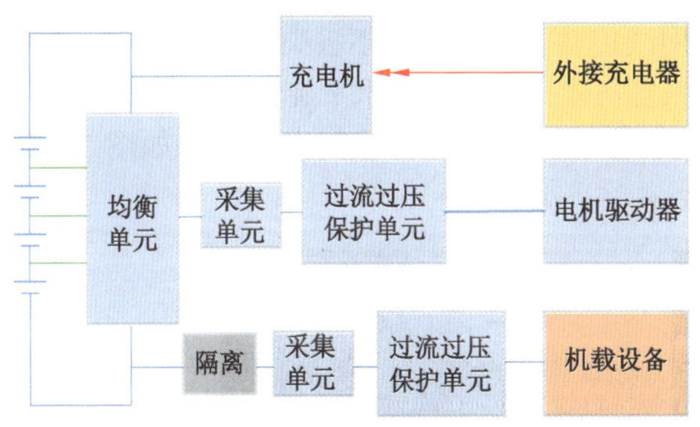

图 7-22　电池能量系统

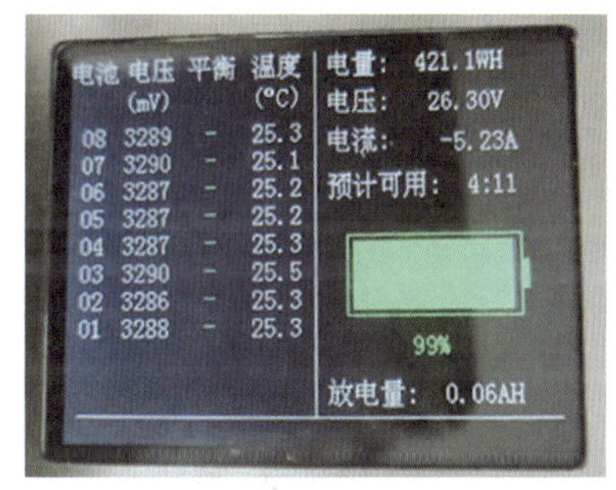

图 7-23　电池参数状态显示

3. 巡检机器人通信系统

巡检机器人通信系统通过内置的无线模块与综合接入器内置的无线模块进行通信，再通过综合接入器接入千兆以太网，将巡检机器人在巡检过程中获取的工作面信息传送给巷道监控中心的主控计算机。巡检通信系统在工作面布置 3 台数传电台基站，智能无线网络接入器传输带宽为 300 Mbps、快速切换时间为 20~35 ms、传输距离为 2 km。巡检机器人内部设置电台接收端，通过将控制指令、电池信息、驱动信息、故障信息等数据与监控中心监控主机远程集中控制系统进行双向通信，实现数据的实时交互，数据传输延迟 100 ms。巡检机器人通信系统工作面布置如图 7-24 所示。

4. 机载设备

1）摄像机

巡检机器人搭载微型摄像机机芯与云台摄像机，微型摄像机支持 H.265/H.264/MJPEG 视频压缩算法，支持多级别视频质量配置、编码复杂度设置，支持 3D 数字降噪，支持宽动态范围达 120 dB，适合逆光环境监控，支持 GBK 字库。云台摄像机支持最大

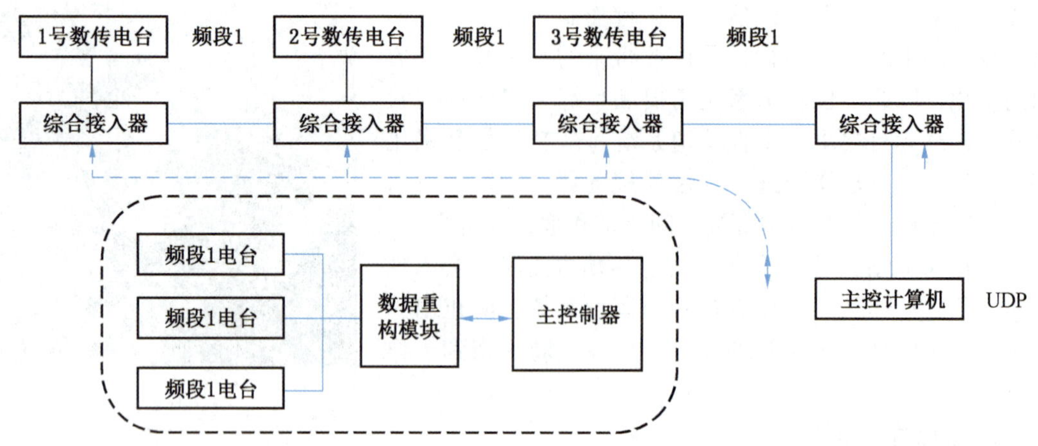

图 7-24　巡检机器人通信系统工作面布置示意图

1920×1080@ 30fps 高清画面输出；支持 H. 265 高效压缩算法；支持 4 倍光学变倍，16 倍数字变倍；支持三码流技术，每路码流可独立配置分辨率及帧率；支持区域入侵侦测、越界侦测、移动侦测等智能侦测功能；支持断网续传功能保证录像不丢失；支持 3D 数字降噪、强光抑制、电子防抖，支持镜像、一键恢复功能；支持 350°水平旋转，垂直方向 0°~90°，支持 300 个预置位，8 条巡航扫描。微型摄像机机头、机尾侧采集图像如图 7-25 所示。

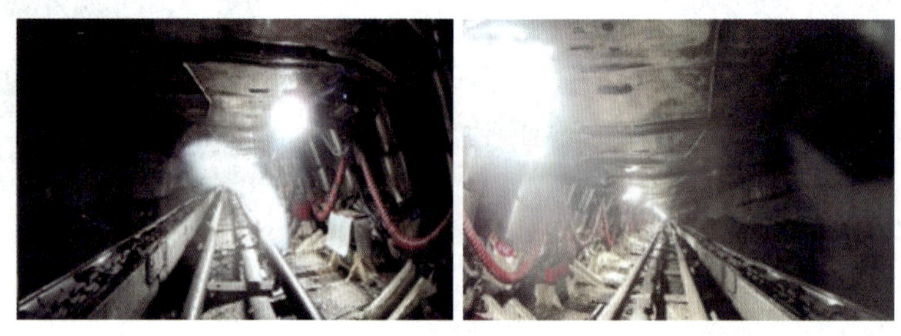

图 7-25　巡检机器人机头、机尾侧采集图像

2）红外热成像相机

红外热成像相机固定在结构壳体内，机芯镜头带有锗玻璃，结构外壳上具备相同的锗玻璃，完成红外图像的采集。视频数据输入集中控制系统，通过图像检测算法检测出目标点在图像中的像素坐标（温度最高部分的中心坐标），再通过摄像机标定建立的摄像机成像几何模型将像素坐标换算成三维空间坐标，以实现滚筒目标的定位，根据计算出的温度最高部分的中心坐标，再通过视频图像的二维坐标系与现实世界坐标系构建对应的几何模型，绘制滚筒轮廓，如图 7-26 所示。

3）三维扫描雷达

巡检机器人搭载三维扫描装置可实现 360°扫描，结合采煤工作面惯性导航装置可生成工作面三维点云。三维扫描装置如图 7-27 所示。

采煤工作面巡检机器人三维激光扫描技术需要配合固定点的三维激光扫描仪进行，同

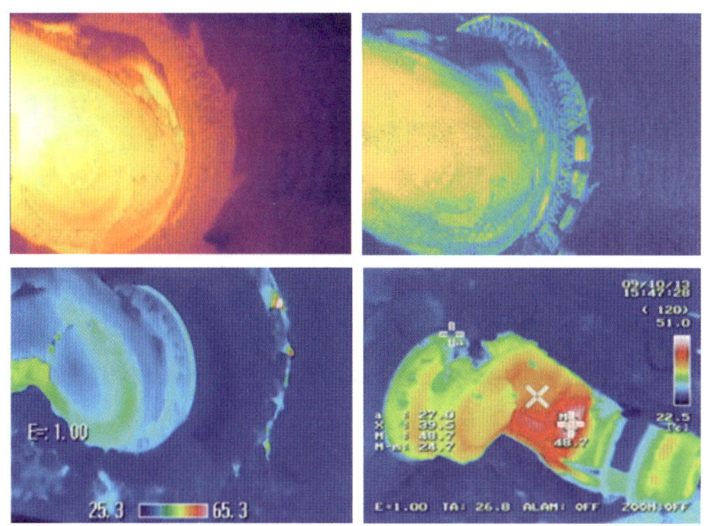

图 7-26　红外热成像相机采集图像

时需要设置坐标系统配准标识物，可以实现综采工作面三维点云图，如图 7-28 所示。

4）位置服务系统

巡检机器人在工作面巡检采集获取的数据精度对于数字化割煤技术能否成功应用至关重要，而决定巡检机器人采集数据精度的关键元器件是巡检机器人的位置服务系统，同时巡检机器人中的惯导装置程序会读取里程信息，并通过数学运算获取巡检机器人当前位置。巡检机器人位置服务系统如图 7-29 所示。

图 7-27　三维扫描装置

位置服务系统包括编码器与射频定位装置，在采煤工作面每 10 m 安装一个射频定位标签，标签具有抗干扰性能，通过编码器连续获取里程信息，排除打滑与空转的影响。采煤工作面巡检机器人采用电池供电，并配备配套充电装置（需将电池带到地面或专门的充电硐室去充电），巡检机器人通过接收控制系统的信号进行模式选择，巡检机器人在驱动电机作用下沿刮板输送机电缆槽外侧的轨道自主行走，搭载惯性导航系统、三维激光扫描装置、红外热成像摄像机、可见光摄像机、无线移动终端等装备，实时采集工作面的各项监测数据，并通过工作面的无线网络平台传输到集控中心，在监控界面实时显示监测数据。

巡检机器人主体结构紧凑，重量适中，电池部分采用浇封式输出本安型，其余部分采用本安型电路设计，符合煤矿防爆要求，巡检机器人可通过内置控制器程序控制，也可以通过巷道监控中心进行远程控制。巡检机器人根据巡检任务进行视频数据采集与数据上传，巡检机器人搭载有如摄像机、气体传感器等设备，具有采煤工作面工况、设备、环境监测多种功能，可沿采煤工作面跟随采煤机往复移动进行全方位的状态监测，具备自主定

图 7-28　工作面点云图

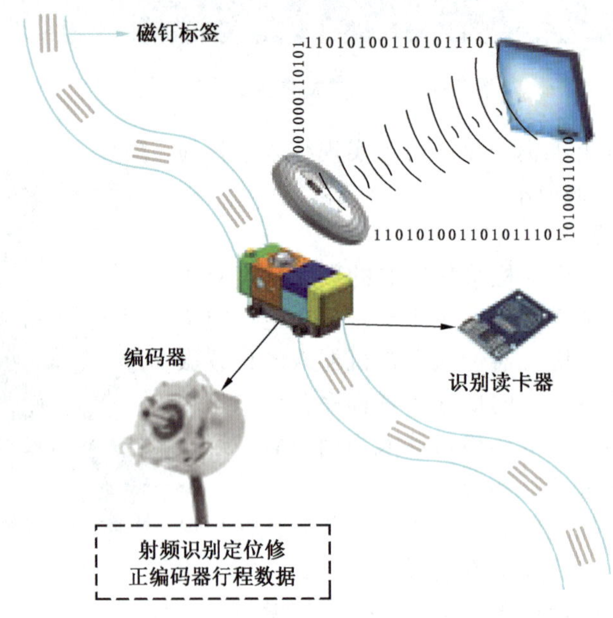

图 7-29　巡检机器人位置服务系统

位、数据无线上传、避障急停等功能，如图 7-30 所示。

采煤机工作面巡检机器人结构图如图 7-31 所示，具体参数如下：

最高移动速度：≥1 m/s。

单次充电行走距离：≥2000 m。

最大爬坡能力：≤15°。

自主定位误差：≤0.3 m。

工作电压：12 V。

工作电流：≤1.8 A。

数据传输协议：符合 EtherNet/IP。

无线通信：支持 WiFi（5.8G）与其他无线通信频段。

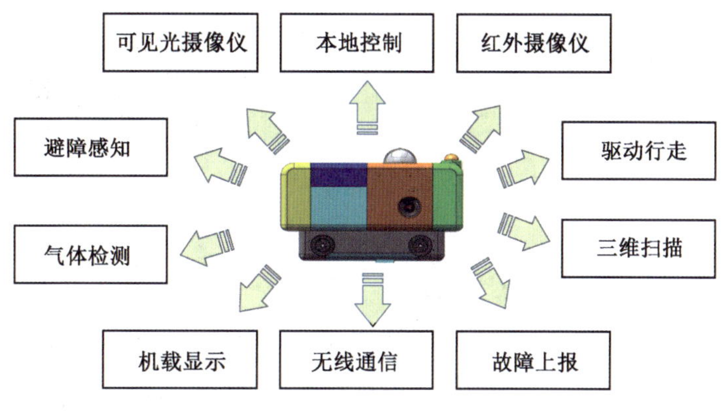

图 7-30 巡检机器人功能图

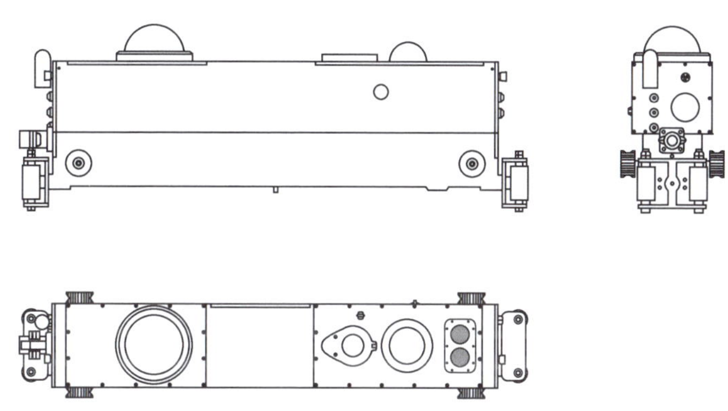

图 7-31 采煤工作面巡检机器人结构

远程控制延时：≤300 ms。

机器人重量：≤20 kg。

7.4.1.2 巡检机器人实用操作

巡检机器人控制软件显示界面如图 7-32 所示，主要功能如下：

（1）连接状态显示：显示电机、电池及编码器的连接状态。

（2）电池信息显示：显示电池电量、电压。

（3）监测画面显示：显示摄像机检测画面。

（4）故障报警：显示当前报警和故障信息。

（5）手动控制区：手动控制巡检机器人运动方向和运行速度，以及停止和复位。

巡检机器人运行模式主要有四种，分别是单动模式（手动模式）、巡检模式（区间巡检）、跟机模式、停止模式。

1）单动模式（手动模式）

先发送“模式选择”命令=1（单动模式响应时间为 6 s），再发送“电机转速”命令（上行，转速为正；下行，转速为负），动作期间，“电机转速”命令发送间隔为 1 s，超过 1 s 小车停止，无“电机转速”指令下发超过 6 s 后模式自动切换为“停止模式”。

2）巡检模式（区间巡检）

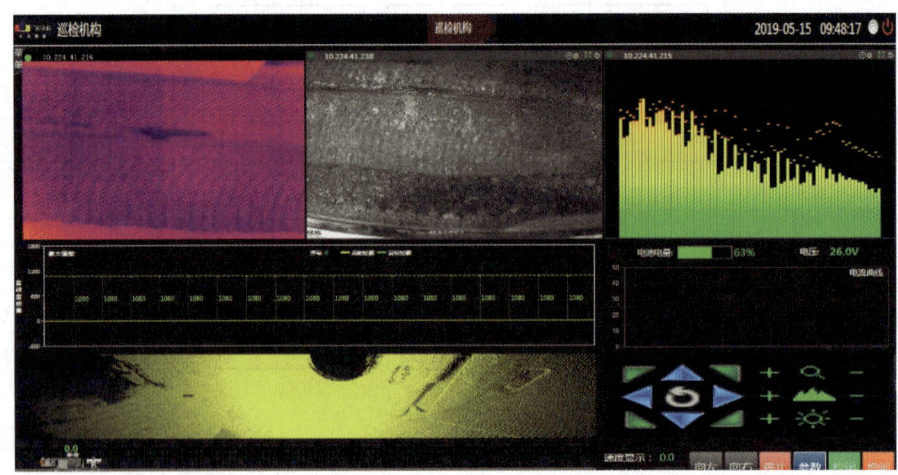

图 7-32　采煤工作面巡检机器人控制软件显示界面

先校正小车位置，填写小车所在架号，发送“模式选择”命令=2 设置为巡检模式，设置巡检“终止位置”，最后发送“电机转速”设置巡检速度，小车开启巡检。

3）跟机模式

校准小车位置，设置小车模式“模式选择”=3，定时发送“煤机位置”“煤机速度”参数，设置小车跟机中的跟机目标“跟机目标”（1—前滚筒；2—后滚筒），以及“跟机偏移”量，最后配置“煤机方向”（1—上行；2—下行）开启跟机模式。

4）停止模式

任何模式只要点击“停止”，所有模式终止，停止命令只需发送“停止指令”即可。

7.4.2　自动拖缆机器人

薄煤层综采工作面由于采高低，工作面条件恶劣，尤其迫切需要实现无人化开采。采煤机的电缆在刮板输送机内部的电缆槽内随着采煤机运动，采煤机在往复运行中，煤机电缆容易出现多层叠加，特别是在割三角煤区域，煤机的频繁往复运行，更易导致采煤机电缆出现 3~4 层叠加。同时，薄煤层因采高低，电缆槽高度受限，电缆出现多层叠加后其高度容易高出电缆槽，进而出现电缆脱槽的情况，若发现处理不及时，电缆可能被拉断，轻则停产，重则引起电气事故。实际生产现场，为防止电缆脱槽，需要有专人看护，此种情况严重制约着工作面无人化开采的实现，同时，人员操作过程中的安全问题也受到严重威胁。

为确保安全，达到减人增效，实现工作面无人化开采的目标，采煤机自动拖缆机器人应运而生。自动拖缆机器人，以智能化为目标，将电缆夹板运行负荷、运行方向与采煤机运行参数匹配，纳入整个采煤工艺控制系统中。当电缆夹板的承载状态发生变化时，采煤机将自动改变割煤速度调整电缆夹板的运行状态，即根据电缆夹板驱动系统的负荷变化，自动调控采煤机的牵引速度，以保护拖缆机器人。该方法可以实现电缆夹板自主跟随采煤机移动，并且始终处于两层的叠加状态，保证了电缆夹板始终处于恒定的张紧状态，无须派人跟踪维护，提高了生产效率。

7.4.2.1 机器人组成及工作原理

自动拖缆机器人机械部分主要由驱动部、轨道、拖缆小车、传动部、回转部等组成，如图 7-33 所示。

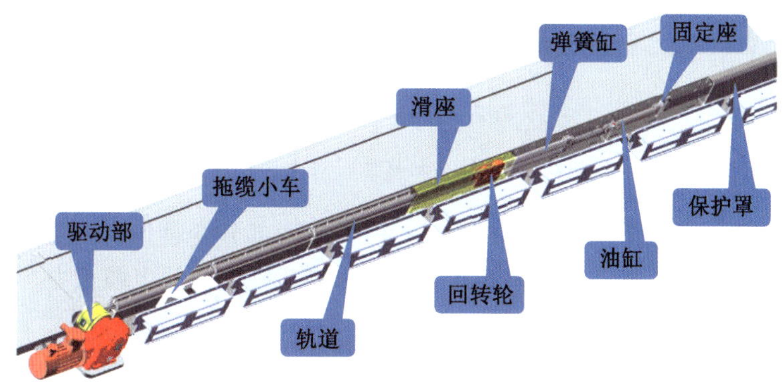

图 7-33 采煤机自动拖缆机器人结构

（1）驱动部主要由电机、联轴器、减速机组成，为整个拖缆装置提供动力。

（2）轨道主要由轨道底座、主动导轨、从动导轨以及导向装置组成，为整个采煤机自动拖缆系统提供支撑和保护。

（3）拖缆小车由导向轮、车体、滑靴、清煤装置等组成，主要作用是拖动电缆夹跟随采煤机运行。

（4）传动部主要由链轮、回转轮、链条等传动件组成，链条回路在拖缆小车处闭合，形成循环往复的运动状态。

（5）回转部由回转轮、弹簧缸、张紧油缸、固定座等组成，提供自动拖缆机器人所需的张紧力。链条自动张紧装置主要包括张紧油缸、张紧压力传感器、支架控制器等组成，起到保证自动拖缆机器人链条始终处于张紧状态的作用，从而达到消除拖缆小车换向时产生余链的目的。

自动拖缆机器人监控主机主要包括采煤机自动拖缆系统主机、采煤机主机、电液控制主机。监控主机软件采用 LongWallMind 组态软件，通过矿用网线接入工作面以太环网。LongWallMind 专门为井下工作面设计了可视化操作界面，具有高效的通信能力，支持多种协议，能与不同厂家生产的设备互联互通，对实时数据进行采集、处理、存储、管理。自动拖缆机器人监控主机监测采煤机自动拖缆机器人的运行状态、数据存储、报警显示，工作面支架摄像机和煤机摄像机可以实时跟随拖缆小车和采煤机，实现可视化。采煤机主机与采煤机进行数据交互、显示，电液控制主机监测工作面支架状态和采煤机自动拖缆系统回转部自动张紧状态。

如图 7-34 所示，在刮板输送机的机尾安装自动拖缆机器人的驱动部及传动部的主动链轮，在电缆槽内安装轨道和链条，在整个工作面长度方向的中部位置安装回转部，拖缆小车与链条连接后形成闭环，链轮带动链条，进而带动小车拖动电缆夹板在轨道和电缆槽限定的空间内跟机往复运行。控制系统布置于机尾，首先控制器需要判断采煤机的运行状态（确定是上行还是下行），控制器不断读取采煤机变频器的频率，发送实时指令到拖缆装置的变频器，变频器通过改变电流频率来实现拖缆装置驱动部电机的输出转速跟随采煤机电机转速的随动变化，达到与采煤机跟机随动的目的。

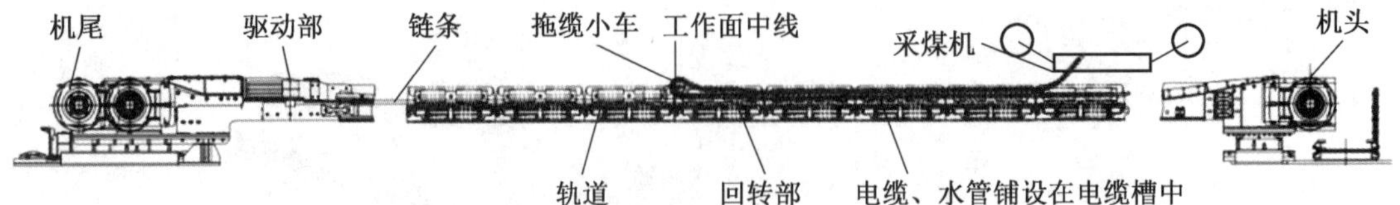

图 7-34　采煤机自动拖缆机器人工作原理图

控制系统 PLC 控制策略如图 7-35 所示。PLC 以四部分变量作为调节依据：一是采煤机速度；二是采煤机位置；三是电机转矩；四是采煤机拖缆装置电缆拉力。

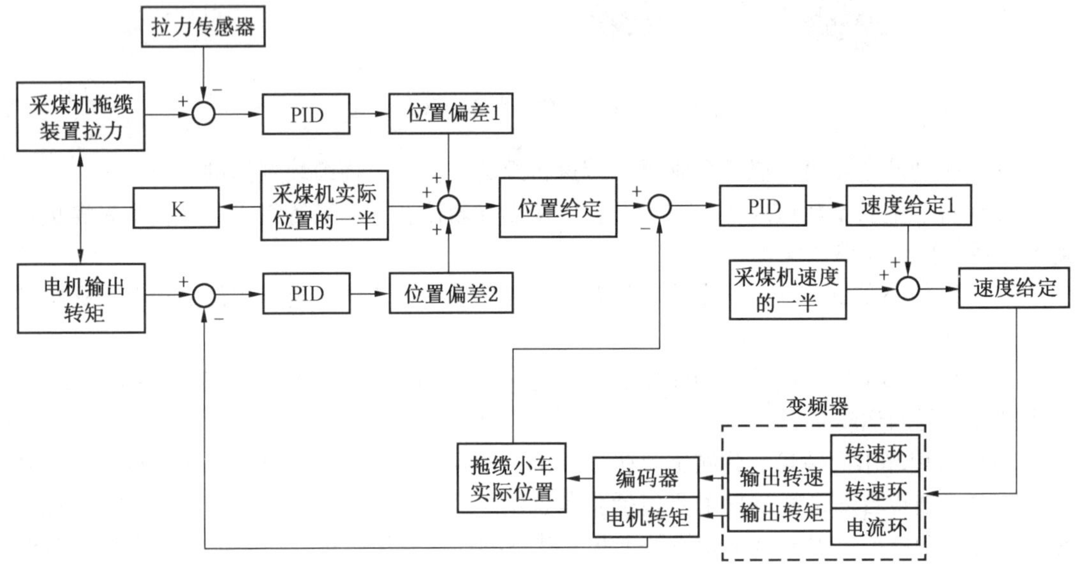

图 7-35　控制系统 PLC 控制策略

7.4.2.2　自动拖缆机器人实用操作

采煤机自动拖缆机器人控制软件界面如图 7-36 所示，主要功能如下：

（1）通信状态：显示控制箱和编码器、主机、变频器、采煤机的通信状态。

（2）变频器数据：显示变频器给定速度、转速、电流、频率、转矩。

（3）小车数据：显示小车工作模式、小车状态、小车速度、小车位置。

（4）采煤机数据：显示采煤机运行状态、采煤机速度、采煤机位置、电缆拉力。

（5）工作面示意图：显示采煤机和小车的速度、位置和架数。

（6）当前报警：显示当前报警和故障信息。

（7）手动控制区：手动控制小车的运动方向和运行速度，以及停止和复位。

采煤机自动拖缆机器人功能转换开关有三种模式：巡检模式、跟机模式和断电模式。

（1）巡检模式：人工进行操作按钮区相关按钮，可以手动控制小车往机头或机尾运动。

（2）跟机模式：小车拖动电缆夹跟随采煤机联动。

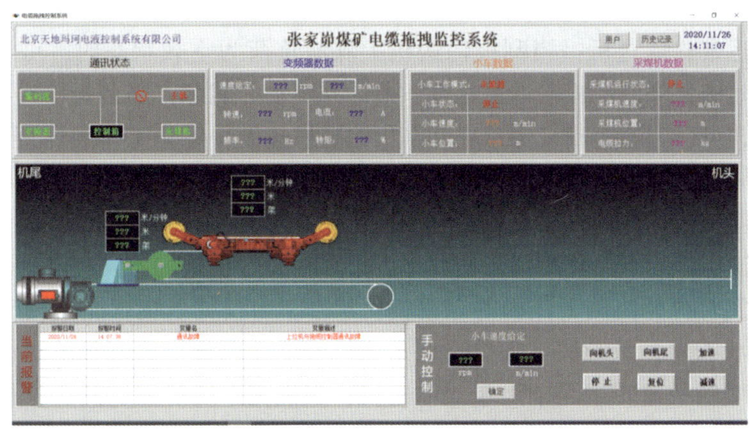

图 7-36 采煤机自动拖缆机器人控制软件界面图

(3) 断电挡：需要断电维修控制箱或者重新上电等情况，需要把功能开关打到断电。

按键区主要功能有：设置电缆拖拽速度；正转、反转启动、停止；正转、反转加减速度；复位。

变频器作为控制箱的受控机构，需一直处于远控状态。变频器处于远控状态需要设置以下两点：①变频器挡位需要切换到远控模式（右下角“转换”旋钮）；②显示屏左上角显示“远程”，如非“远程”，请按一下“远/近”按钮。

采煤机必须保证打到远控（“模式”按键为拔出状态），才能保证小车和采煤机同步运行；“三机”配套时，必须要求厂家设置在“近控操作”模式下，为防止拉坏电缆，功能上要闭锁煤机的牵引（其他电机可以正常试运行）。

7.4.3 运输检测机器人

刮板输送机是采煤工作面“三机”装备之一，快速、连续、稳定地运煤是采煤工作面高效运行的关键因素之一，引入智能化检测和控制技术是运输系统的技术保障。目前在综采、综放工作面转载机处，整个综采、综放工艺流程至少需要 1 名煤矿工人始终坚守岗位专门观察转载处大块煤、岩石拥堵以及堵塞异常情况，手动控制相关作业设备，进行煤流拥堵、堵塞异常清理作业，某种程度上严重影响制约无人化高效生产的实现进程。

围绕综采、综放工作面大块煤岩的智能感知及协同作业，运输检测机器人基于可视化视频系统，可自动检测、自动判断大块煤岩导致的堆煤、拥堵异常状况，以及工作面的煤流超负荷状态，实现自动控制，助力智能化无人开采。

7.4.3.1 煤流负荷检测

1. 煤流视觉监控系统

在井下综采、综放工作面内，按照一定等间距部署监控摄像头，搭建工作面煤流视频监控系统，对全工作面进行可视化监控，每个监控摄像头稳定监控刮板运输机中部槽区域。

2. 煤流智能监控过程

在综采、综放工作面，刮板输送机上煤流呈现不同的煤流负荷状态。当刮板输送机上煤流负荷为满载状态时，可以降低采煤机速度，提高刮板输送机速度，保证工作面的煤流顺畅转运至辅运带式输送机；当刮板输送机上煤流负荷为空载状态时，可以提高采煤速度，提升采煤效率，降低刮板输送机速度，节约井下动力能源；当刮板输送机上煤流负荷为正常状态时，可以匀速控制采煤速度和刮板输送机速度，保障工作面煤流顺畅转运至辅运带式输送机。现阶段虽然基于刮板输送机的动力源信号监测，实现了刮板输送机的煤流负荷的自动调整，但是这种方式不能实时可视化动态监控刮板输送机的煤流负荷状况，而且未基于刮板输送机的煤流负荷状态实现采煤机等相关联设备的协同控制。因此需要基于可视化视觉，实时智能监测工作面的煤流负荷状态。当视觉系统智能监测工作面的煤流负荷为满负荷状态时，系统决策需要降低采煤机速度，调整提高刮板输送机速度，加速工作面的煤流顺畅快速转运至辅运带式输送机；当视觉系统智能监测工作面的煤流负荷为空载负荷状态时，系统决策可以加速采煤速度，调整减速刮板输送机速度，提升采煤效率，节约井下动力能源；当视觉系统智能监测工作面的煤流负荷为正常状态时，可以匀速控制采煤速度和刮板输送机速度，保障工作面煤流顺畅正常转运至辅运带式输送机。

综采、综放工作面煤流负荷智能监测及协同控制的具体过程如图 7-37 所示。

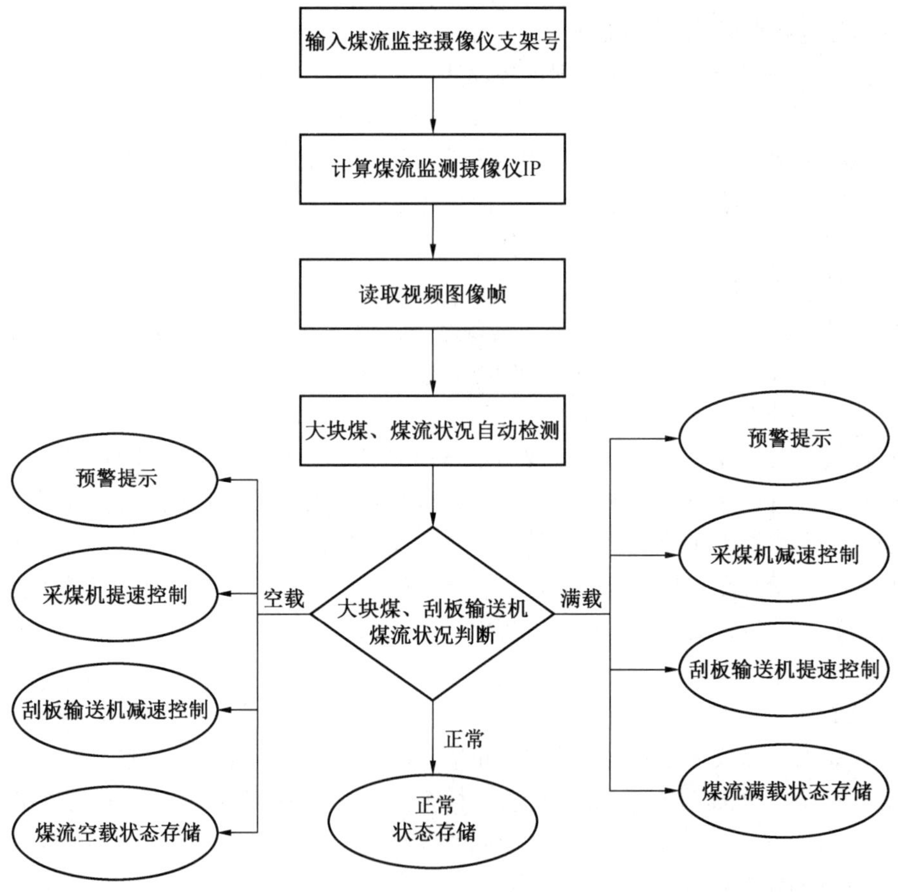

图 7-37　综采、综放工作面煤流负荷智能监测及协同控制

（1）输入煤流监测相应的液压支架架号，根据架号计算对应的频摄像机IP。

（2）输入摄像机IP读取相应视频流图像帧，进行刮板输送机上大块煤、煤流量的智能检测。

（3）分析判断大块煤，煤流负荷状况，如果刮板输送机上煤流状态为满载状态，执行步骤（4）；如果刮板输送机上煤流状态为空载状态，执行步骤（5）；如果刮板输送机上煤流状态为正常状态，则跳转步骤（6）。

（4）触发系统刮板输送机煤流满载预警，采煤机降速控制，刮板输送机提速控制，系统存储刮板输送机煤流负荷为满载状态。

（5）触发系统刮板输送机煤流空载预警，采煤机加速控制，刮板输送机减速调整，系统存储刮板输送机煤流负荷为空载状态。

（6）系统控制采煤机保持当前速度匀速前进控制，刮板输送机保持匀速运行，系统存储刮板输送机煤流负荷为正常状态。

7.4.3.2 放顶煤检测

1. 放顶煤视觉系统

在井下综放工作面内，按照一定等间距部署监控摄像头，搭建综放工作面视频监控系统，对全工作面进行可视化监控，每个监控摄像头稳定监控放煤支架的放煤口区域。

2. 基于视觉的综放工作面自动放煤控制过程

系统基于放顶煤视觉自动检测放煤后运输机落煤区域煤流中大块煤、岩石目标对象，针对大块煤、岩石堆积情况进行智能监测，根据监测情况决策放煤过程的控制，实现综放过程中的高效生产管理。系统基于综放工作面视觉系统智能感知、协同控制液压支架进行自动放煤的过程如图7-38所示。

（1）输入放煤液压支架架号，根据架号计算对应的频摄像机IP。

（2）输入摄像机IP读取视频流图像帧，进行大块煤、岩石目标对象的智能检测。

（3）分析判断大块煤、岩石堆煤状况，如果发生大块煤、岩石堆积状况，执行步骤（4），否则跳转步骤（5）。

（4）根据大块煤、岩石堆积状况判断放煤结束发送放煤结束提示预警，并发送液压支架控制器命令。液压支架首先执行尾部梁复位动作，然后执行插板伸出动作，最后进行液压支架拉后部刮板输送机动作。

（5）系统一直发送放煤进行中警告提示，并发送液压支架控制器命令。液压支架插板保持收起状态，尾梁上下摆动进行放煤作业。

7.4.3.3 转载拥堵及协同处置

1. 转载处区域视觉监控系统

在转载处区域搭建可视化视频系统，针对大块煤、岩石拥堵，以及堵塞异常状况进行可视化监控。在转载处的液压支架顶梁位置安装摄像机1个，视频监控范围覆盖整个转载处煤流区域。

2. 异常状况智能检测及协同清理作业

转载处区域的环境条件复杂，特别是生产时，极为恶劣。由于转载处经常出现大块煤、岩石堆积导致的拥堵甚至堵塞，需要转载处作业人员调整相关作业设备的运行速度，

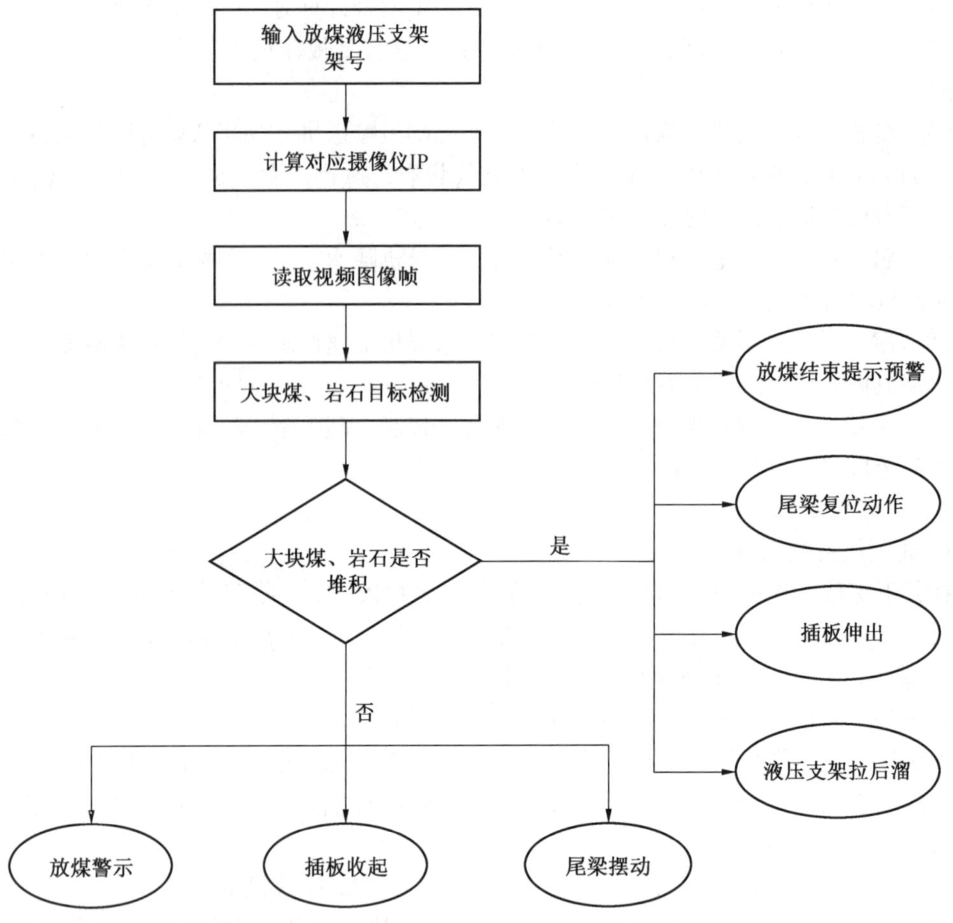

图 7-38　基于视觉的综放工作面自动放煤控制过程流程

甚至暂停相关作业设备；在确保当前区域环境不会对其自身生命安全造成伤害的情况下，进入转载处区域进行相应的大块煤、岩石清障处理，直至煤流能顺畅转运至运煤带式输送机。因此需要针对此区域大块煤、岩石目标进行自动检测，自动判断是否发生拥堵或堵塞的异常状况，然后基于人员安全保护策略进行相关设备联动控制，完成转载处区域大块煤的清障处理作业。

综采、综放工作面转载处区域异常状况智能监测及协同处置的具体过程如图 7-39 所示。

（1）系统输入转载处视觉系统视频流。

（2）读取视频流图像帧，进行大块煤、岩石目标对象的智能检测。

（3）分析判断大块煤、岩石是否存在异常状况，如果发生大块煤、岩石拥堵、堵塞，跳转步骤（4），否则跳转步骤（2）。

（4）触发系统异常状况警告。

（5）同时获取采煤机的当前位置。

（6）判断采煤机是否处于工作面转载机处附近，如果采煤机未到达转载机处附近，则

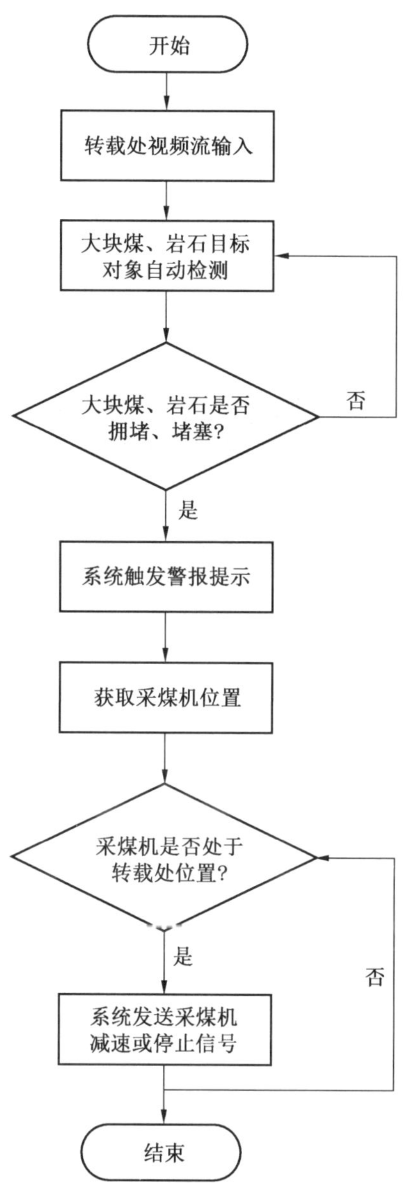

图7-39 转载处区域异常状况智能监测及协同处置过程

一直警报提示直至作业人员清理作业结束；如果采煤机到达转载处附近则执行步骤（7）。

（7）采煤机降速直至停止，等待作业人员清理作业结束。

7.4.4 作业机器人

巡检机器人实现了采煤工作面的无缝全面感知，结合采煤工作面电液控制和可视化远程干预技术，能够实现采煤工作面常态化的智能化采煤生产，但在工作面设备检修时和生产出现异常状况时还离不开人的现场操作，工作面没有合适的执行机构能及时处置异常情况，比如煤块拥堵采煤机过煤口、转载机入料口，大块片帮煤堵住运输通道等异常情况。

因此，在实现了采煤工作面巡检机器人代替人工巡检工作的基础上，提出了采煤工作面轨道操作机器人技术方案，能够代替工作面的现场操作人员，实现“无人操作”，达到采煤工作面生产全流程的无人化本质安全生产目标。

将防爆型轨道操作机器人应用于采煤工作面，可将其与轨道巡检机器人一体化，并安置于巡检轨道上。研制检测和重载两种多功能机械臂，在自主运行、多传感器融合、高精度探测和实时响应的机器人控制基础上，重载机械臂实现重物搬运及大煤块破碎等操作作业，完成重体力劳动的自动化替代，实现多功能机器人与采煤工作面成套装备的技术配套，达到机器人与现有采煤工作面装备协同控制，实现较复杂地质条件下无人化生产目标。轨道操作机器人在采煤工作面的应用设计如图 7-40 所示。

(a) 多轴轨道操作机器人

(b) 轨道机器人

(c) 巷道操作机器人

图 7-40　轨道操作机器人在采煤工作面的应用

机器人设计包括整体结构、控制、驱动行走、供电、移动通信、液压、机械臂和协同控制等方面。采煤工作面作业空间狭小，要求机器人主体结构紧凑。工业机器人最常用的是六轴机械臂，可分为运动机构、传动系统、驱动系统和执行系统。运动机构和运动控制是其核心部分，执行机构是机器人赖以完成工作任务的实体，由杆件和关节组成。借鉴地面成熟的六轴机器人，分析地下空间对机器人理论、技术和产品的应用特点，研究机器人材料、结构、驱动、控制和通信等如何适应地下环境，将地面机器人以电机为主要动力的驱动方式改进为适合地下以液压为动力的驱动方式，避开了我国机器人制造上的伺服电机和减速器等技术落后的难题。未来采煤工作面轨道操作机器人的技术框架如图 7-41 所示。采煤工作面轨道操作机器人技术参数：

（1）具备自移动功能和多机器协作能力，行走机构无级变速，最大速度达到 24 m/min，定位精度水平达到±100 mm。

（2）执行器位置控制精度达到±20 mm；回转关节角度控制精度达到±1°。

（3）重型机械臂自由度不少于 4 个，有效工作半径不小于 2.5 m，最大夹持负载不小于 150 kg。

（4）检测机械臂自由度不少于 6 个，有效工作半径不小于 3 m，机械手末端重复定位精度均优于 10 mm。

2019 年，原国家煤矿安监局发布了《煤矿机器人重点研发目录》，分 5 类共 38 种煤矿机器人，其中的安控类明确提出“工作面巡检机器人”，其基本要求研发适用于井下回采工作面作业环境巡检机器人，具备自主移动、定位、图像采集、智能感知、预警、人机交互等功能，实现煤壁、片帮、大块煤、有害气体、温度、粉尘、设备状态等监测。作为智能化采煤技术的核心，煤矿机器人开采技术还处于迅速发展的阶段。未来轨道操作机器

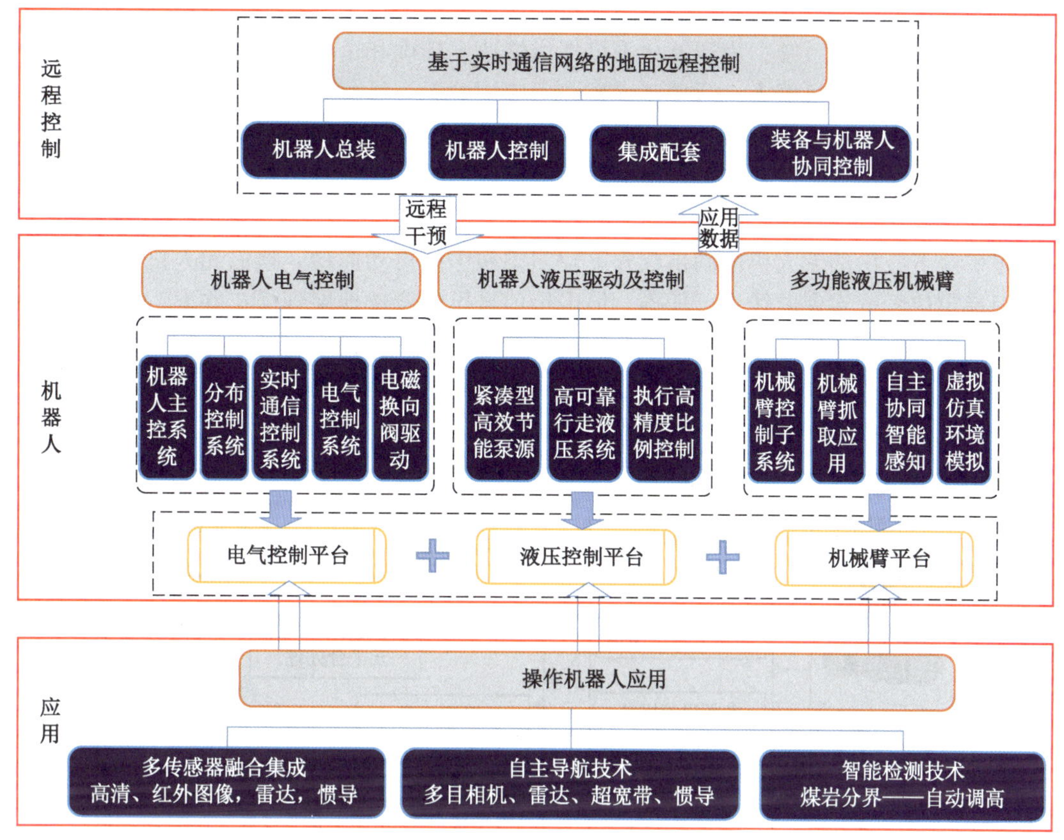

图 7-41 采煤工作面轨道操作机器人技术框架

人发展趋势：

（1）负载能力大、抗干扰性强、环境适应性和自动化水平高。由于液压功率密度事电机 5~10 倍，同功率液压机器人体积紧凑，负载自重比大，采煤工作面轨道操作机器人的发展方向在液压机器人。

（2）煤矿 5G 通信系统的建立，为机器人应用创造了有利条件。轨道操作机器人采用 5G 频段通信，可提高机器人通信数据速率、减少延迟、提高系统容量和大规模智能装备连接，提升轨道操作机器人整体性能。

（3）煤矿机器人应用人工智能技术，将向通用化、低开销、统一化和人机协作方向发展，多任务通用型轨道操作机器人将会大量用于采煤工作面，结合采煤工作面生产各环节的关键数据进行统筹计算和调度，使用少量数据和低成本训练方法不断地在线学习和进化，最终代替人工在采煤工作面完成巡检、操作、安装和维修，实现采煤工作面的机器人化智能化采煤。

7.4.5 飞行机器人（无人机）

对于大采高和超大采高采煤工作面，顶板的检测和管理尤为重要，由于轨道巡检机器人的工作范围限制，对顶板的检测变得困难。通过在采煤工作面采场引入飞行机器人，以适应采煤工作面各种地质条件变化，实现包括巷道的采场生产的全覆盖自动监控，突破无卫星定位条件下的自主导航、自主避障和自主作业等无人机关键技术，将实时感知信息及时反馈给智能化采煤系统，为智能化采煤提供快速、精确和全覆盖的感知巡检平台。

采煤工作面飞行机器人，适用于煤矿井下应用的无人机首先要满足煤安防爆要求，在飞行器机架旋翼结构体、伺服动力驱动、飞行控制和机载检测装备等方面，要保证防爆、防震、防水和防尘等防护功能，包括巡检无人机机体结构、平台结构可靠性、驱动机电部件及控制模块化设计等。

煤矿井下应用的无人机应满足在井下封闭空间中的自动巡检。地面无人机主要依靠北斗等卫星定位系统实现航线飞行任务，但卫星信号不能穿透地层到煤矿井下，无法适应采煤工作面空间狭长、复杂和恶劣环境，因此需要解决无人机自主巡航、稳定飞行和精确悬停等航迹规划和控制技术，实现其在采煤工作面的自主飞行和自动巡检。适用于采煤工作面的飞行机器人技术架构如图 7-42 所示。

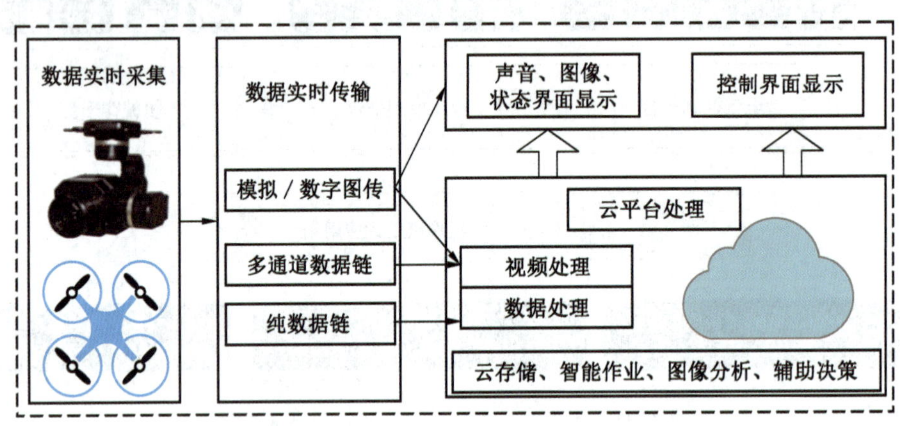

图 7-42　采煤工作面飞行机器人技术架构

采煤工作面飞行机器人技术参数：

（1）实现井下自主导航、自主避障，飞行距离测量精度±0.1 m，避让距离大于 1 m。

（2）负载不小于 1 kg，续航不小于 30 min，正常生产飞行距离不小于 1000 m，模拟矿难救援环境下飞行不小于 200 m。

（3）实现瓦斯、一氧化碳、二氧化碳和氧气等气体浓度检测，测量精度为瓦斯 0.01%、一氧化碳 1×10^{-6}、二氧化碳 0.01%、氧气 0.1%。

采煤工作面引入无人机技术后，快速移动巡检的智能作业过程是一个集音频、视频、状态、控制的数据流复杂体系工程，可实现对工作面、巷道的巡视检查。在矿难救援环境中，可实现对灾后环境的侦测。通过在工作面和巷道飞行，检测工作面设备、人员和煤岩等碰撞危险源，跟踪探测采煤机滚筒截割过程和摇臂状态，采集采煤工作面生产时状态、控制过程、音视频等现场数据。实现煤壁侧视觉、超声波等多种环境信息采集。完成采煤超前探测，可实现煤岩分界高度测量精度±100 mm；测量顶煤厚度不低于 300 mm，高清摄像分辨率不低于 2M、帧率不低于 30fps，视频传输延时不大于 100 ms；建立工作面三维空间模型，测量精度在±50 mm 以内。飞行机器人在工作面巷道的飞行试验如图 7-43 所示。

图 7-43 煤矿井下巷道无人机飞行试验

同采煤工作面轨道巡检机器人一样，飞行机器人目前同样存在续航时间短、充电困难、检测功能少、自身定位精度低等问题。对于飞行机器人来说，对轻质机身和高能量密度电池的要求更苛刻，尤其是随着对采煤工作面的检测感知要求越来越高，需要机载更多的检测装备，对飞行机器人的续航提出了更高的要求。现用安标不能满足锂电池井下充电，因此需要确定井下充电标准及建立无人机专用充电桩和智能充电系统。

7.5 新一代综采通信技术

7.5.1 工作面互联网技术

工业互联网的概念最早由通用电气于 2012 年提出，随后工业互联网联盟（IIC）成立，这一概念逐步推广开来。工业互联网的本质和核心是通过工业互联网平台把设备、生产线、工厂、供应商、产品和客户紧密地连接融合起来。可以帮助制造业拉长产业链，形成跨设备、跨系统、跨厂区、跨地区的互联互通，从而提高效率，推动整个制造服务体系智能化。还有利于推动制造业融通发展，实现制造业和服务业之间的跨越发展，使工业经济各种要素资源能够高效共享。

随着工业互联网在工业领域的不断延伸，煤矿工业互联网将是煤炭行业生产方式转变的重要支撑，提升煤炭安全生产水平的重要手段，优化煤炭行业资源配置的重要平台。

当前煤矿工业互联网架构体系已经初见端倪。煤矿工业互联网将重点围绕设备感知层、IaaS 层（Infrastructure as a Service，基础设施服务）、PaaS 层（Platform as a Service，平台服务）、SaaS 层（Software As A Service，软件服务）4 个层次开展建设，如图 7-44 所示。

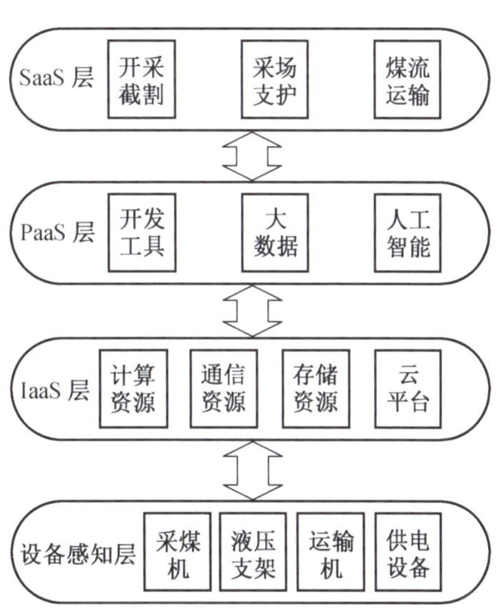

图 7-44 采煤工作面工业互联网架构

7.5.2 工作面物联网技术

采煤工作面应用工业物联网技术，通过基础理论创新、关键技术突破、应用系统研发和技术集成示范，形成面向采煤工作面安全生产过程的全面感知、物物相连、快速交互、在线判识、智能调度、协同管控、自主决策、预测预警的智能化服务体系。通过采煤工作面布置矿用高性能光学及无线智能传感器，实现能量自动捕获、超低功耗、宽量程、分布式多参数、高可靠性等技术突破，制定采煤工作面物联网编码、交互协议标准及采煤工作面设备全生命周期信息集成方法，研发网络物联网融合传输技术与装备。通过采煤工作面物联网云分布式架构，形成采煤工作面大数据交换、智能处理与服务技术体系及平台，研发采煤工作面设备全生命周期管理与远程在线诊断系统、安全生产全过程智能管控与调度系统，建立采煤工作面安全态势分析及预测、预警系统。

适用于采煤工作面物联网的主流技术是窄带无线通信协议，通过 CSS（Chirp Spread Spectrum，线性调频扩频）技术有效降低信号在采煤工作面半金属包围环境中的多径效应，其中的 Lora 技术在低功耗状态下的视距通信距离可达 10 km 以上，实现-140 dBm 的超高灵敏度，非常适合在采煤工作面及巷道的复杂环境中实现传感设备互联。采煤工作面工业物联网架构如图 7-45 所示。

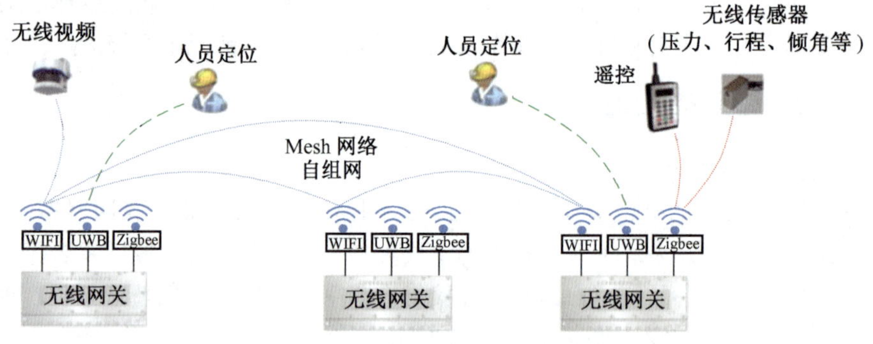

图 7-45　采煤工作面工业物联网架构

采煤工作面工业物联网应用，需要开发出具备一定通用性的高性能通信与数据交换机等系统集成模块，实时控制通信为多频段冗余通信系统，控制系统指令下发，定位信息、状态信息与故障信息上传等数据采用该系统传输，采用中低速率大链路预算传输模式，实现远程控制的稳定性与可靠性。

HarmonyOS 是一款面向万物互联时代的、全新的分布式操作系统。在传统的单设备系统能力基础上，HarmonyOS 提出了基于同一套系统能力、适配多种终端形态的分布式理念，能够支持手机、平板、智能穿戴、智慧屏、车机等多种终端设备，提供全场景（移动办公、运动健康、社交通信、媒体娱乐等）业务能力。在智能矿山领域，华为联合煤炭开采商、设备商，基于自主研发的 HarmonyOS 系统，提出了“3 个 1+*N*+5”（一网、一云、一平台、*N* 应用、五中心）的智慧矿山整体架构，5G+AI+鲲鹏云等先进的 ICT 技术与矿业生产融合，助力实现少人开采、智能运输、无人值守、无人驾驶、智能管控等目标，从而提升煤矿企业本质安全生产水平，帮助企业加速走向智能化，最终实现少人化、无人化的愿景。智能矿山物联网系统架构如图 7-46 所示。

图 7-46 智能矿山物联网系统架构图

7.5.3 矿井 5G 技术

随着第五代移动通信（5G）技术的应用，快速推进了互联网和物联网技术的发展，物联网技术的发展则促进着大数据的发展，大数据的发展则带动着云计算和人工智能的发展，而云计算和人工智能的发展又需要 5G 技术提供传输通道。将 5G 技术引入采煤工作面，以云计算和人工智能为工具，深度挖掘大数据知识，以 5G 技术为高速通道，实现采煤工作面万物智能互联互通，与云计算、大数据、人工智能等技术深度融合，汇聚成 5G 技术生态，将成为采煤工作面高性能通信系统的关键基础设施。

矿井 5G 专网主要由核心网、网管平台、承载网设备、基站设备、本安型网关（Customer Premise Equipment，CPE）等组成，主要采用基于运营商的煤矿专网及煤矿自身集成专网两种模式，专网布置如图 7-47 所示。

基于运营商的煤矿专网在本地部署 MEC（Mobile Edge Computing，移动边缘计算），实现煤矿本地业务数据分流到矿上自有业务服务器，保障数据不出煤矿园区，同时部署 5G 核心代理，当外部运营商网络发生故障或断开时，5G 核心网+MEC 确保 5G 系统能够安全、独立、稳定运行。

矿井 5G 专网目前具备的性能参数为：

（1）数据传输速率：单基站覆盖范围平均吞吐量上行 160 Mbps，边缘上行吞吐率大于 10Mbps/用户。

（2）并发用户数：单基站覆盖至少满足 30~40 个摄像头类终端数据并发。

（3）网络延时：对于控制类业务网络延时小于 50 ms。

现阶段矿井基于 5G 的试点应用场景，主要有高清视频传输、移动设备接入和远程控制等。针对采煤工作面的 5G 应用，研制了专用的 5G 装备，组网结构大量采用了 5G 分站覆盖单元，其组成基础包括定向外置天线、双模大增益和射频拉远单元（Radio Remote Unit，RRU）。

采用 5G 通信技术进行巡检视频与环境数据、设备运行工况的实时传输，结合智能图

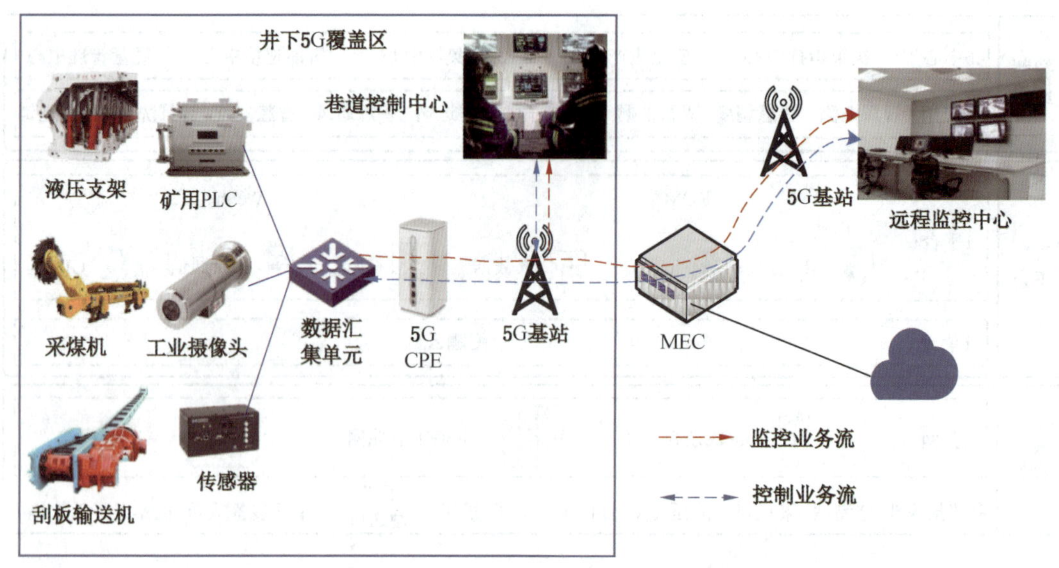

图 7-47　煤矿采煤工作面 5G 专网架构

像识别算法实现对环境、设备运转和人员行为等重点信息自动识别，及时发现现场灾害(透水、火光、浓烟雾、大粉尘、冒顶等)、人员违章违规和受伤等情况。

利用 5G 低延时特性，通过 5G CPE 连接采煤工作面自动化控制系统，实现地面对井下采煤工作面生产设备的远程控制，整体网络控制延时小于 50 ms，达到了采煤工作面远程控制的可靠性目标。

煤矿 5G 应用研究还处于初级阶段，局限于视频应用场景，5G 技术需要与云计算、大数据、人工智能等技术结合，充分为采煤工作面智能化赋能。未来的发展方向如下：

(1) 采煤工作面 5G 移动接入终端通信设备实现本安化，这是在采煤工作面普及 5G 技术的关键。

(2) 克服工作面环境复杂、各种装备对 5G 波段无线信号遮挡的问题，实现 5G 信号在工作面内和两端巷道的完全覆盖。

(3) 5G 技术与采煤工作面自动化控制系统联合部署在采煤工作面现场的边缘计算网关/服务器，引入地面公有云资源，形成井上下的边云结合的大数据处理平台，实现采煤工作面视频识别、数据云计算、故障云诊断和设备云控制等高级智能化功能。

7.6　智能化采煤未来展望

随着科学技术的发展，未来将通过智能化技术实现采煤工作面无人化全流程安全高效生产。基于现代煤矿智能化理念，将物联网、云计算、大数据、人工智能、自动控制、移动互联网、机器人化装备等与现代矿山开发技术深度融合，形成矿山全面感知、实时互联、分析决策、自主学习、动态预测、协同控制的完整智能系统，达到“无人则安”的绿色能源本质安全生产目标。

1. “十三五”智能化采煤科研成果推广

“十三五”期间，国家从政策和资金上支持智能化新技术在煤炭开采行业的推广应用，科技部于2017年初发布了国家重点研发计划专项“公共安全风险防控与应急技术装备”，由中国煤炭科工集团联合北京大学、清华大学等20家产学研机构，共同承担了“煤矿智能开采安全技术与装备研发”项目，开展了智能工作面开采条件实时预测与处置技术、多信息融合煤岩界面实时识别技术与装备、地理信息系统和设备定位技术与装置研制、智能化采煤控制技术及装备、工作面智能化超前支护装备及辅助作业平台、无人工作面巡检机器人、大数据智能化采煤效能和安全分析决策系统7项课题的研究，攻克了智能化采煤多项关键技术，研制了多套智能化采煤装备，在高瓦斯、薄及中厚煤层和大采高等多种典型地质条件下进行了智能化采煤示范工程，如图7-48所示。

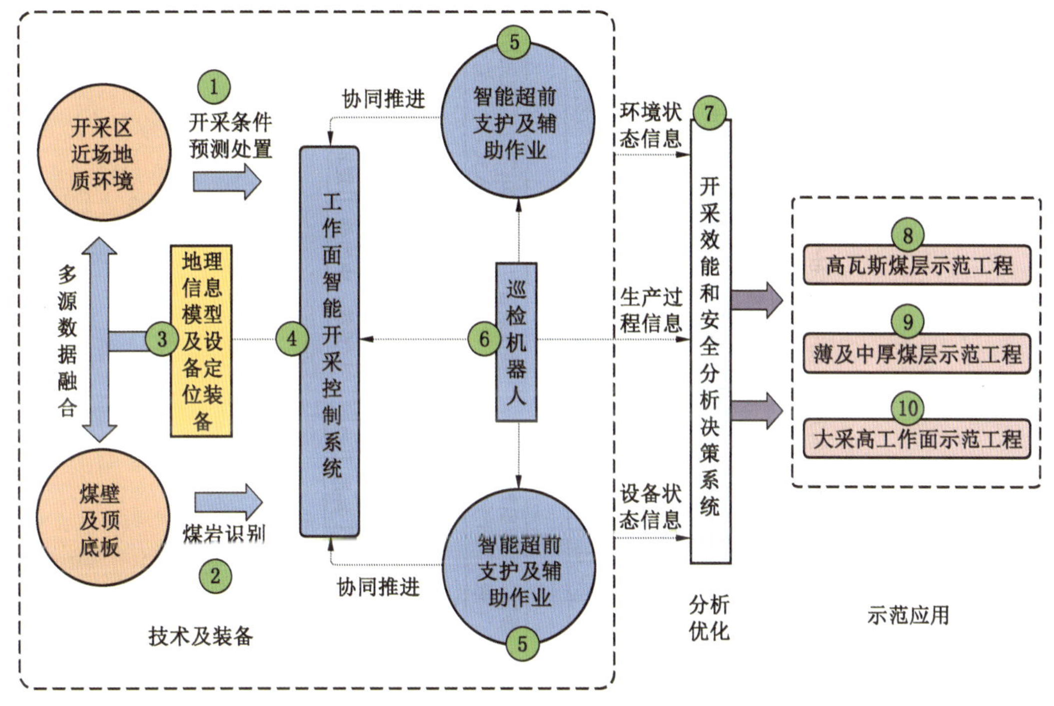

图7-48 “十三五”研发形成的智能化采煤新技术体系

2. 一张网：采煤工作面工业互联网

采煤工作面借助互联网+物联网技术形成适合自身环境特点的煤矿井下工业互联网，实现采煤工作面全生产要素、全产业链、全价值链的全面感知和连接，为采煤工作面智能化提供高速可靠的通信系统。

为解决煤矿采掘装备控制系统存在的平台和标准不统一的问题，攻克装备核心控制急需突破的关键技术，通过分析采煤工作面装备核心控制架构、嵌入式软件系统、井下通信协议标准、集中控制系统组态软件4个方面的国内外技术现状，设计了平台化、标准化的采煤工作面装备核心控制技术方案：基于标准化的核心单元硬件，统一的应用软件和集中控制系统软件组态开发平台，以EIP为通信协议标准，形成软件开发、测试、发布平台，如图7-49所示。

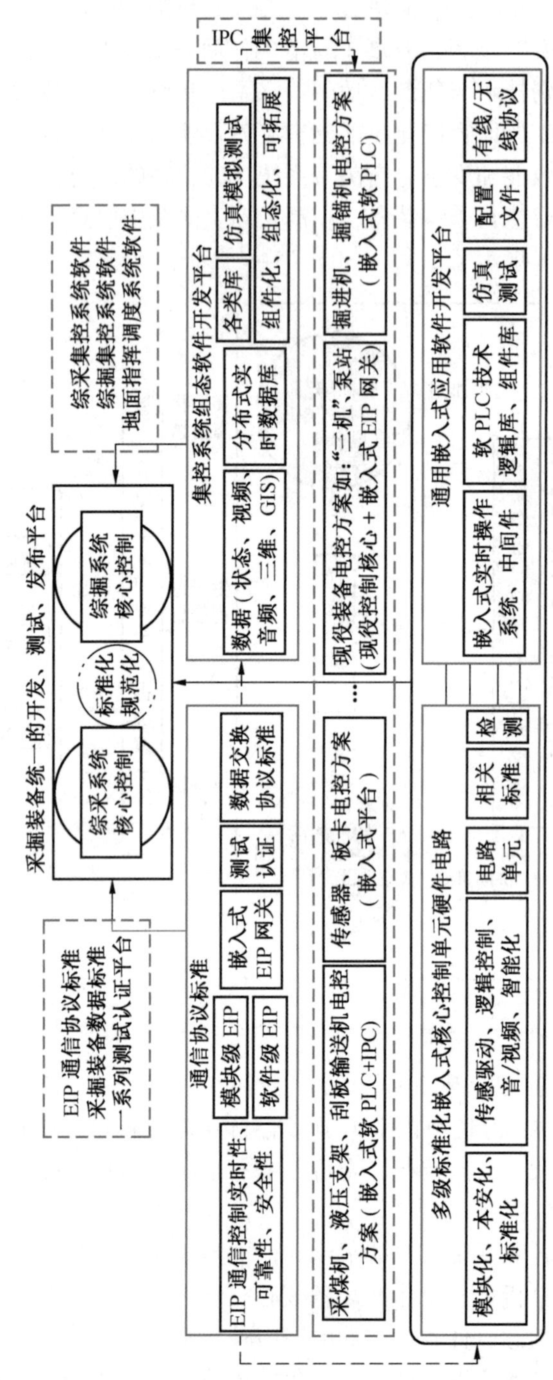

图7-49 以EIP通信协议为标准的采掘工作面控制系统开发体系

采煤工作面网络关键核心技术为本安化、抗干扰和防护，基于嵌入式实时操作系统、嵌入式软PLC平台、互联互通协议、集中控制标准化和组态开发技术等，采用EIP通信标准实现通信一致性、通信互操作的网络接入架构及采掘系统通信架构。煤矿采掘装备核心控制装备的统一管理、互联互通、网络化和多媒体化，保证了核心控制技术的功能安全、网络安全和控制实时性，实现采煤工作面、综掘工作面装备数字化入网和集中控制，形成自主安全性的统一、良性的采煤工作面智能系统开发生态。

3. 一张图：采煤工作面三维实景全息模型

现有的采煤工作面三维虚拟模型不能反映真实的工作面场景。未来采煤工作面应用激光雷达扫描工作面的同时，经过激光雷达扫描支架底座、立柱和刮板输送机挡煤板外侧，从点云数据生成三维坐标模型，融合彩色摄像机形成工作面三维实景模型。在雷达扫描工作面场景过程中，以刮板输送机挡煤板和电缆槽为直线度标志，由于激光雷达的反射信号强且点云数据的置信度高，从三维模型可以识别标注出电缆槽管，相当于工作面的直线度，可以代替昂贵的惯性导航装备。从三维实景模型中，可以计算出液压支架推移行程、支架高度、刮板输送机直线度和煤岩分界高度等工作面感知信息。

4. 一个大脑：采煤工作面智能运维

由于开采地质条件的不断变化、煤层赋存状态的不确定性，智能化采煤还不能完全离开人的智慧，需要发挥机器和人各自的特长，规避人机各自的短处，现阶段还不能完全离开人的干预和控制。因此，需要建立工作面智能化专家决策系统，融合“人、机、环、管”过程的数据及信息，进行深度数据挖掘，从而实现对工作面的预测、预判、预控。开采系统健康状况预测、维护是实现智能化采煤系统正常运行的基础保障和重要支撑。未来煤矿智能化将进入高级智能阶段，如图7-50所示。

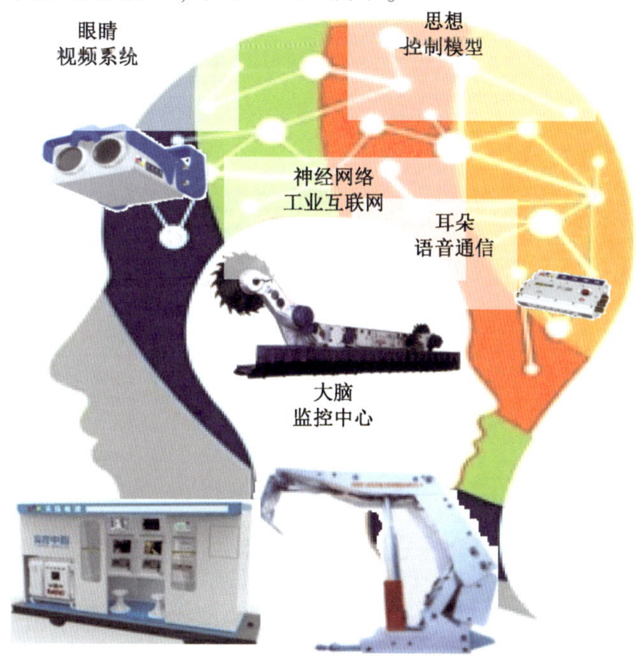

图7-50 煤矿智能化高级智能阶段

结合客户不同生产需求开展技术增值服务，为用户定制相关智能化服务内容，并纳入实际生产应用过程中，在提升生产力的同时，削减用户成本投入、提高效益、推动采矿技术完善与提升。开展技术服务方式可包括远程智能连线、开采数据共享传；专家通过直接服务网络与客户展开协作，分析生产数据提供指导；预测服务需求并优化装备生产率，推动采矿绩效提升等，通过智能化服务实现整个煤矿的智能化。

5. 未来智能化采煤工作面场景

畅想未来，煤矿智能化将从可视远程干预式进入智能自适应式，采煤机、液压支架和刮板输送机等设备自适应智能运行，就像飞机进入自动驾驶状态一样，智能化技术将促进采煤工作面实现无人化开采，甚至整个矿井地下空间无人化采矿。

智能采煤是一个复杂的高科技系统工程，尚处于初期阶段，还有许多关键核心技术需要攻关和突破。我们要继续投入到采煤工作面智能化技术研发中，以创新为第一动力，注重基础理论研究，构建开放合作的创新生态，共同解决采煤智能化发展面临的重大科学问题与技术难题，最终形成智能化采煤工作面全流程生产安全管控，构建出煤炭资源智能化开采本质安全新生态，使煤炭行业从传统资源依赖型、劳动密集型转变为技术密集型、知识密集型的高科技行业。

附　　录

附录 1　智能化重要政策及行业标准规范目录

（1）《关于开展“机械化换人、自动化减人”科技强安专项行动的通知》（安监总科技〔2015〕63 号）

（2）《能源技术革命创新行动计划》（国家发改委能源局〔2016〕513 号）

（3）《煤矿机器人重点研发目录》（国家煤矿安全监察局公告 2019 年第 1 号）

（4）《关于加快煤矿智能化发展的指导意见》（发改能源〔2020〕283 号）

（5）《智能化示范煤矿建设管理暂行办法》（国能综通煤炭〔2020〕139 号）

（6）《煤矿智能化专家库管理暂行办法》（国能综通煤炭〔2020〕139 号）

（7）《中国煤矿智能化发展报告》（2020 年）

（8）《有色金属行业智能矿山建设指南（试行）》（工信部、发展委、自然资源部公告 2020 年第 19 号）

（9）《智能化煤矿（井工）分类、分级技术条件与评价》（T/CCS001—2020）

（10）《智能化采煤工作面分类、分级技术条件与评价指标体系》（T/CCS002—2020）

（11）《煤矿 5G 通信系统安全技术要求（试行）》（安标国家中心〔2020〕36 号）

（12）《煤矿 5G 通信系统安全标志管理方案（试行）》（安标国家中心〔2020〕36 号）

（13）《煤矿井下机器人安全标志管理方案》（安标国家中心〔2021〕17 号）

（14）《煤矿井下机器人基本安全要求（试行）》（安标国家中心〔2021〕17 号）

（15）《智能化煤矿建设指南》（国能发煤炭规〔2021〕29 号）

附录 2　智能化重要科研项目

序号	项目/课题名称	奖项级别	获奖时间
1	一米以下含坚硬夹矸薄煤层安全高效综采成套装备与技术	中国煤炭工业协会科学技术奖一等奖	2010 年 11 月
2	高端液压支架及其先进制造关键技术研究与产业化	中国煤炭工业协会科学技术奖一等奖	2010 年 11 月
3	高端液压支架及其先进制造关键技术研究与产业化	中国煤炭工业协会科学技术奖一等奖	2010 年 11 月
4	液压支架电液控制系统研制与应用	中国煤炭工业协会科学技术奖一等奖	2010 年 11 月

（续）

序号	项目/课题名称	奖项级别	获奖时间
5	0.6~1.3 m 复杂薄煤层自动化综采成套技术与装备	国家科技进步奖二等奖	2013 年 12 月
6	智能矿山建设关键技术与示范工程	中国煤炭工业协会科学技术奖特等奖	2014 年 11 月
7	国产装备智能化无人开采技术研究与工程实践	中国煤炭工业协会科学技术奖一等奖	2015 年 11 月
8	综采智能高效大流量集成供液系统	中国机械工业科学技术奖一等奖	2016 年 10 月
9	智能煤矿建设关键技术与示范工程	国家科技进步奖二等奖	2016 年 12 月
10	8.2 m 超大采高综采成套技术与装备研制	中国机械工业科学技术奖一等奖	2017 年 11 月
11	千万吨级综放工作面关键技术及示范工程	中国煤炭工业协会科学技术奖一等奖	2018 年 11 月
12	3~4 m 煤层千万吨级智能化综采装备关键技术研究	中国煤炭工业协会科学技术奖一等奖	2018 年 11 月
13	煤矿大型高端综采成套装备及其智能制造关键技术	中国机械工业科学技术奖一等奖	2018 年 11 月
14	煤油气共生大采高智能化综采关键技术研究与应用	中国煤炭工业协会科学技术奖一等奖	2019 年 11 月
15	西部特厚硬煤层超大采高智能化综放开采成套技术与装备	中国煤炭工业协会科学技术奖特等奖	2020 年 11 月
16	亿吨矿区数字化集中管控技术研究与示范	中国煤炭工业协会科学技术奖一等奖	2020 年 11 月
17	综放工作面智能化放煤控制关键技术与装备	国家重点研发计划课题	2021 年 6 月
18	无人工作面巡检机器人	国家重点研发计划课题	2021 年 6 月
19	智能开采控制技术及装备	国家重点研发计划课题	2021 年 6 月
20	千万吨级特厚煤层智能化综放开采关键技术及示范	国家重点研发计划课题	2021 年 6 月
21	煤矿智能开采安全技术与装备研发	国家重点研发计划课题	2021 年 6 月

附录 3　智能化采煤专利

序号	专 利 名 称	专利授权号	授权日期
1	一种由单线 CAN 总线构成的支架控制器	CN100495271C	2009 年 6 月
2	一种工作面支架控制装置	CN100538015C	2009 年 9 月
3	乳化液介质大流量安全阀	CN101275685B	2010 年 6 月
4	一种大流量安全阀测试系统	CN101526441B	2011 年 4 月
5	无高压泵的高压初撑系统及其控制高压初撑的方法	CN101333927B	2011 年 5 月
6	立柱及立柱内增压液压支架初撑力提升系统	CN101285391B	2011 年 6 月
7	反冲洗过滤器	CN101816847B	2012 年 2 月

（续）

序号	专利名称	专利授权号	授权日期
8	一种综采工作面生产自动化系统	CN102122159B	2012年9月
9	一种综采工作面生产自动化的方法	CN102102519B	2012年11月
10	在地下煤矿开采的长壁式开采作业中自动建立确定的工作面开口的方法	CN101952547B	2013年5月
11	控制长壁开采作业的方法	CN101970795B	2013年6月
12	用于在长壁式开采作业中有控制地保持顶梁至采煤工作面的间距的方法	CN101952548B	2014年1月
13	一种带倾角传感器的液压支架及其高度测量方法	CN102392664B	2014年4月
14	一种放顶煤工作面自动放煤控制系统及其放煤方法	CN102493827B	2014年4月
15	一种基于无线三维陀螺仪技术的刮板输送机姿态控制系统和控制方法	CN102431784B	2014年7月
16	一种带链条张紧系统的刮板输送机的链条张紧方法	CN102556602B	2014年7月
17	一种具有无线通信功能的工作面液压支架控制装置	CN102352763B	2014年9月
18	一种用于保护煤矿井下综采工作面支架护帮板的自动控制系统和自动控制方法	CN102852542B	2014年12月
19	一种采煤工作面直线度控制方法	CN102661162B	2015年2月
20	一种带有阵列式接近传感装置的工作面液压支架及其直线度控制方法	CN103244163B	2015年7月
21	一种高瓦斯煤矿综采工作面采煤机速度动态控制系统	CN103244120B	2015年7月
22	用于利用自动化系统来产生工作面开口的方法	CN102713148B	2015年7月
23	一种使用煤岩识别处理器的煤岩识别方法	CN103174449B	2015年12月
24	一种使用光纤的工作面液压支架组直线度控制方法	CN103912294B	2016年5月
25	一种煤矿工作面液压支架调直系统和调直方法	CN103541754B	2017年5月
26	一种煤矿综采工作面用具有自除尘功能的摄像机	CN103986855B	2017年5月
27	一种综采工作面伪斜自动控制系统	CN104100277B	2018年4月
28	一种煤矿用液压支架自动移架智能控制方法	CN104747221B	2018年8月
29	一种煤矿皮带机自动巡检机器人	CN207726224U	2018年8月
30	煤矿综采工作面控制机器人、系统及运行方法	CN108361031B	2018年8月
31	一种基于图像处理技术的采煤工作面实时视频拼接系统	CN105554447B	2018年1月
32	一种综采工作面液压支架控制器软件自动生成的方法和系统	CN104834513B	2018年12月
33	可智能远程监控控制的采煤机	CN208267842U	2018年12月
34	一种煤矿综采工作面巡检机器人及系统	CN106671992B	2019年1月
35	一种用于煤矿井下的人员接近监测系统及其实现方法	CN105068044B	2019年4月
36	无人值守的自动化放煤系统和方法	CN107725089B	2019年4月
37	厚煤层放顶煤开采装置及方法	CN107676095B	2019年7月
38	一种综采工作面智能供液方法及系统	CN108518243B	2019年9月
39	一种综采工作面推进度检测系统及方法	CN107905846B	2020年3月
40	基于BP神经网络模型的液压支架电液自适应控制系统	CN109113771B	2020年6月
41	矿用智能机器人巡检系统	CN108267172B	2020年6月
42	基于视频巡检的采煤机自动控制和工作面自动找直的系统及方法	CN108561133B	2020年7月
43	一种防爆巡检机器人自动充电装置防爆结构	CN108321891B	2021年3月

其中《一种综采工作面自动化系统》发明专利，于2015年获得中国专利优秀奖。

国家知识产权局
STATE INTELLECTUAL PROPERTY OFFICE
OF THE PEOPLE'S REPUBLIC OF CHINA

中国专利优秀奖

名 称 一种综采工作面生产自动化系统

专利号 ZL 201010613399.2

发明人 李首滨 黄曾华 牛剑锋

中华人民共和国国家知识产权局局长

北京 2015 年 11 月

中华人民共和国国家知识产权局
STATE INTELLECTUAL PROPERTY OFFICE OF THE PEOPLE'S REPUBLIC OF CHINA

附录4 智能化采煤专业术语

1. 安全栅

接在本质安全电路和非本质安全电路之间，将供给本质安全电路的电压或电流限制在一定安全范围内的装置。

2. 爆炸危险场所

爆炸性混合物出现的或预期可能出现的数量达到足以要求对电气设备的结构、安装和使用采取预防措施的场所。

3. 爆炸性环境

可能发生爆炸的环境，指在大气环境条件下，气体或蒸汽可燃物质与空气的混合物被点燃后，燃烧将传至全部未燃混合物的环境；或者粉尘或纤维状的可燃物质与空气的混合物点燃后，燃烧传至全部未燃混合物的环境。

4. 爆炸性混合物

在大气条件下，具有爆炸性的气体、蒸汽、粉尘或纤维状的易燃物质与空气的混合物。

5. 本安电路

在规定条件（包括正常工作和规定的故障条件）下产生的任何电火花或任何热效应均不能点燃规定的爆炸性气体环境的电路，标志为：Exi。

6. 本安连接电路

接在非本质安全电路与本质安全电路之间，用来限制能量，以保证本质安全电路本质安全性能的接口。

7. 本安设备

在其内部的所有电路都是本质安全电路的电气设备。

8. 本安型隔离耦合器

一种允许在爆炸危险环境中使用的本安型接口电子设备，采用光电隔离元件，用于液压支架电液控制器电源间的电气隔离，同时保持信号传输，实现双向数据通信。

9. 采煤机倾角传感器

将采煤机机身、摇臂的倾角按一定规律转换为电信号输出的装置。

10. 采煤机位置传感器

将采煤机在工作面的运行位置按一定规律转换为电信号输出的装置。

11. 超宽带雷达

一种发射信号带宽大于25%的雷达，所产生的电磁脉冲信号可以实现精确探测煤岩层深部特征信息等功能。

12. 电磁阀驱动器

一种通过改变电流产生磁力变化的电子设备，可用于驱动液压系统中的先导阀。

13. 电磁卸载

利用电磁控制技术优先控制电磁先导阀动作继而控制卸载阀动作，使整个液压系统压力控制在一定范围内，实现恒压、断续供液。

14. 地测地理信息系统

通过精细地质勘探和现代化矿山测量等技术，实现井巷工程、地质体、地质构造以及富水区、瓦斯聚集区、高应力区等危险源等井上下各种对象的自动建模和属性配置，且根据采掘进尺和围岩变形的测量数据完成二维图形和三维模型的自动更新和剖切分析，自动完成各种测量改正、误差预计、测量平差、测量导航、掘进定向、误差预警等计算。利用卫星和激光扫描等技术实现岩移和地表沉陷的实时测量，并实现岩移和地表变形的精确预计，为煤柱（矿柱）留设和地面地下重要设施保护提供决策支持。

15. 防爆电气设备

按规定标准设计制造不会引起周围爆炸性混合物爆炸的电气设备，其标志为：Ex。

16. 防爆合格证

由国家认可的检验机构所颁发的用以证明样机或试样及其技术文件符合有关标准中的一种或几种防爆型式要求的证件。

17. 隔爆兼本质安全型电源

具有隔爆外壳而部分电路为本质安全型的矿用电源。

18. 俯仰采

应用于倾斜长壁工作面，即工作面沿煤层走向布置，工作面运输巷和回风巷沿倾斜方向布置，沿倾斜方向推进，向下推进为俯斜开采，向上推进为仰斜开采。

19. 隔爆型电气设备

一种通过高强度壳体，将可能产生引爆瓦斯等易燃易爆气体的电路系统与危险区域实现电气隔离，称为隔爆型电气设备。煤矿防爆产品标志为“ExdI”。

20. 跟机自动化

综采工作面生产过程中，液压支架依据采煤机实时位置自动执行降移升等动作，实现液压支架智能控制。

21. 工业以太网

一种用于工业现场的计算机网络技术协议，具有高可靠和标准化等特点，可提供百/千/万兆带宽，适用于组成综采工作面通信网络。

22. 工作面地理信息系统

结合地理学、地图学以及遥感和计算机科学，是一种用于输入、存储、查询、分析和显示地理数据的计算机系统，可用于采煤工作面推进导航。

23. 工作面矫直

通过检测工作面直线度，向液压支架输出控制指令，实现工作面液压支架和刮板输送机的自动找直。

24. 工作面“三机”

分为“大三机”“小三机”。“大三机”指采煤机、刮板输送机、液压支架；“小三机”指刮板输送机、转载机、破碎机。

25. 工作面语音通信系统

用于保障工作面内操作人员实时交流和控制系统语音报警，语音系统与控制系统的其他部分相对独立，易于维护与移植。

26. 工作面巷道监控中心

以智能化采煤工作面生产系统和辅助生产系统感知信息为基础，进行工作面设备远程监测和控制，实现采煤工作面生产系统、辅助生产系统协同控制和协调联动的智能控制平台。

27. 故障诊断

当采煤工作面设备部件或组件出现异常时，利用专家经验、机理模型或数据驱动等方法对异常进行识别，确定引起异常的具体原因，为故障排除提供参考依据。

28. 关联设备

装有本质安全电路和非本质安全电路，且结构使非本质安全电路不能对本质安全电路产生不利影响的电气设备。

29. 激光雷达

以发射激光束探测目标的位置、速度等特征量的雷达系统，工作原理是向目标发射探测信号（激光束），然后将接收到的从目标反射回来的信号（目标回波）与发射信号进行比较适当处理后，就可获得目标的有关信息，如目标距离、方位、高度、速度、姿态、甚至形状等参数，从而对目标进行探测、跟踪和识别，可用于工作面三机设备、煤层和围岩三维成像。

30. 集成供液系统

集泵站、电磁卸载、多级过滤、自动补液（水）、乳化液自动配比、系统运行状态记录与上传于一体的智能化供液系统。

31. 记忆截割

通过将示范刀截割的运行参数进行记忆保存，在下一刀割煤时，采用与示范刀相同的参数进行割煤的采煤机自动化截割方式。

32. 矿用一般型电气设备

用于煤矿井下无瓦斯和煤尘等爆炸危险场所的电气设备。

33. 一键启停

通过控制一个启停按钮，实现综采工作面所有综采设备的顺序启动或停止的功能。顺序启动带式输送机、刮板输送机、转载机、泵站、采煤机、液压支架等设备；顺序停止液压支架、采煤机、泵站、转载机、刮板输送机、带式输送机等设备。

34. 介电常数

表示电介质绝缘性能的一个系数，反映材料电介质在静电场作用下介电性质或极化性质的主要参数。

35. 可视化远程干预

以实现综采工作面常态化无人作业为目标，以采煤机记忆截割、液压支架自动跟机及可视化远程监控为基础，以生产系统智能化控制软件为核心，实现在巷道或地面对综采设备的智能监测与集中控制，确保工作面割煤、推移刮板输送机、移架、运输等智能化运行，达到工作面连续、安全、高效开采。

36. 矿井生产过程监控

对煤矿井下各生产环节进行的集中监控。

37. 煤流负荷平衡

根据采煤工艺、采煤机位置、刮板输送机电流、环境等信息，对刮板输送机、采煤机速度等进行调节，从而对煤炭采出率进行控制。

38. 煤矿安全生产综合监控系统

用于煤矿通风安全及生产环节监控的系统，包括通风安全、瓦斯抽采（放）、轨道运输、带式运输、提升运输、供电、排水、火灾监控系统，矿山压力、煤与瓦斯突出、井下人员位置、煤炭产量远程监测系统等。

39. 煤矿井下作业人员管理系统

监测井下人员位置，具有携卡人员出/入井时刻、重点区域出/入时刻、限制区域出/入时刻、工作时间、井下和重点区域人员数量、井下人员活动路线等监测、显示、打印、储存、查询、报警、管理等功能的系统。

40. 煤岩识别

一种对采煤工作面煤层和岩石进行识别的技术，通过煤岩界面自动识别，能够及时调整采煤机滚筒截割高度，提高采出率，减少截割岩石，降低含矸量，提高运输效率，减少由于截割岩石对截齿等磨损和破坏，避免截割岩石所产生的高温火花引爆瓦斯。

41. 人员安全感知

是一种用来感知工作面人员位置，防止发生人身安全事故的技术。

42. 软启动

一种电机启动全过程平滑稳定、不存在冲击转矩的设备启动方式。

43. 三维建模与可视化平台

根据勘探、测量、监测监视数据；应自动建立真实感的地形、建筑物、道路、水体、矿体、煤岩层、断层、陷落柱、巷道、硐室、回采面、掘进面、设备、管路、任意复杂地质体及富水区、高温区、高应力区、易燃区、岩爆区、矿震区、突出区等地面地下所有对象的三维模型，且能根据生产状态、改造内容和二次揭露数据自动更新、重新渲染，可实现大规模三维模型的快速交互漫游、属性查询和剖切分析等，为真三维组态和四维地理信息系统提供底层支持。

44. 三直两平双通畅

三直是指煤壁直、刮板输送机直和液压支架直；两平指顶板、底板平；双通畅指综采工作面上、下安全出口通畅。

45. 上窜下滑

采煤工作面刮板输送机受到的拉力与重力，沿工作面倾斜方向向下分力不平衡，而向工作面两个端头方向位移，导致刮板输送机堵塞工作面的安全出口，而构成煤矿安全隐患，对煤矿安全生产极为不利，这种现象称为上窜下滑。

46. 设备状态监测和故障诊断

对设备运行状况和与潜在故障有关的因素进行的监测。

47. 数字孪生

利用物理模型、传感器更新、运行历史等数据，集成多学科、多物理量、多尺度、多概率的仿真过程，在虚拟空间中完成映射，从而反映相对应的实体装备的全生命周期过程。

48. 透明工作面

在采矿工程、物联网、信息科学与技术、大数据与人工智能的理论基础上，以真实综采工作面作为系统原型，用绝对地质三维坐标作为参考系，以地质勘探、地理信息系统、传感器、网络系统、远程控制和三维虚拟仿真等技术为支撑，对综采工作面全生命周期数据进行采集，对全开采过程进行监测，对开采操作进行智能分析决策，以及一体化集成自适应控制的技术系统。

49. 采煤机位姿检测

检测开采设备“三机”（采煤机、液压支架、刮板输送机）的位置和姿态。

50. 现场总线

一种工业数据总线，主要解决工业现场的智能化仪器仪表、控制器、执行机构等现场设备间的数字通信以及现场控制设备和高级控制系统之间的信息传递问题。

51. 虚拟现实

利用现实生活中的数据，通过计算机技术产生的电子信号，与各种输出设备结合转化为能够让人们感受到的现象，可以是现实中真真切切的物体，也可以是通过三维模型表现出来肉眼所看不到的物质。

52. 旋转编码器

通过光电转换，输出轴的角位移、角速度等机械量，转换成相应的电脉冲以数字量输出，可用于测量电机转速等。

53. 巡检机器人

集机械、电子、计算机、移动通信和矿用防爆等技术于一体的多学科交叉、融合的系统。实现从运输机头到机尾的全线范围内的移动巡检，连续采集、存储、传输现场的图像、声音、温度、烟雾等数据，通过对采集数据的分析，判断设备是否存在故障并找故障位置。

54. 液压支架电液控制系统

由液压支架控制器、传感器、工业摄像机、电磁阀组以及远程监控中心等组成，能够完成液压支架单架单动作、单架自动动作、成组单动作、成组自动动作、自动跟机等，具有本架控制、邻架控制、遥控控制及远程控制等功能，是集计算机、通信、控制、传感和液压等技术于一体的液压支架控制系统。

55. 远程控制

在地面或井下监控中心，使用监控软件和视频监视软件观察远端的工作面生产情况，通过操作台对工作面设备进行远程控制。

56. 智慧矿山

基于空间和时间的四维地理信息、泛在网、云计算、大数据、虚拟化、计算机软件及各种网络，集成应用各类传感感知、数据通信、自动控制、智能决策等技术，对矿山信息化、工业自动化深度融合，能够完成矿山企业所有信息的精准适时采集、高可靠网络化传输、规范化信息集成、实时可视化展现、生产环节自动化运行，能为各类决策提供智能化服务的数字化智慧体，并对人—机—环的隐患、故障和危险源提前预知和防治，使整个矿山具有自我学习、分析和决策能力。

57. 智能感知

不同于可视化远程干预开采模式中依靠人工进行感知方式，通过传感器感知地质条件、装备工况和开采环境等，并能对采感知的数据进行自动处理。

58. 智能化开采模式

以煤层厚度和采高为主要决定因素，结合煤层赋存条件而形成的具有相同或相近开采方法、采煤工艺、配套模式、控制方式和智能决策逻辑的开采方式。

59. 智能决策

通过数据汇聚并结合装备行为准则，基于大数据分析、人工智能等技术，形成决策来替代原有人类思想。

60. 智能运维

在大数据分析与历史数据挖掘的支撑下实现对开采装备、控制系统的有效维护，达到高可靠性目标。

61. 专家决策系统

包括数据采集服务器、数据挖掘服务器、关系数据库存储服务器、实时数据存储服务器、发布服务器主机，同时接入人员定位、能效分析、矿压监测、安全工程各个子系统的数据，为综采智能决策支持系统提供数据依据。

62. 自动跟机

以采煤机位置信息为依据，根据工作面回采工艺和作业规程，在采煤机位置前后的液压支架设定相应动作，全自动化地完成液压支架和刮板输送机跟随采煤机行走的所有功能动作。

63. 自主控制

在没有人为干预的情况下，把采煤工作面设备的感知能力、决策能力、协同能力和执行能力有机地结合起来，在非结构化环境下，根据一定的控制策略自我决策，并持续执行一系列控制功能完成预定目标的能力。

64. ADC（模拟数字转换器）

Analog to Digital Converter，一种将模拟信号转变为数字信号的电子元件。

65. CAN（控制器局域网络）

Controller Area Network，最初应用于汽车电子的现场总线，现在已成为国际标准（ISO 11898），是国际上应用最广泛的现场总线之一，可用于煤矿自动化等工业通信网络。

66. Ethernet/IP

是一种工业以太网通信协议，可应用在采煤工作面通信、控制及自动化应用中，是工作面通信网络协议的一部分。

67. H. 265/H. 264

H. 264，是由 ITU-T 视频编码专家组和 ISO/IEC 动态图像专家组联合组成的联合视频组提出的高度压缩数字视频编解码器标准。

H. 265 是继 H. 264 之后所制定的新的视频编码标准。H. 265 标准围绕着现有的视频编码标准 H. 264，保留原来的某些技术，同时对一些相关的技术加以改进。新技术使用先进的技术用以改善码流、编码质量、延时和算法复杂度之间的关系，达到最优化设置。

68. JPEG（运动静止图像压缩技术）

Motion Joint Photographic Experts Group 是一种视频编码格式，其中每一帧图像都分别使用 JPEG 编码，不使用帧间编码，压缩率通常在 20：1~50：1 范围内。

69. LASC（长壁开采自动控制委员会）

Longwall Automation Steering Committee，长壁开采自动控制委员会。

70. LongWall Mind

综采工作面智能化控制软件，将工作面采煤机、液压支架、运输机、泵站及供电系统、激光雷达、巡检机器人、三维地质模型等有机结合起来，实现了地面调度中心、顺槽监控中心对综采工作面设备的远程监测、控制以及数据的实时显示。

71. MCU（微控制器）

Micro controller Unit，将中央处理器频率与规格做适当缩减，将存储器、计数器、A/D 转换、UART、DMA 等接口驱动电路都整合在单一芯片上，形成芯片级的计算机，为不同的应用场合做不同组合控制。

72. Modbus

是一种串行通信协议，已经成为工业领域通信协议的业界标准，是工业电子设备之间常用的连接方式。

73. OPC

OLE for Process Control，为了给工业控制系统应用程序之间的通信建立一个接口标准，在工业控制设备与控制软件之间建立统一的数据存取规范，是一套与厂商无关的软件数据交换标准接口和规程，主要解决过程控制系统与其数据源的数据交换问题，可以在各个应用之间提供透明的数据访问。

74. PID

比例 Proportion、积分 Integral、微分 Differential 的简写，将偏差的比例、积分和微分通过线性组合构成控制量，用该控制量对受控对象进行控制，以其结构简单、稳定性好、工作可靠、调整方便成为工业控制的主要技术之一。

75. PLC（可编程逻辑控制器）

Programmable Logic Controller，是一种专门为在工业环境下应用而设计的数字运算操作电子系统。采用一种可编程的存储器，内部存储执行逻辑运算、顺序控制、定时、计数和算术运算等操作的指令，通过数字或模拟输入输出来控制各种类型的机械设备或生产过程。

76. PWM（脉冲宽度调制）

Pulse Width Modulatio，是一种模拟控制方式，根据相应载荷的变化来调制晶体管基极或 MOS 管栅极的偏置，来实现晶体管或 MOS 管导通时间的改变，从而实现开关稳压电源输出的改变，广泛应用在从测量、通信到功率控制与变换的许多领域中。

77. RPC（建议位置矫正）

Recommended Position Correction，工作面自动找直推移刮板输送机控制距离。

78. RS-232/422/485

是定义数字多点系统中的驱动器和接收器的电气特性的标准，由电信行业协会和电子工业联盟定义。该标准的数字通信网络能在远距离条件下以及电子噪声大的环境下有效传输信号。

79. RTU（远程终端单元）

Remote Terminal Unit，是一种针对通信距离较长和工业现场环境恶劣而设计的具有模块化结构的、特殊的计算机测控单元。

80. SAC

Support Automatic Control，一种液压支架电液控制系统，以整体式主阀作为关键执行机构，以控制器为核心控制单元，能够满足薄煤层、中厚煤层、大采高及放顶煤等多种不同类型工作面的应用需求，可为用户提供手动、邻架、成组及全工作面自动化等不同操作等级的使用方式，在实现液压支架控制的同时，降低支架操作工人劳动强度，提高工作面自动化水平。

81. SAM

System of Automatic Mining，一种综采自动化控制系统，以 LongWallMind 系统软件为中枢，将工作面采煤机、液压支架、刮板输送机、泵站及供电系统、激光雷达、巡检机器人、三维地址模型等有机结合起来，实现了地面调度中心、工作面巷道监控中心对综采工作面设备的远程监测、控制以及数据的实时显示和智能化采煤。

82. SAP

System of Automatic Pumping，一种智能集成供液系统，提供一套完整的工作面支架液压系统供液解决方案，集泵站、电磁卸载、智能控制、变频控制、乳化液自动配比、多级过滤及系统运行状态记录与上传为一体，为综采工作面提供恒压、清洁、配比稳定的高质量乳化液，是煤矿综采工作面高产、高效、节能环保、长时间稳定工作的值得信赖的后备保障系统。

83. SPI（串行外设接口）

Serial Peripheral Interface，是一种高速、全双工、同步串行通信总线，采用 4 线通信，是一种电路板内部不同芯片之间的通信协议。

84. TCP/IP（传输控制及互联网协议体系）

Transmission Control Protocol/Internet Protocol，指能够在多个不同网络间实现信息传输的协议簇。

85. Unity 3D

实时 3D 互动内容创作和运营平台。包括游戏开发、美术、建筑、汽车设计、影视在内的所有创作者，提供一整套完善的软件解决方案，可用于创作、运营和变现任何实时互动的 2D 和 3D 内容，支持平台包括手机、平板电脑、PC、游戏主机、增强现实和虚拟现实设备。

86. VLAN（虚拟局域网）

Virtual Local Area Network，是一种通过将局域网内的设备逻辑地址，而不是物理地址划分成不同网段，从而实现虚拟工作组的技术。

87. WPF

Windows Presentation Foundation，是微软推出的基于 Windows 的用户界面框架，属于 . NET Framework 的一部分，具有统一的编程模型、语言和框架，提供了多媒体交互用户图形界面。

参 考 文 献

[1] 张良，李首滨，黄曾华，等．煤矿综采工作面无人化开采的内涵与实现［J］．煤炭科学技术，2014，42（9）：26-29，51.

[2] 李首滨．智能化开采研究进展与发展趋势［J］．煤炭科学技术，2019，47（10）：102-110.

[3] 田成金．煤炭智能化开采模式和关键技术研究［J］．工矿自动化，2016，42（11）：28-42.

[4] 李森．基于惯性导航的工作面直线度测控与定位技术［J］．煤炭科学技术，2019，47（8）：169-174.

[5] 黄曾华，王峰，张守祥．智能化采煤系统架构及关键技术研究［J］．煤炭学报，2020，45（6）：1959-1972.

[6] 牛剑峰．大型煤炭综采成套装备智能系统研究［J］．煤矿机械，2015，36（3）：64-66.

[7] 王峰．综采无人工作面自动化开采技术研究与应用［J］．工矿自动化，2015（7）：5-9.

[8] 王国法．中国煤矿智能化发展报告［M］．北京．科学出版社，2020.

[9] 范京道．智能化无人综采技术［M］．北京：煤炭工业出版社，2017.

[10] 王虹．综采工作面智能化关键技术研究现状与发展方向［J］．煤炭科学技术，2014，42（1）：60-64.

[11] 田成金．可视化远程干预型智能化采煤关键控制技术研究［J］．煤炭科学技术，2016，44（7）：97-102.

[12] 黄曾华．可视远程干预无人化开采技术研究［J］．煤炭科学技术，2016，44（10）：131-135，187.

[13] 牛剑峰．综采工作面装备机器人化技术研究［J］．煤矿机电，2018（2）：36-41.

[14] 黄乐亭，黄曾华，张科学．大采高综采智能化工作面开采关键技术研究［J］．煤矿开采，2016，28（1）:1-6.

[15] 王国法，杜毅博．智慧煤矿与智能化开采技术的发展方向［J］．煤炭科学技术，2019，47（1）：1-10.

[16] 罗跃勇．综采液压支架电液控制系统［J］．煤炭科学技术，2001，29（6）：48，52.

[17] 李效甫．综采液压支架电液控制系统［J］．煤矿开采，2001，44（2）：5-6.

[18] 韦文术，张良，李首滨，等．整体插装式多功能电液控换向阀：中国，200620000980.6［P］．2006-01-17.

[19] 李首滨，牛剑峰，姜文峰，等．一种由单线 CAN 总线构成的支架控制器：中国，200710118488.8［P］.2007-07-06.

[20] 张良，张龙涛，牛剑峰．一种工作面支架控制装置：中国，200710118489.2［P］．2007-07-06.

[21] 李首滨，韦文术，牛剑峰．液压支架电液控制及工作面自动化技术综述［J］．煤炭科学技术，2007，35（11）：1-5.

[22] 罗跃勇，牛剑峰，韦文术．SAC 型液压支架电液控制系统的研制与应用［J］．煤炭科学技术，2008，36（12）：102-104.

[23] 韦文术，宋艳亮．矿用本安型电磁卸荷阀的研究［J］．煤矿机械，2007，28（10）：52-54.

[24] 宋艳亮．3 种结构的立柱单向阀对支架液压系统的影响［J］．煤矿机械，2008，29（10）：64-66.

[25] 王伟．两柱掩护式支架平衡千斤顶控制方式的分析［J］．煤矿机械，2009，30（1）：168-170.

[26] 李首滨，向虎，韦文术，等．反冲洗高压过滤站：中国，200810104350.7［P］．2008-04-17.

[27] 罗跃勇，韦文术，宋艳亮，等．乳化液介质大流量安全阀：中国，200810102716.7［P］．2008-03-25.

[28] 李首滨，黄曾华，牛剑峰．一种综采工作面生产自动化系统：中国，201010613399.2［P］．2010-

12-30.
[29] 王国法. 液压支架控制技术 [M]. 北京：煤炭工业出版社，2010.
[30] 周如林. 几种矿用本安型电磁先导阀对比分析 [J]. 煤矿机械，2020，41 (9)：73-75.
[31] 任伟，韦文术，黄韶杰. 电液换向阀动态特性测试系统的研究与设计 [J]. 煤炭工程，2008 (9)：73-74.
[32] 王伟，周如林. 气体弹簧对大流量安全阀动态特性的影响 [J]. 液压与气动，2014 (8)：111-114.
[33] 付振，周如林. 液压支架用安全阀控制特性研究 [J]. 煤矿机械，2013，34 (12)：54-56.
[34] 田成金. 智能反冲洗高压过滤站的工作原理与控制模式 [J]. 煤矿开采，2015，20 (6)：44-46.
[35] 李森. 乳化液浓度在线检测技术现状及前景分析 [J]. 煤炭科学技术，2016，44 (3)：96-99.
[36] 李森，郭卓越，邱成鹏，等. 密度法乳化液浓度传感器研制 [J]. 传感器与微系统，2014，33 (7)：70-72.
[37] 冯旭. 基于无人值守的综采工作面乳化液远程自动配液系统的应用研究 [J]. 中国煤炭，2016，42 (4)：66-70.
[38] 李俊士. 液压支架电液控制器软件自动生成系统的设计 [J]. 煤矿机械，2020，41 (11)：6-8.
[39] 牛剑峰. 综采液压支架跟机自动化智能化控制系统研究 [J]. 煤炭科学技术，2015，43 (12)：85-91.
[40] 周如林，李首滨，韦文术，等. 跟机液压系统压力流量耦合机理研究 [J]. 煤炭科学技术，2020，48 (5)：129-136.
[41] 周如林. 跟机液压系统压力动态特性试验研究 [J]. 煤矿机械，2019，40 (6)：28-30.
[42] 崔耀，王雪亭，王统诚. 液压支架自动跟机仿真分析和优化系统设计与应用 [J]. 煤矿机械，2021，42 (6)：121-124.
[43] 牛剑峰，李俊士，李森，等. 透明的液压支架电液控制通信系统：中国，ZL201711203635.1 [P]. 2017-11-27.
[44] 李俊士. 液压支架电液控制系统自动化测试平台研制 [J]. 工矿自动化，2018，44 (4)：13-19.
[45] 陈冬方，李首滨. 基于液压支架倾角的采煤高度测量方法 [J]. 煤炭学报，2016，41 (3)：788-793.
[46] 刘清. 基于超宽带技术的采煤机定位系统设计 [J]. 煤炭科学技术，2016，44 (11)：132-135.
[47] 田成金. 采煤机位置检测技术研究现状和发展趋势 [J]. 煤炭科学技术，2016，44 (4)：82-85.
[48] 牛剑峰. 综采工作面自动调斜与防滑控制系统研究 [J]. 煤矿开采，2015，20 (2)：32-34，19.
[49] 韦文术. 等离子喷涂技术在煤矿液压支架的应用探索 [J]. 机械管理开发，2010，25 (6)：110-113.
[50] 谢赛. 高压大流量液压阀数字化制造技术研究和实践 [J]. 现代制造技术与装备，2020，281 (4)：107-102，109.
[51] 芮冰，黄钦宗. 我国采煤机 30 年发展回顾和展望 [J]. 煤矿机电，2000 (5)：36-39.
[52] 葛世荣. 采煤机技术发展历程 (三)——电牵引采煤机 [J]. 中国煤炭，2020 (8)：1-15.
[53] 王峰，刘学君，宋国利. 采煤机机载视频系统设计与应用 [J]. 煤矿机械，2020，41 (6)：135-137.
[54] 刘振坚，邱锦波，庄德玉. 天地科技上海分公司采煤机智能化技术现状与展望 [J]. 中国煤炭，2019，45 (7)：33-39，87.
[55] 杨芸. 新型采煤机摆角传感器的设计分析 [J]. 煤炭技术，2017，36 (6)：232，233.
[56] 王进军，王镇乾. 基于 CAM 技术的链传动啮合机理研究 [J]. 煤矿机械，2016，37 (11)：57-58.
[57] 柳军雷，付同德. 浅议刮板输送机的软启动 [J]. 华东科技，2013 (10)：375，360.

[58] 陆文程，赵继云，张德生，等．大功率刮板输送机软启动技术分析［J］. 煤炭科学技术，2009，37（10）:68-69，73.
[59] 魏冠伟．自移机尾的控制系统设计及自调平方法研究［J］. 煤矿机械，2020，41（10）：19-22.
[60] 孟国营，李国平，沃磊，等．重型刮板输送机成套装备智能化关键技术［J］. 煤炭科学技术，2014，42（9）：57-60.
[61] 牛剑峰，白永胜．综采工作面监控中心计算机多机系统设计［J］. 煤矿机电，2017（2）：1-3，8.
[62] 牛剑峰．无人工作面智能本安型摄像机研究［J］. 煤炭科学技术，2015，43（1）：77-80，85.
[63] 黄曾华，李森．工业以太网技术在综采工作面自动化系统中的应用［J］. 煤矿机电，2013（3）：12-15.
[64] 高思伟，李森．WiFi 快速漫游与 Mesh 网络技术在综采工作面的应用研究［J］. 工矿自动化，2019，45（2）：35-40.
[65] 姚钰鹏．综采自动化系统支架远程操作台设计［J］. 工矿自动化，2016，42（4）：19-22.
[66] 黄曾华，苗建军．综采工作面设备集中控制技术的应用研究［J］. 煤炭科学技术，2013，41（11）：14-17，21.
[67] 张守祥，李森，宋来亮．基于惯性导航和里程仪的煤矿采掘设备定位［J］. 工矿自动化，2018，44（5）:52-57.
[68] 牛剑峰．综采工作面直线度控制系统研究［J］. 工矿自动化，2015，41（5）：5-8.
[69] 王峰．液压支架精确推移控制方案研究与应用［J］. 工矿自动化，2017，43（5）：6-9.
[70] 牛剑峰．受汽车无人驾驶启发的液压支架智能协同控制［J］. 工矿自动化，2020，46（5）：54-56，75.
[71] 王峰．综采工作面及两巷设备协同推进控制技术研究［J］. 工矿自动化，2018，44（4）：39-43.
[72] 刘清，韩秀琪，徐兰欣，等．综采工作面采煤机和液压支架协同控制技术［J］. 工矿自动化，2020，46（5）：43-48.
[73] 牛剑峰．液压支架自适应控制系统设计［J］. 煤矿机电，2019，40（5）：8-11，7.
[74] 李森，王峰，刘帅，等．综采工作面巡检机器人关键技术研究［J］. 煤炭科学技术，2020，48（7）:218-225.
[75] 牛剑峰．基于视频巡检的综采工作面无人化关键技术研究［J］. 煤炭科学技术，2019，47（10）：141-146.
[76] 黄曾华，南柄飞，张科学，等．基于 Ethernet/IP 综采机器人一体化智能控制平台设计［J］. 煤炭科学技术，2017，45（5）：9-15.
[77] 孙丙科，何勇华．综采工作面自动化控制系统设计与应用［J］. 工矿自动化，2014，40（1）：84-86.
[78] 何勇华．综采自动化控制系统在新元煤矿的应用［J］. 中国煤炭，2014，40（9）：75-77，88.
[79] 王峰．基于透明工作面的智能化开采概念、实现路径及关键技术［J］. 工矿自动化，2020，46（5）:39-42，53.
[80] 袁永，屠世浩，陈忠顺，等．薄煤层智能开采技术研究现状与进展［J］. 煤炭科学技术，2020，48（5）:1-17.
[81] 张良，牛剑峰，代刚，等．综放工作面煤矸自动识别系统设计及应用［J］. 工矿自动化，2014，40（9）:121-124.
[82] 张守祥，刘帅．脉冲雷达透地探测煤岩实验研究［J］. 煤炭学报，2019，44（1）：340-348.
[83] 刘帅，赵文生，高思伟．超宽带探地雷达煤层厚度探测试验研究［J］. 煤炭科学技术，2019，47（8）:207-212.
[84] 刘清，孟峰，牛剑峰．放煤工作面支架姿态记忆控制方法研究［J］. 煤矿机械，2015，36（5）：

89-92.
[85] 张守祥，张学亮，刘帅，等．智能化放顶煤开采的精确放煤控制技术［J］．煤炭学报，2020，45（6）:2008—2020.
[86] 牛剑峰．综采放顶煤工作面自动放煤控制系统研究［J］．工矿自动化，2018，44（6）：27-30.
[87] 魏文艳．综采工作面放顶煤自动控制系统［J］．工矿自动化，2015，41（7）：10-13.
[88] 刘清，牛剑峰，时统军．综采工作面矸石自动充填捣实控制系统设计［J］．煤炭科学技术，2015，43（11）：111-115.
[89] 袁亮，俞啸，丁恩杰，等．矿山物联网人-机-环状态感知关键技术研究［J］．通信学报，2020，41（2）:1-12.
[90] 范京道，徐建军，张玉良，等．不同煤层地质条件下智能化无人综采技术［J］．煤炭科学技术，2019，47（3）：43-52.
[91] 王大龙，曾晓腾．液压支架密封件可偏载试验台升降系统设计［J］．煤矿机电，2017（3）：9-11.
[92] 赵国瑞．煤矿智能开采初级阶段问题分析与5G应用关键技术［J］．煤炭科学技术，2020，48（7）:161-167.
[93] 冯银辉，黄曾华，李昊．互联网+综采自动化专家决策平台设计与应用［J］．2016，44（7）：73-79.
[94] 范京道，闫振国，李川．基于5G技术的煤矿智能化开采关键技术探索［J］．煤炭科学技术，2020，48（7）：92-97.
[95] 葛世荣，张帆，王世博，等．．数字孪生智采工作面技术架构研究［J］．煤炭学报，2020，45（6）：1925-1936.
[96] 杜毅博，赵国瑞，巩师鑫．智能化煤矿大数据平台架构及数据处理关键技术研究［J］．煤炭科学技术，2020，48（7）：177-185.
[97] 李然．综采工作面智能供液技术及发展趋势［J］．煤炭科学技术，2019，47（9）：203-207.
[98] 李然．矿用高压大流量乳化液泵站应用现状及发展趋势［J］．煤炭科学技术，2015，43（7）：93-96.
[99] 李然，王伟，苏哲．高压大流量乳化液泵滑动轴承热流体动力润滑仿真分析［J］．煤炭学报，2014，39（S2）：576-582.
[100] 王伟．泵站溢流阀模型的动态特性仿真及分析［J］．制造业自动化，2014，36（8）：100-102，106.
[101] 李然，王伟，苏哲．高压大流量乳化液泵曲轴疲劳强度分析［J］．煤矿开采，2014，19（1）：45-48.
[102] 叶健．大流量乳化液泵高压填料密封试验研究［J］．中国煤炭，2020，46（4）：87-90.
[103] 李然，贾琛，叶健，等．高压大流量乳化液泵站可靠性分析与研究［J］．煤矿开采，2016，21（5）:29-32.
[104] 周如林．综采工作面供液系统负载流阻理论分析及试验［J］．工矿自动化，2019，45（4）：30-34.
[105] 赵康康．基于冗余CAN通信的智能集成供液控制系统［J］．仪表技术与传感器，2020（5）：58-61，67
[106] 郭资鉴，李俊士．SAP型集成供液系统软件测试平台设计［J］．工矿自动化，2019，45（12）：101-105.
[107] 李然，王伟．综采集成供液系统智能监测诊断技术现状与发展［J］．煤炭科学技术，2016，44（3）:91-95.

图书在版编目（CIP）数据

实用智能化采煤控制技术/张良，李首滨主编．--北京：应急管理出版社，2022

ISBN 978-7-5020-8970-2

Ⅰ．①实…　Ⅱ．①张…　②李…　Ⅲ．①综合机械化采煤—自动控制　Ⅳ．①TD823.97

中国版本图书馆 CIP 数据核字（2021）第 209974 号

实用智能化采煤控制技术

主　　编　张　良　李首滨
责任编辑　成联君
编　　辑　贾　音
责任校对　孔青青
封面设计　杨　帆

出版发行　应急管理出版社（北京市朝阳区芍药居 35 号　100029）
电　　话　010-84657898（总编室）　010-84657880（读者服务部）
网　　址　www. cciph. com. cn
印　　刷　中国电影出版社印刷厂
经　　销　全国新华书店

开　　本　787mm×1092mm 1/16　**印张**　23　**字数**　535 千字
版　　次　2022 年 11 月第 1 版　2022 年 11 月第 1 次印刷
社内编号　20210532　**定价**　138.00 元